CATALOGUE RAISONNÉ

DES

PLANTES VASCULAIRES

DES ILES BALÉARES

PAR

LE Dr PAUL MARÈS ET GUILLAUME VIGINEIX

Membres de la Société botanique de France

PARIS

G. MASSON, ÉDITEUR

LIBRAIRE DE L'ACADÉMIE DE MÉDECINE

120, BOULEVARD SAINT-GERMAIN, EN FACE DE L'ÉCOLE DE MÉDECINE

1880

CATALOGUE RAISONNÉ

DES

PLANTES VASCULAIRES

DES ILES BALÉARES

PARIS. — IMPRIMERIE ÉMILE MARTINET, RUE MIGNON, 2

CATALOGUE RAISONNÉ

DES

PLANTES VASCULAIRES

DES ILES BALÉARES

PAR

LE Dr PAUL MARÈS ET GUILLAUME VIGINEIX

Membres de la Société botanique de France

PARIS

G. MASSON, ÉDITEUR

LIBRAIRE DE L'ACADÉMIE DE MÉDECINE

120, BOULEVARD SAINT-GERMAIN, EN FACE DE L'ÉCOLE DE MÉDECINE

1880

Vigineix, mon regretté collaborateur, est mort le 9 juin 1877, à Paris, enlevé à l'âge de soixante-sept ans par une maladie de cœur, dont les privations du siège avaient développé les symptômes et accentué la gravité.

Fils d'un pauvre menuisier du village d'Aidat, en Auvergne, Vigineix dut lutter pour l'existence dès sa plus tendre jeunesse. D'abord berger chez un voisin, puis apprenti dans la maison paternelle, il ne reçut que les rudiments de l'instruction la plus élémentaire. Mais il aimait profondément la nature, et, tandis qu'il gardait ses moutons, le jeune pâtre observait déjà les plantes et les fleurs de ses montagnes.

Son apprentissage terminé, ses parents l'envoyèrent à Paris chez une tante qui lui offrit asile.

Une des premières visites du jeune ouvrier fut pour le Jardin des plantes, et bientôt son assiduité au cours de Brongniart, son zèle pour les excursions botaniques, attirèrent l'attention de quelques personnes. On sut que ses études se faisaient au détriment de son métier et qu'il était obligé de compenser les déficits de sa bourse par une sobriété poussée à l'excès. De bienveillants appuis lui firent d'abord obtenir une place au château de Neuilly, puis dans les bureaux du Mont-de-Piété, où il entra en qualité de commis. Il en sortit avec une modeste retraite, après vingt-sept ans d'excellents services, et il fut alors nommé professeur de botanique rurale des écoles professionnelles de Paris. Depuis longtemps membre de la Société botanique de France, il en était aussi devenu le bibliothécaire. Cette position couronnait dignement sa vie laborieuse dont la botanique avait toujours dominé toutes les préoccupations. Il pouvait désormais s'adonner librement à son étude favorite, à son herbier, à ses livres qu'il avait su rassembler peu à peu à force de persévérance et d'économie.

Notre Catalogue raisonné des îles Baléares, auquel il avait si largement collaboré, pouvait enfin être mis sous presse, et la mort est venue l'enlever au moment où commençait à s'imprimer cet ouvrage qu'il désirait si vivement voir publié..... Puisque cette légitime satisfaction devait lui être ravie, que la première page de notre œuvre commune soit au moins consacrée au souvenir de cette modeste existence qui sut s'élever intellectuellement au-dessus de sa première condition par son amour constant pour les œuvres de la nature et l'attrayante étude des fleurs.

P. M.

INTRODUCTION

Ce Catalogue aurait dû paraître depuis longtemps (1), mais des causes indépendantes de la volonté des auteurs en ayant retardé jusqu'à ce jour la publication, les recherches scientifiques qui ont paru depuis sur les Baléares nous ont permis de produire un ouvrage bien plus utile et plus complet que nous n'aurions pu le faire précédemment ; nous ne pouvions désirer une meilleure satisfaction.

Nous avons ajouté, autant que possible, aux espèces recueillies par nous et dont un bon nombre n'ont pas encore été retrouvées, les noms de celles qui avaient échappé à nos recherches et qui se trouvent dans les catalogues publiés par des botanistes offrant une sérieuse garantie scientifique.

Les noms des auteurs, des explorateurs, les localités indiquées par chacun d'eux, ont été cités avec soin.

Les espèces et les variétés que nous avons créées ne sont suivies d'aucun nom d'auteur.

Les localités des plantes trouvées par nous-mêmes sont imprimées en *lettres italiques :* il est donc facile de les reconnaître à cet indice. Ce sont les seules espèces dont nous pouvons garantir l'*habitat* et la détermination ; les seules, par conséquent, pour lesquelles nous acceptons toute responsabilité.

I

Bibliographie. — Le groupe des îles Baléares est placé au centre de ce bassin nord-ouest de la Méditerranée dont les bords, limités par l'Espagne, la France et les plus belles parties de l'Italie, forment une admirable région depuis longtemps chantée par les poètes : un attrait irrésistible a toujours attiré les peuples du Nord vers ses rivages, et quand

1) Voy. *Bull. de la Soc. bot. de France*, t. XII, p. 221.

l'hiver couvre l'Europe de son atmosphère sombre et glacée, les regards et les pensées des êtres faibles et maladifs se tournent instinctivement vers ces contrées toujours tempérées par les chauds et brillants rayons du soleil.

La position des Baléares avait attiré dès la plus haute antiquité l'attention des peuples puissants et guerriers qui habitaient les continents voisins : des monuments mégalithiques considérables, de nombreuses ruines romaines, mauresques et féodales, les célèbres fortifications anglaises de Port-Mahon, prouvent l'importance commerciale et politique de ces îles depuis les temps les plus reculés jusqu'à nos jours. Elles ont été l'objet de quelques recherches scientifiques, surtout de la part des géographes, mais elles ont aussi attiré l'attention de divers savants, parmi lesquels se trouvent principalement des botanistes, dont nous allons faire connaître les travaux.

Nous remarquons d'abord un franciscain du treizième siècle, le grand Raymond Lulle, connu par ses ouvrages de philosophie ; il s'est occupé aussi d'histoire naturelle et de botanique, principalement dans son livre intitulé : *Libro Felix ó de las maravillas del orbe.*

Lulle était né à Majorque, et c'est à ce titre surtout que nous le citons comme le premier naturaliste connu aux Baléares.

Nous arrivons ensuite sans transition jusqu'au commencement du dix-huitième siècle, où le Catalan Juan Salvador y Riera, fondateur du musée de Barcelone, élève de Magnol, ami de Tournefort et des Jussieu, fit en 1712 une visite aux îles Baléares, d'où il rapporta un bon nombre de plantes. Il en dressa une liste sous le titre de : *Catalogus plantarum rariorum in insulis Balearicis anno* 1712 *observatarum*, qui fut conservée inédite dans la bibliothèque de Jussieu.

Boerhaave, dans son *Index plantarum quæ in horto academico Lugduno-Batavo aluntur*, imprimé à Leyde en 1720, publia onze plantes de la Péninsule et des Baléares, qui lui furent communiquées par Juan Salvador.

Colmeiro nous donne la liste de ces espèces à la page x de son discours préliminaire du *Catalogo metodico de las plantas observadas en Cataluña*, etc... Malheureusement les localités ne sont pas indiquées. Nous remarquons dans cette liste : « Ascyrum balearicum, *frutescens, maximo flore luteo ; foliis minoribus, subtus verrucosis*, Salv. ex Boerh.

(*Hypericum balearicum* L.) ; ALATERNUS BALEARICA, *humilis, foliis subrotundis, ferrea rubigine nigricantibus*, Salv. ex Boerh. (*Rhamnus Alaternus* L., *balearicus* Hort. Par.) ; TRAGACANTHA HUMILIS BALEARICA, *foliis parvis, vix incanis, flore albo*, Salv. ex Boerh. (*Astragalus massiliensis* Lamk) ; URTICA PILULIFERA, *folio angustiori, caule viridi, balearica*, Salv. ex Boerh. (*Urtica pilulifera* L.). En el herbario Salvador existe una Ortiga caracterizada asi : *Urtica altera minor, foliis rotundioribus, foliis supra ligulam eleganter dispositis*, Salv. (*Urtica balearica* L. ?). »

En 1725, Jose Salvador y Riera, à l'exemple de son frère Juan, passa aux Baléares, mais pour visiter Minorque, d'où il rapporta des espèces nouvelles.

En 1747, un habitant de Llorito, nommé Monserrate Fontanet, affectionnant l'étude des plantes, écrivit un ouvrage resté inédit, intitulé : *Arte del conró* (Art de la culture).

Martin Coll, religieux majorquin, qui professait la médecine, écrivit aussi sur la botanique.

En 1753 et 1754, « le médecin botaniste de Montpellier Pierre Cusson, commissionné par Jussieu, vint herboriser à Majorque et y trouva trois plantes nouvelles ».

Vers la même époque paraît don Bonaventure Serra y Ferragut, noble majorquin, auquel a été dédié un genre de la famille des Malvacées par Cavanillas (Diss. II, p. 83, t. 35, fig. 3). Cambessèdes, dans l'avertissement qui précède son *Enumeratio*, nous dit que : « par une faute de typographie, ce nom fut changé, dans la table du même ouvrage, en celui de *Senra*, et c'est ainsi qu'on le trouve écrit depuis par tous les auteurs (Juss., Willd., Pers., Poir., DC.). Sprengel, qui a relevé récemment cette erreur (*Syst.* III, p. 78), change encore le nom de *Serra* en celui de *Serræa*. »

M. Py y Molist (1) nous donne d'intéressants détails sur les travaux de Serra. Cet auteur écrivit en 1765 un *Flora balearica, sive Icones stirpium et plantarum quæ in solo majoricense sponte nascuntur vel aliunde allatæ concrescunt.* Le marquis de Campo-Franco, possesseur de cet ouvrage, voulut bien le communiquer à Cambessèdes, qui en parle

(1) *Noticia historica de los progressos y estado actual de la Botanica en las islas Baléares*, par Emilio Py y Molist. Palma, 1843.

ainsi à la page 3 de son *Enumeratio:* « Le manuscrit de Serra est suivi d'un volume in-folio contenant 172 figures dessinées par l'auteur lui-même, parmi lesquelles, malgré leur imperfection, j'ai pu reconnaître la plupart des espèces que j'avais sous les yeux. J'ai acquis de cette manière la certitude que les synonymes donnés par l'auteur, dans son catalogue, se rapportaient rarement aux plantes de Majorque ; erreurs bien pardonnables à un homme qui n'avait que peu de communications avec le continent et qui ne citait que les auteurs qui ont précédé Linné. »

Sept ans plus tard, en 1772, Serra écrivit un autre *Flora balearica exhibens plantas in insula Majorica crescentes*, dans lequel il indique brièvement le système sexuel de Linné et la synonymie castillane et majorquine, avec les noms scientifiques de 417 végétaux, toujours dans l'ordre alphabétique. Cet ouvrage, signalé par M. Py y Molist, ne paraît pas avoir été connu de Cambessèdes. L'auteur remit à l'Académie de Madrid une copie de ces deux ouvrages en un seul tome resté manuscrit. Dans l'analyse qu'en donne Colmeiro (1), nous voyons que Serra a donné dans le prologue quelques indications sur les botanistes qui jusqu'à cette époque avaient étudié la végétation des Baléares : « Sont cités *Brotat* (*Antonio*), pharmacien majorquin, mort en 1769, et *Salas* (*Pedro*), et également *Fortuñy* (*Jorge*), mort en 1681, lequel, dans une histoire manuscrite de Majorque, avait parlé de plantes. Il mentionne aussi l'Anglais Cleghorn... » C'est aussi à Serra que nous devons la note indiquée plus haut sur Pierre Cusson.

D. Joachim Bower, de Palma, voulut bien nous communiquer en 1852 un manuscrit de Bonaventure Serra qui lui appartenait. Cet ouvrage date de quelques années plus tard que ceux dont nous venons de parler, puisqu'on trouve à la première page une lettre de Serra à un de ses amis, datée de MDCCLXXVI. Ce manuscrit est un recueil dans lequel on trouve, accumulés sans méthode, de nombreux renseignements scientifiques de toutes sortes, principalement sur la botanique. Il cite par exemple les minéraux fossiles et plantes qui se trouvent : « *en la planicia de Bañalbufar* ». Nous remarquons les espèces suivantes :

Aconit, Pamporcins. . . . . . (*Delphinium*)?
Asafran silvestre. . . . . . . (*Crocus Cambessedesii* Gay)?

(1) *La Botanica y los botanicos de la peninsula Hispano-lusitana*. Madrid, 1858, page 73.

Cols silvestres en la Mola. . . (*Brassica balearica*)?
Elleboro blanc trifoliat . . . . (*Helleborus lividus*)?
Mandragoras en la Mola. . . . (?)
Pæonias . . . . (*Pæonia corallina*).

Nous avons relevé en outre dans ce manuscrit une longue liste de plantes appartenant à 349 genres, avec le titre suivant : « *Index Balearicum, nomina plantarum. Hæc esse nomina debent generica, hæcve certa ac vera et fundata, non autem lubrica nec vaga nec varie applicabilia (ait Linnæus) si vaga vacillant et nomina. Per litterarum ordinem redacta, anno* 1761 (par M. Antoine Richard, botaniste pour Roy dans les Illes (*sic*) Baléares).» Il serait difficile de reconstituer avec cette liste un catalogue ayant aujourd'hui une valeur scientifique réelle pour les Baléares, mais nous y relevons certains genres qui ne paraissent pas exister actuellement dans ces îles : *Alchemilla, Balsamina, Belladona, Cerinthe* L. *Gentiana, Parnassia, Soldanella, Ulex ;* d'autres dont la découverte aurait pu être considérée comme récente : *Chelidonium, Lysimachia, Scutellaria.* La date de cette liste indique qu'elle a été faite par le jeune Richard pendant son séjour à Majorque; c'est cette même année 1761 qu'il envoya en France le « *Clematis balearica* Juss. », qui fleurit en novembre 1778 chez M. de Saint-Germain (*Journ. de phys.*, févr. 1779, page 127).

A la suite de la liste de genres dont nous venons de parler se trouve la note suivante que nous avons copiée textuellement dans le manuscrit de Serra :

« Le jour de Saint Bartholomé, dans l'après-midi, M. Richard ayant déjà été chercher des plantes dans l'île, vint me faire une visite, et me dit qu'il avait rencontré dans les montagnes de Majorque les plantes suivantes :

Ageratum villosum.
Aquifolium non serratum o non acutú fronde Lori affinis de Linneo.
Arbutus de Tournefort.
Asclepias de id.
Cassia poetica y *Cassia hispanica* de Tournefort, p. 664
Acer de Tournefort.
Cytisus de esta forma..... (Suit une figure à la plume.)
Ferrum equinum de Tour..... Linneo.

Hyprocripsia sempervirens.
Filix de Tournefort.
Globularia de una especcie que no esta en Tournefort.
Helleborine de Tourn. *montana angustifolia purpurescens.* Gasp. Obon.
Lysimachia humifusa folio rotundiore flore purpurascente de Tourn. en una fuente de Bañalbufar.
Elleborus niger trifoliatus de Tourn.
Salix montana major foliis laurinis hort. regius Paris... en Lluch y Pollenza.
Thimus prior Clusii.

« Sin otras. » (Sans autres.)

Quelques indications de localités, les noms vulgaires de plantes en langue castillane et majorquine, les notes, les renseignements de toutes sortes que B. Serra a consignés dans ses manuscrits, assignent à ses ouvrages une place intéressante dans l'histoire scientifique de Majorque.

Antoine Richard, fils de Claude Richard, jardinier en chef de Trianon, s'étant heureusement acquitté à l'âge de vingt-trois ans d'une mission botanique au mont d'Or (1), fut chargé en 1760, par le roi Louis XV, d'explorer le midi de la France, les Pyrénées, l'Espagne et le Portugal. Il en profita pour visiter les îles Baléares, d'où il envoya à Trianon diverses plantes qui se sont conservées depuis lors dans les jardins.

Antoine Richard passa des Baléares en Afrique, puis en Asie Mineure, et revint en France en 1764.

Ce fut cette même année que Claude Richard entra en correspondance avec Linné et lui envoya quelques graines des Baléares rapportées par son fils. L'intelligence d'Antoine Richard lui valut de nouvelles missions. Cependant il dressa un catalogue détaillé des plantes qu'il avait observées à Majorque. On ne sait pourquoi ce catalogue, destiné par son auteur à l'impression, ne fut jamais édité. En 1770, Linné reçut ce document à Upsal et écrivit immédiatement la lettre suivante :

« A son très cher Richard jeune, mille saluts,

» Charles LINNÉ.

» J'ai lu et relu mille fois avec le plus grand charme votre Flore de Majorque ou des îles Baléares qui m'a été communiquée par M. Hemquist,

(1) *Mémoires de la Soc. d'agric. de Seine-et-Oise*, 1870.

et je doute que personne puisse la lire avec plus d'utilité et de profit que moi. Imprimez-la, je vous prie, aussitôt qu'il sera possible, pour que tous les botanistes y trouvent le plaisir qu'elle m'a causé.

» J'ai passé la nuit dernière sans dormir, je l'ai consacrée tout entière à lire votre Flore, et elle était passée avant que je n'eusse fini ma lecture. Grand Dieu! qu'ils sont heureux les habitants de ce pays d'avoir dans leurs prairies toutes ces fleurs qui font l'ornement de nos jardins, même nos jardins académiques. »

La Société d'agriculture de Seine-et-Oise possède aujourd'hui, dans ses archives, la correspondance de Linné avec Claude et Antoine Richard (1764 à 1774); cette correspondance a été traduite et annotée en 1863 dans les *Mémoires de la Société des sciences naturelles de Seine-et-Oise* par M. Landrin. Cet auteur ajoute, à la suite de la lettre ci-dessus : « Non-seulement Linné félicita chaleureusement le jeune auteur de la *Flore des Baléares*, mais il en fut même si satisfait, qu'il la copia entièrement de sa propre main. Ce précieux témoignage de l'importance qu'il accordait au travail d'Antoine Richard existait encore il y a quelques années dans la bibliothèque d'Achille Richard, professeur près la Faculté de médecine de Paris, neveu d'Antoine. Je ne sais ce qu'est devenu ce manuscrit à la mort de cet excellent botaniste ».

Les fils de M. Achille Richard n'ont pu, malgré leur désir, nous communiquer ce précieux autographe probablement égaré. Mais Cambessèdes a été plus heureux que nous, il a vu et étudié ce document, et voici ce qu'il en dit : « Ce manuscrit renferme, à côté d'espèces qui appartiennent évidemment aux Baléares, telles que *Arenaria balearica*, *Bunias balearica*, *Hippocrepis sempervirens* (*H. balearica*), *Hypericum balearicum*, etc., plusieurs autres espèces qui, ne se plaisant que sur les montagnes élevées, ne peuvent par conséquent s'y rencontrer. De ce nombre sont : *Androsace carnea*, *Alchemilla alpina*, *Cardamine latifolia*, *Thlaspi montanum*, *Cheiranthus erysimoides*. Cette considération m'a empêché de faire aucun usage du catalogue de Linné, et me porte à croire qu'en revenant des Baléares, Richard traversa les Pyrénées et réunit ensemble le fruit de tout son voyage (1). Je n'ai point dû, par la même raison, mentionner les plantes des Baléares décrites, soit dans le *Mantissa*

(1) Nous avons vu plus haut qu'Antoine Richard dut explorer les Pyrénées avant d'aller en Espagne et aux Baléares,

de Linné, soit dans le *Synopsis* de M. Persoon, et qui ont échappé à mes recherches; toutes ces espèces ayant été établies sur les plantes communiquées par Richard ou d'après des échantillons conservés dans son herbier, et qui ne portent, comme je m'en suis assuré par moi-même, aucune étiquette de localité. Les *Illustrationes* de Gouan sont le seul ouvrage dont j'ai cru pouvoir admettre quelques espèces comme appartenant d'une manière authentique à la flore dont nous nous occupons. L'auteur avait reçu un certain nombre de graines des Baléares, et avait cultivé des plantes qui en étaient provenues dans le jardin de botanique de Montpellier. » (*Enumeratio plantarum quas in insulis Balearibus collegit J. Cambessèdes*, etc.)

En 1751, le docteur anglais J. Cleghorn, dans un ouvrage intitulé *Observations on the epidemical diseases in Minorca,* a donné l'indication d'un certain nombre de plantes spontanées ou cultivées à Minorque.

J. Armstrong, gouverneur militaire sous la domination anglaise, publia en 1752 une *Histoire naturelle et civile de l'isle Minorque*, dont la 2e édition contient, au chapitre XIV, d'intéressants détails sur l'agriculture de l'île, les cultures potagères, et quelques arbres ou plantes qui y croissent spontanément.

Le médecin français Passerat de la Chapelle, dans sa *Topographie médicale de Minorque*, en a aussi mentionné la végétation (1764).

Vers 1767, le Catalan Miguel Barnardès, médecin de Charles III et botaniste distingué, vint herboriser aux Baléares.

En 1772, le Majorquin Cristobald Vilella présenta au duc de Bejar une collection de plantes rares dont il fut imprimé un catalogue à Madrid.

D. Juan Cursach, natif de Ciudadela, médecin du comte de Cifuentes et attaché à l'hôpital militaire de Mahon, publia en 1791 un ouvrage intitulé : *Botanicus Medicus ad medicinæ alumnorum usum.* Cursach, qui était disciple de Gouan, donne dans son *Botanicus Medicus* presque toutes les espèces médicinales connues à cette époque; il en cite 160 comme spontanées à Minorque : « parmi lesquelles une cinquantaine ont échappé jusqu'ici à toutes les recherches, et certaines d'entre elles peuvent être certainement considérées comme étrangères à la flore de Minorque (1)... »

(1). Rodriguez, *Catalogo*, etc., Introducion, p. VII.

En 1814, un Mahonais, D. Juan Ramis y Ramis, publia un *Specimen plantarum, animalium et mineralium in insula Minorica frequentiorum, ad normam Linnæani systematis.* En regard des noms latins donnés sans nom d'auteur, il place le nom correspondant en langue catalane. Cette liste contient environ 460 Phanérogames et 26 Cryptogames. Bien qu'il y ait quelques erreurs et que les végétaux cultivés y soient pour la plupart compris, cette liste est beaucoup plus exacte que celles que nous avons pu citer jusqu'ici. Dès 1815, D. Rafael Hernandez critiqua cette œuvre ; il s'ensuivit une polémique qui ne se termina qu'en 1816, sans aucun bien pour la science, comme le fait très sagement observer leur compatriote M. Rodriguez, et divisa profondément deux hommes de mérite dont les efforts réunis auraient pu imprimer un véritable progrès à la botanique locale de Minorque.

Le nom des Hernandez est aussi un de ceux qui ont le plus marqué parmi les savants mahonais. Andrès Hernandez, pharmacien de Mahon, quoique très passionné pour l'étude des plantes et correspondant du jardin royal botanique de Madrid, mourut en 1817, sans avoir fait aucune publication sur son pays natal ; mais il laissa à D. Rafael Hernandez y Mercadal, son fils, un *Flora majorquina,* auquel il travaillait lors de la publication de l'ouvrage de Miguel Vargas : *Descripciones de las islas Pithiusas y Baleares ano de* 1787 ; car cet auteur nous dit page 127 : « Dans les plaines de Minorque, on rencontre à chaque pas différentes herbes très utiles et excellentes, beaucoup qui sont bonnes pour la pâture des troupeaux. Tels sont, entre autres : la *Cosconilla,* el *Lapatum,* la *Salicharia,* el *Plantago,* el *Gramen,* el *Chrimoides, Nasturtium,* el *Chicoreum,* el *Trifolium pratense,* la *Bellis,* el *Absinthium ponticum,* el *Senecio,* el *Scordium,* la *Aristolochia,* et beaucoup d'autres qu'il serait trop long d'indiquer et qui, un jour, se verront décrites dans la *Flore minorquine* à laquelle travaille actuellement un des botanistes de Mahon, nommé D. Andrès Hernandez. » Cette flore resta toujours inédite. D. Rafael Hernandez, fils d'Andrès, vint faire ses études à Montpellier vers le commencement de notre siècle ; porté aussi vers l'étude des sciences naturelles, il puisa une ardeur nouvelle dans les leçons de Draparnaud et de Gouan, et de retour à Mahon en 1807, le jeune docteur augmenta l'herbier de son père, compléta sa flore, et fit diverses études scientifiques, mais qui restèrent inédites ; toutefois il envoya en 1817, à la Société de médecine pratique de Montpellier, un mémoire latin intitulé : *Historica notio de duabus novis plantis disserens, quas in hac Minorica insula reperit*, etc. Le rapport fait à la Société par le docteur Roubieu fut inséré dans le tome XLII, page 82, des *Annales cliniques* publiées par cette Société (année 1817). Ces deux plantes sont : 1° Une Pâquerette des lieux sablonneux et marécageux de Minorque : « *Bellis minoricensis : caules stoloniferæ, folia ovata integerrima, longe petiolata, scapo unifloro, radix fibrosa* ; avec une figure représentant cette plante. 2° *Euphorbia triangularis : caulis triangularis formæ, folia minutissima, linearia, sessilia, integerrima, imbricata, opposita, pedunculis terminalibus, umbella trifida.* »

D. Pedro Vicente Trias, de Majorque, formait un bel herbier vers cette même époque, et réunissait quelques plantes rares dans le jardin de sa propriété d'Esporlas.

Les relations suivies que la Catalogne et les Baléares ont toujours entretenues dans les siècles derniers avec la Faculté de Montpellier, alors si renommée ; les voyages des Salvador, de Richard, paraissent avoir entraîné un certain nombre de botanistes à visiter les Baléares et avoir excité chez les personnes les plus éclairées de ces îles le goût des sciences naturelles. L'histoire n'a pas gardé le nom de tous ces hommes studieux; nous retrouvons cependant, à la fin du siècle dernier, les traces des visites botaniques que reçurent les Baléares de De la Roche, un des auteurs du *Dictionnaire encyclopédique*, et du médecin aragonais Manuel Boldo, qui vint herboriser avec Cursach à Minorque, en 1795.

M. Rodriguez pense que l'abbé Pourret a probablement herborisé à Minorque, vu le nombre de plantes de cette île (une centaine environ) qu se trouvent dans son herbier conservé à la Faculté de pharmacie de l'Université de Madrid. Rien dans la vie et les travaux du célèbre abbé n'indique qu'il ait visité les Baléares : il aurait certainement parlé d'une région aussi remarquable, s'il l'avait parcourue. Mais il est bien naturel qu'il en possédât un certain nombre de plantes; nous savons en effet qu'il séjourna plusieurs années en Catalogne, mit en ordre le riche herbier des Salvador, fut nommé directeur du jardin botanique de Barcelone et plus tard de celui de Madrid.

A Majorque, nous pourrions encore rappeler Onofre Muntaner, pharmacien de Palma, qui créa un bel herbier dans lequel étaient annotées avec soin les propriétés des plantes : cet herbier fut perdu après sa mort.

D. Miguel Juan de Padrines, prêtre de Felanitz, qui écrivit un répertoire des plantes majorquines avec leur synonymie castillane, grecque, latine et limousine, et leurs vertus spécifiques. Enfin l'éloquent Jovellanos, enfermé au commencement de ce siècle dans le château de Belver par les intrigues de Godoï, sut adoucir l'amertume de sa captivité en décrivant les plantes qui croissaient sur le monticule et les murailles de sa prison : rendu à la liberté, il laissa son manuscrit et son herbier entre des mains peu soigneuses, qui les laissèrent se détruire.

En résumé, si avant 1824 nous jetons un regard en arrière, nous ne trouvons, au milieu de tant d'aspirations laborieuses, que le souvenir de collections détruites, de manuscrits inédits, le plus souvent perdus; enfin deux ou trois listes publiées, plus ou moins exactes, généralement sans noms d'auteurs, sans caractères spécifiques bien indiqués.

En 1824, Cambessèdes, disciple et ami des botanistes les plus célèbres de son époque, vint visiter les Baléares et en étudier la flore. Arrivé dans les premiers jours de mars à Soller, il parcourut principalement Majorque, dans les parties montagneuses, jusqu'à la fin d'avril; il passa dans Iviça la première quinzaine de mai, et alla ensuite à Minorque, où il ne fit qu'un court séjour. Mais le docteur Rafael Hernandez mit à sa disposition son riche herbier, dans lequel il put puiser d'intéressants documents. Il reçut aussi un certain nombre de plantes de M. Trias, à Esporlas. A son retour en France, Cambessèdes consigna les résultats de cette exploration dans le tome XIV des *Mémoires du Muséum.* Cet excellent travail, conçu par un esprit scientifique élevé, et dans lequel les noms d'espèces et la synonymie ont été l'objet des plus savantes et des plus consciencieuses recherches, n'a aucun rapport avec tout ce qui l'avait précédé. Les premières pages sont consacrées à une introduction remarquable, dans laquelle l'auteur s'occupe d'abord de la végétation méditerranéenne dans son ensemble; passant ensuite aux Baléares en particulier, il donne les espèces les plus intéressantes, dont la présence caractérise le mieux l'aspect méridional et la physionomie botanique de ces îles. Il fait une esquisse rapide des principales cultures, celle du Coton entre autres, et termine par l'énumération de quelques-unes des plantes les plus curieuses et nouvelles de ce petit archipel.

En 1827, la première chaire de botanique fut créée à Palma et occupée , paraît-il, avec distinction, par D. Bartolome Obrador. Citons encore comme affectionnant la botanique : MM. Bartolome Mestre et D. P. Jose Trias, fils du contemporain de Cambessèdes.

D. Fernando Weyler, médecin supérieur militaire à Palma, savant distingué, mais d'une rare modestie, a consacré à la botanique et à la météorologie la plus grande partie des courts loisirs que lui laissaient ses hautes fonctions, et nous avons puisé de précieux renseignements dans sa *Topographie physico-médicale des îles Baléares* (Palma, 1854), dont le chapitre consacré à la phytologie contient une liste d'espèces suivant l'ordre de De Candolle, avec les noms castillans en regard.

Don Rafaël Oleo y Cuadrado, pharmacien de Ciudadela, a non-seulement réuni un bel herbier local, mais il a publié en 1859, à Valladolid, un *Catalogo por familias de las plantas recogidas en la isla de Menorca*. Dans ce catalogue sont réunies aux plantes déjà publiées par Cambessèdes, comme provenant de Minorque, un certain nombre de plantes nouvelles pour la flore de cette île. M. Oleo a publié en outre, en 1876, à Ciudadela, une *Historia de la isla de Menorca*. Dans les chapitres III et IV de la première partie se trouvent des renseignements intéressants et élégamment écrits sur l'agriculture, la distribution de la végétation dans Minorque, et leur utilité pour l'élève du bétail, ainsi qu'une liste alphabétique en castillan, avec les synonymes latins, des plantes médicinales de l'île et de quelques-unes de celles qui y sont acclimatées.

En 1865, nous avons publié dans le *Bulletin de la Société botanique de France* (21 avril 1865), sous ce titre : *Aperçu général sur le groupe des îles Baléares et leur végétation*, une notice donnant la description physique de ce petit archipel et indiquant quelques-uns des principaux résultats botaniques que nous y avions obtenus pendant les années 1850, 1852 et 1855.

M. Costa, professeur à la Faculté de Barcelone, auteur de la *Flore de Catalogne*, est venu herboriser à diverses reprises aux Baléares dans ces dernières années.

D. F. Barcelo y Combis, professeur de physique à l'Institut baléare, a publié en 1867, dans la *Revista de los progressos de las ciencias de Madrid*, t. XVII, nos 5 et 6, un catalogue intitulé : *Apuntes para una Flora de las islas Baleares, ó Catalogo metodico de las plantas observadas en esta region, que no se hallan mencionadas en la « Enumeratio plantarum quas in insulis Balearibus collegit J. Cambessèdes »*. Ce catalogue contient 470 espèces classées suivant l'ordre de De Candolle, avec les noms vulgaires et l'indication des localités où elles se trouvent. Comme l'a du reste indiqué l'auteur dans sa préface, ce travail reproduit, malgré son titre, les plantes indiquées par Cambessèdes à Minorque et Iviça, mais non à Majorque, et retrouvées depuis dans cette dernière île. Ce catalogue est précédé de quelques pages d'avertissement et notices préliminaires, dont nous ne parlerons pas ici, M. Barcelo annonçant la publication d'une Introduction à la *Flore des Baléares*, introduction qui sera certainement un travail revu et complet. En 1876, a paru un supplément au Catalogue de 1867. Ce nouveau document donne une liste de 308 espèces provenant, soit des propres recherches de M. Barcelo, soit des indications fournies par d'autres botanistes (1).

En 1868, M. J. J. Rodriguez y Femenias fit paraître à Mahon un *Catalogo razonado de las plantas vasculares de Menorca*. Cet ouvrage, commencé en 1865, est précédé d'une Notice sur l'histoire de la botanique à Minorque. Il traite ensuite de la constitution physique de l'île, donne quelques indications sur la géologie et sur le climat, d'après les observations météorologiques de D. Joaquin A. Carreras, faites pendant dix ans à Mahon. Cette introduction se termine par un coup d'œil sur l'aspect de la végétation, les principaux produits agricoles, le rapport numérique qui existe entre les espèces des principales familles végétales, et enfin sur le plan suivi pour la rédaction du catalogne.

La classification adoptée est celle de De Candolle. Les espèces les plus remarquables sont décrites avec méthode et clarté ; chaque plante est suivie du nom vulgaire et les localités sont indiquées avec soin. Ce catalogue, contenant 634 espèces, et son supplément publié à Madrid en 1874, qui en compte 224, forment une œuvre très complète et très recommandable. En octobre 1878, M. Rodriguez a publié dans le *Bulletin de la Société botanique de France* une liste de sept espèces ou variétés nouvelles pour la science, que l'on trouvera dans notre Supplément.

En 1869, M. Bourgeau vint passer quelque temps à Soller, dont il

(1) Au moment où nous mettons sous presse ces dernières pages, nous recevons du savant professeur de Palma le premier fascicule du *Flora de las islas Baleares*, avec un avertissement indiquant que l'Introduction accompagnera la dernière livraison.

explora les environs avec le soin le plus minutieux et en rapporta un certain nombre de plantes nouvelles pour les Baléares ou encore non décrites.

Enfin, en 1873, M. Maur. Willkomm fit pendant les mois de mars, avril et mai un voyage dans les Baléares, dont les résultats sont consignés, sous la forme d'un catalogue raisonné, dans le *Linnæa* de Berlin (fasc. I, II, et III, année 1876). Le célèbre professeur de Prague fait connaître 47 espèces ou variétés, qui n'avaient pas été trouvées jusqu'ici, malgré les nombreuses recherches botaniques dont ces îles ont été l'objet dans ces derniers temps.

II

Constitution physique. — Cette revue bibliographique devrait naturellement nous amener à l'étude de la végétation baléarique, mais la vie des plantes est trop directement soumise à la constitution physique des contrées qu'elles habitent pour que nous n'essayions pas de donner, sur le sol et le climat des Baléares, quelques indications générales indispensables à notre sujet. Les études que vient de terminer récemment M. le professeur Hermite, sur Majorque et Minorque, ont largement étendu les connaissances géologiques que l'on avait sur ces îles, et nous permettront d'en préciser les formations (1).

Placées dans le bassin N. O. de la Méditerranée, entre 38° et 40° 5′ de latit. N., les îles Baléares sont échelonnées suivant une ligne qui s'étend du N. E. au S. O., sur une longueur de 300 kilom. environ. L'extrémité N. E. de cette ligne, la *Mola de Mahon*, est à 320 kilom. de l'Espagne, et mesure la moitié de l'espace qui sépare Alger de Marseille; l'extrémité S. O., le beau rocher de *Vedra*, à Iviça, est à 80 kilom. seulement du cap Denia, près de Valence.

Majorque, dont nous nous occuperons d'abord, est placée entre Minorque et Iviça; quadrilatère imparfait, protégée sur ses côtes nord-ouest et sud-est par des hauteurs escarpées, cette île offre en miniature

(1) *Études géologiques sur les îles Baléares*, par H. Hermite. Paris, 1879.

l'orographie d'un grand pays complet : la *montagne*, la *plaine* et les *plages*.

La chaîne de montagnes la plus élevée, celle du N. O., présente une suite de sommités dont la direction est orientée du N. E. au S. O. Vers le milieu de cette chaîne se trouvent les deux points culminants : *puig Mayor de Torellas*, qui mesure 1445 mètres, et *puig Mayor de Massanellas*, 1350 mètres. Les autres sommets se maintiennent entre 600 et 1000 mètres, et dépassent rarement cette dernière altitude. Le côté septentrional de cette chaîne s'élève presque verticalement du sein des flots, et présente aux marins un immense et dangereux écueil, tandis qu'au S., sa puissante muraille protège entièrement l'île contre les vents du N. et N. O, si redoutables dans ces parages.

Une partie de la côte E. et S. E. possède aussi des montagnes, mais d'une importance orographique beaucoup moindre : leur point culminant peut atteindre environ 550 mètres, et la moyenne se maintient à 300 m.

Entre ces deux massifs montagneux du N. O. et du S. E., se trouve la plaine, assez ondulée en certains points ; son rivage, au levant et au S., offre des plages espacées et de peu d'étendue ; enfin, dans les diverses localités du *Prat*, de *Campos*, de l'*Albufera d'Alcudia* et de *Pollenza*, se trouvaient des marais que le travail de l'homme a récemment fait disparaître.

La grande chaîne rocheuse qui protège Majorque au N. O., est formée par des couches dont le plongement général est fortement accentué vers le S. et le S. E. Elle appartient dans son ensemble à la partie inférieure des terrains secondaires. Le Trias n'occupe que des points très limités sur la côte sud-ouest près de Banalbufar, et représente le plus ancien terrain connu jusqu'ici dans la grande Baléare ; le reste appartient au Lias et à l'Oxfordien. Le massif montagneux moins important qui occupe le S. E. et le S. de l'île appartient aussi au Jurassique inférieur. Sur les deux massifs jurassiques se trouvent des lambeaux nombreux de terrain néocomien dont la présence, constatée jusqu'à une altitude de 450 mètres, indique que les Baléares étaient en grande partie couvertes par les eaux de la mer au commencement de l'époque Crétacée. Dans la grande chaîne, on trouve aussi plusieurs lambeaux de Tertiaire inférieur, et de nombreux affleurements de roches éruptives se rencontrent sur différents points ; leur âge ne peut être précisé encore, mais l'éruption s'est produite après le dépôt des couches jurassiques inférieures. Au pied des montagnes s'étend le terrain tertiaire moyen, qui forme l'ensemble des parties basses de l'île. Ce grand espace miocène est parsemé de nombreux îlots néocomiens et nummulitiques; le puig de Randa, entre autres, appartient à ce dernier terrain. Mais le Miocène recouvre en outre, vers le centre de l'île, une formation lacustre remarquable, connue depuis longtemps par les exploitations de lignites qui y sont ouvertes près de Selva et de Bini-Salem. M. Hermite le considère comme le premier terme des terrains tertiaires de Majorque. On reconnaît actuellement à cet ancien lac un diamètre de 80 kilomètres, et l'épaisseur de ses couches atteint 70 mètres en certains points.

Le Pliocène marin ne paraît pas exister à Majorque; ce terrrain n'est représenté aux Baléares que par une formation lacustre peu étendue, près de Palma; mais le Quaternaire a une véritable importance. Tous ses dépôts « appartiennent à des formations marines. Ce sont en général des couches qui renferment à leur base des *Cardium edule* et une très grande quantité de Mollusques marins; elles se terminent par de puissantes strates de Calcaire à *Helix* et à *Cyclostomes* qui ont été déposées par des eaux marines. Ces dernières assises renferment encore, par places, des Mollusques marins très petits et de nombreux Foraminifères (1). »

Ces terrains couvrent d'assez grands espaces au S. O., à l'E. et au S. E. de Palma : du côté d'Arta, à *Son Morell*, le Calcaire à *Helix* se trouve à 80 mètres d'altitude. On doit aussi rapporter au terrain quaternaire une large bande de galets que l'on observe au S. de la grande chaîne, au pied même des montagnes, depuis Palma jusqu'auprès d'Alcudia. Ce conglomérat, bien visible surtout du côté de Palma, présente une épaisseur de 10 à 15 mètres, et atteint probablement 30 ou 40 mètres de puissance sur certains points.

Minorque présente un aspect complètement différent de celui que nous a offert Majorque. Cette île est divisée naturellement en deux régions bien distinctes et d'une étendue à peu près égale : la partie N., complètement ondulée, boisée seulement dans ses localités les plus abritées, est formée de collines peu élevées dont le point culminant, *monte Toro*,

(1) Hermite, p. 278, *loc. cit.*

atteint 358 mètres. Le reste se maintient entre 150 et 250 m. environ d'altitude.

La partie S. est formée par un grand plateau sans végétation arborescente, à peine ondulé, qui s'incline doucement vers la mer, au bord de laquelle il se termine par une falaise à pic sur les flots. Aussi les plages sont-elles rares et peu étendues sur toute la côte méridionale. Ce plateau est coupé par quelques ravins ou *barrancos* orientés du N. au S. et nettement limités par des bords très escarpés ; il appartient entièrement à la partie moyenne du Tertiaire moyen. Ce terrain forme l'entrée et tout le bord sud du port de Mahon, si célèbre au dix-huitième siècle. C'est dans ces bancs du Miocène que furent creusées, par les Anglais, les galeries du fort Saint-Philippe, qui faisaient considérer Mahon comme un deuxième Gibraltar. C'est aussi sur ces mêmes assises que les Espagnols ont édifié, dans ces derniers temps, le puissant fort de *la Mola*, à l'entrée du goulet. Mais à l'O. de la Mola s'étend le Devonien, qui forme complètement le bord septentrional de cette anse sinueuse et profonde. L'extrémité intérieure du port Mahon marque la terminaison orientale d'une longue dépression dirigée du S. E. au N. O., et qui trace la séparation du plateau miocène avec la région ondulée formant le Nord de l'île.

Cette dernière région nous montre les formations les plus anciennes de tout le groupe des Baléares : il est probable que le Silurien y existe; dans tous les cas, le Devonien en occupe une grande partie. M. Hermite assigne à ce terrain une épaisseur de près de 1000 mètres. Il a trouvé, au milieu de ces couches de schistes et de grès, des assises fossilifères dans lesquelles se montrent de nombreuses empreintes végétales terrestres qui annoncent des terrains de rivage et contiennent les doyens de la flore des Baléares : l'*Archæocalamites Renaulti* et le *Sphenophyllum Maresi*, Herm. Le Devonien est recouvert, sur de larges surfaces, par le Trias et le Jurassique. Sur ce dernier on observe, au cap *Pentinat*, deux petits lambeaux de Néocomien.

Enfin le terrain quaternaire, sous forme de Calcaire à *Helix*, se retrouve sur divers points au N. de Minorque, et atteint jusqu'à 50 mètres d'altitude. De même qu'à Majorque, on le voit principalement le long des côtes.

Ivíça est une petite terre montueuse dont le point culminant, l'*Ata-*

layassa, au S. O. de l'île, atteint 475 mètres. Au N. O., sur *Camp Vey*, à 400 mètres d'altitude, se trouvent encore les restes de la cabane qui servit, sur ce point, aux observations de Biot et Arago, lorsqu'au commencement de notre siècle ils s'occupèrent de la triangulation du méridien terrestre. Nous serons plus bref sur la nature géologique d'Iviça et de Formentera, aucun géologue n'en ayant fait jusqu'ici l'objet d'une étude spéciale. Les plus hauts sommets d'Iviça appartiennent à la période secondaire; leur base est recouverte par le terrain miocène; près des rivages est déposée une brèche quaternaire à ciment rougeâtre, renfermant de nombreux Mollusques marins actuels : son aspect rappelle exactement les couches qui occupent la base du Calcaire à *Helix* de M. Hermite.

Les terrains tertiaire et quaternaire forment exclusivement la petite ile de Formentera. Cette langue de terre, qui fait suite à Iviça et qui lui est presque complètement rattachée par des îlots et des écueils nombreux, est tout à fait plane et ne présente qu'un mamelon isolé à son extrémité orientale : il est connu sous le nom de *la Mola*; son altitude est de 192 mètres.

En examinant la formation géologique des Baléares, on reconnaît que leur émersion s'est toujours propagée suivant la direction de l'E. N. E. à l'O.-S.-O.; que ces terres ont été soumises à des oscillations nombreuses tendant toujours à les élever de plus en plus au dessus des eaux et à les amener peu à peu à leur forme actuelle : voyons, en effet, ce qu'indiquent les diverses couches dont nous venons de donner une rapide description.

C'est au Devonien qu'appartiennent leurs assises les plus anciennes; nous y avons vu les débris d'une flore terrestre. Pendant l'époque Carbonifère et Permienne elles furent émergées, et quand les mers du Trias et ensuite du Jurassique inférieur vinrent les recouvrir, une parcelle du terrain Paléozoïque resta peut-être visible au-dessus des flots, formant ainsi le premier jalon de ce groupe d'îles. Vers le milieu de l'époque Jurassique, le fond de la mer s'exonda de nouveau : le sol des Baléares fit alors partie de terres d'une grande étendue; il resta émergé jusqu'au commencement de l'époque Crétacée, et fut ensuite recouvert par la mer néocomienne; mais quelques points restèrent cette fois au-dessus des flots environnants, et les Baléares durent présenter à cette époque une série d'îlots semés dans la direction générale du N. E. au S. O.

A la fin de l'époque néocomienne, une oscillation ascendante ramena le sol des îles à la surface des eaux, et probablement les réunit vers le N. à d'autres terres d'une vaste étendue; leur émersion se maintint pendant les dépôts de la Craie moyenne et supérieure et les premières assises du Tertiaire inférieur. Sur cette terre pendant si longtemps exondée s'était formé un grand lac d'eau douce, dont les couches d'argile, de marne et de lignite ont conservé dans leur sein de nombreux débris de plantes et d'animaux terrestres et fluviatiles attestant l'existence d'une faune et d'une flore parfaitement développées.

Une nouvelle oscillation vint abaisser ces terres déjà si anciennes. La vie active qui s'y était formée dut être engloutie dans les flots de la mer nummulitique; peut-être ne le fut-elle pas complètement, car les eaux ne couvrirent plus la surface des îles sur une aussi grande étendue qu'à l'époque Néocomienne. En effet, le Nord de Minorque, les deux massifs montagneux de Majorque et le centre élevé d'Iviça, restèrent en grande partie exondés, formant ainsi des îlots d'une surface assez considérable pour y laisser vivre des êtres organisés.

Au commencement de l'époque Miocène, une nouvelle oscillation fit émerger en entier le sol des îles; mais cette période fut bien plus courte que les précédentes, car nous voyons un nouvel affaissement se produire dès le commencement du Miocène moyen : toutefois les eaux ne s'élevèrent plus à une aussi grande hauteur; toute la partie septentrionale de Minorque se dégagea complètement, et les reliefs montagneux de Majorque et d'Iviça gagnèrent encore en étendue.

Les eaux de la mer miocène supérieure ne couvrirent pas le sol actuel de Minorque, ni, probablement, celui d'Iviça, et ne baignèrent plus que le S. et le S. E. de la plaine de Majorque. Nous voyons se produire à cette époque une oscillation considérable sur l'Europe méridionale et la région méditerranéenne : le sol des Baléares fut alors vraisemblablement relié par le N. et l'O. à de vastes espaces continentaux, couverts de lacs, de marais, de lagunes, dont on retrouve partout les traces. Une grande humidité régnait dans l'atmosphère et le climat était d'une grande douceur. Cette époque remarquable nous intéresse particulièrement par les rapports directs qu'affecte encore une fois le sol des Baléares avec des terres continentales, et par l'étendue que conservèrent les îles reformées à la suite d'un nouvel et dernier abaissement de cette région.

A la fin du Miocène, des tendances à un refroidissement général se manifestent sensiblement; elles s'accentuent à l'époque de la mer Pliocène, dont les eaux n'envahissent pas les Baléares.

Pendant ces derniers temps du Tertiaire, les contours de l'Europe commencent à se dessiner tels que nous les voyons aujourd'hui: la Méditerranée prend peu à peu sa forme actuelle, quoique conservant une étendue un peu plus grande. Majorque, Minorque et Iviça, de nouveau entourées par les eaux, sont définitivement des îles bien isolées les unes des autres et largement séparées des continents voisins. Elles ont désormais leur existence insulaire particulière.

Nous arrivons à l'époque Quaternaire : elle est marquée par un nouvel abaissement du niveau des Baléares. Les eaux de la mer inondèrent une partie de la plaine de Majorque, y creusèrent des vallées, en dessinèrent davantage le relief orographique ; elles pénétrèrent assez profondément dans les échancrures du rivage de Minorque, les agrandirent, les creusèrent davantage, en augmentèrent le nombre. Il en fut probablement de même à Iviça. Quant à Formentera, elle ne sortit complètement des flots qu'à la fin de cette dernière révolution.

Nous n'avons jusqu'ici aucune donnée sur l'accentuation du froid quaternaire aux Baléares; cette étude, qui y serait si intéressante pour la géographie botanique et au point de vue de la propagation des espèces, reste encore complètement à faire. Les montagnes, dont le point culminant dépasse 1400 mètres, ne paraissent porter aucune trace de glaces permanentes anciennes; nous ne connaissons aucune observation de ce genre, pas plus que sur des cavernes à ossements ou des travertins avec débris de végétaux et d'animaux de cette époque. — Quoi qu'il en soit, il ne paraît pas, jusqu'à présent, que les froids de la période glaciaire se soient fait sentir avec rigueur sur ces terres, qui devaient être protégées dès cette époque contre de grands écarts de température par leur latitude, leur position insulaire et l'état de demi-submersion d'une grande partie de l'Afrique septentrionale.

Si nous nous sommes aussi longuement étendu sur la formation progressive des Baléares à travers les âges, c'est qu'il nous a paru intéressant, sous bien des rapports, de montrer ce qu'elles ont été dans les temps passés ; comment, pendant cette longue série de siècles qui a présidé à leur développement, le point du globe qu'elles occupent est passé par des périodes successives d'abaissement et d'émersion qui les ont fait participer tour à tour à l'état continental ou insulaire, en y modifiant ainsi profondément et à diverses reprises le développement de la vie et les relations des êtres animés qui les habitaient.

III

Météorologie. — Les îles Baléares, placées, comme nous l'avons dit, dans le centre occidental du bassin nord-ouest de la Méditerranée, participent naturellement aux grands phénomènes météorologiques des continents voisins, mais on doit les ranger parmi les contrées de cette région dont le climat est le plus tempéré.

La neige tombe rarement sur les plaines : quand cela arrive, elle fond presque toujours en touchant le sol ; si par hasard elle persiste, sa durée est passagère.

Le thermomètre descend rarement à zéro : la glace est un fait exceptionnel dont on conserve le souvenir. Dans l'espace de cinq ans (1849 à 1853), le docteur Weyler n'indique qu'une fois un minima absolu de zéro, à Palma, en février 1853. M. le professeur Barcelo y Combis, directeur de l'observatoire de cette ville, ne signale que deux fois la température de zéro, en 1870 et 1871, et 1 degré au-dessous de zéro le 4 janvier 1868. Les observations embrassent une période de dix ans : 1865 à 1874.

La moyenne thermométrique est de 18 degrés ; le maxima le plus élevé n'a pas dépassé 39°,5, ce qui établit un écart maximum de 40°,5.

La chaîne de montagnes qui forme toute la partie nord de Majorque offre des conditions climatériques différentes : des froids assez intenses y règnent sur les points élevés où la neige se montre depuis le mois de décembre jusqu'en mars et persiste jusqu'en avril sur les hautes cimes. Nous manquons malheureusement de renseignements précis sur cette région, dont nous ne connaissons, jusqu'à présent, aucune observation météorologique ; mais, en nous aidant de la température de quelques sources que nous avons observées dans ces parages si pittoresques, nous trouvons qu'entre 800 et 1000 mètres d'altitude, la moyenne doit être de 10°,8 environ, et qu'entre 1300 et 1400 mètres elle doit osciller autour de 9 degrés.

Ce n'est pas une raison pour qu'on y trouve une flore rappelant celle du nord de l'Europe, mais cela expliquera la présence de certaines espèces, comme les *Potentilla caulescens, Lonicera pyrenaica, Hieracium sericeum, H. amplexicaule*, etc., qui croissent dans ces points élevés, et l'*Erinus alpinus*, que nous avons rencontré au sommet de *sa couma des Prats de Massanellas*, un des points les plus froids de l'ile, si nous en jugeons par son altitude (1200 mèt.), son exposition au N. et son aspect désolé.

Cette chaîne, par son peu d'épaisseur, ne peut constituer un massif assez puissant, malgré son altitude, pour influencer bien sensiblement le climat du pays, et, par suite, en modifier la végétation ; aussi n'agit-elle, en quelque sorte, qu'à la manière d'un écran, et doit, au lieu d'abaisser la température moyenne, l'élever au contraire, en protégeant l'ile contre les vents froids du rhombe N., si fréquents et si forts dans ces parages. Le calme relatif dû à ce grand abri naturel a certainement une action marquée sur l'humidité de l'air, élément si important pour la végétation et que les vents détruisent ou atténuent si facilement. Enfin, la pluie doit être influencée d'une manière appréciable par la présence de cette chaîne principale ; malheureusement nous manquons jusqu'à présent d'observations pouvant éclairer d'une manière bien précise ce fait intéressant. Du reste, la petitesse relative du bassin méditerranéen dans lequel sont placées les Baléares, et l'influence des pays continentaux circonvoisins et de leurs puissants massifs montagneux, sont autant de circonstances qui devront toujours exercer une action défavorable sur l'abondance des pluies à Majorque.

La disposition géologique du sol ne peut qu'en augmenter encore la sécheresse : les assises rocheuses des hautes montagnes présentent généralement des fentes, des fissures nombreuses qui laissent facilement pénétrer les eaux pluviales : celles-ci ne trouvent souvent, pendant leur infiltration au sein de la terre, que peu ou point de couches argileuses continues et régulières, pouvant les retenir et en favoriser le jaillissement à des niveaux inférieurs. La plaine ne profite donc que d'une très faible portion de l'eau tombée dans les montagnes ; en outre, celle qu'elle reçoit directement rencontre presque partout des terrains l'absorbant avec facilité : elle peut dès lors se perdre souterrainement dans la mer, toujours voisine, à moins que des couches imperméables ne l'arrêtent à temps pour la ramener encore à la surface du sol. Aussi ne voit-on pas de rivières à Majorque, à moins qu'on ne donne ce nom à quelques petits ruisseaux qui ne tarissent pas complètement en été. Il est probable que la connaissance aujourd'hui plus exacte des formations géologiques de l'île favorisera la recherche et la découverte de fortes sources.

Mais, si l'eau de pluie n'est pas abondante, l'état hygrométrique de l'air est élevé : l'observatoire de Palma indique une moyenne annuelle de 76°,2 d'humidité relative, répartie de la manière suivante : hiver, 81°,7; printemps, 75°,0 ; été, 70°,5 ; automne, 76°,83.

La hauteur de l'eau de pluie est de 435 millimètres, ainsi distribués : hiver, 116; printemps, 104; été, 43; automne, 172.

La moyenne barométrique est de 762^{mm},9; son amplitude extrême donne un écart moyen de 26^{mm},74 pour l'hiver et de 13^{mm},47 pour l'été. C'est toujours pendant les mois de décembre, janvier, février et les premiers jours de mars que se présentent les plus hautes et les plus basses pressions.

M. Carreras fait depuis plusieurs années, à Mahon, des observations météorologiques qui nous permettent aujourd'hui de parler du climat minorcain : nous possédons, grâce à l'obligeance de M. Rodriguez, dix années de ces observations inédites (1866 à 1870). Mahon, placé à l'extrémité orientale de Minorque, paraît jouir d'une température un peu plus douce et plus égale que celle de Palma : la moyenne est de 17°,3; la différence entre l'été et l'hiver est de 12°,7, et à Palma de 13°,5. L'oscillation thermométrique extrême, pendant le cours de dix années consécutives, a été de + 1 degré, en décembre 1869, à 34 degrés, en août 1873, soit 33 degrés; tandis qu'à Palma nous avons vu que l'oscillation extrême est de 40°,5. L'humidité relative moyenne de l'année est un peu plus élevée : 79°,5; la distribution, selon les saisons, diffère aussi : hiver, 86°,9; printemps, 78°,5; été, 68°,67; automne, 78°,35. Cet écart de l'hygromètre entre l'été et l'hiver, bien plus accentué qu'à Palma, s'explique par la circulation facile des brises à la surface de Minorque pendant la saison chaude, et par l'humidité excessive répandue sur cette île par les embruns de la mer, qui se brise avec furie sur toute la côte septentrionale pendant les tempêtes de N. O., si fréquentes durant la saison froide.

A Mahon, la quantité de pluie est beaucoup plus forte qu'à Majorque.

La moyenne de dix années donne 678mm,1, ainsi répartis : hiver, 205mm,8 ; printemps, 125 millim. ; été, 58mm,8 ; automne, 275mm,9.

Cette distribution des pluies, si défavorable à Palma, est probablement due à la protection que donnent à cette ville, vers le N. et l'O., les plus hautes montagnes de la chaîne principale, ainsi qu'au voisinage du continent espagnol et du massif pyrénéen.

Nous manquons malheureusement d'observations météorologiques pour Iviça et Formentera. Les seules indications que nous ayons pu recueillir sur le climat de ces îles nous viennent d'un magnifique ouvrage illustré, publié par l'archiduc Louis de Toscane chez Brockhaus, à Leipzig, sous ce titre : *Die Balearen in Wort und Bild geschildert*. Nous n'avons pu le trouver, malheureusement, dans aucune des grandes bibliothèques de Paris, et nous en donnons l'extrait publié en 1876 par le journal *l'Union médicale :*

« Le climat d'Iviça est très doux. Si on le compare à celui de Majorque, cette dernière île se distinguerait par des étés plus chauds et des hivers moins cléments. Quant à la gelée, à la neige, il n'en est pas question sur la plus grande partie des Pityuses, excepté peut-être pendant quelques rares hivers qui ne comptent pas dans la règle commune. Dans la ville, le thermomètre descendrait rarement au-dessous de + 7°,0 centigrades, et dans les vallées abritées des vents continentaux et plus ouvertes aux influences méridionales, la température serait nécessairement un peu plus haute. Dans les mois les plus froids, le thermomètre se maintient à 12 et 13 degrés, et la température la plus extrême de l'été franchirait rarement la limite de 32 degrés..... »

Aux Baléares, les vents soufflent fréquemment. Pendant la saison froide, ce sont les courants du rhombe N. qui dominent presque complètement, et ils acquièrent souvent une excessive violence. Les habitants sont tous d'accord à ce sujet. Le *mistral* (N. O.) et la *tramontana* (N.) sont les plus redoutables et deviennent presque un véritable fléau dans les plaines découvertes. Ils commencent à se montrer vers la mi-octobre et se répètent jusqu'à la fin de mars. Ce sont évidemment les plus forts, les plus actifs, ceux dont les effets se font le plus sentir, car tous les arbres qui poussent sans abris sont couchés vers le S. : c'est principalement sur le plateau méridional de Minorque que cette particularité est remarquable. Cependant, à Iviça, on m'a signalé le *gregal*

(S. E.) comme le plus violent de tous. Il est probable que les habitudes maritimes des insulaires leur font considérer comme le plus mauvais vent celui qui leur donne la plus forte mer. Du reste on s'accorde à regarder les vents du N. comme moins violents à Iviça que dans les autres îles de ce groupe. La gelée blanche ne se montre que dans les années froides; les rosées sont abondantes.

Les brouillards paraissent assez rares à Majorque; ce sont principalement les courants d'air de l'E. qui en favorisent la formation sur quelques points de l'île.

On observe tous les ans quelques chutes de grêle, surtout en hiver et en automne. Dans cette dernière saison et en été ont lieu quelques orages mêlés de tonnerre; les éclairs sont fréquents, dans la soirée, pendant la saison chaude. La lumière est intense aux Baléares, et les jours purs y sont assez nombreux, surtout en été.

Le tableau suivant permet de saisir d'un coup d'œil l'état comparatif des principaux phénomènes météorologiques dans les Baléares et les régions voisines (1).

Il résulte de l'examen de ce tableau que dans les Baléares :

1° La moyenne de la température est comparable à celle des pays voisins dont le climat est le plus doux;

2° Les *maxima* absolus sont moins élevés;

3° Les *minima* absolus soint moins bas;

4° Les moyennes de l'humidité relative sont plus élevées en toutes saisons;

5° Enfin, les moyennes mensuelles *maxima* de cette humidité sont plus élevées, et les moyennes mensuelles *minima* moins basses, de sorte que l'humidité relative reste toujours plus accentuée.

Nous devons d'autant plus tenir compte de ces résultats, que nos comparaisons ne s'étendent, sur le continent, qu'à des stations *maritimes*, et que le moindre éloignement des côtes suffirait pour donner, sur bien des points, des différences extrêmes beaucoup plus considérables, eu égard surtout au froid et à l'état hygrométrique.

En résumé, le climat de ces îles se rattache nettement, d'une manière générale, à celui de la région méditerranéenne; mais l'état insulaire de

(1) Voyez ce tableau au verso.

Tableau comparé de la température et de l'humidité de l'air aux Baléares

et dans quelques-unes des stations les plus tempérées des bords du bassin nord-ouest de la Méditerranée.

LOCALITÉS.	HIVER.		PRINT.		ÉTÉ.		AUTOMNE.		ANNÉE.		TEMPÉRATURE MAXIMA ABSOLUE.	TEMPÉRATURE MINIMA ABSOLUE.	HUMIDITÉ RELATIVE. Moyenne mensuelle maxima.	HUMIDITÉ RELATIVE. Moyenne mensuelle minima.	PLUIE en millim.
	TEMPÉRATURE MOYENNE.	HUMID. RELAT. MOYENNE.	TEMPÉRATURE MOYENNE.	HUMID. RELAT. MOYENNE.	TEMPÉRATURE MOYENNE.	HUMID. RELAT. MOYENNE.	TEMPÉRATURE MOYENNE.	HUMID. RELAT. MOYENNE.	TEMPÉRATURE MOYENNE.	HUMID. RELAT. MOYENNE.					
PALMA......	11.5	81.70	16.1	78.00	25.0	70.50	19.5	76.83	18.0	76.20	39.5...	— 1...	86.0, janvier 1868.	61.0, juillet 1866.	435
MAHON......	11.2	86.90	15.25	78.05	23.9	68.67	18.5	78.35	17.3	79.50	34.0, août 1873.	+ 1, décemb. 1869.	93.0, janvier 1873 et février 1868.	62.0, juin 1868 et juin 1870.	678.1
BARCELONE.	9.8	70.23	14.6	69.20	23.4	75.29	17.5	73.30	16.8	72.30	35.5, 20 juillet 1868.	— 2.8, 29 déc. 1870.	87.0, octobre 1865.	55.0, mars 1865.	515.76
VALENCE....	10.8	69.62	15.6	62.20	23.9	62.30	18.7	65.70	17.3	64.70	40.5, 14 juin 1867.	— 3,0 4 janv. 1868.	80.0, avril 1865.	49.0, mars 1869.	531.74
ALICANTE...	11.6	77.02	16.1	70.00	24.7	67.50	18.0	70.00	17.8	73.20	42.2, 14 juin 1867.	— 4,0 4 janv. 1868.	88.0, sept. 1860.	59.0, mars 1869.	413.01
ALGER......	12.3	72.25	14.9	70.22	24.2	69.07	19.3	69.17	17.7	70.18	42.6, 7 sept. 1877.	0 0,0 12 janv. 187.	80.0, mai 1875.	52.0, octobre 1870.	785
LA CALLE...	13.5	72.30	16.1	72.50	26.5	72.90	21.0	74.50	19.2	73.30	43.0, 30 août 1878.	0.1,0 13 janv. 1878.	80.4, septemb. 1879.	62.3, janvier 1878.	850
PALERME...	11.7	74.50	15.9	66.50	23.5	61.10	19.7	69.38	17.7	68.60	40.4, 24 juillet 1866.	— 2,0 30 janv. 1870.	80.7, décemb. 1866.	58.7, juin 1867 et mai 1869.	589.5
NAPLES.....	9.0	74.80	14.3	48.70	23.0	66.40	16.9	71.60	15.8	70.40	34.7, 11 juillet 1866.	3,0 24 janv. 1869.	81.6, janvier 1871.	60.6, mai 1868.	897.6
LIVOURNE...	8.0	69.60	14.1	64.0[illegible]	23.1	61.40	16.0	66.90	15.3	65.50	36.6, 18 juillet 1871.	— 6.8, 24 janv. 1869.	82.5, décemb. 1869.	51.0, avril 1870.	852.4
NICE........	8.9	64.50	14.16	58.80	23.05	62.10	16.5	62.00	15.66	61.10	33.7, 10 juillet 1865.	— 3.5, 8 fév. 1864.	73.9, décemb.	47.2, mars 1858.	798.4
PERPIGNAN.	8.0	71.00	13.7	64.95	22.6	61.90	15.0	68.26	15.0	65.90	41.8, 28 juillet 1876.	— 5.0, 10 déc. 1878.	79.7, octobre 1874.	53.0, mai 1873.	604.5

ces petits pays, en rendant leur température plus douce, leur humidité plus élevée, en modifiant, en un mot, certaines parties essentielles à l'atmosphère de la grande région dont ils font partie, leur a constitué : *un climat particulier*. C'est là le fait qui doit nous intéresser.

L'ensemble de ces circonstances physiques favorise le développement d'une végétation dont nous allons essayer de présenter les principaux traits.

IV

Végétation. — En approchant des Baléares, on voit sur leurs côtes de nombreux Pins d'Alep : les collines, les plages, en sont parsemées; ils croissent aussi dans les anfractuosités et sur les flancs inaccessibles des rochers à pic de l'immense écueil que présente, au N. O., la chaîne principale de Majorque, mais ils ne dépassent guère l'altitude de 600 à 700 mètres. Dans l'intérieur de l'île, dans les lieux où la terre est pauvre et argileuse, dans certaines garigues à sol argilo-marneux jaunâtre, on trouve encore ces Pins que la culture tend à faire disparaître peu à peu.

Dans les terres plus riches, c'est le Chêne vert (*Quercus Ilex*) qui couvre encore de grands espaces sur quelques montagnes, du côté d'Andraitx, de Valldemosa, de Lluch, d'Arta, etc. La force et la grosseur de ces arbres montrent combien le sol leur est propice et favorise leur longévité. Dans la plaine, ils ont à peu près disparu des terrains propres à la culture, et n'occupent guère que des morceaux de garigues difficiles à défricher; cependant on en trouve encore quelques bouquets ou de beaux pieds isolés dans les champs, du côté de Selva, de Muro, etc. Ce sont évidemment les témoins respectés d'anciennes forêts détruites qui couvraient autrefois de vastes étendues de terrains, aujourd'hui cultivées. La var. γ. *Ballota* y est mélangée au type en petit nombre par pieds isolés, tantôt greffés, tantôt spontanés, comme dans les bois de Lluch, où le Chêne vert s'étend encore sur de vastes espaces; il croît surtout dans la montagne et s'y élève jusqu'à l'altitude de 800 mètres environ.

L'Olivier est plus nombreux que le Chêne dans les parties basses des îles ; il pousse de préférence dans les terrains rougeâtres, souvent rocailleux, des collines et des plaines baléariques, dont il paraît avoir couvert le sol en grande partie à une époque plus ancienne (1). Sa spontanéité est même si accusée, qu'on est porté à le considérer comme indigène. Tandis qu'en Sicile, sur les pentes S. et E. de l'Etna, il atteint à une altitude voisine de 1000 mètres (975), nous ne l'avons pas vu dépasser 700 mètres à Majorque. Il pousse dans les Baléares avec une facilité et une puissance de végétation qui étonnent même l'habitant du midi de la France. Cambessèdes dit à ce sujet : « Je mesurai auprès de Valldemosa un Olivier dont le tronc, parfaitement sain, avait vingt pieds huit pouces de circonférence à trois pieds au-dessus du sol. » (*Ann. des voyages*, t. XXX.)

A Iviça, dans le district de Saint-George, nous en avons mesuré un qu'on regardait comme le plus gros de l'île : à un mètre au-dessus du sol, il avait 9 mètres de circonférence. Tous ces arbres sont ramenés, par la greffe, dans l'ensemble de la végétation cultivée.

Le Caroubier (*Ceratonia Siliqua* L.) vient toujours à côté de l'Olivier, dans les mêmes conditions de sol, d'exposition, et se mêle sans cesse à lui, mais toujours à de faibles altitudes. Nous ne pensons pas qu'il atteigne 300 mètres aux Baléares. Cet arbre, qui a été observé jusque dans le Bornou, et dont l'origine exacte nous échappe encore, est dans tous les cas un des végétaux dont la présence indique le plus sûrement une grande douceur dans la température des contrées où son acclimatation est complète. Sa vigueur, sa longévité dans les Baléares ne laissent aucun doute sur sa parfaite adaptation au climat de ces îles.

D'autres espèces sont aussi répandues sur les terres cultivées et tendent à se propager de plus en plus sous l'influence de l'homme. Nous citerons le Figuier (*Ficus Carica* L.), qui croît spontanément avec tant de facilité dans les fentes des murailles, sur les débris de vieux murs, et qu'on a utilisé avec sagacité pour peupler de grands espaces de terrains pauvres et improductifs. Ainsi du côté d'Algayda, de Petra, de Manacor, dans le centre de l'île, où la terre végétale, peu profonde et argileuse, a un sous-sol de roche tertiaire, tendre mais impropre aux cultures ordinaires, on a planté d'immenses quantités de Figuiers qui s'y développent admirable-

(1) En Algérie, où l'Olivier croît avec une grande vigueur, il affectionne aussi ce terrain rouge, argilo-siliceux, d'origine quaternaire comme celui des Baléares.

ment. Sans entrer dans des détails qui nous écarteraient de notre sujet, nous pouvons dire que la végétation de ces arbres prend en quelques années un tel développement, qu'on est obligé d'étançonner leurs branches sur des piquets à plusieurs mètres de distance autour du tronc, et qu'il en est certains dont la production peut s'élever au point de donner 150 kilogr. de figues sèches et fournir en même temps à l'élève et à l'engraissement de cinq ou six porcs. Dans la plaine, du côté de l'O., aux environs de Palma, de Bini-Salem, d'Alaro, dans les terres rougeâtres et caillouteuses, on a planté de nombreux Amandiers qui couvrent de grands espaces.

La Vigne est cultivée sur les coteaux et dans la plaine; la valeur et la richesse de ses produits en ont fait rapidement accroître les plantations et perfectionner la culture : certains crus, entre autres celui de Bañalbufar, ont acquis une juste renommée. Les *Citrus medica*, *C. Limetta*, *C. Limonium*, et surtout le *C. Aurantium*, introduit depuis longtemps aux Baléares, y sont l'objet de soins minutieux; mais leur nombre y est limité par l'eau d'arrosage et les abris qui leur sont nécessaires. Partout où se trouve une source un peu abondante, ou de bons puits peu profonds, les habitants plantent cet arbre, dont le rapport est très lucratif. Le val de Soller, qui occupe le fond d'un cirque de 8 à 10 kilomètres environ de diamètre, entouré de hautes montagnes, s'est acquis une grande réputation dans Majorque. Ce n'est plus, en quelque sorte, qu'un immense jardin de Citronniers et surtout d'Orangers, dont les fruits sont emportés par de légères balancelles sur les côtes de France, où ils approvisionnent les marchés de Marseille, de Cette, d'Agde, etc., sous le nom d'*Oranges de Majorque*.

Ces arbres, objets d'une culture des plus soignées, peuvent donner en moyenne 1500 à 1800 fruits; mais de beaux Orangers en plein rapport donnent 3000 oranges et plus.

Un admirable arbuste, toujours vert, d'un port élégant et gracieux, couvre certaines localités assez étendues, quoique bien limitées : c'est le Buis de Mahon (*Buxus balearica* Lamk.). Nous l'avons encore vu en 1850 dans le Teitx, près de Soller, et au puig Gros de Ternellas, près de Pollenza. Tout le versant nord-nord-ouest de ces deux montagnes, qui atteignent 1000 mètres et 800 mètres d'altitude, offraient à l'œil une véritable forêt de ces beaux arbustes. Cette végétation si intéressante, qui ne se retrouve ailleurs que sur un point très limité du continent espagnol, existait encore en 1851 : au puig Gros de Ternellas, certains troncs étaient, d'après les habitants, « plus gros que le corps d'un homme », et si bien développés, que les ébénistes de Pollenza s'en servaient pour faire des meubles. Tout a été coupé en 1852 et transformé en charbon. On trouve encore ce Buis disséminé sur divers points de la cordillère majorquine, depuis Galatzo jusqu'à Pollenza, soit dans les ravins, soit sur des rochers inaccessibles où l'homme ne peut aller le détruire facilement. Ce bel arbuste se plaît dans des localités rocheuses et ne commence à se montrer que vers une altitude de 350 à 400 mètres dans les calcaires jurassiques : aussi ne l'avons-nous pas vu à Minorque, et M. Rodriguez ne le mentionne pas dans son catalogue.

Dans les haies, les ravins, on voit des quantités de *Rhamnus Alaternus*, *Pistacia Lentiscus*, *Myrtus communis*, *Punica Granatum*, *Phillyrea*, etc., etc., qui croissent pêle-mêle, entrelacés de Vignes sauvages, de *Clematis cirrhosa*, et forment des fourrés impénétrables de verdure dans les ravins qui gardent encore de la fraîcheur en été.

Le *Laurus nobilis* se rencontre dans les fentes des grands rochers à pic, à Majorque et à Minorque, et le *Chamœrops humilis* croît abondamment dans diverses garigues, au puig Galatzo, à Arta près d'Alcudia, et dans les solitudes rocheuses et accidentées du cap Formentor, où nous avons vu un grand nombre de pieds de 2 et 3 mètres de hauteur.

Nous citerons encore le *Phœnix dactylifera*, répandu dans les jardins, dont il est un des plus beaux ornements ; mais c'est là son principal mérite, car il ne mûrit pas ses fruits, quelles que soient la vigueur et la beauté de sa végétation.

Enfin l'*Agave americana* et le *Cactus Opuntia* sont aussi répandus à profusion dans la campagne, où ils rendent de véritables et continuels services, l'un par ses fibres argentées et solides qui servent à mille usages, l'autre par ses fruits si rafraîchissants et agréables en été ; tous deux enfin par les piquants acérés de leurs feuilles qui forment d'excellentes et infranchissables clôtures.

Telle est la végétation la plus apparente des Baléares, végétation à laquelle les *Agave*, les *Cactus Opuntia*, ou les *Chamœrops humilis*, qui couvrent les garigues sauvages et montueuses, les beaux Dattiers qui croissent çà et là dans les jardins, donnent un aspect oriental s'harmonisant de la manière la plus heureuse avec le style mauresque des constructions agricoles, de belles montagnes et une nature agreste et colorée sous un ciel lumineux.

Toutefois, en examinant de plus près cette flore, nous verrons qu'elle n'appartient à l'Orient que d'une manière apparente par quelques végétaux qui frappent la vue et dont la facile croissance est due à la beauté du climat : mais en réalité la végétation des Baléares appartient par ses affinités générales au bassin occidental de la Méditerranée, tout en conservant une quantité notable d'espèces indigènes ou peu répandues ailleurs, qui lui impriment une physionomie particulière.

Les notes que nous donnons plus loin (p. 339) « pour quelques excursions botaniques dans les Baléares » permettent à chacun de suivre avec facilité et selon ses désirs, le peuplement détaillé des diverses parties de ces îles; nous n'avons donc pas à nous étendre davantage sur ce sujet, mais nous le compléterons par la description de ce que nous avons nommé la *zone baléarique* (1), dont la présence est si caractérisée et si caractéristique, principalement à Majorque.

Nous avons vu que la grande chaîne au N. O. de cette île est profondément découpée, et que le plongement général de ses couches est très accentué vers le S. et le S. E. Ces couches, le plus souvent composées de bancs de calcaire compact d'une grande puissance, forment, surtout dans les pentes au N. et N. O., des murailles rocheuses disposées sur le flanc des montagnes comme des gradins gigantesques qui, très fréquemment, couronnent même leur sommet et leur donnent alors l'aspect de grandes forteresses : c'est là, sur le front souvent inaccessible de ces beaux remparts naturels, exposés généralement au N., que croissent, jusque dans les moindres anfractuosités, les *Brassica balearica, Silene velutina, Arenaria balearica, Genista cinerea, Anthyllis balearica, Hippocrepis balearica, Daucus maritimus, D. maximus, Lonicera pyrenaica, Scabiosa cretica, Helichrysum Lamarckii, Barkausia Triasii*. Avec ces espèces s'en trouvent d'autres moins répandues, mais aussi caractéristiques de cette zone baléarique. Ce sont les *Ranunculus Weyleri, Ilex balearica, Saxifraga tenerrima, Cephalaria balearica, Crepis montana, Helichrysum Fontanesii, Buxus balea-*

1) *Bull. de la Soc. bot. de France*, 21 avril 1865, t. XII.

ricus, Taxus baccata. Au pied de ces hautes murailles rocheuses ou dans leur voisinage, dans les débris éboulés autour d'elle, se montrent les *Arenaria grandiflora, Erodium Reichardi, Hypericum Cambessedesii, H. balearicum, Linaria tristis, Sibthorpia africana, Digitalis dubia, Thymus Richardii, Micromeria filiformis, Scutellaria Vigineixii, Teucrium lusitanicum, Teucrium subspinosum,* etc.

La disposition du terrain permet à ces fronts rocheux de se montrer à presque toutes les altitudes, mais on n'y trouve généralement une réunion assez complète des diverses espèces que nous venons de citer qu'à partir d'une altitude de 400 à 500 mètres environ. Nous devons faire remarquer ici qu'il n'existe aux Baléares aucune plante indiquant la présence d'une région froide; mais certaines espèces indigènes, spéciales pour la plupart à la zone baléarique, ne peuvent croître que dans une atmosphère fraiche et à l'air vif des montagnes relativement élevées de Majorque. Aussi à Minorque, dont les plus hauts sommets, à l'exception de monte Toro, ne dépassent pas 250 mètres, nous ne trouvons, parmi les plantes déjà citées comme faisant partie de la zone baléarique, que les *Silene velutina, Erodium Reichardi, Hypericum balearicum, Hippocrepis balearica, Scabiosa cretica, Helichrysum Lamarckii, Barkhausia Triasii,* et encore ces espèces ne se montrent-elles, pour la plupart, que dans des localités très restreintes, fraîches, ombragées et rocheuses, comme au barranco de Algendar, ou des plus élevées de l'ile, comme au monte Toro (358 m.).

Aujourd'hui les recherches faites sur les Baléares nous permettent d'en comparer la végétation avec celle des contrées voisines, sans craindre de voir les quelques espèces qui pourront encore y être découvertes apporter des changements sérieux dans les rapports de ces flores entre elles. Le fait général le plus frappant, c'est que, sauf 45 espèces qui lui sont complètement spéciales et quelques autres, rares et peu répandues, qui lui constituent une physionomie particulière et des plus intéressantes, la végétation du groupe des Baléares se rapporte entièrement à celle des contrées circonvoisines, comme il est facile de le reconnaître. En effet, si nous retranchons de notre catalogue une centaine d'espèces auxquelles une culture habituelle et prolongée, une parfaite acclimatation, ont en quelque sorte donné le droit de naturalisation, il nous reste 1320 espèces environ que nous pouvons considérer comme bien spontanées.

Sur ce nombre, 760 appartiennent en même temps à la France, à l'Italie, à la péninsule Ibérique et à la Barbarie. Sur les 560 restant, 475 environ sont irrégulièrement distribuées entre les Baléares et ces divers pays, manquant chez les uns, se trouvant chez les autres.

En somme, parmi ces dernières:

165 n'ont pas encore été trouvées dans la péninsule Ibérique;
205 — en Italie;
239 — en France;
271 — en Barbarie.

Ainsi donc :

Le nombre total des espèces communes aux Baléares et à l'Espagne est de.	1084
Celui des espèces communes aux Baléares et à l'Italie. . .	1036
— — et à la France.	1001
— — et à la Barbarie.	971

Enfin il reste 86 espèces dont 39 environ appartiennent en même temps aux Baléares et *à une seule* des contrées voisines, et 47 sont jusqu'à présent complètement spéciales à nos îles. Les premières de ces plantes sont ainsi réparties :

Quatorze espèces paraissent exclusivement communes aux Baléares et à la péninsule Ibérique : *Reseda Gayana* Boiss., *Silene littorea* Brot., *Astragalus Poterium* Vahl., *Cratægus brevispina* Kuntz, *Saxifraga tenerrima* Willk., *Petroselinum peregrinum* Lag., *Cirsium crinitum* Boiss., *Kentrophyllum bæticum* Boiss., *Hippocrepis balearica* Jacq., *Myosotis gracillima* Losc., *Linaria tristis* Mill., *Teucrium lusitanicum* Lamk, *Buxus balearicus* Lamk, *Euphorbia imbricata* Vahl.

Le *Saxifraga tenerrima* Willk. n'est peut-être que la variété *gracillima* du *S. Tridactylites*, créée par M. Costa. Le *Cirsium crinitum* Boiss. n'est indiqué jusqu'ici qu'à l'île Sainte-Lucie, près de Narbonne, et dans le royaume de Grenade : sa variété *catalaunicum* Willk. est tout à fait particulière à la Catalogne et aux Baléares.

Notre *Linaria tristis* Mill. paraît être au moins une variété qui appartient exclusivement aux Baléares.

Sept espèces sont en commun avec la Barbarie : *Malcolmia are-*

naria DC., *Spergularia uliginosa* Pomel, *Bunium mauritanicum* Willk., *Rubia lævis* Poir., *Fœdia Caput-bovis* Pomel, *Micromeria inodora* Benth., *Statice Gougetiana* Gir.

Cette dernière espèce paraît indiquée par Tenore, dans le royaume de Naples (DC., *Prodr.* t. XII, p. 649, n° 46). Le *Bunium ferulaceum* Smith, qui jusqu'à présent paraissait être particulier aux Baléares et à la Barbarie (B. *ferulæfolium* Desf.), a été trouvé par Bourgeau en Espagne (*Exsicc.*, n° 236). Enfin l'*Echium prostratum* Desf. ne se trouve encore qu'en Tripolitaine et en Égypte.

Avec l'Italie 6 espèces en commun : *Delphinium pictum* Willd., *Galium æthnicum* Biv., *Scabiosa cretica* Lin., *Phlomis italica* Lin., *Euphorbia Gayi* Salis, *Iris Sicula* Todaro.

Avec la Corse 7 espèces en commun : *Helleborus lividus* DC., *Arenaria balearica* L., *Erodium Reichardi* DC. *Pastinaca lucida* Gouan, *Galium corsicum* Spreng., *Barkhausia bellidifolia* DC., *Mentha insularis* Requien.

La Sardaigne n'a aucune plante qui lui soit exclusivement particulière avec les Baléares, mais elle partage avec la Corse les *Arenaria balearica* L. et *Barkhausia bellidifolia* DC. Elle paraît être aussi, après les Baléares, la seule région du bassin N. O. de la Méditerranée qui possède jusqu'à présent le *Gypsophila porrigens* Boiss.

Avec la France 5 espèces en commun : *Bupleurum petræum* Lin., *Carduus nigrescens* Villars, *Hieracium sericeum* L., *Campanula pyrenaica* A. DC., *Carex œdipostyla* Duv.-Jouve.

M. Costa a trouvé en Catalogue une forme glabre particulière du *Carduus nigrescens:* mais le type n'a été rencontré jusqu'ici qu'en France et aux Baléares.

Enfin nous comptons encore dans ces îles 47 plantes qui leur sont spéciales :

Ranunculus Weyleri Nob., *Lepidium Carrerasii* Rodrig., *Brassica balearica* Camb., *Viola Jaubertiana* Nob., *V. stolonifera* Rodrig., *Silene decipiens* Barc., *Sagina Rodriguezii* Willk., *Lavatera minoricensis* Camb.; *Hypericum Cambessedesii* Coss., *H. balearicum* Lin., *Ilex balearica* DC., *Genista lucida* Camb., *G. Pomeli* Nob., *Anthyllis vesca* Willk., *Lotus tetraphyllus* Lin., *Vicia bifoliolata* Rodrig., *Lathyrus trachyspermus* Webb, mss., *Hippocrepis balearica* Jacq., *Saxifraga tenerrima*

Willk., *Bupleurum Barceloi* Coss., *Cephalaria balearica* Coss., *Senecio Rodriguezii* Willk., *Helichrysum Lamarckii* Camb., *Centaurea balearica* Rodr., *Barkhausia Triasii*, Camb., *Crepis montana* Willk., *Cyclamen balearicum* Willk., *Lysimachia minoricensis* Rodrig., *Linaria tristis* Mill., *Linaria fragilis* Rodrig., *Digitalis dubia* Rodrig., *Mentha Rodriguezii* Malinv., *Origanum majoricum* Camb., *Thymus Richardii* Pers., *Micromeria Barceloi* Willk., *M. Rodriguezii* Freyn. et Janka, *Scutellaria Vigineixii* Marès, *Teucrium Majorana* Pers., *T. subspinosum* Pourr., *Plantago purpurascens* Willk., *Daphne velæloides* Rodrig., *Euphorbia flavo-purpurea* Willk., *Crocus Cambessedesii* J. Gay, *C. Magontanus* Rodrig., *Leucoium Hernandezii* Camb., *Narcissus radiatus* Redouté, *Hordeum rubens* Willk.

Parmi les espèces communes aux Baléares et aux contrées environnantes, on trouve en outre plusieurs variétés particulières à ces îles et qui affirment encore le caractère spécial de leur flore et l'influence locale particulière à cette région. Si, après avoir examiné cette distribution générale de la végétation des Baléares comparée à celle des contrées voisines, nous en examinons le groupement au même point de vue pour les espèces, les genres et les familles, nous trouvons encore ici des caractères généraux rattachant ces îles aux pays voisins, et des détails qui font ressortir de nouveau leur individualité particulière. En effet, les diverses familles végétales se rangent, quant à leur importance numérique en espèces, dans un ordre à peu près semblable aux Baléares et dans les contrées environnantes : les Composées, les Légumineuses, les Graminées, les Crucifères, les Ombellifères, les Labiées, etc., etc., sont les plus abondamment représentées ; mais si nous descendons dans le détail de leurs éléments, cette étude comparée nous montre encore une physionomie particulière, soit pour les caractères des espèces, soit pour la manière dont ces espèces sont réparties dans les genres. Voici quelques exemples :

On compte 17 *Dianthus* différents en Catalogne, tandis qu'aux Baléares ce genre n'est représenté que par le *D. prolifer*, si répandu dans oute l'Europe. Sur cinq *Genista*, deux sont nouveaux, trois se retrouvent en Algérie : les *G. acanthoclada*, *G. cinerea*, *G. linifolia*. Ces deux dernières espèces sont les seules qui se retrouvent aussi dans les 12 *Genista* de Catalogne et les 17 de France ; mais parmi les 6 espèces de la flore de

Montpellier, les 6 de Sardaigne et les 5 de Corse, pas une n'est commune avec les nôtres.

La famille des Labiées si abondante dans la région méditerranéenne, et qui dans l'ordre d'importance numérique est au sixième rang, ici, comme dans la plupart des contrées voisines, présente aussi de remarquables particularités dans la distribution de ses genres et de ses espèces.

Les *Micromeria* sont au nombre de 6, parmi lesquels 2 nouveaux ; les autres : *M. filiformis, M. microphylla, M. nervosa* et *M. inodora*, sont tous en Algérie ; mais dans l'Espagne, sauf la Catalogne, on ne peut citer d'une manière certaine que le *M. nervosa* à Malaga : cette dernière espèce et le *M. microphylla* croissent en Italie (Naples et Sicile), et le *M. filiformis* en Corse. Le *Micromeria græca*, si répandu dans toute la région méditerranéenne, n'a pas été trouvé jusqu'ici dans les Baléares. En Catalogne, où l'on n'a signalé que 2 *Micromeria :* les *M. græca* et *M. marifolia*, tous les deux inconnus jusqu'ici dans nos îles, nous voyons 9 espèces de *Sideritis*, tandis qu'à Majorque on ne trouve que le *S. romana*, si commun dans tout le bassin méditerranéen.

Parmi les *Ajuga*, nous n'avons que l'*A. Iva;* la Catalogne, outre cette espèce, en possède 5 autres. Quant aux *Teucrium*, sur les 14 que l'on trouve en Catalogne, 4 seulement figurent parmi les 10 des Baléares. Mais dans les péninsules espagnole et italienne, sauf deux espèces nouvelles et quelques variétés remarquables spéciales à nos îles, on retrouve toutes les autres. En France, les *T. lusitanicum* et *T. campanulatum* manquent ; en Barbarie, les *T. Scordium* et *T. Marum* ne paraissent pas exister.

Terminons enfin ces quelques indications en faisant remarquer combien les Orchidées qui croissent aux Baléares sont relativement nombreuses : cette famille y compte 35 espèces, la flore de Montpellier en a 39 et celle de Catalogne 43. Mais la surface de ces pays est bien plus étendue ; ils font partie d'un grand continent et joignent à des terrains très variés de puissants massifs montagneux, frais, boisés, et d'une grande altitude. Aucune de nos Orchidées n'est nouvelle : 8 manquent en Catalogne, 7 en Barbarie, et 3 en France ; mais elles se retrouvent toutes en Italie sans exception, et en Espagne, sauf l'*Orchis longicornu*.

Quelques plantes paraissent trouver aux Baléares la limite extrême de leur aire géographique, soit vers l'Occident, soit vers l'Orient. Ainsi les *Sinapis orientalis, Genista acanthoclada, Anthyllis Aspalathi, Her-*

niaria macrocarpa, *Gypsophila porrigens*, *Centranthus orbiculatus*, *Helichrysum microphyllum*, *Cirsium italicum*, *Euphorbia myrcinites*, qui viennent de Grèce, de Crète ou de Syrie, ne dépassent pas les Baléares vers l'Occident, tandis que les *Cratægus brevispina*, *Vaillantia filiformis*, *Soliva lusitanica*, *Thymelæa velutina*, qui viennent de Ténériffe, de Madère, et passent en Portugal et en Espagne ou dans le Nord de la Barbarie, paraissent jusqu'ici avoir leur *habitat* extrême aux Baléares.

Enfin, un bon nombre de nos espèces paraissent ne se plaire que dans les contrées les plus voisines, ne dépassant pas les rives occidentales de l'Italie, le midi de la France, le nord de l'Algérie ou les versants méditerranéens de l'Espagne. Elles forment ainsi un groupement remarquable au point de vue de la géographie botanique.

En résumé, ce que nous venons de voir sur cette végétation suffit pour nous amener à reconnaître que : 1° Le sol des Baléares possède une flore très riche en espèces, eu égard à son étendue restreinte. 2° Cette flore appartient essentiellement au bassin nord-ouest de la Méditerranée par ses affinités générales avec la végétation des régions circonvoisines, surtout avec la péninsule Ibérique. 3° Enfin elle a une physionomie originale qu'elle doit à diverses particularités, et surtout au nombre d'espèces et de variétés qui lui sont propres.

Comment ces îles, si curieuses du reste à tant de points de vue, peuvent-elles présenter, dans le bassin limité qu'elles occupent, une végétation spéciale aussi remarquable, en même temps que des relations aussi intimes et aussi étendues avec les flores des grandes terres voisines?..... Leur histoire géologique, sur laquelle nous n'avons pas craint de nous étendre un peu plus longuement que ne paraissait le comporter notre sujet, et l'étude comparée de leur climat, dont nous avons réuni les traits les plus saillants dans le tableau de la page XXVIII, nous permettront, à défaut d'une explication positive, d'émettre de sérieuses hypothèses sur l'origine de cette flore et sa présence caractéristique aux Baléares.

Nous avons montré, par l'histoire géologique de cet archipel, comment ses divers points, tantôt recouverts en partie par les eaux pendant les périodes d'abaissement, et tantôt réunis à de grandes terres pendant les périodes de soulèvement, ont été tour à tour isolés au milieu des flots ou bien réunis pendant de longs espaces de temps aux continents voisins, dont ils ont dû partager le peuplement et la vie.

La dernière réunion paraît avoir eu lieu vers la fin du Miocène avec la péninsule Ibérique, encore reliée à l'Afrique septentrionale.

Les botanistes les plus éminents qui se sont occupés de la dissémination naturelle des plantes à la surface de la terre sont unanimes à considérer leur introduction dans les pays fermés comme très difficile, même à courte distance. Gussone, entre autres, précise très nettement ce fait dans une lettre à M. A. De Candolle (1).

Cette considération vient encore à l'appui de cette thèse : que si les Baléares ont un si grand nombre de plantes communes avec les contrées environnantes, c'est qu'elles ont été en contact avec elles; et si leurs affinités avec l'Espagne sont plus grandes qu'avec toutes les autres, c'est que le contact a été plus prolongé et plus récent de ce côté. D'autres recherches confirment encore cette manière de voir : M. Bourguignat, dont la compétence est si bien établie dans l'étude de la distribution géographique des Mollusques, considère la faune malacalogique des Baléares comme « essentiellement hispanique ».

Le sol de nos îles s'était donc trouvé, jusqu'à la fin de l'époque tertiaire, dans d'excellentes conditions pour être peuplé par un ensemble d'êtres organisés semblables à ceux des contrées dont la mer le sépare aujourd'hui, et nous y voyons l'explication de la richesse de notre flore et de ses affinités étendue avec celle des rivages du bassin nord-ouest de la Méditerranée, surtout avec la péninsule Hispanique.

La flore des derniers temps tertiaires différait encore sensiblement de la flore actuelle : il serait difficile d'admettre que les rapports remarquables qui existent aujourd'hui entre l'ensemble de la végétation des Baléares et celui des contrées voisines dussent encore être entièrement attribués à l'existence persistante des espèces anciennes jusqu'à nos jours ; mais nous pouvons considérer comme plausible que la similitude des influences physiques qui continuent à agir d'une manière générale aide à perpétuer en partie l'identité de ressemblance chez des êtres organisés qui ont pu apparaître à nouveau.

Dans cette étude, les causes météorologiques viennent constamment se

(1) *Géogr. bot.*, t. II, p. 707.

mélanger aux causes géologiques : elles agissent ensemble et nous aideront à expliquer encore la présence des espèces rares et particulières.

Les froids glaciaires ne se sont pas fait sentir bien fortement dans le midi de l'Europe (1). Ils y ont eu cependant une certaine intensité comme le prouve l'importance que prirent à cette époque quelques glaciers des Pyrénées (2). Nous avons vu que ces froids ne paraissent pas avoir sévi avec rigueur aux Baléares : il n'est pas probable qu'il y ait eu là de fortes transitions de température, car c'était à cette même époque que ces îles venaient d'être séparées définitivement du continent, et elles devaient se trouver soumises à l'influence plus douce et plus régulière des climats insulaires.

Cette modification dut leur permettre de conserver dans leur sein un certain nombre d'espèces dont la plus grande partie devait disparaître des pays continentaux voisins sous l'influence d'écarts atmosphériques plus accentués.

Il ne faut pas perdre de vue l'excessive sensibilité des plantes des climats très tempérés, lorsqu'elles sont arrivées à la limite des températures basses qu'elles peuvent supporter. Elles deviennent alors, selon l'heureuse expression de M. Martins, des espèces *frileuses* (3), et dans cet état la moindre intempérie inaccoutumée de l'atmosphère peut les détruire à jamais. Il en est de même pour la sécheresse.

La station particulière et caractéristique que nous avons nommée *zone baléarique* doit peut-être son existence à des causes de même nature. La plupart des plantes qui s'y plaisent paraissent supporter un froid relativement assez accentué ; il est bien possible que certaines d'entre elles soient les derniers représentants d'une végétation ancienne, vivant autrefois dans des contrées continentales et élevées dont les écarts de température et d'humidité atmosphérique, moins extrêmes que ceux des continents actuels, présentaient de l'analogie avec le climat qui règne aujourd'hui dans les montagnes de Majorque.

Nous avons vu, en effet, que l'air vif des hauteurs paraît indispensable à la plupart des plantes de la zone baléarique ; l'exposition qu'elles re-

(1) E. Rivière, *Grotte de Grimaldi, etc.*; (*Assoc. franç.*, 7e session).
P. Gervais, *Bull. de la Soc. géol. de France*, 1872, etc.
(2) E. Collomb et Martins, *Mém. de l'Acad. de Montpellier*, 1863, etc.
(3) *Sur l'origine paléontologique des arbres, arbustes, etc.*, (*Acad. des sciences de Montpellier*, 1877, t. IX, p. 87).

cherchent au nord et à l'ombre des grands rochers calcaires ou dans leurs anfractuosités, à une faible distance horizontale de la mer, prouve qu'une certaine humidité relative leur est nécessaire. C'est surtout entre 500 et 1000 mètres d'altitude qu'elles abondent, et il est probable que tout en supportant des abaissements de température très marqués, pour la région que nous étudions, elles ne résisteraient pas aux froids bien plus accentués du continent à ces mêmes altitudes. Ce fait est mis en évidence d'une manière bien nette par l'absence complète d'espèces sous-alpines aux Baléares: tandis que sur la côte la plus voisine, aux environs de Barcelone, dont nous connaissons le climat tempéré, nous voyons croître dans les montagnes de Monseñy et de Monserrate les *Anthyllis montana, Alchemilla alpina, Bupleurum ranunculoides*, etc., à des altitudes inférieures à 1300 mètres, et près de Tarragone, l'*Arnica montana*, l'*Iris xiphioides*, etc., vivent sur le Monsant qui n'atteint pas 1100 mètres.

Nous ne connaissons à Majorque que deux plantes dont le mélange habituel avec la flore alpine pourrait induire en erreur sur la température réelle qui leur est nécessaire. Ce sont : 1° le *Lonicera pyrenaica*, qui se montre abondamment sur tous les points élevés de l'île Majorque : ce *Lonicera* est particulier à la grande Baléare, au massif oriental des Pyrénées et à la Catatogne ; on le rencontre, dans les montagnes des environs de Barcelone, jusque dans la région des Oliviers, à 600 mètres d'altitude (Costa) ; — 2° l'*Erinus alpinus*, qui se trouve depuis le Jura jusqu'à la Catalogne et l'Italie centrale. Il s'étend aux montagnes de la Sardaigne (Bertol.) et à l'Algérie (Cosson). On ne peut donc considérer ces espèces comme caractéristiques d'une région froide. La dernière, du reste, est rare et n'habite que les plus extrêmes sommets de Majorque.

Reportons-nous maintenant par la pensée vers la fin de l'époque quaternaire, lorsqu'un dernier soulèvement des terres confinait définitivement la Méditerranée dans ses limites actuelles et modifiait l'orographie de l'Afrique du Nord en substituant des terres chauffées par un soleil ardent à de grandes surfaces de mer ou de lagunes : ces phénomènes permettent d'expliquer les différences qui existent entre la végétation baléarique et celle des contrées voisines, suivant la position respective de celles-ci en latitude ou en longitude.

L'Espagne et l'Italie, placées suivant la latitude des Baléares, possèdent le plus grand nombre des espèces communes avec ces îles : l'étendue de leurs côtes, la multiplicité des expositions favorables, et surtout la douceur climatérique des régions maritimes de ces deux grands pays, offrent d'innombrables ressources à la végétation méditerranéenne.

La France et la Barbarie, placées en longitude, ont des affinités moins étendues que les deux contrées précédentes, avec la végétation baléarique. Elles doivent cette pauvreté relative à des phénomènes atmosphériques complètement différents pour chacune d'elles. En France, c'est l'influence continentale nord, le froid, qui est la cause dominante : un simple coup d'œil sur le tableau météorologique de la page XXVIII suffit pour montrer combien les *minima* des Baléares et ceux des deux points *les plus tempérés* du littoral méditerranéen français diffèrent entre eux.

En Barbarie, au contraire, nous trouvons l'influence continentale du Sud, la chaleur, et avec elle la sécheresse, qui sont les intempéries dominantes. Les côtes de ce pays, exposées au Nord et baignées par les flots, seraient merveilleusement placées pour conserver les plantes baléariques, si la proximité directe du désert n'amenait par moments, jusqu'au bord de la mer, des *maxima* de température et de sécheresse qui ne se retrouvent point aux Baléares.

En dehors du grand nombre d'espèces formant la végétation générale qui nous occupe, on en trouve plus de quatre-vingts autres représentant : 1° les plantes *exclusives* aux îles et à une seule des contrées environnantes ; 2° celles qui sont *spéciales* aux seules Baléares.

Nous considérons la majeure partie de ces plantes comme survivant à celles qui durent périr successivement, sur le continent actuel, pendant les troubles physiques qu'engendrèrent les dernières périodes géologiques. Les plantes *exclusives*, plus rustiques, ont résisté jusqu'à présent non seulement dans les îles, mais sur le continent ; les plantes *spéciales* n'ont vécu jusqu'à ce jour que grâce à la ceinture marine qui a protégé ce petit archipel. En sorte que les espèces purement baléariques que nous qualifions *nouvelles*, ne seraient, par le fait, au moins en certain nombre, que les plus *anciennes*, survivant encore, par sélection climatérique, à la destruction lente mais implacable du temps.

Ce que nous venons d'exposer est complètement dans l'esprit qui préside ajourd'hui aux travaux de géographie botanique les plus remarquables, et cependant nous devons reconnaître, en terminant, que la plupart de nos conclusions ne sont en quelque sorte que des hypothèses, mais des hypothèses qui s'appuient sur des données scientifiques positives et certaines. Pour qu'elles devinssent des vérités incontestables, il faudrait que l'ensemble de nos connaissances géologiques et météorologiques fût beaucoup plus étendu et plus complet.

Comme nous avons eu l'occasion de le dire, ce ne sont que des travaux tout récents qui nous ont permis de nous étendre sur ces questions relativement à une bien petite contrée.

Bien que la Méditerranée, par sa position exceptionnelle, attire les regards de tous les peuples les plus civilisés et que plusieurs d'entre eux habitent une partie de ses rivages et de ses îles, le climat et l'histoire géologique d'un grand nombre des points qui forment l'ensemble de ce bassin ne sont pas encore assez connus pour nous permettre d'éclairer suffisamment bien des mystères de sa géographie botanique.

Il y a là l'objet d'une série de recherches fécondes, et ce magnifique champ d'observations offrira toujours un attrait sans limites à ceux qui se consacreront à son étude.

Obs. -- Toutes les altitudes indiquées dans l'Introduction et dans le Catalogue proviennent, soit du travail officiel intitulé : *Geodesia de las islas Baleares por* D. C. Ibañez. (Madrid, 1871), soit des observations que j'ai faites à l'aide d'un baromètre Fortin.

P. M.

ALTITUDES

DE DIVERSES LOCALITÉS DES BALÉARES

(*Geodesia de las islas Baleares*, par D. C. Ibañez, chef du génie militaire en Espagne.)

MAJORQUE.

Atalaya d'Alcudia	451	Massanellas (Puig de)	134
Atalaya de Son Morey	432	Mola de Tuent	461
Bellver (Château de)	140	Planicie	933
Bendinat	485	Puig Róig	1003
Binisalem (l'église)	169	Randa (Puig de), le collège	549
Cabrera (Ile de)	172	S.-Salvador (le sanctuaire)	510
Calvia (clocher)	156	Santa-Margarita (l'église)	114
Capdepera (église du château)	163	Selva (clocher)	231
Dragoñera (Ile de la)	311	Serra de Soller ou de Alfàbia	1068
Esclop	927	Soucadena	817
Espórlas (casa de Bartolome Moranta)	195	Ternellas (Puig de)	838
Farruch (Puig ou Bec de)	520	Tex (Puig d'el)	1064
Fontanellas	874	Tomir (Puig de)	1103
Galatzo (Puig de)	1026	Torellas (Puig Mayor de)	1445
Inca (clocher)	131	Tossals	1048
L'Ofre (Puig de)	1091	Valldemosa (clocher du couvent)	437

MINORQUE.

Alayor (clocher)	155	Montenegre	168
Anclusa	274	Puig Menor	112
Angladó	112	Santa-Agueda	264
Atalaya de Forneils	123	Santa-Barbara	190
Binimella	140	S.-Cristobald	126
Capifort	180	Sonacasana	117
Falconera	205	Toro (Monte)	358
Font redona	237	Torre Soly	137

IVIÇA.

Atalaya de San-Juan	361	Seven	339
Atalaya de San-Carlos	230	Santa-Gertrudis (clocher)	140
Atalaya de San-Llorenzo	278	S.-Juan (le poste)	206
Atalayassa	475	S.-José (clocher)	217
Camp-vey	400	S.-Llorenzo (clocher)	131
Cruz de San-Miguel	232	S.-Miguel (clocher)	174
Falco	145	S.-Rafael (clocher)	144
Palau	260	Suñer	306
Rey	309	Tagomago (Ile de)	114
Ribas	219	Vedrá (Ile de)	382
S.-Augustin (clocher)	130	Yondal	160

ALTITUDES RELEVÉES AVEC LE BAROMÈTRE FORTIN.

MAJORQUE.

Aumalluch (Ferme d')	604	Fon des coll de Massanellas	1134
Bounnaba (Ferme de)	616	Fon de la couma de Arbona	878
Casa del Guich, près de Lluch	574	Fon del Nougué	752
Coll de Arbona	1149	Fon d'Escorcas	647
Coll de Soller	494	Fon de la Serra de Soller	828
Fon d'Ariant	429	Lluch (Collège de)	460

ABRÉVIATIONS DIVERSES.

⊙ Plantes annuelles.
② Plantes bisannuelles.
♃ Plantes vivaces.
♄ Plantes ligneuses.
♄ Arbustes.

a ou ab. — abonde.
r. — rare.
Al. — Alayor (district de).
c. — cerca, près.
Ciu. — Ciudadela (district de).
Fer. et Ferrer. — Ferrerias (district de).
fl. — fleurit.
fr. — fructifie.
Hab. — habite.
Herb. — herbier.
Maj. — Majorque.
Mah. — Mahon (district de).
Mall. : Mallorca, Majorque.
Min. — Minorque.
Merc. — Mercadal (district de).
obs. — observation.
pto. — puerto, port.
Seg. — segun, selon.
S. esp. loc. — Sin espressar localidad : sans indiquer la localité.
Var. — Variedad, variété.

ABRÉVIATIONS DES NOMS D'AUTEURS.

Adans. — Adanson.
Ait. — Aiton.
All. — Allioni.
Anders. — Anderson.
Bab. — Babington.
Balb. — Balbis.
Barc. — Barcelo (de Palma).
Bartl. — Bartling.
Bauh. (G.). — Bauhin (Gaspard).
Beauv. — Beauvois (Palisot de).
Benth. — Bentham.
Bernh. — Bernhardi.
Bertol. — Bertoloni.
Bisch. — Bischoff.
Biv. Bern. — Bivona-Bernardi.
Boerh. — Boerhave.
Boiss. — Boissier.
Bonp. — Bonpland.
Brot. — Brotero.
Camb. — Cambessèdes.
Campd. — Campdera.
Carr. — Carreras (de Mahon).
Cass. — Cassini.
Cast. — Castagne.
Cleg. — Cleghorn.
Corr. — Correa (de Serra).
Curs. — Cursach.
Curt. — Curtis.
Cyr. — Cyrillo.
DC. — De Candolle.
Desf. — Desfontaines.
Desv. — Desvaux.
Dill. — Dillenius.
Dorth. — Dorthes.
Dub. — Duby.
Duch. — Duchemin.
Duf. — Dufrêne.
Duham. — Duhamel.

Dumort. — Dumortier.
Dun. — Dunal.
DR. — Durieu de Maisonneuve.
Ehrh. — Ehrhard.
Endl. et Endlich. — Endlicher.
Engelm. — Engelmann.
Forsk. — Forskal.
Gærtn. — Gærtner.
Gaud. — Gaudin.
Gir. — Girard.
Gmel. — Gmelin.
Godr. — Godron.
Good. — Goodenough.
Gr. — Grenier.
Griseb. — Grisebach.
Guss. — Gussone.
Heist. — Heister (Lorentz).
Hern. — Hernandez (Rafael), de Mahon.
Hoffm. — Hoffmann.
Huds. — Hudson.
Humb. — Humboldt.
Jacq. — Jacquin (von).
Juss. — Jussieu.
Kze. — Kunze, G.
Lag. — Lagasca.
Lamk, Lk, Lam. — Lamarck.
Ledeb. — Ledebour.
Lehm. — Lehmann.
Less. — Lessing.
Lest. — Lestiboudois.
Lge. — Lange.
L'Hérit. — L'Héritier.
L. ou Lin. — Linné.
Lind. — Lindley.
Lois. — Loiseleur.
Meisn. — Meisner.
Mert. — Mertens.
Mill. — Miller.
Moq. — Moquin-Tandon.
Moric. — Moricand.
Murr. — Murray.
Neck. — Necker.
Nym. — Nyman.
Parl. — Parlatore.
Pav. — Pavon.
Pers. — Persoon.
Poir. — Poiret.
Poll. — Pollich.
Pourr. — Pourret.
Rchb. et Reich. — Reichenbach.
Red. — Redouté.
Reut. — Reuter.
Rich. — Richard : — A., Antoine ; L.-C , Louis-Claude.
Riv. — Rivière.
Rœm. — Rœmer.
R. Br. — Robert Brown.
Rodr. — Rodriguez (de Mahon).
Salisb. — Salisbury.
Salv. — Salvador (de Barcelone).
Salzm. — Salzmann.
Schk. — Schkuhr.
Schrad. — Schrader.
Schreb. — Schreber.
Schlecht. — Schlechtendal.
Schousb. — Schousboe.
Schult. — Schultes.
Scop. — Scopoli.
Ser. — Seringe.
Saint-Hil. — Saint-Hilaire.
Sibth. — Sibthorp.
Sint. — Sintes y Pons.
Sm. — Smith.
Sol. — Solander.
Spenn. — Spenner.
Spring. — Springel.
Steinh. — Steinheil.
Stev. — Stevens.
Sutt. — Sutton.
Sw. — Swartz.
Ten. — Tenore.
Texid. — Texidor.
Thuill. — Thuillier.
Thunb. — Thunberg.
Tournef. — Tournefort.
Tratt. — Trattinich.
Vahlenb. — Vahlenberg.
Vaill. — Vaillant.
Vent. — Ventenat.
Vill. — Villars.
Viv. — Viviani.
Wallr. — Wallroth.
Weig. — Weigel.
Wigg. — Wiggers.
Willd. — Willdenow.
Willk. — Willkomm.
Wimm. — Wimmer.
With. — Withering.

CATALOGUE RAISONNÉ

DES

PLANTES VASCULAIRES

DES ILES BALÉARES

I. RENONCULACÉES

(RANUNCULACEÆ Juss. p. 231).

—

I. CLEMATIS

(L. *Gen.* p. 280, n. 696).

1. **C. Flammula** L. *Sp.* p. 766, n. 9; DC. *Prodr.* I, p. 2, n. 2; Gren. et Godr. *Fl. de Fr.* I, p. 3; Guss. *Fl. Sic. Syn.* II, p. 35, n. 2; Bertol. *Fl. Ital.* V, p. 475, n. 4; Desf. *Fl. Atlant.* I, p. 433; Costa, *Intr. Fl. Catal.* p. 3, n. 2; Rodrig. *Catal. pl. Menorca*, p. 1, n. 1; Barcelo, *Apuntes pl. Balear.* p. 13, n. 1. — ♄. Juin. — A.C.

« Hab. sitios frescos, Albufera, ab.; barranco de Algendar. — Jun.-agost. » (Rodrig.)

« Comun en los setos. — Jun. » (Barcelo.)

« Vallée de Soller. » (Bourgeau, *Exsicc.* n. 2726.)

MAJORQUE : *Les haies autour du port de Soller, terrains calcaires.* — Fl. 17 juin 1852.

Var. γ. *maritima* DC. *Prodr.* I, p. 2, n. 2. — *Cl. maritima* L. *Sp.* p. 767; DC. *Fl. fr.* IV, p. 873, n. 4593; V, p. 632, n. 4593.

« Ravins du col de Soller. — Juillet. » (Bourgeau, *Exsicc.*)

Dunal nous a appris qu'aux environs d'Aigues-Mortes (près Montpellier), on donne les feuilles sèches de la var. γ. *maritima* aux bestiaux; elles leur sont mesurées comme l'avoine, et les animaux la mangent avec avidité. Cette nourriture les excite et les entretient en vigueur et en bonne santé, à condition d'être donnée dans de sages proportions. La plante fraîche serait un poison. — Notre savant maître ne doutait pas que le type (*C. Flammula*) n'eût exactement les mêmes propriétés que la var. *maritima*. Cette plante est connue sous le nom de *Bougiot* à Soller.

2. **C. cirrhosa** L. *Sp.*, p. 766, n. 7; Gren. et Godr. *Fl. de Fr.* I, p. 4; Desf. *Fl. Atlant.* I, p. 432. — *C. semitriloba* Lag. *Gen. et Sp.* p. 17, n. 225. — *C. Balearica* Rich. *Journ. de phys.* ann. 1779, févr. p. 127, cum ic. — *C. calycina* Ait. *Hort. Kew.* 1re éd. II, p. 259. — *C. polymorpha* Viv. *Fl. Cors.* p. 9. — *C. cirrhosa* α. β. Camb. *Enum. pl. Balear.* n. 1, in *Mém. du Mus.* XIV, p. 201. — ♄. Mars-avril. — CC.

« Frequens in sæpibus Balearium. — Floret hyeme et vere. » (Camb.)

Très-commun aux Baléares. A MINORQUE, *aux environs de Ciudadela, il était encore en fleur et en fruit le* 15 *mai* 1855. A MAJORQUE, *il abonde en hiver dans les localités situées à une faible altitude : complétement défleuri à Muro le* 22 *mars* 1855; *à Soller, le* 15 *avril* 1852; *j'ai encore trouvé quelques rares fleurs le* 17 *juin* 1850 *à la couma de Arbona, et le* 19 *juin* 1852 *dans les rochers d'Aumalluch, par* 850 *et* 700 *mètres d'altitude.*

Cette plante se trouve toujours sur les murailles et les rochers calcaires. Nous ne l'avons vue qu'une fois grimpant à un tronc d'Olivier, sur la route de Palma à Soller. Ce fait, qui nous a paru assez exceptionnel pour être noté sur place, est probablement dû aux soins et à la surveillance de l'homme, car l'énorme développement que prennent les tiges du *Clem. cirrhosa* gêne la croissance des arbres et empêche leur fructification. En Algérie, cette plante enlace fréquemment à une grande hauteur les Oliviers et d'autres essences qui croissent spontanément dans les haies. Nous pensons donc que Gussone est parfaitement dans le vrai quand il dit : « *Caules in hac alte arbores scandunt...* » (*Fl. Sic. Syn.* II, p. 36.)

Notre attention étant éveillée sur cette plante, nous n'avons cessé de l'étudier pendant le cours de nos herborisations : nous en avons recueilli un grand nombre d'échantillons aux diverses périodes de son développement dans les localités les plus variées et à toutes les altitudes.

Après cet examen attentif nous ne pouvons douter que les *Cl. Balearica, semitriloba, calycina* et *polymorpha* n'aient dû leur création au nombre trop restreint des échantillons observés par les auteurs qui ont élevé au rang d'espèce les différentes formes du *Cl. cirrhosa.* En présence du grand nombre d'exemplaires que nous avons rapportés, il devient évident pour nous que les différences qu'ils présentent sont dues principalement aux influences multiples des nombreuses stations dans lesquelles on rencontre cette plante. L'altitude agit remarquablement sur elle et lui imprime un aspect réellement nouveau au premier abord : on rencontre tour à tour des individus élancés et grimpants, ou prostrés rampants et tortueux; les feuilles passent du type entier aux formes les plus découpées à mesure que l'altitude et l'aridité du sol augmentent, que la rigueur des intempéries atmosphériques se fait sentir davantage. Mais ce ne sont là, de même que pour les fleurs, que des différences apparentes non fondamentales, et que l'on peut suivre pas à pas, avec facilité, en récoltant des échantillons sur des points nombreux et variés. On en rencontre même, et nous en possédons plusieurs exemplaires, qui présentent à la fois des feuilles parfaitement entières et d'autres très-divisées. Sur les hauts sommets ou sur les pointes rocailleuses, arides, sans abri, on trouve toujours la variété β. *foliis palmatisectis* de Camb., jamais la var. α. *foliis indivisis trilobisve,* et dans les terrains de plaine plus fertiles et mieux abrités, c'est toujours cette dernière, et jamais la var. β. qui se trouve.— Nous ne pouvons donc pas adopter aussi les deux variétés données par Cambessèdes.

Nota. — Les Majorcains froissent les feuilles du *Cl. cirrhosa* et les mettent derrière les oreilles des petits enfants pour obtenir un effet vésicant. On prétend que ces mêmes feuilles, appliquées sur les cors aux pieds, les font rapidement disparaître. Les habitants connaissent cette espèce sous le nom de *Vitaouba*.

3. **C. Vitalba** L. *Sp.* p. 766, n. 8; Rodrig. *Catal. Suppl.*, p. 1, n. 1. — ♄.

« Citada en Menorca con el nombre vulgar de *Vidauba* por Bartolomé Ramis segun los *Nuevos Apuntes* de Texidor. Tanto por darse comunmente este nombre vulgar al *C. cirrhosa* L., como por no habérseme nunca presentado el *Vitalba*, abrigo alguna duda respecto à la espontaneidad de esta especie en la isla. » (Rodrig.)

2. ANEMONE

(L. *Gen.* p. 279, n. 694).

1. **A. hortensis** L. *Sp.* p. 761, n. 9.

Var. *β. fulgens*, Gren. et Godr. *Fl. de Fr.* I, p. 14. — ♃. Mars.

Cette plante a été recueillie en pleine fleur le 25 mars 1855, par le docteur Weyler, à Esporlas, dans le voisinage immédiat des jardins, où probablement cette belle espèce est cultivée. Elle n'a jamais encore été signalée, à notre connaissance, comme spontanée dans les Baléares.

2. **A. coronaria** L. *Sp.*, p. 760, n. 8; DC. *Prodr.* I, p. 18, n. 13; Gren. et Godr. *Fl. de Fr.* I, p. 14; Moris, *Fl. Sard.* I, p. 18, n. 5; Guss. *Fl. Sic. Syn.* II, p. 33, n. 1; Bertol. *Fl. Ital.* V, p. 455, n. 8; Rchb., *Ic. Ran.*, fig. 4648; Camb. *Enum. pl. Balear.* in *Addenda*, p. 334; extr. p. 163; Barcelo, *Apuntes pl. Balear.*, p. 13, n. 2. — ♃. Mars.

« In insula Majore (v. s. in herb. Persoon, communicata a cl. de la Roche). » (Camb.)

« Mall. Comun en los campos, Palma, Felanitx, Puigpuñent.— Febr. » (Barcelo.)

Majorque : *Lieux rocailleux, champs en friche et très-caillouteux, terrains calcaires : collines de Belver près Palma ; Ratxa ; Santa-Maria ; Cuba, entre Soller et Lluch, par* 750 *mètres d'altitude.*— ♃. Fl. Mars.

3. ADONIS

(Dill. *Gen.* in L. *Gen.*, p. 281 et 698).

1. **A. autumnalis** L. *Sp.*, p. 771, n. 2; Rodrig. *Catal. Suppl.*, p. 1, n. 2. — ①. Avril-mai.

« Terrenos cultivados, Funduco, Santa-Ponsa en Alayor, Subervey (Rodr.); Alayor y San-Cristóbal (Casall.). — Abril-mayo. » (Rodrig.)

2. **A. Cupaniana** Guss., *Fl. Sic. Syn.* II, p. 37, n. 1. — *A. æstivalis* Camb. *Enum. pl. Balear.*, n. 2.

Var. *A. æstivalis* var. α. *floribus miniatis*, Camb. *Enum. pl. Balear.* n. 2.

Var. β. *citrina* Guss. *l. c.* p. 38. — *A. æstivalis* var. β. *floribus citrinis*, Camb. *l. c.*

« Inter segetes insularum Majoris et Minoris (Hern.) frequens. — Florebat Martio. » (Camb.)

MAJORQUE : *Environs de Palma et de Pollenza; puig d'Embadey près Arta.* — Fl. Mars-avril.

Cette plante croît généralement dans les lieux secs et caillouteux; elle se plaît surtout dans les garigues défrichées et laissées ensuite en jachère.

4. RANUNCULUS

(Hall. *Helv.* II, p. 68).

1. **R. aquatilis** L. *Sp.*, p. 781, n. 38, *ex parte.*

Var. α. *heterophyllus* DC. *Prodr.* I, p. 26, n. 3. — *R. heterophyllus* Willd. *H. Berol.* n. 590. — *R. aquatilis* β. *peltatus* Camb. *Enum. pl. Balear.*, n. 3. — *R. aquatilis* L. var. *fluitans* Rodrig. *Catal. pl. Menorca*, p. 2, n. 4. — ♃. Mars-mai.

« In fossis prope Artam in insula Majore. — Florebat Aprili. » (Camb.)
« Hab. acequias y torrentes. — Febr. » (Rodrig.)

MAJORQUE : *Fossés d'eau courante entre Alcudia et Pollenza près de l'Albufera. — Fon del Llevo entre Selva et Muro.* — Fl. Mars-juin.

Var. β. *submersus* Gren. et Godr. *Fl. de Fr.* I, p. 23; Rodrig. *Catal. Suppl.*, p. 2. — Avril.

« Prado de son Bou (Casall.) — Abril. » (Rodrig.)

Var. γ. *terrestris* Gren. et Godr. *l. c.*; Rodrig. *l. c.* — Avril.

« Son Bou en terreno húmedo, inundado en invierno, tanto la forma con las hojas inferiores divididas en lacinias cortas y obtusas, y las superiores reniformes, profundamente lobadas, como la de hojas todas laciniadas (Rodr.).— Abril. » (Rodrig.)

2. **R. trichophyllus** Chaix in Vill. *Pl. Dauph.* I, p. 335; Gren. et Godr. *Fl. de Fr.* I, p. 23; Costa, *Intr. Fl. Catal.*, p. 5, n. 25; Rodrig.

Catal. Suppl. p. 2, n. 3. — *R. aquatilis* var. γ. *cæspitosus* DC. *Prodr.* I, p. 26, n. 3; Camb. *Enum. pl. Balear.*, n. 3. — ♃. Mars-mai.

« In aquis stagnantibus prope Palmam, loco dicto Prat, in insulâ Majore. — Florebat Martio. » (Camb.)

« Torrente del camino de Santa-Catalina. — Marzo-abril. » (Rodrig.)

MAJORQUE : *Croît dans les mêmes localités que le* R. aquatilis, *mais elle est plus rare.*

3. **R. Weyleri** Nob. Tab. 1.

Souche multicaule, courte, tronquée, verticale, entourée par les nervures persistantes des feuilles détruites; fibres radicales assez grosses, cylindriques.

Tiges de 3 à 30 centimètres, stoloniformes, décombantes, très-grêles, pauciflores, flexueuses, se divisant en deux ou plusieurs pédoncules (2-4) très-longs, filiformes, cylindriques.

Feuilles : Les *primordiales* longuement pétiolées, ovales, subtrilobées à limbe très-petit, large de 3 millim. et long de 4 millim., obscurément denté. Les *radicales* pinnatiséquées, à trois segments, les segments latéraux petits, brièvement pétiolulés, subtrilobés, irrégulièrement dentés, le moyen plus longuement pétiolulé, ovale, inégalement denté, quelquefois trilobé. Les *caulinaires* peu nombreuses (1-3), petites; les inférieures assez longuement pétiolées, ovales, subtrilobées, quelquefois entières, les supérieures sessiles, lancéolées, linéaires et entières.

Fleurs : Réceptacle un peu poilu. — *Calice* à sépales étalés, ovales, pubescents, scarieux sur les bords. — *Pétales* obovés, un peu plus longs que les sépales, rougeâtres en dehors et jaunes en dedans ; glande nectarifère très-petite.

Carpelles glabres, lisses, un peu convexes sur les deux faces, marginés, disposés en capitule globuleux ; *style* très-court, fortement unciné.

Les feuilles, les tiges, les pédoncules et les sépales sont parsemés de poils plus ou moins nombreux, appliqués ou étalés, qui paraissent devenir plus rares après l'anthèse, et alors la plante a un aspect généralement moins pubescent.

Le *R. polyrrhizos* Stephan, in Willd. *Sp.* II, p. 1324, n. 42, est le seul dont notre espèce se rapproche par son port général, mais elle en diffère essentiellement : 1° par ses feuilles, sa tige, ses pédoncules et ses sépales *pubescents* et non *glabres ;* 2° par ses feuilles presque toutes *pinnatiséquées* et non *palmatiséquées* ou *palmatilobées ;* 3° enfin par ses pétales *rouges* en dehors, *jaunes* en dedans, *et non jaunes sur les deux faces.*

Les caractères propres de cette plante, toujours constants dans les échantillons que nous possédons, nous ont paru suffisants pour établir cette nouvelle espèce, que nous avons dédiée à notre savant ami le docteur D.-F. Weyler.

♃. Juin et premiers jours de juillet. — RR.

« Vers le sommet du puig Mayor vers le N., seulement en cette localité. » (Bourgeau, *Exsicc.* n. 2728.)

MAJORQUE : *Anfractuosités des rochers à pic du sommet extrême du puig Mayor de Torellas, face nord. — En fleur le 17 juin 1850 ; — le 7 juillet 1852, la plupart des fleurs étaient passées.*

Une petite fontaine coule goutte à goutte au pied des rochers qui couronnent la cime. Le 12 juin 1852, à trois heures après midi, le thermomètre à l'ombre marquait 14°,5 ; l'eau de la source était à 9 degrés. Cette température nous a paru devoir être mentionnée. — Puig Mayor de Torellas est la plus haute montagne des îles Baléares, elle s'élève à 1400 mètres au-dessus du niveau de la mer.

4. **R. acris** L. *Sp.* p. 779, n. 28 ; Barcelo, *Apuntes pl. Balear.* p. 13, n. 3. — ♃. Avril.

« Fosos de la muralla de Palma. — Abr. » (Barcelo.)

5. **R. lanuginosus** L. *Sp.* p. 779, n. 29 ; Camb. *Enum. pl. Balear.* n. 5. — ♃. Avril.

« In paludosis Alcudiæ in insulâ Majore ; in insulâ Minore (Hern.). — Floret Aprili. » (Camb.)

6. **R. palustris** L. Mss. ; Smith in Rees *Cycl.* n. 52 ; DC. *Prodr.* I, p. 41, n. 134 ; Gren. et Godr. *Fl. de Fr.* I, p. 33 ; Moris, *Fl. Sard.* I, p. 44, n. 22 ; Bertol. *Fl. Ital.* V, p. 553, n. 36 ; Desf. *Fl. Atlant.* I, p. 439 ; Costa, *Intr. Fl. Catal.* p. 7, n. 41 ; Rodr. *Catal. Suppl.* p. 2, n. 4. — ♃. Mars-avril.

« Sitios húmedos : barranco del Favaret (Rodr.), inmediaciones de Alayor (Casall.!) ; camino de Torresuli, barranco de Algendar (Rodr.). — Abril-mayo. »

MAJORQUE : *Fossés humides, lieux frais : alluvions et terrains calcaires. — Can Prom, près du port de Soller. Le Prat, près Palma. Sollerich, près Alaro ; pâturages humides et ombragés du barranco de Soller.* — Fl. Mars-avril.

7. **R. sylvaticus** Thuil. *Fl. par.* p. 276, n. 14 ; Barcelo, *Apuntes pl. Balear.* p. 13, n. 4. — ♃. Avril.

« Manacor, gorch Blau, fosos de Palma. — Abr. » (Barcelo.)

8. **R. repens** L. *Sp.* p. 779, n. 26 ; Camb. *Enum. pl. Balear.* n. 6. — ♃. Avril.

« In humidis propè Palmam et Artam. — Florebat Aprili. » (Camb.)

9. **R. bulbosus** L. *Sp.* p. 778, n. 25; DC. *Prodr.* I, p. 41, n. 135, Gren. et Godr. *Fl. de Fr.* I, p. 34; Moris, *Fl. Sard.* I, p. 43, n. 21; Bertol. *Fl. Ital.* V, p. 553, n. 36; Desf. *Fl. Atlant.* I, p. 439; Costa, *Intr. Fl. Catal.* p. 7, n. 41. — ♃. Mai.

« Sommet du puig Mayor. » (Bourgeau, *Exsicc.*)

MAJORQUE : *Terrain humide au pied des rochers calcaires de la Ermita d'Arta.* — Fl. Mai.

10. **R. monspeliacus** L. *Sp.* p. 778, n. 24; Barcelo, *Apuntes pl. Balear.* p. 13, n. 5. — ♃. Mars.

« Andraitx, Felanitx. — Marz. » (Barcelo.)

11. **R. chærophyllos** L. *Sp.* p. 780, n. 30; DC. *Prodr.* I, p. 27, n. 5; Gren. et Godr. *Fl. de Fr.* I, p. 35; Bertol. *Fl. Ital.* V, p. 525, n. 21; Moris, *Fl. Sard.* I, p. 33, n. 15; Barcelo, *Apuntes pl. Balear.* p. 13, n. 6. — ♃. Mars.

« Orillas del torrent Gros en Palma. — Marz. » (Barcelo.)

MAJORQUE : *Lieux secs et rocheux. — Environs de Ratxa (entre Palma et Soller); garigues à mi-chemin entre Algayda et Palma.* — Fl. Mars.

12. **R. Philonotis** Retz. *Obs.* VI, p. 31; DC. *Prodr.* I, p. 41, n. 136; Gren. et Godr. *Fl. de Fr.* I, p. 36; Moris, *Fl. Sard.* I, p. 46, n. 24; Guss. *Fl. Sic. Syn.* II, p. 48, n. 22; Bertol. *Fl. Ital.* V, p. 560, n. 41; Costa, *Intr. Fl. Catal.* p. 7, n. 42; Rodrig. *Catal. pl. Menorca*, p. 2, n. 7. — ①. Mars-juin. »

« Hab. : torrente del camino de la Atalaya de Mah., raro. — Jun. » (Rodrig.)

MAJORQUE : *Alluvions noires et humides du Prat entre Palma et Lluchmayor.* — Fl. Mars.

Var. γ. *parvulus* DC. *Syst.* I, p. 297, n. 125. — *R. parvulus* L. *Mant.* p. 79, n. 40; Camb. *Enum. pl. Balear.* n. 8. — ①. Mars.

« In aridis montium insulæ Majoris prope Lluch. — Florebat Aprili. » (Camb.)

MAJORQUE : *Le Prat, route de Palma à Lluchmayor.* — Fl. Mars.

13. **R. trilobus** Desf. *Fl. Atlant.* I, p. 437, tab. 113; DC. *Prodr.* I, p. 42, n. 144; Gren. et Godr. *Fl. de Fr.* I, p. 37; Moris, *Fl. Sard.* I, p. 48, n. 25; Guss. *Fl. Sic. Syn.* II, p. 49, n. 23; Bertol., *Fl. Ital.*, V, p. 563, n. 42. — *R. Philonotis*, var. δ. *trilobus* Camb. *Enum. pl. Balear.* n. 8, — ①. Mars-mai.

« In humidis maritimis Ebusi. — Florebat Majo. » (Camb.)

« Champs incultes près Soller. » (Bourgeau, *Exsicc.*, n. 2727.)

MAJORQUE : *Terrains humides; alluvions tourbeuses. — Le Prat (route de Palma à Lluchmayor).* — Fl. Mars.

OBS. — Cambessèdes fait suivre son *R. Philonotis* de la note suivante : « On sait que le seul caractère qui distingue le *R. Philonotis* du *trilobus* consiste en ce que le premier ne présente qu'une série unique de tubercules qui borde chaque côté des carpelles, tandis que, dans le second, ces tubercules couvrent les deux faces du fruit. M. Gay possède deux exemplaires provenant du Roussillon, qui lient ces deux formes. Tantôt les carpelles ne présentent qu'une série de tubercules, tantôt cette série est accompagnée de quelques tubercules dans le milieu du disque, tantôt enfin les carpelles en sont totalement couverts comme dans le *R. trilobus*. Nous n'hésitons pas, d'après cette observation, à réunir ces deux espèces. » — N'ayant pas vu les échantillons dont parle Cambessèdes, nous nous contentons de donner les deux espèces telles qu'elles ont été faites par les auteurs et avec la synonymie qui convient à chacune d'elles.

14. **R. parviflorus** L. *Sp.* p. 780, n. 33; DC. *Prodr.* I, p. 42, n. 143; Gren. et Godr., *Fl. de Fr.* I, p. 47; Moris, *Fl. Sard.* I, p. 48, n. 26; Bertol. *Fl. Ital.* V, p. 568, n. 45; Desf. *Fl. Atlant.* I, p. 441; Costa, *Intr. Fl. Catal.*, p. 7, n. 45; Rodrig., *Catal. Suppl.* p. 2, n. 5; Barcelo, *Apuntes pl. Balear.* p. 13, n. 8. — ①. Avril-mai.

«Sitios húmedos y matorrales: camino de la Mezquita, raro; san Vidal en San-Cristóbal; San-Juan en Ferrerias. — Abril-mayo. » (Rodrig.)

« Andraitx, sierra de Alfabia. — Abr. » (Barcelo.)

MAJORQUE : *Terrains rocailleux et humides. — Sollerich, au nord d'Alaro. La ermita d'Arta. Autour de la fon de la Couma et de la fon de la Piquetta, à la serra de Soller, à* 800 *mètres d'altitude, le* 11 *juin* 1850. — Fl. Avril-juin.

Var. *pellucidus.*

Cette variété se distingue du type par son *port grêle, décombant*, par sa *pubescence beaucoup moins fournie*, par ses feuilles *très-minces, complétement transparentes, réticulées, veinées;* les radicales *arrondies, crénelées;* les caulinaires 3-*lobées* à *sinus arrondis*, à *lobe médian entier;* les supérieures *souvent opposées*, et dans ce cas la *feuille bractéale* est *toujours lancéolée entière.*

15. **R. ophioglossifolius** Vill. *Pl. Dauph.* III, p. 731, n. 5, tab. 49; DC. *Prodr.*, I, p. 43, n. 146; Gren. et Godr., *Fl. de Fr.* I, p. 37; Guss. *Fl. Sic. Syn.* II, p. 42, n. 8; Bertol. *Fl. Ital.* V, p. 499, n. 2. — ①. Mars-avril.

« Mahon, Binisarmeña. » (Com. cel. Rodrig.)

Majorque : *Fossés humides. — Près la fon del Llevo, entre Selva et Muro.* — Fl. Mars.

16. **R. arvensis** L. *Sp.* p. 780, n. 31; DC. *Prodr.* I, p. 41, n. 138; Gren. et Godr. *Fl. de Fr.* I, p. 38; Moris, *Fl. Sard.* I, p. 51, n. 28; Guss. *Fl. Sic. Syn.* II, p. 50, n. 27; Bertol. *Fl. Ital.* V, p. 564, n. 43; Desf. *Fl. Atlant.* I, p. 440; Rodrig. *Catal. Suppl.* p. 2, n. 6; Barcelo, *Apuntes pl. Balear.* p. 13, n. 7. — ①. Mars-juin.

« Raro : Menorca sin expresar localidad. (B. Ramis segun Texidor); Campsiquiat en terrenos cultivados. (Rodr.) — Mayo y primera mitad de Junio. » (Rodrig.)

« Lluch; rara cerca de Palma. — Abr. » (Barcelo.)

Majorque : *Les champs. — Son Virot, entre Selva et Muro. Son Ferendell près Valdemosa.* — Fl. Mars-avril.

17. **R. muricatus** L. *Sp.*, p. 780, n. 32; DC. *Prodr.*, I, p. 42, n. 139; Gren. et Godr., *Fl. de Fr.*, I, p. 38; Moris, *Fl. Sard.*, I, p. 49, n. 27; Guss., *Fl. Sic. Syn.*, II, p. 50, n. 26; Bertol., *Fl. Ital.*, V, p. 566, n. 44; Camb., *Enum. pl. Balear.* n. 7. — ①. Mars-avril.

« In insulâ Minore (Hern.). » (Camb.)

Majorque : *Lieux humides. — Son Ferendell près Valdemosa; près Campos, route de Lluchmayor.* — Fl. Mars-avril.

18. **R. sceleratus** L. *Sp.* p. 776, n. 15; Camb. *Enum. pl. Balear.* n. 4; Rodrig. *Catal. Suppl.* p. 2. — ①. Juin.

« In insulâ Minore (Hern.). » (Camb.)

« Raro : barranco de Calamporter, Canasia. — Junio. » (Rodrig.)

5. FICARIA

(Dill. *Nov. Gen.* p. 108, tab. 5).

1. **F. ranunculoides** Mœnch, *Meth.* p. 215; DC. *Prodr.* I, p. 44, n. 1; Gren. et Godr. *Fl. de Fr.* I, p. 39; Camb. *Enum. pl. Balear.* n. 9. — *Ranunculus Ficaria* Moris, *Fl. Sard.* I, p. 31, n. 13; Guss. *Pl. Sic. Syn.* II, p. 41, n. 5; Bertol. *Fl. Ital.* V, p. 508, n. 10; Desf. *Fl. Atlant.* I, p. 436; Costa, *Intr. Fl. Catal.* p. 7, n. 47. — ♃. Mars.

« In Balearibus frequens. » (Camb.)

Majorque : *Au pied des fortifications de Palma; bord du ruisseau de Soller près du port. — Lieux humides et sablonneux.*

6. HELLEBORUS

(Adans. *Fam.* II, p. 458).

1. **H. fœtidus** L. *Sp.* p. 784, n. 4; DC. *Prodr.* I, p. 47, n. 8; Gren. et Godr. *Fl. de Fr.* I, p. 41; Bertol. *Fl. Ital.* V, p. 592, n. 3; Costa, *Intr. Fl. Catal.* p. 8, n. 52; Camb. *Enum. pl. Balear.* n. 10. — ♃. Mars-juin.

« In montibus insulæ Majoris prope Lluch. — Florebat Aprili. » (Camb.)

MAJORQUE : *Bois et terrains calcaires et rocailleux. Lluch, Aumalluch; la serra de Soller; puig Mayor de Massanellas; puig Mayor de Torellas, de* 460 *à* 1400 *mètres d'altitude.*

2. **H. lividus** Ait. *Hort. Kew.* édit. 1, vol. II, p. 272, n. 5; DC. *Prodr.* I, p. 47, n. 9; Gren. et Godr. *Fl. de Fr.* I, p. 42; Moris, *Fl. Sard.* I, p. 53, n. 29, ic. tab. 3; Bertol. *Fl. Ital.* V, p. 594, n. 4; Camb. *Enum. pl. Balear.* n. 11. — ♃. Mars-avril.

« In montibus insulæ Majoris prope Esporlas (Trias). » (Camb.)

MAJORQUE : *Ravin de la couma del Carnisero, au pied de la serra de Soller, par* 300 *mètres d'altitude. — Versant nord du puig Gros de Ternellas, au nord-ouest de Pollenza, au lieu nommé* el Parat d'enté Moré, *par* 400 *mètres d'altitude.* — Fl. Mars-avril.

Cette plante croît au milieu des blocs roulés qui encombrent le lit desséché du ruisseau de la couma del Carnisero et du ravin de la Mamalhouda qui lui fait suite. Ce n'est que par instants, à des intervalles plus ou moins éloignés, que des orages ou de grandes pluies viennent remplir ce torrent d'une eau chargée de limon. Dans cette gorge rocailleuse et aride, je n'ai pas trouvé un seul échantillon en dehors des points que ces crues passagères peuvent atteindre en abandonnant les détritus qu'elles charrient.

Au puig Gros de Ternellas, c'est aussi au milieu de gros blocs éboulés qu'on trouve de beaux et abondants *H. lividus*. Cette plante paraît avoir besoin d'être parfaitement abritée, de croître dans une excellente terre végétale, et de trouver, au moins pendant les premiers temps de sa croissance, une protection puissante contre la sécheresse et les rayons d'un soleil ardent. Ces conditions sont parfaitement remplies dans les points où nous l'avons toujours rencontrée, et parfois les tiges sont forcées de prendre un développement exagéré pour se dégager des blocs de pierres qui les recouvrent et porter à la lumière leurs fleurs et leurs belles feuilles glauques.

Nous avons trouvé l'*H. lividus* encore en fleur le 4 mai 1855, par 400 mètres d'altitude, sur le versant nord de la chaîne principale de Majorque. — A Pollenza, on nomme cette belle plante *Palonia blanca* (Pivoine blanche). — Cette plante, dont nous possédons de nombreux échantillons et que nous avons pu observer en abondance sur place, présente de nombreuses variations dans la forme des segments de ses feuilles : ils sont ovales ou lancéolés, mais plus ou moins obtus, et tantôt les dents sont rapprochées, très-aiguës, comme les indique la figure du *Flora Sardoa* de Moris, tantôt les dents sont à peine indiquées par des points très-espacés.

7. NIGELLA

(Tournef., *Inst.*, p. 258, tab. 134. — L. *Gen.*, p. 276, n. 685).

1. **N. Damascena** L. *Sp.* p. 753, n. 1; DC. *Prodr.* I, p. 49, n. 10; Gren. et Godr. *Fl. de Fr.* I, p. 43; Moris, *Fl. Sard.* I, p. 56, n. 31; Guss. *Fl. Sic. Syn.* II, p. 30, n. 1; Bertol. *Fl. Ital.* V, p. 434, n. 1; Desf. *Fl. Atlant.* I, p. 428; Costa, *Intr. Fl. Catal.* p. 8, n. 53; Camb. *Enum. pl. Balear.* n. 12; Rodrig. *Catal. pl. Menorca*, p. 2, n. 11. — ①. Avril-juin.

« Frequente inter segetes Balearium. — Aprili-mayo floret. » (Camb.)
« Campos cultivados. — Mayo-jun. » (Rodrig.)

MAJORQUE et MINORQUE : *Champs, garigues ; terrains caillouteux secs et calcaires; partout, depuis la plaine jusqu'à* 8 *ou* 900 *mètres d'altitude.*

8. DELPHINIUM

(Tournef. *Inst.* p. 426, tab. 241).

1. **D. Requienii** DC. *Fl. fr.* V, p. 642, n. 4677ª; *Prodr.* I, p. 56, n. 51; Gren. et Godr. *Fl. de Fr.* I, p. 49; Barcelo, *Apuntes pl. Balear.* p. 14, n. 10. — ①. Mai.

« Sierra de Alfabia. — May. » (Barcelo.)

2. **D. Staphisagria** L. *Sp.*, p. 750, n. 7; DC. *Prodr.* I, p. 56, n. 53; Gren. et Godr. *Fl. de Fr.* I, p. 49; Guss. *Fl. Sic. Syn.* II, p. 29, n. 4; Bertol., *Fl. Ital.*, V, p. 412, n. 11; Costa, *Intr. Fl. Catal.* p. 8, n. 60; Camb. *Enum. pl. Balear.* n. 13; Rodrig. *Catal. pl. Menorca*, p. 2, n. 12. — ②. Mai-juin.

« Ad pagos in insulâ Majore et Ebuso. — Floret Junio. » (Camb.)
« Hab. en Menorca s.-esp. loc. (Cleg.); Algendar en Fer.—Mayo-junio.» (Rodrig.)

MAJORQUE : *Garigues rocheuses. Environs de Nuestra-Señora de la Vittoria, près Alcudia.*

3. **D. Cardiopetalum** DC. *Syst.* I, p. 347, n. 13; Barcelo, *Apuntes pl. Balear.* p. 14, n. 9. — ①. Juin.

« Ibiza, Bañeta en los campos y colinas immediatas á la ciudad de Ibiza. — Jun. » (Barcelo.)

4. **D. pictum** Willd., *Enum. hort. Berol.*, I, p. 594, n. 9; DC. *Prodr.* I, p. 56, n. 12; Moris, *Fl. Sard.* I, p. 61, n. 35; Bertol. *Fl. Ital.* V, p. 414, n. 12. — ②. Mai-juin.

MAJORQUE : *Terrains calcaires, rochers éboulés pierreux, murs ruinés. — Casa de son Chianchias, près Arta; es puig des Can, à Mina près Pollenza; es Brolgradat de Pradoncellas, entre Pollenza et Ariant; fon des Tex près Soller.*

5. **D. Ajacis** L. *Sp.* p. 748, n. 2; Barcelo, *Apuntes pl. Balear.* p. 14, n. 12. — ①. Avril.

« *Palometa* rara entre las mieses. Cultivadas sus variedades. — Abr. » (Barcelo.)

Le docteur Weyler, dans son ouvrage (*Topografia medica de las islas Baleares*), donne une liste des plantes qui croissent aux Baléares. On y trouve cité, page 87, l'*Aconitum Lycoctonum*, mais sans aucune indication de localité.
Un pharmacien de Palma, auquel nous fîmes part de nos doutes sur l'existence de l'Aconit à l'état spontané dans ces îles, nous dit que l'espèce *A. Napellus* se trouvait à la fon des Tex. — D'après ce nouveau renseignement, nous avons exploré cette localité avec le plus grand soin, et nous n'y avons trouvé que le *Delphinium pictum*. Il nous a donc été impossible de constater la présence du genre *Aconitum* à l'état spontané dans les Baléares.

9. PÆONIA

(L. *Gen.* p. 273, n. 678).

1. **P. corallina** Retz. *Obs.* III, p. 34; DC. *Prodr.* I, p. 65, n. 2; Gren. et Godr. *Fl. de Fr.* I, p. 52; Moris, *Fl. Sard.* I, p. 63, n. 36; Guss. *Fl. Sic. Syn.* II, p. 26, n. 1; Bertol. *Fl. Ital.* V, p. 395, n. 2; Camb. *Enum. pl. Balear.* n. 14.

Var. α. *fructibus tomentosis.*

MAJORQUE : *Montagnes des Vergiers, près Arta.*

Var. β. *fructibus glabris* Camb., *Enum. pl. Balear.*, n. 14; Costa, *Intr. Fl. Catal.*, p. 9, n. 65; Rodrig., *Catal. pl. Menorca*, p. 2, n. 13. — ♃. Mars-mai.

« In montibus insulæ Majoris prope Esporlas, necnon ad apicem montis *puig Mayor;* in insulâ Minore (Hern.). — Floret Majo. » (Camb.)

« Men. Algendar y c. el barranco den Fideu en Fer.; canaló del mart y Torre Petxina en Ciu. — Marz.-abr. » (Rodrig.)

Montagnes des Vergiers, près Arta. Nuestra-Señora de la Vittoria d'Alcudia; puig Massanellas; cala Figuiera à l'extrémité E. du cap Formentor; puig Gros de Gironellas à Ariant; versant N. du puig Gros de Ternellas, près Pollenza; collines rocheuses de 400 à 1200 mètres d'altitude. — Terrains rocailleux et calcaires. — Fl. Avril-mai.

Obs. — Cette plante est connue à Majorque sous le nom de *Palonia*. La décoction de sa racine est très-renommée comme spécifique de l'épilepsie (*mal de San-Pablo*). Les chèvres sont très-friandes de ses fleurs.

II. NYMPHÉACÉES

(Nymphæaceæ Salisb. in *Konig. Ann. Bot.* II, p. 69).

—

1. NYMPHÆA

(Neck. *Elem. Bot.* III, p. 385, n. 1828).

1. **N. alba** L. *Sp.* p. 729, n. 2; Camb. *Enum. pl. Balear.* n. 16. — ♃. Mai.

« In fossis insulæ Majoris prope Artam. — Floret Majo. » (Camb.)

Indiqué par Ramis à Minorque (*Specimen animalium, vegetabilium et mineralium in insulâ Minorca frequentiorum*, etc. Magone Balearium, MDCCCXIV, p. 39).

III. PAPAVÉRACÉES

(Papaveraceæ Juss. *Gen.* p. 235, ex parte).

—

1. PAPAVER

(L. *Gen.* p. 263, n. 648).

1. **P. somniferum** L. *Sp.* p. 726, n. 7; DC. *Prodr.* I, p. 119, n. 21; Gren. et Godr. *Fl. de Fr.* I, p. 57; Moris, *Fl. Sard.* I, p. 78, n. 46; Guss. *Fl. Sic. Syn.* II, p. 8, n. 9; Barcelo, *Apuntes pl. Balear.* p. 14, n. 13. — ①. Avril.

« Cultivado y subspontaneo. — Abr. » (Barcelo.)

2. **P. setigerum** DC. *Fl. fr.* V, p. 585, n. 4001[a], et *Prodr.* I, p. 119, n. 20; Gren. et Godr. *Fl. de Fr.* I, p. 58; Guss. *Fl. Sic. Syn.* II, p. 8, n. 1; Rodrig. *Catal. pl. Menorca*, p. 3, n. 14; Barcelo, *Apuntes pl. Balear.* p. 14, n. 14. — ①. Avril-mai.

« Menorca. Hab. campos cultivados ; Alcaufar. — C. Binimoti. — Abr., etc. » (Rodrig.)

« Men. Campos de Algendar, Binibnoti. — Abr. (Rodr.). » (Barcelo.)

CABRERA (île de) : *Les champs.* — Mai.

3. **P. Rhœas** L. *Sp.* p. 726, n. 6 ; DC. *Prodr.* I, p. 118, n. 9 ; Gren. et Godr. *Fl. de Fr.* I, p. 58 ; Moris, *Fl. Sard.* I, p. 77, n. 45 ; Guss. *Fl. Sic. Syn.* II, p. 8, n. 7 ; Bertol. *Fl. Ital.* V, p. 324, n. 6 ; Costa, *Intr. Fl. Catal.* p. 10, n. 71 ; Rodrig. *Catal. pl. Menorca*, p. 3, n. 15 ; Barcelo, *Apuntes pl. Balear.* p. 14, n. 15. — ①. Mars-juin.

« Ab. en terrenos cultivados. — Marz.-jun. » (Rodr.

« Comun entre las mieses. — Marz. » (Barcelo.)

MAJORQUE : *Champs aux environs de Palma et de Soller.*

4. **P. dubium** L. *Sp.* p. 726, n. 5 ; Camb. *Enum pl. Balear.* n. 18 ; Rodrig. *Catal. pl. Menorca*, p. 3, n. 16. — ①. Mars-juin.

« Inter segetes insulæ Majoris frequens. — Florebat Martio. » (Camb.)

« Hab. en los campos. — Abr.-may. » (Rodrig.)

MAJORQUE : *Champs autour de Palma et de Soller.*

5. **P. Argemone** L. *Sp.* p. 725, n. 2 ; Camb. *Enum. pl. Balear.* n. 17. — ①. Mars-mai.

« Inter segetes insulæ Majoris prope Esporlas. — Florebat Martio. » (Camb.)

6. **P. hybridum** L. *Sp.* p. 725, n. 4 ; DC. *Prodr.* I, p. 118, n. 5 ; Gren. et Godr. *Fl. de Fr.* I, p. 59 ; Moris, *Fl. Sard.* I, p. 72, n. 41 ; Guss. *Fl. Sic. Syn.* II, p. 6, n. 1 ; Bertol. *Fl. Ital.* V, p. 316, n. 1 ; Costa, *Intr. Fl. Catal.* p. 10, n. 73 ; Rodrig. *Catal. pl. Menorca*, p. 14, n. 16 ; Barcelo, *Apuntes pl. Balear.* p. 14, n. 16. — ①. Mars-mai.

« Hab. campos cultivados. — Abr.-mayo. » (Rodrig.)

« Comun entre las mieses. — Marz. » (Barcelo.)

MAJORQUE : *Champs près de Fuente-Santa, au sud de Campos.* — Fl. fin Mars.

2. ROEMERIA

(DC. *Syst.* II, p. 92).

1. **R. hybrida** DC. *Syst.* II, p. 92, et *Prodr.* I, p. 122, n. 1 ; Gren. et Godr. *Fl. de Fr.* I, p. 60 ; Costa, *Intr. Fl. Catal.* p. 11, n. 76 ; Barcelo, *Apuntes pl. Balear.* p. 14. — *R. hybrida*, var. α. Camb. *Enum. pl. Balear.* p. 14. — ①. Mars-mai.

« Inter segetes Ebusi. — Florebat Mayo. » (Camb.)
« Rara entre las mieses. » (Barcelo.).

IVIÇA : *Champs cultivés.* — Fl. Mai.

3. GLAUCIUM

(Tournef. *Inst.* p. 254, tab. 130).

1. **G. luteum** Scop. *Fl. Carn.* édit. 2, vol. I, p. 379 ; Gren. et Godr. *Fl. de Fr.* I, p. 61 ; Guss. *Fl. Syc. Sin.* II, p. 5, n. 1 ; Bertol. *Fl. Ital.* V, p. 312, n. 1 ; Costa, *Intr. Fl. Catal.* p. 11, n. 77. — *G. flavum* Crantz, *Aust.* II, p. 141 ; DC. *Prodr.* I, p. 122, n. 1 ; Moris, *Fl. Sard.* I, p. 80 ; Camb. *Enum. pl. Balear.* n. 20 ; Rodrig. *Catal. pl. Menorca*, p. 3, n. 18. — ①. Avril-juin.

« In arenosis maritimis insulæ Majoris frequens. — Florebat Aprili. » (Camb.)
« Hab. bastante frecuente en sitios arenosos próximos al mar. — Mayo-jul. » (Rodrig.)

MAJORQUE : *Terrains sablonneux et garigues rapprochées de la mer. — Nuestra-Señora de la Vittoria d'Alcudia ; plage del muelle de Pollenza ; port d'Andraitx.* — Fl. Avril-juin.

Les Majorcains connaissent cette plante sous le nom de *Cascaï burt* (Pavot sauvage). Ils en estiment beaucoup l'usage contre les hémorrhoïdes, sur lesquelles ils appliquent les feuilles simplement contondues entre les mains.

2. **G. corniculatum** Curtis, *Lond.* n. 6, tab. 32 ; DC. *Prodr.* I, p. 122, n. 3 ; Gren. et Godr. *Fl. de Fr.* I, p. 61 ; Moris, *Fl. Sard.* I, p. 82, n. 48 ; Costa, *Intr. Fl. Catal.* p. 11, n. 78 ; Barcelo, *Apuntes pl. Balear.*, p. 14, n. 17. — ①. Mars.

« Alrededores de Palma, cerca del puente de Yuca. » (Barcelo.)

MAJORQUE : *Au sud de Campos, au pied des murs de la casa de la Fuente-Santa.*

4. CHELIDONIUM

(L. *Gen.* p. 262, n. 647).

1. **C. majus** Mill. *Dict.* n. 1 ; Œd. *Fl. Dan.* t. 676 ; DC. *Prodr.* I, p. 123, n. 1 ; Gren. et Godr. *Fl. de Fr.* I, p. 62 ; Moris, *Fl. Sard.* I, p. 83, n. 49 ; Guss. *Fl. Sic. Syn.* II, p. 4, n. 1 ; Bertol. *Fl. Ital.* V, p. 309, n. 1 ; Costa, *Intr. Fl. Catal.* p. 11, n. 79 ; Rodrig. *Catal. pl. Menorca*, p. 3, n. 19. — ♃. Mars-juin.

« Hab. en Menorca (Cleg.) ; barranco de Algendar. — Marz.-jun. » (Rodrig.)

Minorque : *Moulin de Goumis, près de Torre Petxina, dans le barranco se terminant à la cala Santa-Galdana, termino de Ciudadela* (*barranco de Algendar* de M. Rodriguez). — Fl. Mai.

Nous n'avons jamais trouvé cette plante sur aucun autre point des Baléares : il ne serait pas étonnant qu'elle ne vînt que dans cette seule localité dont la fraîcheur est exceptionnelle. On connaît cette plante, au moulin de Goumis, sous le nom de *Salidonia*. — Indiquée par Ramis, *loc. cit.* p. 39.

5. HYPECOUM

(Tournef. *Inst.* p. 230, tab. 115).

1. **H. procumbens** L. *Sp.* p. 181, n. 1 ; Barcelo, *Apuntes pl. Balear.* p. 14, n. 19. — ①. Mars-mai.

« Comun en los campos, Palma. — Marz. » (Barcelo.)

2. **H. grandiflorum** Benth. *Catal. pl. des Pyr. et du Lang.* p. 91; Gren. et Godr. *Fl. de Fr.* I, p. 63; Costa, *Intr. Fl. Catal.* p. 11, n. 81 ; Barcelo, *Apuntes pl. Balear.* p. 14, n. 20. — ①. Avril-mai.

« En los campos, Palma. — Abr. » (Barcelo.)

Iviça : *Dans les blés.* — Mai.

IV. FUMARIACÉES

(Fumariaceæ DC. *Syst.* II, p. 105).

1. FUMARIA

(L. *Gen.* p. 862, n. 849, ex parte).

1. **F. capreolata** L. *Sp.* p. 985, n. 9; DC. *Prodr.* I, p. 130, n. 4; Gren. et Godr. *Fl. de Fr.* I, p. 66 ; Moris, *Fl. Sard.* I, p. 87, n. 51; Guss. *Fl. Sic. Syn.* II, p. 237, n. 1 ; Bertol. *Fl. Ital.* VII, p. 306, n. 3; Costa, *Intr. Fl. Catal.* p. 12, n. 87 ; Camb. *Enum. pl. Balear.* n. 21 ; Rodrig. *Catal. pl. Menorca*, p. 4, n. 20. — ①. Février-juin.

« In montosis Balearium vulgatissima. — Floret primo vere. » (Camb.)
« Bastante comun en los caminos. — Febr.-mayo. » (Rodrig.)

Majorque : *Bañalbufar ; environs de Palma ; serra de Soller, entre 800 et 1000 mètres d'altitude.* — Avril-mai.

Obs. — Sur un grand nombre des échantillons que nous avons recueillis, on remarque que les deux premières grappes de fleurs qui se développent ont la corolle d'une teinte rouge tirant sur le pourpre, tandis que les grappes supérieures ont les corolles blanchâtres, différence que l'on peut établir ainsi :

Plante ayant des grappes de fleurs (les inférieures) à corolle complétement rouge pourpre, et sur le même pied d'autres grappes de fleurs (les supérieures) à corolle complétement blanchâtre.

Cette différence de couleur, franchement accusée et localisée d'une manière bien nette, nous a paru assez intéressante pour être signalée à l'attention des observateurs.

2. **F. officinalis** L. *Sp.* p. 984, n. 7 ; DC. *Prodr.* I, p. 130, n. 6 ; Gren. et Godr. *Fl. de Fr.* I, p. 68 ; Moris, *Fl. Sard.* I, p. 89, n. 53 ; Guss. *Fl. Sic. Syn.* II, p. 238, n. 5 ; Bertol. *Fl. Ital.* VII, p. 301, n. 1; Costa, *Intr. Fl. Catal.* p. 12, n. 88 ; Camb. *Enum. pl. Balear.* n. 22. — ①. Mars-mai.

« In agris Balearium frequens. — Floret Martio. » (Camb.)

Majorque : *Partout sur les murs, dans les champs caillouteux.*

3. **F. parviflora** Lamk, *Dict.* II, p. 567 ; DC. *Fl. fr.* IV, p. 639, n. 4101 ; Gren. et Godr. *Fl. de Fr.* I, p. 69 ; Bertol. *Fl. Ital.* VII, p. 310, n. 6 ; Costa, *Intr. Fl. Catal.* p. 12, n. 90 ; Camb. *Enum. pl. Balear.* n. 23. — ①. Mars-mai.

« Inter segetes Ebusi. — Florebat Majo. » (Camb.)

Majorque : *Murailles, champs à l'E. de Palma.*

4. **F. densiflora** DC. *Catal. hort. Monsp.* p. 113 (1813) ; Gren. et Godr. *Fl. de Fr.* I, p. 68. — *F. micrantha* Lag. el Matrit. (1816), 21, n. 281. — ①. Mars.

Majorque : *Champs de son Vivot, entre Inca et Muro.* — Fin Mars.

V. CRUCIFÈRES

(Cruciferæ Juss. *Gen.* p. 237).

1. MATTHIOLA

(R. Br. *Hort. Kew.* 2e édit. IV, p. 119).

1. **M. incana** R. Br. *Hort. Kew.* 2e édit. IV, p. 119 ; DC. *Prodr.* I, p. 132, n. 1 ; Gren. et Godr. *Fl. de Fr.* I, p. 85 ; Moris, *Fl. Sard.* I, p. 157, n. 96 ; Guss. *Fl. Sic. Syn.* p. 175, n. 3 ; Bertol. *Fl. Ital.* VII, p. 98 ; Rodrig. *Catal. Suppl.* p. 3. — ♃. Mars-avril.

« Barranco de se Vall (Casall. ! Rodr.). — Marzo, Abril. » (Rodrig.)

MAJORQUE : *Rochers du port d'Estellencs*, 23 avril 1855.

Nous ne possédons qu'un échantillon de *M. incana* recueilli dans le voisinage de jardins où il était cultivé. — Sa spontanéité nous paraît très-douteuse.

Var. *α. purpurea* R. Br. *l. c.*; Camb. *Enum. pl. Balear.* n. 24.

« Ad muros et rupes maritimas Balearium vulgatissima. — Floret Martio. » (Camb.)

2. **M. sinuata** R. Br. *Hort. Kew.* 2ᵉ édit. IV, p. 120; Rodrig. *Catal. pl. Menorca*, p. 5, n. 34; Barcelo, *Apuntes pl. Balear.* p. 15, n. 29. — ②. Mai-juillet.

« Arenal de Tiran; Fornelli. — Jun.-jul. » Rodrig.)

« Rara cerca de la Torre d'en Pau, arenal de Tiran (Rodr.)— Mayo. » (Barcelo.)

2. CHEIRANTHUS

(R. Br. *Hort. Kew.* 2ᵉ édit. IV, p. 118).

1. **C. Cheiri** L. *Sp.* p. 924, n. 2; Camb. *Enum. pl. Balear.* n. 25. — ♃. Mars.

« Ad muros in insulis Majore et Minore. — Floret Martio. » (Camb.)

3. NASTURTIUM

(R. Br. *Hort. Kew.* 2ᵉ édit. IV, p. 110).

1. **N. officinale** R. Br. *loc. cit.* n. 1; DC. *Prodr.* I, p. 137, n. 1; Gren. et Godr. *Fl. de Fr.* I, p. 98; Moris, *Fl. Sard.* I, p. 146, n. 87; Guss. *Fl. Sic. Syn.* II, p. 166, n. 1; Bertol. *Fl. Ital.* VII, p. 35, n. 1; Camb. *Enum. pl. Balear.* n. 26. — ♃. Avril-juin.

« Ad fontes et rivulos Balearium vulgatissima. — Florebat Aprili. » (Camb.)

MAJORQUE : *Ruisseau de can Saman; se fon de la couma de Arbona, à* 880 *mètres d'altitude; ruisseau près le port de Soller; descente de la serra de Soller. — Ariant près Pollenza.* — Avril-juin.

4. ARABIS

(L. *Gen.* p. 341, n. 818).

1. **A. verna** R. Br. *Hort. Kew.* 2ᵉ édit. IV, p. 105, non Desf.; DC. *Prodr.* I, p. 142, n. 1; Gren. et Godr. *Fl. de Fr.* I, p. 100; Moris, *Fl. Sard.* I, p. 150, n. 90; Guss. *Fl. Sic. Syn.* II, p. 170, n. 2; Bertol. *Fl. Ital.* VII, p. 118, n. 1; Camb. *Enum. pl. Balear.* n. 27. — ①. Mars-mai.

« In montibus insulæ Majoris dictis puig Mayor, puig de Torella, puig de Malluch ; haud rara. — Floret Martio, Aprili. » (Camb.)

MAJORQUE : *Pelouses rocailleuses, anfractuosités des rochers. — Castillo d'Alaro; muelle de Pollenza; cap. Formentor ; barranco de Soller, à 870 mètres d'altitude ; rochers du Tex, à 1000 mètres d'altitude.*

2. **A. sagittata** DC. *Fl. fr.* Suppl. p. 592, n. 4179, et *Prodr.* I, p. 143, n. 16 ; Gren. et Godr. *Fl. de Fr.* I, p. 102. — *A. hirsuta* β. *sagittifolia* Moris, *Fl. Sard.* I, p. 151, n. 91 ; Guss. *Fl. Sic. Syn.* II, p. 171, n. 4 β. — *A. hirsuta* α. Camb. *Enum. pl. Balear.* n. 28. — ②. Avril-mai.

« Ad rupes in montibus insulæ Majoris prope Lluch. — Florebat Aprili. » (Camb.)

MAJORQUE : *Sommet du puig d'Alaro et du puig Mayor de Torellas ; les garigues.*

3. **A. muralis** Bertol. *Rar. Lig. pl.* déc. II, p. 37, n. 6 ; DC. *Prodr.* I, p. 144, n. 20 ; Gren. et Godr. *Fl. de Fr.* I, p. 102 ; Moris, *Fl. Sard.* I, p. 152, n. 92 ; Bertol. *Fl. Ital.* VII, p. 137, n. 12. — *A. hirsuta* γ. Camb. *Enum. pl. Balear.* n. 28. — ♃. Avril-juin.

« Ad rupes in montibus insulæ Majoris puig Mayor, puig de Torellas. — Florebat Aprili. » (Camb.)

MAJORQUE : *Les garigues, les rochers ; sommet du castillo d'Alaro ; rochers du Tex près Soller à 1000 mètres ; sommet du puig Galatzo, 990 mètres (Camb.) ; barranco de Sollerich au nord d'Alaro ; sommet du puig Mayor de Torellas, par 1400 mètres.*

Dans cette dernière localité, l'*A. muralis* était complétement en fruit le 7 juillet 1852, ainsi qu'à Lluch, le 8 juin de la même année, par 460 mètres d'altitude.

4. **A. Thaliana** L. *Sp.* p. 929, n. 3 ; Rodrig. *Catal Suppl.* p. 3, n. 8. — ①. Avril.

« Raro. Binisarmeña en sitios incultos. — Abril. » (Rodrig.)

5. CARDAMINE

(L. *Gen.* p. 338, n. 812).

1. **C. pratensis** L. *Sp.* p. 915, n. 13 ; Barcelo, *Apuntes pl. Balear.* p. 15, n. 34. — ♃.

« Menorca (Cursach.). » (Barcelo.)

2. **C. hirsuta** L. *Sp.* p. 915, n. 12 ; DC. *Prodr.* I, p. 152, n. 28 ; Gren. et Godr. *Fl. de Fr.* I, p. 109 ; Moris, *Fl. Sard.* I, p. 147, n. 88 ; Guss. *Fl. Sic. Syn.* II, p. 167, n. 1 ; Bertol. *Fl. Ital.* VII,

p. 23, n. 10; Rodrig. *Catal. pl. Menorca*, p. 6, n. 42. — *C. hirsuta* α. Camb. *Enum. pl. Balear.* n. 29. — ①.

« In umbrosis insulæ Majoris frequens; in ins. Minore (Hern.). — Florebat Martio. » (Camb.)

« Sitios sombrios; c. la fuente den Simon; camino de cala Mezquita. — Febr., Marz. » (Rodrig.)

MAJORQUE : *Terrains caillouteux; garigues. — Sommet du castillo d'Alaro; environs de Palma du côté du castillo de Belver; au pied de la serra de Soller.*

Var. β. *maxima* DC. *Syst.* II, p. 259; Camb. *Enum. pl. Balear.* n. 29.

« In humidis montium insulæ Majoris circa Esporlas. — Florebat Martio » (Camb.).

6. KONIGA

(Adans. *Fam.* II, p. 420 [1763]).

1. **K. maritima** L. *Mant.* p. 42, sub *Clypeolâ*; Bertol. *Fl. Ital.* VI, p. 481, n. 1; Moris, *Fl. Sard.* I, p. 141, n. 83; Camb. *Enum. pl. Balear.* n. 30. — *Alyssum maritimum* Lamk *Dict.* I, p. 98; DC. *Prodr.* I, p. 164, n. 39; Gren. et Godr. *Fl. de Fr.* I, p. 118; Guss. *Fl. Sic. Syn.* II, p. 165; Rodrig. *Catal. pl. Menorca*, p. 6, n. 43. — ♃. Mars-juin.

« Ad muros et rupes maritimas Balearium vulgatissima. — Florebat Martio. » (Camb.)

« Abundantisimo. — En flor casi todo el año. » (Rodrig.)

MAJORQUE : *Sables près de la mer. — Albufera d'Alcudia.*

7. CLYPEOLA

(L. *Gen.* p. 336, n. 807).

1. **C. Jonthlaspi** L. *Sp.* p. 910, n. 1; DC. *Prodr.* I, p. 165, n. 1; Gren. et Godr. *Fl. de Fr.* I, p. 120; Moris, *Fl. Sard.* I, p. 115, n. 64; Guss. *Fl. Sic. Syn.* II, p. 145, n. 1; Bertol. *Fl. Ital.* VI, p. 518, n. 1; Camb. *Enum. pl. Balear.* n. 31. — ①. Mai.

« Inter rupes ad apicem montis Galatzo in insulâ Majore. » (Camb.)

MAJORQUE : *Garigues; — sommet de puig des can de Mina près Pollenza; puig Mayor.*

8. EROPHILA

(DC. *Syst.* II, p. 356).

1. **E. vulgaris** DC. *loc. cit.* n. 2, et *Prodr.* I, p. 172, n. 2; Camb. *Enum. pl. Balear.* n. 32. — *Draba verna* L. *Sp.* p. 896, n. 2; Gren.

et Godr. *Fl. de Fr.* I, p. 125; Moris, *Fl. Sard.* I, p. 139, n. 82; Guss. *Fl. Sic. Syn.* II, p. 161, n. 2; Bertol. *Fl. Ital.* VI, p. 469, n. 5. — ①. Mars-avril.

« Ubique in Balearibus. — Floret primo vere. » (Camb.)

MAJORQUE : *Environs de Palma; castillo de Belver; sommet du castillo d'Alaro; sommet du puig Mayor de Torellas.*

9. THLASPI

(Dillen. *Fl. Giss.* p. 123).

1. **T. arvense** L. *Sp.* p. 901, n. 2; Rodrig. *Catal. pl. Menorca*, p. 6, n. 45; Barcelo, *Apuntes pl. Balear.* p. 15, n. 39. — ①.

« Hab. en Men. s.-esp. loc. Curs. » (Rodrig.)
« Menorca (Cursach). » (Barcelo.)

2. **T. perfoliatum** L. *Sp.* p. 902, n. 8; Gren. et Godr. *Fl. de Fr.* I, p. 143; DC. *Fl. fr.* IV, p. 710, n. 4253, et *Prodr.* I, p. 176, n. 9; Moris, *Fl. Sard.* I, p. 121, n. 68; Guss. *Fl. Sic. Syn.* II, p. 156, n. 2; Bertol. *Fl. Ital.* VI, p. 543, n. 6. — ①. Avril-mai.

« Puig Mayor. » (Bourgeau, *Exsicc.*)

MAJORQUE : *Sommet du castillo de Alaro; serra de Soller.*

10. CAPSELLA

(DC. *Syst.* II, p. 383).

1. **C. Bursa-pastoris** Mœnch, *Meth.* 271; Camb. *Enum. pl. Balear.* n. 42. — *Thlaspi Bursa-pastoris* L. *Sp.* p. 903, n. 10; Rodrig. *Catal. pl. Menorca*, p. 6, n. 46. — ①. Février-juin.

« Ubique in Balearibus. — Floret primo vere. » (Camb.)
« Hab. terrenos cultivados. — Febr.-abr. » (Rodrig.)

11. HUTCHINSIA

(R. Br. *Hort. Kew.* 2e édit. IV, p. 82).

1. **H. petræa** R. Brown. *loc. cit.*; DC. *Prodr.* I, p. 178, n. 10; Gren. et Godr, *Fl. de Fr.* I, p. 148; Guss. *Fl. Sic. Syn.* II, p. 151, n. 1; Bertol. *Fl. Ital.* VI, p. 569, n. 5; Camb. *Enum. pl. Balear.* n. 33. — *Lepidium petræum* L. *Sp.* p. 899, n. 7; Moris, *Fl. Sard.* I, p. 126, n. 72. — ①. Avril-mai.

« Ad apicem montis puig Mayor in insulâ Majore. — Florebat Aprili. » (Camb.)

MAJORQUE : *Les garigues.— Colline de Belver : la cova del Bon Jésus, à la serra de Soller ; puig Mayor de Torellas.*

2. **H. procumbens** Desv. *Journ. bot.* III, p. 168 ; DC. *Prodr.* I, p. 178, n. 11 ; Gren. et Godr. *Fl. de Fr.* I, p. 148 ; Guss. *Fl. Sic. Syn.* II, p. 151, n. 2 ; Bertol. *Fl. Ital.* VI, p. 571, n. 6 ; Barcelo, *Apuntes pl. Balear.* p. 16, n. 40. — *Lepidium procumbens* Moris, *Fl. Sard.* I, p. 125, n. 71. — ①. Mars.

« En algunas calles de Palma. — Marz. » (Barcelo.)

MAJORQUE : *Les garigues ; environs de Campos ; puig d'Alaro.* — Fl. Avril.

12. IBERIS

(L. *Gen.* p. 335, n. 804).

1. **I. pinnata** Gouan, *Hort. Monsp.* p. 319 ; L. *Sp.* p. 907, n. 11, Barcelo, *Apuntes pl. Balear.* p. 15, n. 38. — ②. Avril.

« Paredes è inmediaciones de los molinos del O. de Palma. — Abr. » (Barcelo.)

13. BISCUTELLA

(L. *Gen.* p. 336, n. 808).

1. **B. auriculata** L. *Sp.* p. 911, n. 1 ; Camb. *Enum. pl. Balear.* n. 34. — *B. auriculata* var. β. Lamk, *Dict.* II, p. 617 ; Camb. *Enum.*

« In agris Ebusi propè S. Gerstrudam. — Florebat Majo. » (Camb.)

Var. β. *siliculis lævibus* Camb. *Enum. pl. Balear.* n. 34 ; β. *auriculata* α. Lamk, *loc. cit.* ; — *B. erigerifolia* DC. *Dissert.* n. 2, et *Syst.* II, p. 408.

« Cum priore. » (Camb.)

14. CAKILE

(Tournef. *Inst.* 49, tab. 483).

1. **C. maritima** Scop. *Flor. Carn.* n. 844 ; Gren. et Godr. *Fl. de Fr.* I, p. 154 ; Rodr. *Catal. pl. Menorca*, p. 7, n. 53 ; Barcelo, *Apuntes pl. Balear.* p. 16, n. 45. — β. *sinuatifolia* DC. *Prodr.* I, p. 185, n. 1 ; Guss. *Fl. Sic. Syn.* II, p. 142, n. 1. — *C. latifolia* Bertol. *Fl. Ital.* VI, p. 615. — *Bunias Cakile* L. *Sp.* p. 936, n. 4. — ①. Mai-juillet.

« R. Hab. playa de Santandria, Ciu ; entre Fornells y el arenal de Tiran, r. — Mayo-jul. » (Rodrig.)

« Orillas del mar, Palma, Andraitx, Ibiza. — May., Oct. » (Barcelo.)

MAJORQUE : *Terrains sablonneux près de la mer; les plages; port d'Andraitx; Albufera d'Alcudia.* — Fl. Avril-juin.

15. MALCOLMIA

(R. Br. *Hort. Kew.* IV, p. 121).

1. **M. maritima** R. Br. *Hort. Kew.* 2e édit. IV, p. 121; Barcelo, *Apuntes pl. Balear.* p. 15, n. 28. — ①. Février.

« Mall. *Gasó* la cultivada. Espontánea en las playas de Menorca. — Febr. » (Barcelo.)

2. **M. ramosa** Coss. inéd. — *Arenaria* DC. ex parte, *Prodr.* I, p. 187. — *Hesperis ramosissima* Desf. *Fl. Atl.* II, p. 91, tab. 161.

IVIÇA : *Sables des plages.* — Fl. Mai.

OBS.— La figure citée du *Fl. Atlant.* a l'air d'avoir été faite d'après un échantillon cultivé; celle de la planche 162 (*M. arenaria*) donne mieux le port de notre plante. — Cette plante n'a été trouvée jusqu'ici qu'en Afrique.

16. SISYMBRIUM

(L. *Gén.* p. 338, n. 813).

1. **S. officinale** Scop. *Fl. Carn.* 2e édit. n. 824; DC. *Prodr.* I, p. 191, n. 1; Gren. et Godr. *Fl. de Fr.* I, p. 93; Moris, *Fl. Sard.* I, p. 162, n. 100; Guss. *Fl. Sic. Syn.* II, p. 188, n. 2; Bertol. *Fl. Ital.* VII, p. 54, n. 6. — ①. Avril-mai.

« Ad vias in insulâ Majore propè Artam. — Florebat Aprili. » (Camb.)

MAJORQUE : *Les garigues; sommet du castillo de Alaro.* — Avril.

2. **S. obtusangulum** Schlecht. Barcelo, *Apuntes pl. Balear.* p. 15, n. 32. — ♃.

« Caminos, muros, Palma, Andraitx, Puigpuñent, Manacor; en Alcudia. » (Barcelo.)

3. **S. Irio** L. *Amœn.* IV, p. 270; Camb. *Enum. pl. Balear.* n. 36; Rodrig. *Catal. Suppl.* p. 3. — ①. et ②. Février-mars.

« Ad vias et margines agrorum in Balearibus vulgatissima. — Florebat Martio. » (Camb.)

« Raro : camino viejo de Mahon á San-Clemente. — Febr. » (Rodrig.)

4. **S. Columnæ** Jacq. *Aust.* 323; Camb. *Enum. pl. Balear.* n. 37. — ②. Avril.

« In montibus insulæ Majoris prope Lluch. — Florebat Aprili. » (Camb.)

5. **S. Sophia** L. *Sp.* p. 920, n. 18; Barcelo, *Apuntes pl. Balear.* p. 15, n. 33. — ①. Avril.

« Raro cerca de Palma. — Abr. » (Barcelo.)

6. **S. Polyceratium** L. *Sp.* p. 918, n. 10; Barcelo, *Apuntes pl. Balear.* p. 15, n. 31. — ①. Mars.

« Raro cerca de Palma. — Marz. » (Barcelo.)

7. **S. bursifolium** L. *Sp.* p. 918, n. 9; Camb. *Enum. pl. Balear.* n. 38. — ①.

« In insulâ Minore (Hern.). » (Camb.)

8. **S. erysimoides** Desf. *Fl. Atlant.* II, p. 84, tab. 158.

« Lieux incultes dans la vallée de Palma. » (Bourgeau, *Exsicc.*, n. 2730.)

17. ERYSIMUM

(L. *Gen.* p. 339, n. 814).

1. **E. perfoliatum** Crantz, *Aust.* 27; Barcelo, *Apuntes pl. Balear.* p. 15, n. 30. — ①. Avril.

« En los campos cerca de Palma. — Abr. » (Barcelo.)

18. CAMELINA

(Crantz, *Aust.* I, p. 17).

1. **C. sylvestris** Wallr. *Sched.* p. 347; Barcelo, *Apuntes pl. Balear.* p. 15, n. 35. — ①. Mars.

« Rara en los campos de Palma. — Marz. » (Barcelo.)

19. SENEBIERA

(Pers. *Syn.* II, p. 185).

1. **S. Coronopus** Poir. *Dict.* VII, p. 76; DC. *Prodr.* I, p. 203, n. 6; Gren. et Godr. *Fl. de Fr.* I, p. 153; Guss. *Fl. Sic. Syn.* II, p. 145, n. 1; Bertol. *Fl. Ital.* VI, p. 531, n. 2; Rodrig. *Catal. Suppl.* p. 4, n. 11. — *Coronopus Ruellii* Gærtn. *Fruct.* I, p. 293, t. 142; Moris, *Fl. Sard.* I, p. 133, n. 77. — ①. Mai.

« Binietzau y camino del Campás en Alayor. — Mayo. » (Rodrig.)

Majorque : *Terrains sablonneux près de la mer. — Albufera d'Alcudia.*

2. **S. pinnatifida** DC. *Mém. Soc. hist. nat. Par.* an 7, p. 144, t. 9, et *Fl. fr.* IV, p. 703; Gren. et Godr. *Fl. de Fr.* I, p. 154; Rodrig. *Catal. Suppl.* p. 4, n. 12. — ①. Avril.

« Calles de Mahon (naturalizada?). — Abril. » (Rodrig.)

20. LEPIDIUM

(L. *Gen.* p. 333, n. 801).

1. **L. Draba** L. *Sp.* 1re édit. p. 645; n. 14; DC. *Prodr.* I, p. 203, n. 1; Gren. et Godr. *Fl. de Fr.* I, p. 153; Moris, *Fl. Sard.* I, p. 130, n. 75; Bertol. *Fl. Ital.* VI, p. 577, n. 1; Camb. *Enum. pl. Balear.* n. 39; Rodrig. *Catal. pl. Menorca,* p. 6, n. 52. — *Cochlearia Draba,* L. *Sp.* 2e édit. p. 904, n. 8; DC. *Fl. fr.* IV p. 702, n. 4237. — ♃. Mars-avril.

« In segetes insulæ Majoris. — Florebat Aprili. » (Camb.)

« Hab. naturalizada hace pocos años hacia el segundo y tercer kilometros de la carretera de Mahon á Ciudadela. — Marz., Abr. » (Rodrig.)

Majorque : *Terrains argileux et caillouteux; — son Serralta entre Bañalbufar et Estellenchs.* — Avril.

2. **L. sativum** L. *Sp.* p. 899, n. 8; Camb. *Enum. pl. Balear.* n. 40; Rodrig. *Catal. pl. Menorca,* p. 6, n. 47. — ①.

« In insulâ Minore (Hern.) an spontanea? » (Camb.)

« Cultívado; no lo he visto espontáneo. » (Rodrig.)

3. **L. Carrerasii** Rodrig. *Catal. Suppl.* p. 3, n. 10. — ①. Avril, Mai.

« Inmediaciones de Mahon en sitios frescos, tanto incultos como cultivados : hácia los caminos de la Mezquita y de la Albufera (Rodr.), márgen del torrente de la huerta de San-Juan (Casall.!). — Abril, principios de Mayo. » (Rodrig.)

4. **L. ruderale** L. *Sp.* p. 900, n. 14; Rodrig. *Catal. pl. Menorca,* p. 6, n. 48; Barcelo, *Apuntes pl. Balear.* p. 16, n. 41. — ①. Mai.

« Me pareció que pertenecia á esta especie una planta que encontré desprovista de petalos. — Mayo. » (Rodrig.)

« Menorca (Ramis, Rodr.). » (Barcelo.)

5. **L. Iberis** L. *Sp.* p. 900, n. 16; Camb. *Enum. pl. Balear.* n. 41; Rodrig. *Catal. pl. Menorca,* p. 6, n. 49. — ①.

« In insulâ Minore (Hern.). » (Camb.)

« Hab. en Men. seg. Hern. y Oleo. » (Rodrig.)

6. **L. graminifolium** L. *Sp.* p. 900, n. 13; Gren. et Godr. *Fl. de Fr.* I, p. 152; Moris, *Fl. Sard.* I, p. 127, n. 73; Guss., *Fl. Sic. Syn.* II, p. 153, n. 3; Bertol. *Fl. Ital.* VI, p. 852, n. 4; Rodrig. *Catal. pl. Menorca*, p. 6, n. 50; Barcelo, *Apuntes pl. Balear.* p. 16, n. 42. — *L. Iberis* Poll. *Pol.* II, p. 209; DC. *Fl. fr.* IV, p. 705, n. 4241. — ①. Avril-juin.

« Hab. camino de la fuente den Simon; camino de la Atalaya. — Jun., Jul. » (Rodrig.)

« Orilla de los caminos. — Jun. » (Barcelo.)

Minorque : *Bord des ruisseaux.*

7. **L. latifolium** L. *Sp.* p. 899, n. 11; Rodrig. *Catal. pl. Menorca*, p. 6, n. 51; Barcelo, *Apuntes pl. Balear.* p. 16, n. 43. — ♃. Mai.

« Cultivado y sub-espontáneo. » (Rodrig.)

« Alrededores de Lluch, Riera de Inca. — May. » (Barcelo.)

21. BRASSICA

(L. *Gen.* p. 342, n. 820).

1. **B. oleracea** L. *Sp.* p. 932, n. 5; Camb. *Enum. pl. Balear.* n. 44; Rodrig. *Catal. pl. Menorca*, p. 4, n. 26. — ②.

« Colitur in hortis Balearium. » (Camb.)

« Cultivadas algunas variedades. » (Rodrig.)

2. **B. Napus** L. *Sp.* p. 931, n. 3; Camb. *Enum. pl. Balear.* n. 45; Rodrig. *Catal. pl. Menorca*, p. 4, n. 27. — ②.

« Colitur in hortis Balearium. » (Camb.)

« Cultivada. » (Rodrig.)

3. **B. asperifolia** Lamk, *Dict.* I, p. 746; Barcelo, *Apuntes pl. Balear.* p. 15, n. 24. — ① et ②. Mars-mai.

« Men. Naturalizada en el barranco de Algendar. — Marz., May. (Rodr.). » (Barcelo.)

Var. α. *oleifera* DC. *Prodr.* I, p. 214; Rodrig. *Catal. pl. Menorca*, p. 4, n. 28.

« Hab. naturalizada en el barranco de Algendar. — Marz., Mayo. » (Rodr.)

4. **B. balearica** Pers. *Synops.* II, p. 206, n. 8; DC. *Prodr.* I, p. 215, n. 12; Camb. *Enum. pl. Balear.* n. 43; Barcelo, *Apuntes pl. Balear.* p. 15. — ♄. Avril-mai.

« In fissuris rupium montis dicti puig Mayor in insulâ Majore.— Florebat Aprili. » (Camb.).

« Mall. *Col borda, col sylvestre.* Hendiduras de los peñascos, puig de Torella, sierra de Alfabia, Teix, Planicie, S'escrop, Grau de Soller, puig Mayor. — Abr. » (Barcelo.)

MAJORQUE : *Tous les rochers à pic entre* 600 *et* 1400 *mètres d'altitude. Montagnes des Tex près Soller* (1000 *mètres*); *fon d'Agé et torrent de S'escrop, au puig Galatzo* (900 *mètres*); *gorch Blaou entre Soller et Lluch* (600 *mètres*), *es coll de Loffre* (870 *mètres*), *barranco de Soller* (600 *mètres*), *coll de Zeous* (1000 *mètres*), *couma de Arbona* (1100 *m.*); *sommet du puig Mayor de Tórellas* (1400 *mètres*); *castillo d'Alaro, puig de Gironellas* (700 *m.*), *serra de Soller* (1060 *m.*).

En 1852, le 12 juin, j'ai encore trouvé quelques échantillons en fleurs avancées, au sommet extrême du puig Mayor de Torellas. — Il y avait déjà des graines mûres.

Cette belle plante appartient essentiellement à ce que nous nommons la *station baléarique*, c'est-à-dire les hautes murailles de rochers calcaires à pic de la chaîne N. O. — Jamais nous ne l'avons rencontrée ailleurs. L'odeur de la fleur est miellée, très-douce et très-agréable.

22. SINAPIS

(L. *Gen.* p. 342, n. 821).

1. **S. arvensis** L. *Sp.* p. 933, n. 1; Camb. *Enum. pl. Balear.* n. 46; Rodrig. *Catal. pl. Menorca,* p. 4, n. 24; Barcelo, *Apuntes pl. Balear.* p. 14. — ①. Février-mai.

« In insulâ Minore (Hern.). » (Camb.)

« Ab. Hab. caminos y terrenos cultivados. — Marz., Mayo. » (Rodrig.)

« Comun entre las mieses. — Febr. » (Barcelo.)

2. **S. orientalis** L. *Sp.* p. 933, n. 2, et *Amœn.* IV, p. 280; DC. *Prodr.* I, p. 219, n. 19; Barcelo, *Apuntes pl. Balear.* p. 14, n. 21. — ①. Mars.

« Entre las mieses, Palma, Andraitx. — Marz. » (Barcelo.)

MAJORQUE : *Champs de son Vivot, entre Inca et Muro.*

3. **S. alba** L. *Sp.* p. 933, n. 3; Barcelo, *Apuntes pl. Balear.* p. 15, n. 22. — ①. Mars.

« Mall. Rara entre las mieses, Palma. — Marz. » (Barcelo.)

4. **S. dissecta** Lag. *Hort. Madr.* 20; Barcelo, *Apuntes pl. Balear.* p. 15, n. 23. — ①. Mars.

« En los campos de Lino, Andraitx. — Marz. » (Barcelo.)

23. HIRSCHFELDIA

(Mœnch, *Meth.* 264).

1. **H. adpressa** Mœnch, *l. c.*; Rodrig. *Catal. pl. Menorca*, p. 5, n. 30. — *Sinapis incana*, L. *Sp.* p. 934, n. 7; Camb. *Enum. pl. Balear.* n. 47. — *Cordylocarpus pubescens* Smith, *Flora Græc. Prodr.* II, p. 619. — ②. Mai-juillet.

« In insulà Minore (Hern.). » (Camb.)

« Ab. Hab. caminos y terrenos cultivados. — Mayo-jul. » (Rodrig.)

24. DIPLOTAXIS

(DC. *Syst.* II, p. 628).

1. **D. catholica** DC. *Syst.* II, p. 632, n. 7, et *Prodr.* I, p. 222, n. 7. — *Sisymbrium catholicum* L. *Mantissa*, p. 93. — ①. Mars-mai.

MAJORQUE : *Terrains sablonneux près de la mer; les plages. — Environs de Campos.* — IVIÇA : *Isleta de Bouté-foc, à la pointe E. du port d'Iviça.* — Fl. Mai.

2. **D. erucoides** DC. *Syst.* II, p. 631, n. 5, et *Prodr.* I, p. 222, n. 5; Gren. et Godr. *Fl. de Fr.* I, p. 81; Moris, *Fl. Sard.* I, p. 182, n. 113; Guss. *Fl. Sic. Syn.* II, p. 192, n. 3; Bertol. *Fl. Ital.* VII, p. 68, n. 2; Camb. *Enum. pl. Balear.* n. 48; Rodrig. *Catal. pl. Menorca*, p. 5, n. 32. — ①. Février-mars.

« Ad vias et margines agrorum in Balearibus vulgatissima. — Floret Februario Martioque. » (Camb.)

« Ab. Hab. en los campos. — Febr., etc. » (Rodrig.)

MAJORQUE : *Champs caillouteux, bords des chemins. — Environs de Palma et de Soller.*

3. **D. viminea** DC. *Syst.* II, p. 635, n. 12; Rodrig. *Catal. pl. Menorca*, p. 5, n. 31; Barcelo, *Apuntes pl. Balear.* p. 15, n. 26. — ①. Avril-octobre.

« Hab. Subervell en tierras cultivadas. — La encontré en flor en Otoño. » (Rodrig.)

« Campos y caminos, Palma, Soller, Andraitx. — Abr., Jul., Oct. » (Barcelo.)

25. ERUCA

(DC. *Syst.* II, p. 636).

1. **E. sativa** Lamk. *Fl. fr.* II, p. 496; Camb. *Enum. pl. Balear.* n. 49. — ①. Avril-mai.

« Inter segetes Ebusi. — Florebat Majo. » (Camb.)

« Champs incultes près Soller. » (Bourgeau, *Exsicc.*)

Var. α. *nana* Camb. *l. c.*

« In arenosis maritimis insulæ Majoris, inter Palmam et locum dictum Prat. — Florebat Martio. » (Camb.)

Var. β. *papillosa.* Cette variété diffère du type par ses siliques couvertes de papilles coniques, légèrement mucronées, oncinées au sommet.

FORMENTERA (île de) : *Champs incultes et pierreux.*

Les habitants de Formentera nomment cette plante *Rocas*; ils assurent que les Grecs (ou plutôt les gens du Levant) la connaissent sous le même nom et qu'ils la mangent abondamment quand elle est jeune.

On trouve, au sujet de cette plante, dans le tome VII de la *Flore italienne* de Bertoloni, page 163, les vers suivants de Columelle :

Et quæ frugifero seritur vicina Priapo
Excitet ut veneri tardos eruca maritos.

(COLUM. lib. X, v. 108, 109.)

26. CARRICHTERA

(DC. *Syst.* II, p. 641).

1. **C. Vellæ** DC. *Syst.* II, p. 642, n. 1 ; Moris, *Fl. Sard.* I, p. 135, n. 79 ; Rodrig. *Catal. Suppl.* p. 3, n. 9 ; Barcelo, *Apuntes pl. Balear.* p. 15, n. 36. — *Vella annua* Guss. *Fl. Sic. Syn.* II, p. 159, n. 1 ; Bertol. *Fl. Ital.* VI, p. 463, n. 1. — ①. Février-août.

« Los lados del camino viejo de San-Clemente. » (Rodrig.)

« Comun en la Bona-Nova, Santa-Ponsa, Andraitx, cerca de la ciudad de Ibiza. — Febr. » (Barcelo.)

MAJORQUE : *Les champs incultes; terrains sablonneux, bords des chemins. — Andraitx; environs de Palma.* — IVIÇA : *Chemins de las Salinas près d'Iviça.* — Mai.

27. SUCCOWIA

(DC. *Syst.* II, p. 642).

1. **S. Balearica** Medik. in *Ust. new. Ann.* I, p. 41 ; DC. *Prodr.* I, p. 224, n. 1 ; Moris, *Fl. Sard.* I, p. 134, n. 78 ; Guss. *Fl. Sic. Syn.* II, p. 160, n. 1 ; Bertol. *Fl. Ital.* VI, p. 619, n. 1 ; Camb. *Enum. pl. Balear.* n. 50 ; Rodrig. *Catal. pl. Menorca*, p. 4, n. 29, et *Suppl.* p. 3 ; Barcelo, *Apuntes pl. Balear.* p. 15, n. 37. — ①. Mars-mai.

« In insulis Balearibus (Linn., Gouan). » (Camb.)

« Hab. en Men. s.-esp. loc. (Oleo); no he visto esta especie.— Matorrales : predio Son-Bou. — Barranco de se Vall (Casall.!). — Marzo á Mayo. » (Rodrig.)

« Parages sombrias, Andraitx, S'escrop. — Marz. » (Barcelo.)

MINORQUE : *Lieux incultes.* — *Torre de Wall, dans le termino de Mahon.* — Mai.

28. RAPISTRUM

(Boerh. *Lugd.-bat.* 406).

1. **R. rugosum** All. *Ped.* I, p. 257 ; Barcelo, *Apuntes pl. Balear.* p. 16, n. 46. — ①. Avril.

« Entre los mieses, Palma. — Abr. » (Barcelo.)

2. **R. orientale** DC. *Syst.* II, p. 433, n. 3 ; Moris, *Fl. Sard.* I, p. 109, n. 60. — ①. Juin.

« Champs incultes près Soller. » (Bourgeau, *Exsicc.*)

3. **R. Linnæanum** Boiss. et Reut. *Diagn. pl. Hisp.* V! (excl. syn.); Rodrig. *Catal. Suppl.* p. 4, n. 13 ; Barcelo, *Apuntes pl. Balear.* p. 16, n. 47. — ①. Avril-juin.

« Entre las mieses : Canasia ; predios son Vidal en San-Cristóbal, Algendar y Subervey, en Ferrerias, etc. (*Rodr.*); en el termino de Mercadal (Casall.). — Abril à Junio. » (Rodrig.)

« Mieses, Palma, Andraitx, Soller, Capdellá. — Abr. » (Barcelo.)

« Champs près Soller. » (Bourgeau, *Exsicc.*)

29. RAPHANUS

(L. *Gen.* p. 343, n. 822).

1. **R. sativus** L. *Sp.* p. 935, n. 1 ; Camb. *Enum. pl. Balear.* n. 51 ; Rodrig. *Catal. pl. Menorca*, p. 4, n. 22. — ①.

« Colitur in hortis Balearium. » (Camb.)

« Cultivados. » (Rodrig.)

2. **R. Raphanistrum** L. *Sp.* p. 935, n. 2 ; DC. *Prodr.* I, p. 229, n. 4 ; Gren. et Godr. *Fl. de Fr.* I, p. 72 ; Moris, *Fl. Sard.* I, p. 100, n. 55 ; Guss. *Fl. Sic. Syn.* II, p. 139, n. 2 ; Bertol. *Fl. Ital.* VII, p. 177, n. 1 ; Barcelo, *Apuntes pl. Balear.* p. 14, n. 9. — ①. Juin-juillet.

« Comunisima en los campos. En. » (Barcelo.)

MAJORQUE : *Lieux incultes.* — *Es Tex, près de Soller.* — MINORQUE : *Les environs de Mahon.*

Var. β. *flore purpurascente* DC. *Syst.* II, p. 667 ; Camb. *Enum. pl. Balear.* n. 52.

« In insulâ Minore (Hern.). » (Camb.)

3. **R. Landra** Moretti in DC. *Syst.* II, p. 668, n. 5 ; Rodrig. *Catal. Suppl.* p. 2, n. 7. — ♃. Février-mai.

« Biniaixa, camino de Adaya. — Febr. à Mayo. » (Rodrig.)

4. **R. maritimus** Sm. *Engl. Bot.* t. 1643 ; DC. *Prodr.* I, p. 229, n. 6 ; Gren. et Godr. *Fl. de Fr.* I, p. 72 ; Camb. *Enum. pl. Balear.* n. 53. — ♃. Avril-juin.

« In maritimis propè Soller in insulâ Majore. — Florebat Aprili. » (Camb.)

MAJORQUE : *Lieux humides ; — bords de la rivière de Soller, près du port ; Valdemosa ; les champs entre Pollenza et Arta.* — MINORQUE : *Les champs autour de Mahon.*

VI. CAPPARIDÉES

(CAPPARIDEÆ Juss. *Gen.* 212).

1. CAPPARIS

(L. *Gen.* p. 261, n. 643).

1. **C. spinosa** L. *Sp.* p. 720, n. 1 ; DC. *Prodr.* I, p. 425, n. 4 ; Gren. et Godr. *Fl. de Fr.* I, p. 159 ; Moris, *Fl. Sard.* I, p. 186, n. 116 ; Guss. *Fl. Sic. Syn.* II, p. 3, n. 2 ; Bertol. *Fl. Ital.* V, p. 301, n. 1 ; Camb. *Enum. pl. Balear.* n. 54. — ♃. Mai-juin.

« Ubique ad muros Balearium. — Florebat Majo. — Tantà copià ad mœnia Alcudiæ provenit, ut cognomen *villa de las Taperas* (ville des Câpres) indè nacta sit hæc civitas. » (Camb.)

« Rochers du bord de la mer, près le port de Soller. » (Bourgeau, *Exsicc.* n. 2729.)

MAJORQUE : *Les vieilles murailles ; — remparts d'Alcudia.*

Var. *inermis* Rodrig. *Catal. pl. Menorca*, p. 7, n. 54.

« Hab.: cala de San-Estéban ; barranco de Algendar ; abunda en el distrito de Ciudadela. — Abr.-oct. » (Rodrig.)

VII. CISTINÉES

(Cisti Juss. *Gen.* 294, part.).

—

1. CISTUS

(Tournef. *Inst.* tab. 136).

1. **C. albidus** L. *Sp.* p. 737, n. 8; DC. *Prodr.* I, p. 264, n. 10; Gren. et Godr. *Fl. de Fr.* I, p. 163; Moris, *Fl. Sard.* I, p. 196, n. 122; Guss. *Fl. Sic. Syn.* II, p. 14, n. 12; Bertol. *Fl. Ital.* V, p. 345, n. 4; Camb. *Enum. pl. Balear.* n. 55; Rodrig. *Catal. pl. Menorca*, p. 7, n. 55. — ♄. Avril-juin.

« In montosis Balearium vulgatissima. — Florebat Aprili. » (Camb.)
« Hab.: Abunda en parages incultos; marina de Alcaufar; pinas de Santa-Ana en Ciu; Albufera. — Abr., Mayo. » (Rodrig.)

Majorque : *Les garigues. — Valdemosa ; Bañalbufar; castillo d'Alaro; serra de Soller.* — Iviça : *Garigues entre Iviça et Sainte-Eulalie.*

Cette plante est connue à Majorque sous le nom de *Estepa margalida.*

2. **C. salvifolius** L. *Sp.* p. 738, n. 10; DC. *Prodr.* I, p. 265, n. 16; Moris, *Fl. Sard.* I, p. 197, n. 123; Guss. *Fl. Sic. Syn.* II, p. 12, n. 6; Bertol. *Fl. Ital.* V, p. 346, n. 6; Camb. *Enum. pl. Balear.* n. 56. — *C. salviæfolius* Gren. et Godr. *Fl. de Fr.* I, p. 164; Rodrig. *Catal. pl. Menorca*, p. 7, n. 56. — ♄. Avril-juin.

« In montibus Balearium ubique occurrit. — Floret Aprili. » (Camb.)
« Hab. ab. en terrenos arenosos. — Abr. (Rodrig.)

Majorque : *Garigues terreuses et boisées. — Col d'Arta, sur la route de Manacor à Arta ; garigue argileuse entre Valdemosa et Bañalbufar ; puig de Ternellas près Pollenza ; la couma des Prats de Massanellas par* 950 *mètres d'altitude. A cette hauteur, le* Cistus salvifolius *était encore en pleine floraison le* 19 *juin* 1852.

Cette plante est connue à Majorque sous le nom d'*Estepa juana*. Elle sert dans les magnaneries pour faire monter les vers à soie.

3. **C. florentinus** Lamk, *Dict.* II, p. 17; Camb. *Enum. pl. Balear.* n. 57. — ♄. Avril.

« In collibus aridis insulæ Majoris prope Artam; in ins. Minore (Hern.). — Floret Aprili. » (Camb.)

4. **C. monspeliensis** L. *Sp.* p. 737, n. 6; DC. *Prodr.* I, p. 625, n. 19; Moris, *Fl. Sard.* I, p. 198, n. 124; Gren. et Godr. *Fl. de Fr.* I, p. 166; Guss. *Fl. Sic. Syn.* II, p. 13, n. 8; Camb. *Enum. pl. Balear.* n. 58; Rodrig. *Catal. pl. Menorca*, p. 7, n. 57. — ♄. Avril-mai.

« Ubique in aridis et montosis Balearium. — Floret Aprili. » (Camb.)
« Abundantisimo. — Abr., etc. » (Rodrig.)

MAJORQUE : *Garigues ; terrains caillouteux.* — *Très-abondant au cap d'Alcudia, en descendant en ligne droite de la torre d'Alcudia vers la mer, dans la direction du muelle de Pollenza à Fuente-Santa, entre Santañy et la mer.* — IVIÇA : *Entre la ville d'Iviça et Sainte-Eulalie.* — CABRERA (île de) : *Les garigues.*

Les feuilles du *Cistus monspeliensis* infusées dans du vin rouge sont fréquemment employées en gargarismes contre le mal de dents. A Iviça et à Soller, nous avons entendu nommer cette plante *Estepa negra*. Les habitants s'en servent comme du *C. salvifolius*, pour faire monter les vers à soie.

5. **C. Clusii** Dun. in DC. *Prodr.* I, p. 266, n. 28; Camb. *Enum. pl. Balear.* n. 59. — *C. fastigiatus* Guss. *Fl. Sic. Syn.* II, p. 13, n. 9; Bertol. *Fl. Ital.* V, p. 349, n. 8. — *C. Libanotis* Desf. *Fl. Atlant.* I, p. 412 (excl. synon.). — ♄.

« In collibus aridis Ebusi. — Florebat Majo. » (Camb.)

MAJORQUE : *Terrains de tuf près de la mer.* — *Carrières de calcaire moellon entre la torre den Pau et le chemin de Lluchmayor, près Palma.* — Fin Mars.

6. **C. umbellatus** L. *Sp.* p. 739, n. 14. — *Helianthemum umbellatum* Mill. *Dict.* V; Barcelo, *Apuntes pl. Balear.* p. 16, n. 49. — ♄. Mars.

« Colinas arenosas de cala Pudenta en Palma. — Marz. » (Barcelo.)

2. HELIANTHEMUM

(Tournef. *Inst.* t. 128).

1. **H. halimifolium** Willd. *Enum.* p. 569, n. 2; DC. *Prodr.* I, p. 268, n. 13; Moris, *Fl. Sard.* I, p. 200, n. 125; Guss. *Fl. Sic. Syn.* II, p. 24, n. 23; Bertol. *Fl. Ital.* V, p. 352, n. 1; Barcelo, *Apuntes pl. Balear.* p. 16, n. 48. — *Cistus halimifolius* L. *Sp.* p. 738, n. 12; Gren. et Godr. *Fl. de Fr.* I, p. 161. — ♄. Mai-juin.

« Abunda en el arenal de Noseras. — May. » (Barcelo.)

MAJORQUE : *Albufera d'Alcudia, dans un terrain sablonneux et humide près de la mer.* — Juin.

Nous n'avons trouvé l'*H. halimifolium* que dans cette seule localité, mais elle y est très-abondante.

2. **H. plantagineum** Pers. *Synops.* II, p. 77, n. 27 ; Camb. *Enum. pl. Balear.* n. 60 ; DC. *Prodr.* I, p. 270, n. 25. — *Cistus serratus* Desf. *Fl. Atlant.* I, p. 416. — ①. Mars-avril.

« In aridis prope Artam sô Servera, in insulâ Majore. — Floret Aprili. » (Camb.)

Majorque : *Garigues entre Santañy et les Baous.* — Fin Mars.

3. **H. guttatum** Mill. *Dict.* n. 18 ; DC. *Prodr.* I, p. 270, n. 26 ; Rodrig. *Catal. pl. Menorca*, p. 7, n. 59 ; Barcelo, *Apuntes pl. Balear.*, p. 16, n. 53. — ①. Mars-mai.

« Hab. camino de cala Mezquita ; marina de son Gurnès ; c. la cuesta nueva de la carretera de Mah. á Ciu. — Abr., Mayo. » (Rodrig.)

« Bellver, cala Pudenta. — Abr. » (Barcelo.)

Majorque : *Assez répandu dans les garigues des Baous près de Santañy.* — Fin Mars.

4. **H. salicifolium** Pers. *Synops.* II, p. 78, n. 36 ; DC. *Prodr.* I, p. 273, n. 37 ; Gren. et Godr. *Fl. de Fr.* I, p. 167 ; Moris, *Fl. Sard.* I, p. 212, n. 135 ; Guss. *Fl. Sic. Syn.* II, p. 23, n. 19 ; Bertol. *Fl. Ital.* V, p. 370, n. 11 ; Barcelo, *Apuntes pl. Balear.* p. 16, n. 51. — ①. Mars-avril.

« Entre la torre d'en Pau y la torre Redona. — Abr. » (Barcelo.)

Majorque : *Garigues sèches ; rochers de tuf calcaire.* — *Son Oms, à 9 kilomètres E. S. E. de Palma.* — Fin Mars.

5. **H. marifolium** DC. *Fl. fr.* IV, p. 817 ; Gren. et Godr. *Fl. de Fr.* I, p. 172 ; Camb. *Enum. pl. Balear.* n. 65. — ♄. Mai.

« In aridis Ebusi circa S.-Eulaliam. — Florebat Majo. » (Camb.)

6. **H. Serræ** Camb. *Enum. pl. Balear.* n. 66, pl. 2, et *Mem. Mus.* p. 216, n. 66. — ♃. Mars-avril.

« In arenosis maritimis insulæ Majoris inter Palmam et locum dictum Prat. — Floret Martio Aprilique. » (Camb.)

Majorque : *Calcaire moellon tertiaire près le bord de la mer.* — *Aux environs de la torre d'en Pau, au S. E. de Palma.* — Fin Mars.

Cette plante croît en abondance dans cette localité, où sont ouvertes de nombreuses carrières dans le tuf calcaire très-tendre qui forme le sol de cette partie de l'île. — Je ne l'ai jamais vue autre part. — Cette localité est du reste remarquable par plusieurs autres belles espèces de Cistes et d'Hélianthèmes, dont certaines n'ont pas été retrouvées en d'autres points des Baléares.

7. **H. virgatum** Pers. *Syn.* II, p. 79, n. 65 ; DC. *Prodr.* I, p. 282, n. 100. — ♄. Mai-juin.

« Rochers de puig de Torellas. — Mai. » (Bourgeau, *Exsicc.* n. 2732.)

Majorque : *Généralement répandu dans les sommités rocheuses ; se plaît surtout dans les anfractuosités des rochers à pic. — La couma de Arbona* (1100 *m.*), *puig Mayor de Torellas* (1400 *m.*) *et puig Mayor de Massanellas* (1300 *m.*).

8. **H. roseum** DC. *Fl. fr.* IV, p. 822, n. 4498 ; Barcelo, *Apuntes pl. Balear.* p. 16, n. 52. — ♄. Juin.

« Puig de Torella, puig Mayor. — Jun. » (Barcelo.)

9. **H. viride** Tenore ! *Fl. Nap. Prodr.* p. 31 ; Camb. *Enum. pl. Balear.* n. 63. — ♄. Mai-juin.

« In aridis insulæ Majoris prope Cauviam, Incam, Artam ; in ins. Minore (Hern.). — Floret Majo, Junio. » (Camb.)

10. **H. Tuberaria** Mill. *Dict.* n. 10 ; Rodrig. *Catal. pl. Men.* p. 7, n. 60 ; Barcelo, *Apuntes pl. Balear.* p. 16, n. 54. — ♄. Mai.

« R. Hab. marina de son Gurnès ; monte el Bec ; Biniaixa (R.). » (Rodrig.)

11. **H. Caput-felis** Boiss. *Elench. pl. nov. Hispan.* p. 16, n. 23. — ♄. Mars.

Majorque : *Plage de las salinas de Campos, — les sables marins.* — Fin Mars (29 mars 1855).

3. FUMANA

(Spach, *Nouv. Ann. sc. nat.* VI, p. 359).

1. **F. procumbens** Gren. et Godr. *Fl. de Fr.* I, p. 173. — *F. vulgaris* Spach, *l. c.* p. 356 (part.). — *Helianthemum Fumana* Mill. *Dict.* n. 6 ; Camb. *Enum. pl. Balear.* n. 61. — ♄. Avril.

« In aridis montium insulæ Majoris prope Bañalbufar. — Florebat Aprili. » (Camb.)

Majorque : *Garigues près Calvia ; Andraitx.* — Avril.

2. **F. Spachii** Gren. et Godr. *Fl. de Fr.* I, p. 174. — *F. vulgaris* Spach, *l. c.* (part.). — ♄. Mai.

« Collines au-dessus de Soller. » (Bourgeau, *Exsicc.*)

3. **F. lævipes** Spach, *Nouv. Ann. sc. nat.* VI, p. 359 ; Gren. et Godr. *Fl. de Fr.* I, p. 174 ; Rodrig. *Catal. Suppl.* p. 4, n. 15. —

Helianthemum lævipes Pers. *Syn.* II, p. 76, n. 11; DC. *Prodr.* I, p. 275, n. 51; Moris, *Fl. Sard.* I, p. 207, n. 130; Guss. *Fl. Sic. Syn.* II, p. 15, n. 1; Bertol. *Fl. Ital.* V, p. 353, n. 2; Camb. *Enum. pl. Balear.* n. 62.— *Cistus lævipes* L. *Sp.* p. 739, n. 15.— ♄. Avril-mai.

« In aridis insulæ Majoris prope Valdemosam, Palmam, Artam frequens. — Floret Aprili, Majo. » (Camb.)

« Terrenos incultos : Mongofre-nou, son Blanc, Montañeta. — Abril, Mayo. » (Rodrig.)

MAJORQUE : *Collines près Soller.*

4. **F. viscida** Spach, *Nouv. Ann. sc. nat.* VI, p. 359; Gren. et Godr. *Fl. de Fr.* I, p. 174; Rodrig. *Catal. Suppl.* p. 4.— *Helianthemum glutinosum* Pers. *Syn.* II, p. 79, n. 58; Camb. *Enum. pl. Balear.* n. 64. — ♄. Avril-mai.

« In aridis insulæ Majoris prope Artam, Palmam, Cauviam; in Ebusi petrosis circa S.-Raphael, S.-Eulaliam vulgatissima. — Floret Aprili, Majo. » (Camb.)

« Camino del monte Toro à Fornells (Salv. herb.); Alcaufar, Mongofre-nou, Santa-Ponsa y Binixabonet en Alayor, marina de son Gurnès, cala de Santa-Galdana (Rodr.); Binicanó, barranco de se Vall (Casall.!). — Abril, Mayo. » (Rodrig.)

MAJORQUE : *Garigues, terrains marneux.* — *Environs de Bañalbufar, d'Estellenchs, de Calvia et de Palma.* — Avril.

VIII. VIOLARIÉES

(VIOLARIEÆ DC *Fl. fr.* IV, p. 801).

1. VIOLA

(Tournef. *Inst.* 419, tab. 286).

1. **V. hirta** L. *Sp.* p. 1324, n. 6; DC. *Prodr.* I, p. 295, n. 25; Gren. et Godr. *Fl. de Fr.* I, p. 176; Guss. *Fl. Sic. Syn.* I, p. 255, n. 1; Bertol. *Fl. Ital.* II, p. 695, n. 2. — ♃. Mars.

MAJORQUE : *Talus humides, bords des chemins.* — *Route de Soller à Lluch par Cuba, Aumalluch et son Nabot, entre* 500 *et* 700 *mètres d'altitude.* — Juin.

2. **V. odorata** L. *Sp.* p. 1324, n. 8; DC. *Prodr.* I, p, 296, n. 29; Gren. et Godr. *Fl. de Fr.* I, p. 177; Moris, *Fl. Sard.* I, p. 216, n. 137; Guss. *Fl. Sic. Syn.* I, p. 255, n. 2; Bertol. *Fl. Ital.* II, p. 698, n. 4; Rodrig. *Catal. Suppl.* p. 5, n. 16. — ♃. Mars-juin.

« En sitios sombrios y húmedos del barranco de Algendar, probablemente naturalizada desde muchos años. » (Rodrig.)

MAJORQUE : *Eboulis caillouteux. — La couma freda de Massanellas, à 1100 mètres d'altitude.* — Juin.

Var. *inodora* Camb. *Enum pl. Balear.* n. 67.

« In montibus insulæ Majoris circa Lluch vulgatissima. — Florebat Aprili. » (Camb.)

3. **V. Jaubertiana** Nob. Tab. II.

Plante couchée, à rameaux *stoloniformes, complétement glabres,* même dans sa jeunesse. Souche *presque ligneuse* de 1/2 à 1 centimètre de diamètre, couverte d'une *écorce subéreuse* et *écailleuse;* rameaux stoloniformes *anguleux, allongés, non radicants,* quelquefois rameux euxmêmes et terminés par une rosette de feuilles florifères d'où partent d'autres rameaux les années suivantes.

Feuilles *complétement glabres, longuement pétiolées,* d'un vert pâle, *très-épaisses* et *presque coriaces.* Les radicales, *grandes, cordiformes,* à sinus *largement ouvert* à la base, un peu décurrentes sur le pétiole, *obtuses* ou *subobtuses* au sommet, à dents terminées par un *petit mucron* fortement courbé en dedans. Celles des jeunes rameaux *réniformes, suborbiculaires* ou *cunéiformes,* mais toujours *complétement glabres* et *coriaces.*

Pétiole atteignant jusqu'à 20 centimètres de longueur, *canaliculé, largement élargi* au sommet, muni de deux stipules *lancéolées, linéaires, fimbriées, glanduleuses.*

Fleurs vernales *grandes, inodores* et *stériles,* portées sur des pédoncules de 10 à 15 centimètres qui partent des rosettes de feuilles; pétales d'un *beau violet,* l'inférieur *un peu échancré,* les autres entiers ou faiblement émarginés, les latéraux munis de *quelques poils à la base,* terminés en éperon *court, obtus,* dépassant les appendices des sépales. Fleurs tardives *apétales* et *fertiles,* portées sur des pédoncules deux à quatre fois plus courts que ceux des fleurs vernales.

Anthères surmontées d'un appendice scarieux assez long; style *court, aigu,* courbé à la base.

Sépales *ovales, oblongs, un peu aigus au sommet.*

Capsule *globuleuse, glabre;* graines lisses.

MAJORQUE : *Es gorch Blaou à l'Estretch entre Lluch et Aumalluch,*

10 juin 1852. — *Cova de la Botella près es puig Gros de Ternellas aux environs de Pollenza*, 4 mai 1855. — *Rochers à pic face nord.* — *RR.*

4. **V. arborescens** L. *Sp.* p. 1325, n. 12; DC. *Prodr.* I, p. 299, n. 54; Gren. et Godr. *Fl. de Fr.* I, p. 182; Rodrig. *Catal. Suppl.* p. 5, n. 17; Barcelo, *Apuntes pl. Balear.* p. 16, n. 55. — ♃. Mars-juin.

« Rara : barranco de se Vall. — Nov. y principios de Dec. » (Rodrig.) « Comun en Génova, Andraitx, Deyá, Soller. — Fl. casi todo el año. » (Barcelo.)

MAJORQUE : *Vieux murs, terrains crayeux.* — *Pied du puig Farrutx près d'Arta, versant nord; chemin de Palma à Calvia.* — Avril-mai.

IX. RÉSÉDACÉES

(RESEDACEÆ DC. *Théor. élém.* p. 214).

—

1. RESEDA

(L. *Gen.* p. 242, n. 608).

1. **R. alba** β. *undata* DC. *Fl. fr.* suppl. p. 599; Camb. *Enum. pl. Balear.* n. 119; Rodrig. *Catal. pl. Menorca*, p. 9, n. 64. — *R. undata* L. *Sp.* p. 644, n. 6. — *R. suffruticulosa* Gren. et Godr. *Fl. de Fr.* I, p. 189. — ① ou ②. Mai-juin.

« Inter segetes Balearium vulgatissima. — Floret Martio. » (Camb.) « Bastante comun en toda la isla. — May.-jun. » (Rodrig.)

MAJORQUE : *Fossés d'Alcudia ; bords du chemin de Lluchmayor à Campos.*— *Environs de Palma.* — Fin Mars-mai.

2. **R. Gayana** Boiss.; Rodrig. *Catal. Suppl.* p. 5, n. 18.

« Mahon (Pourr. segun Lge, Pug.). » (Rodrig.)

3. **R. luteola** L. *Sp.* p. 643, n. 1; Gren. et Godr. *Fl. de Fr.* I, p. 190; Moris, *Fl. Sard.* I, p. 192, n. 119; Guss. *Fl. Sic. Syn.* I, p. 528, n. 1; Bertol. *Fl. Ital.* V, p. 24, n. 1; Desf. *Fl. Atlant.* I, p. 373; Costa, *Intr. Fl. Catal.* p. 29, n. 259; Camb. *Enum. pl. Balear.* n. 120; Rodrig. *Catal. pl. Menorca*, p. 9, n. 65. — ②. Avril-juin.

« In campis Balearium. — Floret Aprili. » (Camb.)

« Hab. en Men. s.-esp. loc. (Oleo) ; Biniaixa, camino de la fuente den Simon. — Abr.-jun. » — (Rodrig.)

Cabrera (îlot de) : *Les garigues.*

4. **R. lutea** L. *Sp.* p. 645, n. 9 ; Gren. et Godr. *Fl. de Fr.* I, p. 188; Moris, *Fl. Sard.* I, p. 189, n. 117 ; Guss. *Fl. Sic. Syn.* I, p. 529, n. 3 ; Bertol. *Fl. Ital.* V, p. 26, n. 3 ; Desf. *Fl. Atlant.* I, p. 374 ; Costa, *Intr. Fl. Catal.* p. 29, n. 255 ; Camb. *Enum. pl. Balear.*, n. 121 ; Rodrig. *Catal. pl. Menorca*, p. 8, n. 63. — ②. Mars-avril.

« In campis prope Artam in insulâ Majore.—Florebat Aprili. » (Camb.)

« R. Hab. camino de Mah. á Villa-Carlos ; c. Biniaixa. — Abr. » (Rodrig.)

Majorque : *Champs incultes autour de son Vivot, près d'Inca.* — Fin Mars.

5. **R. Phyteuma** L. *Sp.* p. 645, n. 10 ; Camb. *Enum. pl. Balear.* n. 122 ; Rodrig. *Catal. pl. Menorca*, p. 8, n. 62. — ①. Avril-mai.

« Ad margines agrorum in insulâ Majore et Ebuso frequens. — Florebat Aprili, Majo. » (Camb.)

« Hab. en Men. s.-esp. loc., (Ram., Oleo).— No la he visto. » (Rodrig.)

X. POLYGALÉES

(Polygaleæ Juss. *Ann. Mus.* XIV, p. 386).

---

1. POLYGALA

(L. *Gen.* p. 364, n. 851).

1. **P. vulgaris** L. *Sp.* p. 986, n. 2 ; DC. *Prodr.* I, p. 324, n. 43 ; Gren. et Godr. *Fl. de Fr.* I, p. 195 ; Moris, *Fl. Sard.* I, p. 332, n. 141 ; Guss. *Fl. Sic. Syn.* II, p. 243, n. 5 ; Bertol. *Fl. Ital.* VII, p. 314, n. 1. — ♃. Juin.

Majorque : *Terrains rocailleux et calcaires — Couma freda à puig Mayor de Massanellas* (1000 *m.*) *et aux casas de neou des coll de Massanellas* (1150 *m. environ*). — Juin.

2. **P. rupestris** Pourr. *Chloris Narbon.* in *Mém. Acad. de Toul.* III, p. 325, n. 897 (1788); Rodrig. *Catal. pl. Menorca*, p. 101,

n. 66 ; Gren. et Godr. *Fl. de Fr.* I, p. 198. — *P. saxatilis* Desf. *Fl. Atlant.* II, p. 128, tab. 175; DC. *Prodr.* I, p. 324, n. 35; Camb. *Enum. pl. Balear.* n. 68. — ♃. Mars-mai.

« In montosis Balearium vulgatissima. — Floret Martio, Aprili. » — (Camb.)

« R. Hab. puerto de Adaya en la marina de Mongofre-nou. » (Rodrig.)

« Serroca Mercadal. » (Com. cl. Rodrig.)

Majorque : *Les rochers. — La ermita d'Arta; chemin d'Alaro à Sollierich; château de Belver près Palma; es coll d'Arta.* — Mars-mai.

3. **P. monspeliaca** L. *Sp.* p. 987, n. 4; DC. *Prodr.* I, p. 325, n. 47 ; Gren. et Godr. *Fl. de Fr.* I, p. 198 ; Moris, *Fl. Sard.* I, p. 223, n. 142 ; Guss. *Fl. Sic. Syn.* II, p. 242, n. 2; Bertol. *Fl. Ital.* VII, p. 319, n. 4; Rodrig. *Catal. Suppl.* p. 5, et *Catal. pl. Menorca*, p. 101, n. 66 *bis*. — ①. Mars-juin.

« Hab. hácia Mah. (Pourr. herb.); terrenos secos incultos ; Biniaixa, son Blanc-nou, Montañeta. — Mayo. » (Rodrig.)

Majorque : *Terrains calcaires.— Chemin de Campos à Lluchmayor; Andraitx; chemin de Santañy aux Baous; son Ferendell près Valdemosa.* — Fin Mars-avril.

XI. FRANKÉNIACÉES

(Frankeniaceæ S.-Hil. *Mém. plac. cent.* p. 39).

1. FRANKENIA

(L. *Gen.* p. 176, n. 445).

1. **F. pulverulenta** L. *Sp.* p. 474, n. 3; DC. *Prodr.* I, p. 439, n. 1; Gren. et Godr. *Fl. de Fr.* I, p. 200; Moris, *Fl. Sard.* I, p. 225, n. 143; Guss. *Fl. Sic. Syn.* I, p. 429, n. 3; Bertol. *Fl. Ital.* IV, p. 229, n. 3; Desf. *Fl. Atlant.* I, p. 316; Costa, *Intr. Fl. Catal.* p. 81, n. 271; Camb. *Enum. pl. Balear.* n. 69. — ①. Avril-mai.

« In arenosis insulæ Majoris prope Alcudiam, et ins. Minoris prope portum Magonis. — Florebat Aprili, Mayo. » (Camb.)

Majorque : *Plages et tufs au bord de la mer.* — Iviça : *San-Francisco.* — Avril.

2. **F. lævis** L. *Sp.* p. 473, n. 1 ; DC. *Prodr.* I, p. 349, n. 4 ; Gren. et Godr. *Fl. de Fr.* I, p. 200 ; Moris, *Fl. Sard.* I, p. 226, n. 144 ; Guss. *Fl. Sic. Syn.* I, p. 428, n. 2 ; Bertol. *Fl. Ital.* IV, p. 227, n. 1 ; Desf. *Fl. Atlant.* I, p. 317 ; Costa, *Intr. Fl. Catal.* p. 81, n. 272 ; Camb. *Enum. pl. Balear.* n. 70 ; Rodrig. *Catal. pl. Menorca*, p. 9, n. 68. — ♃. Mai-juin.

« In maritimis Ebusi frequens. — Florebat Majo. (Camb.)

« Hab. terrenos incultos, entre la torre del Ram y el puerto de Ciu ; Binillobet. — Jun. » (Rodrig.)

MAJORQUE : *Côtes maritimes sablonneuses et à tuf marin calcaire ; environs de Palma.* — Avril.

3. **F. intermedia** DC. *Prodr.* I, p. 349, n. 5 ; Gren. et Godr. *Fl. de Fr.* I, p. 200 ; Rodrig. *Catal. pl. Menorca*, p. 9, n. 69 ; Camb. *Enum. pl. Balear.* n. 71. — ♃. Avril-mai.

« In maritimis insulæ Majoris prope Alcudiam ; in ins. Minore (Hern.). — Floret Aprili, Mayo. » (Camb.)

« Entrada del puerto de Mah. ; camino de San-Nicolas en Ciu. — Abr. » (Rodrig.)

XII. SILÉNÉES

(SILENEÆ DC. *Prodr.* I, p. 351).

1. SILENE

(L. *Gen.* p. 226, n. 567).

1. **S. inflata** Smith *Flor. Brit.* II, p. 467, n. 5 ; Camb. *Enum. pl. Balear.* n. 72 ; Rodrig. *Catal. pl. Menorca*, p. 9, n. 70. — ♃. Mars-octobre.

« Ad vias in Ebuso. — Florebat Majo. » (Camb.)

« Ab. Hab. caminos, pastos y mieses. — Marz.-oct. » (Rodrig.)

MAJORQUE : *Les champs incultes, garigues ; terrains caillouteux et calcaires. — La couma des Prat de Massanellas* (950 *m.*) *; camino de las cinglas de Bini, près du puig Mayor de Torellas, à* 800 *mètres environ ; serra de Soller* (1000 *m.*).

2. **S. rubella** L. *Sp.* p. 600, n. 23, ex Schott. in herb. Desf. ; Camb. *Enum. pl. Balear.* n. 73. — *S. undulata* Pourr. ex Duf. ! in litt. ad Gay. — Mars-mai.

« Inter segetes Ebusi. — Floret Mayo. » (Camb.)

MAJORQUE : *Champs de blé autour de Palma, du côté de Belver; bord de la route du Prat.* — Mars-avril.

3. **S. lusitanica** L. *Sp.* p. 594, n. 2; Barcelo, *Apuntes pl. Balear.* p. 17, n. 59. — Mai.

« Rara cerca de Palma. — May. » (Barcelo.)

4. **S. gallica** L. *Sp.* p. 595, n. 5; DC. *Prodr.* I, p. 371, n. 47; Gren. et Godr. *Fl. de Fr.* I, p. 206; Moris, *Fl. Sard.* I, p. 260, n. 168; Guss. *Fl. Sic. Syn.* I, p. 481, n. 1; Bertol. *Fl. Ital.* IV, p. 571, n. 1; Costa, *Intr. Fl. Catal.* p. 32, n. 278; Camb. *Enum. pl. Balear.* n. 74. — ①. Avril-mai.

« In agris insulæ Majoris prope Artam; in ins. Minore (Hern.). — Florebat Aprili. » (Camb.)

MAJORQUE : *Champs incultes et caillouteux; garigues rocheuses; terrains calcaires. — Pollenza; Alcudia; puig Badey près Arta; la talaya veya près d'Arta.*— MINORQUE : *Environs de Ciudadela à torre Trencada; bord du chemin vieux de Mahon.* — Mai.

Var. α. *genuina* Gren. et Godr. *Fl. de Fr.* I, p. 206; Rodrig. *Catal. pl. Menorca*, p. 9, n. 72.

« Ab. Hab. caminos, terrenos cultivados. — Abr., Mayo. » (Rodrig.)

Var. β. *divaricata* Gren. et Godr. *l. c.*; Rodrig. *Catal. Suppl.* p. 6, n. 19.

« Crece tanto en terrenos cultivados como incultos. Hort. den Morillo, Mezquita (Rodr.); camino de la Mezquita (Casall.!), predio Granada en San-Cristóbal (Rodr.). — Abril á Junio. » (Rodrig.)

5. **S. coarctata** Lag. *Gen. et Spec.* p. 15, n. 193; DC. *Prodr.* I, p. 371, n. 48. — ①. Avril.

MAJORQUE : *Sables des plages. — Port d'Andraitx, plage de las salinas de Campos.* — MINORQUE : *Plage sud del termino de Ciudadela.* — Mai.

6. **S. disticha** Willd. *Enum.* p. 476, n. 30, ex herb. DC.; Camb. *Enum. pl. Balear.* n. 75, tab. 13; Rodrig. *Catal. Suppl.* p. 6. — ①. Mai.

« In insulâ Minore (Hern.). » (Camb.)

« Muy rara : matorrales en Santa-Ponsa de Alayor. — Mayo. » (Rodrig.)

« Son Blanc Alayor » (Com. cl. Rodrig.)

MAJORQUE : *Casa de la Silla del port près Pollenza.* — 4 Juin 1852.

7. **S. nocturna** L. *Sp.* p. 595, n. 4; DC. *Prodr.* I, p. 372, n. 54; Gren. et Godr. *Fl. de Fr.* I, p. 206; Moris, *Fl. Sard.* I, p. 258, n. 167; Guss. *Fl. Sic. Syn.* I, p. 482, n. 2; Bertol. *Fl. Ital.* IV, p. 575, n. 4; Costa, *Intr. Fl. Catal.* p. 32, n. 280; Camb. *Enum. pl. Balear.* n. 76; Rodrig. *Catal. Suppl.* p. 5. — ①. Avril-mai.

« In insulâ Minore (Hern.). » (Camb.)

« Camino viejo de San-Clemente. — Abril. » (Rodrig.)

MAJORQUE : *Bord des chemins; champs de blé. — Andraitx; Fuente-Santa au sud de Campos; environs de Palma.* — MINORQUE : *Environs de Ciudadela.* — Mai.

8. **S. brachypetala** Rob. et Cost. in DC. *Fl. fr.* suppl. p. 607; Camb. *Enum. pl. Balear.* n. 77. — *S. nocturna* var. *β. brachypetala* Benth. *Cat. Pyr.* 122; Rodrig. *Catal. Suppl.* p. 5. — ①. Avril-mai.

« Inter rupes maritimas Alcudiæ in insulâ Majore. — Florebat Aprili. » (Camb.)

« Caminos inmediatos á Mahon, Cutainos, Santa-Ponsa en Alayor. — Mayo. » (Rodrig.)

9. **S. hispida** Desf. *Fl. Atlant.* I, p. 348; DC. *Prodr.* I, p. 373, n. 63; Gren. et Godr. *Fl. de Fr.* I, p. 205; Moris, *Fl. Sard.* I, p. 257, n. 166; Guss. *Fl. Sic. Syn.* I, p. 483, n. 4; Bertol. *Fl. Ital.* IV, p. 274, n. 3; Rodrig. *Catal. Suppl.* p. 7, n. 20. — ①. Juin.

« Muy rara : caminos del Campás y de Santa-Ponsa en Alayor. — Junio. » (Rodrig.) »

MAJORQUE : *Terrains caillouteux calcaires. — Champs du port de Pollenza; la couma des Prat de Massanellas* (900 *m.*)*; Ariant* (430 *m.*). — Juin.

10. **S. decumbens** Bir. Bern. *Sic. Plant.* cent. I, p. 73; Camb. *Enum. pl. Balear.* n. 79. — ①. Mai.

« Inter rupes ad apicem montis Galatzo in insulâ Majore. — Florebat Majo. » (Camb.)

MAJORQUE : *Couma de Arbona en montant au puig Mayor de Torellas près Soller; la plage du port de Campos.* — Avril à juillet.

11. **S. velutina** Pourr. in Desf. herb.; Lois. *Nat.* p. 68; Soyer-Willermet et Godr. *Monogr. des Sil. d'Alg.* p. 49; Willk. *Ic. et Descript. pl. Hispan.* I, p. 59, tab. 43; Gren. et Godr. *Fl. de Fr.* I, p. 219; Camb. *Enum. pl. Balear.* n. 81; Rodrig. *Catal. pl. Me-*

norca, p. 12, n. 77. — *Silene Salzmanni* Mutel, *Fl. fr.* I, p. 261. — ♃. Mai-juillet.

« Ad rupes in montibus insulæ Majoris prope Esporlas. — Floret Majo. » (Camb.)

« R. Hab. grietas de las peñas ; puerto de Mahon (Salv. !) ; barranco de Algendar ; barranco de San-Juan en Mah. — Mayo, Jun. » (Rodrig.)

« Fentes des rochers vers le sommet du barranco de Soller. » (Bourgeau, *Exsicc.* n. 2736.)

MAJORQUE : *Puig Mayor de Torellas ; col de Zeous, vers le sommet de la serra de Soller* (1000 *m.*). — *Es vergiers de Moragas près Arta, etc.*

Cette belle plante est très-répandue dans les hautes montagnes de Majorque. On la trouve attachée à presque toutes les murailles de grands rochers à pic qui se rencontrent fréquemment dans la chaîne de la côte nord de l'île, dont le puig Mayor de Torellas est le sommet culminant. — Elle ne descend guère au-dessous de 400 mètres. De même que le *Brassica balearica*, c'est une des plantes caractéristiques de la *région baléarique*. En fleur le 3 avril 1855 près d'Arta ; encore non fleurie le 15 juin 1852 vers le sommet de la serra, à 1000 mètres, alors que le *Brassica balearica* était déjà complétement passé à ce même point.

12. **S. bipartita** Desf. *Fl. Atlant.* I, p. 352, tab. 100 ; Rodrig. *Catal. Suppl.* p. 8, n. 21. — ①.

« Mahon (Pourr. segun Lange, Pug.). » (Rodrig.)

13. **S. tubiflora** Desf. ; Barcelo, *Apuntes pl. Balear.* p. 17, n. 60. — ①. Juin.

« Palma, Lluch. — Jun. » (Barcelo.)

14. **S. sedioides** Jacq. *Coll. suppl.* p. 112, t. 114, fig. 1 ; DC. *Prodr.* I, p. 376, n. 10 ; Gren. et Godr. *Fl. de Fr.* I, p. 212 ; Bertol. *Fl. Ital.* IV, p. 623, n. 44 ; Camb. *Enum. pl. Balear.* n. 80 ; Rodrig. *Catal. pl. Menorca*, p. 11, n. 75. — ①. Mai.

« In maritimis insulæ Minoris (Hern.). » (Camb.)

« Hab. en las costas (Hern.) ; castillo de Fornelles (Salv.) ; cala en Blanc en Ciu, r. — Mayo. » (Rodrig.)

MINORQUE : *Sables des plages.* — *Plage de Perelleta près Ciudadela ; plage sud del termino de Ciudadela près la punta des piña.* — Mai.

Le nom donné à cette plante lui est parfaitement approprié : sa tige est cassante et charnue, de même que ses fleurs et ses feuilles ; son port général est exactement celui d'une Crassulacée.

15. **S. nicæensis** All. *Ped.* II, p. 81, tab. 44, fig. 2 ; Barcelo, *Apuntes pl. Balear.* p. 17, n. 61. — ②. Mars.

« Arenales maritimos de Palma. — Marz. » (Barcelo.)

16. **S. Muscipula** L. *Sp.* p. 601; Barcelo, *Apuntes pl. Balear.* p. 17, n. 62. — ①. Mai.

« Rara cerca de Palma, Felanitx. — May. » (Barcelo.)

17. **S. sericea** All. *Ped.* II, p. 81; DC. *Fl. fr.* IV, p. 759, n. 4358. — ①. Juin.

MAJORQUE : *Couma de Arbona en montant au puig Mayor de Torellas près Soller.* — Juillet.

18. **S. littorea** Brot. *Fl. Lusit.* I, p. 186; Boiss. et Reut. *Pugill. pl. nov. Afr. bor. et Hisp. austr.* p. 130. — *Silene Cambessedesii* Boiss. et Reut. *op. cit.* p. 18; Willk. *Ic. et Descript. pl. Hispan.* I, p. 49, tab. 34, var. *α. forma typica.* — *Silene villosa* var. *nana* Camb. *Enum. pl. Balear.* n. 78, tab. 4 (non Forsk.). — ①. Avril-mai.

PITYUSES (îles) : *Sable des plages ; très-répandu dans les deux localités suivantes :* — IVIÇA : *Plage entre la ville d'Iviça et las salinas.* — FORMENTERA : *Pied de la mola près la casa d'Escalo, port de San-Augustin.*

19. **S. Pseudo-Atocion** Desf. *Fl. Atlant.* I, p. 353; DC. *Prodr.* I, p. 383, n. 195; Camb. *Enum. pl. Balear.* n. 82. — ①. Avril-mai.

« Ad margines agrorum in insulâ Majore, prope Artam. — Floret Aprili. » (Camb.)

MAJORQUE : *Montagnes des vergiers de Moragas près d'Arta, rochers éboulés ; rochers de la ermita d'Arta.* — Avril.

20. **S. ambigua** Camb. in *herb. Mus. Par.*; Rodrig. *Catal. pl. Menorca*, p. 10, n. 74. — ①. Mai.

« Hab. c. el castillo de Fornelles? (Salv.); tierras calizas incultas; lado S. del puerto de Mah.; barranco den Fideu; barranco de Calafi; barranco de Algendar; marina de Santa-Ana. — Abr. » (Rodrig.)
« Eboulis du barranco de Soller. » (Bourgeau, *Exsicc.* n. 2737.)

MAJORQUE : *Puig Mayor de Torellas; chemin de Santañy à Felanitx, entre Estellenchs et Andraitx; garigues des montagnes d'Alcudia; Lluch ; sommet de la serra de Soller* (1060 *m.*)*; couma de Arbona* (900 *m.*), *Ariant* (430 *m.*). — Fleurs avancées 5 juin. — IVIÇA : *Sommet d'Enserra.* — FORMENTERA : *Rochers sud de la mola ; garigues, lieux rocailleux.* — Avril à juin.

2. AGROSTEMMA

(L. *Gen.* p. 231, n. 583; Braun).

1. **A. Githago** L. *Sp.* p. 624, n. 1; Barcelo, *Apuntes pl. Balear.* p. 17, n. 63. — ①. Mai.

« Mall. Entre las mieses, Palma, Soller. — May. » (Barcelo.)
« Champs près de Soller. — Mai. » (Bourgeau, *Exsicc.*)

3. SAPONARIA

(L. *Gen.* p. 224, n. 564).

1. **S. officinalis** L. *Sp.* p. 584, n. 1; Rodrig. *Suppl.* p. 8, n. 22.— ♃.

« Menorca, sin expresar localidad (Bart., Ramis segun Texidor). » (Rodrig.)

4. GYPSOPHILA

(L. *Gen.* p. 224, n. 563).

1. **G. Vaccaria** Sibth. et Sm. *Fl. Græc. Prodr.* I, p. 279; Rodrig. *Catal. pl. Menorca*, p. 12, n. 78. — *Saponaria Vaccaria* L. *Sp.* p. 585, n. 3; Barcelo, *Apuntes pl. Balear.* p. 17, n. 65. — ①.

« Encontré un solo individuo hácia cala Figuera en 1863. » (Rodrig.)
« Entre las mieses, Palma, Establiments, San-Jorge en Ibiza. — May. » (Barcelo.)

2. **G. porrigens** Boiss.; *Saponaria porrigens* L. *Mant.* p. 239. — ①. Juin.

« Champs près de Soller. » (Bourgeau, *Exsicc.* n. 2738.)

5. DIANTHUS

(L. *Gen.* p. 225, n. 565).

1. **D. prolifer** L. *Sp.* p. 587, n. 4; DC. *Prodr.* I, p. 355, n. 1; Gren. et Godr. *Fl. de Fr.* I, p. 229; Guss. *Fl. Sic. Syn.* I, p. 477, n. 1; Bertol. *Fl. Ital.* IV, p. 549, n. 4; Costa, *Intr. Fl. Catal.* p. 35, n. 309; Rodrig. *Catal. pl. Menorca*, p. 12, n. 79. — ①. Février-juin.

« No puedo asegurar si es esta especie la que crece en Subervell del distrito de Fer. — Mayo. » (Rodrig.)

MAJORQUE : *Environs de Lluch.* — MINORQUE : *Les champs autour de Ciudadela.*

XIII. ALSINÉES

(ALSINEÆ Bartl. *Beitr.* II, p. 159).

1. SAGINA

(L. *Gen.* p. 68, n. 176, sec. emend. Fenzl in Endl. *Gen.* 963).

1. **S. apetala** L. *Mant.* 559; Barcelo, *Apuntes pl. Balear.* p. 17, n. 67. — ①. Mai.

« Subervell en Menorca. — May. (Rodr.). » (Barcelo.)
« Col de Soller aux Charbonnières. » (Bourgeau, *Exsicc.*)

2. **S. Rodriguezii** M. Willk. in *Botan. Zeitschrift Wien,* 25e Jahrgang, n° 4, April 1875. — ①.

« Menorca : in arenosis littoralibus; v. c. in ditione la Canasia, d. 3 April. cum flor. et fruct. » (M. Willk.)

3. **S. maritima** Smith, *Engl. Bot.* tab. 2195; DC. *Prodr.* I, p. 389, n. 4; Gren. et Godr. *Fl. de Fr.* I, p. 246; Moris, *Fl. Sard.* I, p. 285, n. 187; Guss. *Fl. Sic. Syn.* I, p. 209, n. 2; Bertol. *Fl. Ital.* III, p. 612, n. 9 (in. add.). — ①. Mars.

MAJORQUE : *Terre noire et humide du Prat entre Palma et Lluchmayor.* — Mars.

2. ALSINE

(Wahl. *Fl. Lap.* p. 127).

1. **A. tenuifolia** Crantz, *Inst.* II, p. 407; Gren. et Godr. *Fl. de Fr.* I, p. 250; Rodrig. *Catal. Suppl.* p. 8, n. 23. — *Arenaria tenuifolia* L. *Sp.* p. 607, n. 12; DC. *Prodr.* I, p. 405, n. 53. — — ①. Avril-mai.

« Viejas paredes del barranco de Algendar. — Abril y principios de Mayo. » (Rodrig.)

MAJORQUE : *Environs de Palma.*

Var. δ. *hybrida.* — *Arenaria tenuifolia* δ. *hybrida* Ser. in DC. *Prodr* I, p. 406; Camb. *Enum. pl. Balear.* n. 85.

« Inter rupes maritimas insulæ Majoris propre Alcudiam. — Florebat Aprili. » (Camb.)

Var. δ. *confertiflora* Fenzl; Willk. *Icon.* p. 107, tab. 69; Rodrig. *Catal. Suppl.* p. 8, n. 23.

« Santa-Ponsa en Alayor. » (Rodrig.)

3. ARENARIA

(L. *Gen.* p. 226, n. 569).

1. **A. balearica** L. *Syst. nat.* 12ᵉ édit. app. 230 ; DC. *Prodr.* I, p. 412, n. 120; Gren. et Godr. *Fl. de Fr.* I, p. 258 ; Moris, *Fl. Sard.* I, p. 272, n. 177; Bertol. *Fl. Ital.* IV, p. 663, n. 6 ; Camb. *Enum. pl. Balear.* n. 87. — ♃. Avril-juin.

« Ad rupes excelsas montis puig Mayor in insulâ Majore. » (Camb.)

MAJORQUE : *Terrains humides dans les anfractuosités et au pied des grands rochers face nord. — Puig Massanellas* (1300 *m.*)*; le Tex* (1000 *m.*), *Ariant près Pollenza* (420 *m.*)*; puig Gironellas au-dessus d'Ariant* (740 *m.*), *puig Mayor de Torellas* (1400 *m.*), *sommet d'Escrop* (800 *m. environ*)*; camino de la casa de neou d'Engalina.* — Avril à juin.

Cette plante est commune dans toutes les hautes montagnes de la côte nord de l'île, dès que l'on arrive à 400 mètres d'altitude ; elle forme au pied des grands rochers de petites pelouses vertes sur lesquelles se détachent ses jolies fleurs blanches.

2. **A. serpyllifolia** L. *Sp.* p. 606, n. 6 ; DC. *Prodr.* I, p. 411, n. 104 ; Gren. et Godr. *Fl. de Fr.* I, p. 259 ; Moris, *Fl. Sard.* I, p. 274, n. 179; Guss. *Fl. Sic. Syn.* I, p. 495, n. 1 ; Bertol. *Fl. Ital.* IV, p. 659, n. 4 ; Desf. *Fl. Atlant.* I, p. 356 ; Costa, *Intr. Fl. Catal.* p. 39, n. 341 ; Camb. *Enum. pl. Balear.* n. 86 ; Rodrig. *Catal. Suppl.* p. 8, n. 24. — ②. Mars-juin.

« Viejas paredes del barranco de Algendar ; Santa-Ponsa en Alayor.— Marzo. » (Rodrig.)

MAJORQUE : *Sommet du puig Mayor de Massanellas; castillo d'Alaro.* — Avril à juin.

Var. *β. glutinosa* Koch ; Gren. et Godr. *Fl. de Fr.* I, p. 260 ; var. *α. pilis glandulosis hirsuta, foliis pellucido-punctatis* Viv. *Fl. Lyb. spec.* 24 ; Camb. *Enum. pl. Balear.* n. 86.

« Inter rupes montium insulæ Majoris prope Lluch. — Florebat Aprili. » (Camb.)

MAJORQUE : *Sommet du puig Mayor de Torellas.* — MINORQUE : *Bord du chemin vieux de Mahon, dans le termino de Ciudadela.* — Mai-juin.

3. **A. grandiflora** All. *Ped.* II, p. 113, t. 10, fig. 1, et t. 26, fig. 5 ; Barcelo, *Apuntes pl. Balear.* p. 17, n. 68. — *A. triflora* L. *Mant.* p. 240. — ♃. Juin.

« Puig Mayor, puig de Torella, single verd, Planicie. — Jun. » (Barcelo.)

« Rochers et pierrailles du puig de Torellas. » (Bourgeau, *Exsicc.* n. 2740.)

MAJORQUE : *Garigues rocheuses. — La serra de Soller (1000 m.); sommet du puig Mayor de Massanellas (1340 m.); rochers du puig des can de Miña, près Soller; sommet du puig Mayor de Torellas; rochers près Pollenza.* — Juin.

Commune dans toutes les hautes montagnes de la chaîne nord de l'île, au-dessus de 400 à 500 mètres d'altitude.

4. **A. procumbens** Vahl. *Symb.* I, p. 50, t. 33; DC. *Prodr.* I, p. 413, n. 129; Moris, *Fl. Sard.* I, p. 275, n. 180; Bertol. *Fl. Ital.* IV, p. 665, n. 8; Camb. *Enum. pl. Balear.* n. 88. — *A. herniariæfolia* Desf. *Fl. Atlant.* I, p. 358. — *Alsine procumbens* Guss. *Fl. Sic. Syn.* I, p. 497, n. 1. — Avril-mai.

« Ad muros prope Palmam; in insulâ Minore (Hern.). — Florebat Majo. » (Camb.)

MAJORQUE : *Environs de Palma du côté du castillo de Belver. — Garigues.* — Avril.

4. STELLARIA

(L. *Gen.* p. 226, n. 568).

1. **S. media** Vill. *Fl. Dauph.* III, p. 615, n. 1; DC. *Prodr.* I, p. 396, n. 11; Gren. et Godr. *Fl. de Fr.* I, p. 263; Moris, *Fl. Sard.* I, p. 271, n. 176; Guss. *Fl. Sic. Syn.* I, p. 493, n. 1; Bertol. *Fl. Ital.* IV, p. 645, n. 2; Costa, *Intr. Fl. Catal.* p. 39, n. 347; Camb. *Enum. pl. Balear.* n. 83; Rodrig. *Catal. pl. Menorca*, p. 14, n. 82. — *Alsine media* Desf. *Fl. Atlant.* I, p. 271. — ①. Mars-août.

« In Balearibus vulgatissima. — Floret primo vere. » (Camb.)
« Ab. Hab. sitios algo húmedos. — Marz.-Jun. » (Rodrig.)

MAJORQUE : *Terrains caillouteux, champs incultes, garigues. — Torrent en montant à Escrop; son Vivot entre Selva et Muro; garigues du Tex.* — MINORQUE : *Bords du chemin vieux dans le termino de Ciudadela.* — Avril-juin.

5. CERASTIUM

(L. *Gen.* édit. Schrœb. p. 312, n. 797).

1. **C. viscosum** L. *Sp.* p. 627, n. 3; DC. *Prodr.* I, p. 416, n. 14; Gren. et Godr. *Fl. de Fr.* I, p. 267; Desf. *Fl. Atlant.* I, p. 366;

Rodrig. *Catal. Suppl.* p. 9. — *C. glomeratum* Thuil. *Fl. Par.* p. 226, n. 2; Guss. *Fl. Sic. Syn.* I, p. 505. — *C. vulgatum* L. herb. et *Sp.* p. 627, n. 2; DC. *Prodr.* I, p. 415, n. 13; Moris, *Fl. Sard.* I, p. 264, n. 171; Bertol. *Fl. Ital.* IV, p. 746, n. 1; Desf. *Fl. Atlant.* I, p. 365; Camb. *Enum. pl. Balear.* n. 89; Rodrig. *Catal. pl. Menorca*, p. 14, n. 83. — ①. Février-avril.

« In Balearibus frequens. — Florebat Aprili. » (Camb.)

« Ab. Hab. caminos y terrenos incultos; comun en las inmediaciones de Mahon. — Febr., Marzo. » (Rodrig.)

MAJORQUE : *Les haies près San-Llorens, entre Manacor et Arta.* — 2 Avril 1855.

2. **C. brachypetalum** Desf. in Pers. *Ench.* I, p. 520; DC. *Prodr.* I, p. 416, n. 20; Gren. et Godr. *Fl. de Fr.* I, p. 267; Guss. *Fl. Sic. Syn.* I, p. 509, n. 8; Bertol. *Fl. Ital.* IV, p. 753, n. 4. — ①. Mai-juin.

MAJORQUE : *Sommet du puig Mayor de Torellas* (1400 *m.*). — Juin.

3. **C. campanulatum** Viv. *Ann. bot.* I, pars 2, p. 171, n. 47; DC. *Prodr.* I, p. 417, n. 33; Guss. *Fl. Sic. Syn.* I, p. 510, n. 10; Bertol. *Fl. Ital.* IV, p. 755, n. 6. — ①

MAJORQUE : *Garigues rocailleuses.* — *Le Tex; sommet d'Escrop, au puig Galatzo.* — 24 Avril 1855.

4. **C. glutinosum** Fries, nov. edit. II, p. 132; Barcelo, *Apuntes pl. Balear.* p. 18, n. 69. — ①. Mai.

« Puig Mayor, monte Teix. — May. » (Barcelo.)

5. **C. pumilum** Curt. *Lond.* I (1777), fasc. VI, t. 30. — ①. Mai.

« Sommet de puig Mayor. — Mai. » (Bourgeau, *Exsicc.*)

6. **C. strictum** L. *Sp.* p. 629, n. 10; Camb. *Enum. pl. Balear.* n. 90.

« Ad rupes montis puig Mayor, in insulâ Majore. » (Camb.)

6. SPERGULARIA

(Pers. *Syn.* I, p. 504).

1. **S. rubra** Pers. *Syn.* I, p. 504, n. 49; Rodrig. *Catal. pl. Menorca*, p. 14, n. 84. — *Arenaria rubra* L. *Sp.* p. 606, n. 8; Camb. *Enum. pl. Balear.* n. 84. — ①. Avril-mai.

« In maritimis Ebusi; in maritimis prope Alcudiam, in insulâ Majore; necnon in ins. Minore (Hern.). — Florebat Aprili, Mayo. » (Camb.)

« Citada s.-esp. loc. por Ram. y Oleo. » (Rodrig.)
« Sables maritimes du port de Soller. » (Bourgeau, *Exsicc.*)

2. **S. media** Pers. *Syn.* I, p. 504.

Var. β. *marginata* Fenzl; Gren. et Godr. *Fl. de Fr.* I, p. 276; Rodrig. *Catal. pl. Menorca*, p. 14, n. 85, et p. 101, n. 85. — ①. Mai.

« R. Hab. inmediaciones de la colársega del puerto de Adaya, r. » (Rodrig.)

MINORQUE : *Sables maritimes côté sud du termino de Ciudadela, cala Santa-Galdana.* — 14 Mai 1855.

3. **S. salsuginea** Fenzl in Ledeb. *Fl. Ross.* II, p. 166. — ①. Avril.

« Chemin de Andaya. — 15 Avril. » (Com. cl. Rodrig.)

4. **S. uliginosa** Pomel, *Nouv. mat. Fl. Atlant.* p. 204. — Avril.

« Chemin d'Adaya; lieux humides. » (Com. cl. Rodrig.)

XIV. ÉLATINÉES

(ELATINEÆ Camb. *Mém. Mus.* XVIII, p. 225).

1. ELATINE

(L. *Gen.* p. 198, n. 502).

1. **E. macropoda** Guss. *Prodr. Sic.* I, p. 475 ; icon. *Sic.* t. 204, fig. 1, et *Fl. Sic. Syn.* I, p. 458, n. 1.

Var. β. *erecta* Gren. et Godr. *Fl. de Fr.* I, p. 278 ; Rodrig. *Catal. Suppl.* p. 9, n. 25. — ①. Mars-avril.

« Rara. Binisarmeña en sitios inundados en invernio. — Fines de Marzo, Abril. » (Rodrig.)

XV. LINÉES

(LINEÆ DC. *Théor. élém.* 1re édit. p. 214, n. 15).

1. LINUM

(L. *Gen.* p. 153, n. 389).

1. **L. gallicum** L. *Sp.* p. 401, n. 15; DC. *Prodr.* I, p. 423, n. 1; Gren. et Godr. *Fl. de Fr.* I, p. 280; Moris, *Fl. Sard.* I, p. 354,

n. 233; Guss. *Fl. Sic. Syn.* I, p. 377, n. 6; Bertol. *Fl. Ital.* III, p. 354, n. 15; Costa, *Intr. Fl. Catal.* p. 41, n. 368; Camb. *Enum. pl. Balear.* n. 113; Rodrig. *Catal. pl. Menorca*, p. 14, n. 86. — ①. Avril-juin.

« Inter rupes maritimas Balearium frequens. — Florebat Aprili. » (Camb.)

« Barranco del Favaret. — Mayo, Jun. » (Rodrig.)

MINORQUE : *Mahon, en fruit le 1er juillet* 1850.

2. **L. strictum** L. *Sp.* p. 400, n. 10; DC. *Prodr.* I, p. 424, n. 7; Gren. et Godr. *Fl. de Fr.* I, p. 281; Moris, *Fl. Sard.* I, p. 356, n. 234; Guss. *Fl. Sic. Syn.* I, p. 378, n. 7; Bertol. *Fl. Ital.* III, p. 550, n. 12; Desf. *Atlant. Fl.* I, p. 278; Costa, *Intr. Fl. Catal.* p. 41, n. 369. — ①. Avril-juin.

MAJORQUE : *Descente de la serra à Ariant.* — MINORQUE : *Autour de Ciudadela.*

Var. β. *alternum* DC. *Prodr.* I, p. 424, n. 7; Camb. *Enum. pl. Balear.* n. 114.

« In aridis Balearium haud infrequens. — Florebat Aprili, Mayo. » (Camb.)

3. **L. Narbonense** L. *Sp.* p. 398, n. 5; DC. *Prodr.* I, p. 426, n. 28; Gren. et Godr. *Fl. de Fr.* I, p. 282; Costa, *Intr. Fl. Catal.* p. 42, n. 374. — ♃. Mars.

MAJORQUE : *La fon del Llevo entre Selva et Muro.* — 22 Mars 1855.

4. **L. angustifolium** Huds. *Fl. Angl.* p. 134, n. 3; DC. *Prodr.* I, p. 426, n. 35; Gren. et Godr. *Fl. de Fr.* I, p. 283; Moris, *Fl. Sard.* I, p. 360, n. 237; Costa, *Intr. Fl. Catal.* p. 42, n. 375; Rodrig. *Catal. Suppl.* p. 9, n. 26; Barcelo, *Apuntes pl. Balear.* p. 18, n. 71. — ① et ②. Mai.

« Entre Mahon y la Mezquita (Casall.); marina de son Goumis en Ferrerias (Rodr.). — Mayo. » (Rodrig.)

« Barranco de Soller. — Mayo. » (Barcelo.)

MAJORQUE : *Plage sablonneuse d'el muelle de Pollenza.* — Mai.

Var. *elatior.*

MAJORQUE : *Garigues, terrains caillouteux.* — *Montée de Pradoncellas, entre Pollenza et Ariant.* — Mai-juin.

5. **L. usitatissimum** L. *Sp.* p. 397, n. 1; Camb. *Enum. pl. Balear.* n. 115; Rodrig. *Catal. pl. Menorca*, p. 14, n. 88. — ①.

« Colitur in agris Balearium. » (Camb.)

« Cultivado. » (Rodrig.)

2. RADIOLA

(Gmel. *Syst.* I, p. 289).

1. **R. linoides** Gmel. *l. c.* — *Linum Radiola* L. *Sp.* p. 402, n. 19. — ①. Mai.

« Rara en terrenos arenosos húmedos; predio Granada, cúspide de la Anclusa.— Mayo; Anclusa Ferrerias. » (Com. cl. Rodrig.)

XVI. MALVACÉES

(MALVACEÆ Brown, *Cong.* p. 428).

1. MALVA

(L. *Gen.* p. 354, n. 841).

1. **M. sylvestris** L. *Sp.* p. 969, n. 13; DC. *Prodr.* I, p. 432, n. 32; Gren. et Godr. *Fl. de Fr.* I, p. 289; Moris, *Fl. Sard.* I, p. 293, n. 193; Guss. *Fl. Sic. Syn.* II, p. 226, n. 8; Bertol. *Fl. Ital.* VII, p. 258, n. 5; Desf. *Fl. Atlant.* II, p. 115; Costa, *Intr. Fl. Catal.* p. 43, n. 384; Rodrig. *Catal. pl. Menorca*, p. 14, n. 89. — ① et ②. Mars-juin.

« Ab. en las inmediaciones de Mahon y Villa-Carlos. — Mayo, Jun. » (Rodrig.)

MAJORQUE : *Entre Algaida et Palma.* — 23 Mars 1855.

Var. γ. *canescens* Gay herb.! ; Camb. *Enum. pl. Balear.* n. 91.

« Ad vias in insulâ Majore prope Alcudiam. — Florebat Aprili. » (Camb.)

MAJORQUE : *Les moissons près Palma.*

2. **M. nicæensis** All. *Ped.* II, p. 40, n. 1416; DC. *Prodr.* I, p. 433, n. 36; Gren. et Godr. *Fl. de Fr.* I, p. 290; Moris, *Fl. Sard.* I, p. 295, n. 195; Guss. *Fl. Sic. Syn.* II, p. 223, n. 5; Bertol. *Fl. Ital.* VII, p. 257, n. 4; Costa, *Intr. Fl. Catal.* p. 43, n. 385; Rodrig. *Catal. Suppl.* p. 9, n. 28. — ①. Mars-mai.

« Campsiquiat en Alayor (Casall. segun Texidor). » (Rodrig.)

MAJORQUE : *Champs cultivés.* — *Casa de son Vives, au puig Badey, près Arta; champs de son Servera, entre Lloreto et Piña.* — Mars à mai.

3. **M. rotundifolia** L. *Sp.* p. 969, n. 11; Camb. *Enum. pl. Balear.* n. 92; Rodrig. *Catal. pl. Menorca*, p. 15, n. 90. — ①. Avril-mai.

« Ubique ad vias Balearium. — Florebat Aprili, Majo. » (Camb.)

« Hab. : bastante comun en los caminos. — Mayo. » (Rodrig.)

2. LAVATERA

(L. *Gen.* p. 354, n. 842).

1. **L. arborea** L. *Sp.* p. 972, n. 1; Camb. *Enum. pl. Balear.* n. 94; Rodrig. *Catal. pl. Menorca*, p. 15, n. 91. — ♄. Avril-mai.

« In insulâ Minore (Hern.). » (Camb.)

« Puerto de Mah. (Salv.!); peñascos entre la Alameda y Calafiguera.— Abr.-Mayo. » (Rodrig.)

2. **L. minoricensis** (Camb. *Enum. corrig. et add.* sub *Lavatera*). — *Malva minoricensis* Rodrig. *Catal. Suppl.* p. 9. — ♃. Mai.

« Crescit in insulâ Minore. » (Camb.)

« Cala Mezquita (Casall.! Rodr.) y desde esta al Maiá y al cap Negre. — Mayo. » (Rodrig.)

3. **L. cretica** L. *Sp.* p. 973, n. 8; Rodrig. *Catal. Suppl.* p. 11, n. 29. — ②. Avril-mai.

« Barranco de Algendar. — Abril, Mayo. » (Rodrig.)

« Vallée de Soller. » (Bourgeau, *Exsicc.*)

4. **L. maritima** Gouan, *Illustr.* p. 46, t. 21, fig. 2; DC. *Prodr.* I, p. 439, n. 17; Gren. et Godr. *Fl. de Fr.* I, p. 293; Moris, *Fl. Sard.* I, p. 303, n. 202; Bertol. *Fl. Ital.* VII, p. 273, n. 7; Desf. *Fl. Atlant.* II, p. 118; Rodrig. *Catal. Suppl.* p. 11, n. 30; Barcelo, *Apuntes pl. Balear.* p. 18, n. 72. — ♄. Mars-juin.

« Barranco de se Vall. (Casall.!, Rodr.); son Bou (Rodr.); Campsiquiat (Casall. segun Texidor). — Marzo, Abril. » (Rodrig.)

« Hendiduras de las peñas; Santa-Ponsa, Andraitx, s'Escrop. — Abr. » (Barcelo.)

MAJORQUE : *Le flanc des grands rochers à pic.* — *Versant sud-est du puig de Randa, la peña roya d'Alcudia; la marina de son Mas de Valdemosa.* — Mars à juin.

5. **L. punctata** All. *Auct.* p. 26 ; DC. *Prodr.* I, p. 439, n. 16; Gren. et Godr. *Fl. de Fr.* I, p. 293 ; Guss. *Fl. Sic. Syn.* II, p. 234, n. 9 ; Bertol. *Fl. Ital.* VII, p. 279, n. 11 ; Rodrig. *Catal. Suppl.* p. 11, n. 31 ; Barcelo, *Apuntes pl. Balear.* p. 18, n. 73. — ①. Juin.

« Terrenos cultivados ; Campsiquiat (Casall.! Rodr.) ; Campos (Rodr.) ; barranco de se Vall (Casall.). — Junio. » (Rodrig.)

« En los campos, Palma, Soller, Lluch. — Jun. » (Barcelo.)

MAJORQUE : *Champs aux environs de Lluch.*

6. **L. trimestris** L. *Sp.* p. 974, n. 9 ; DC. *Prodr.* I, p. 438, n. 1 ; Gren. et Godr. *Fl. de Fr.* I, p. 294 ; Moris, *Fl. Sard.* I, p. 304, n. 203 ; Guss. *Fl. Sic. Syn.* II, p. 234, n. 10 ; Bertol. *Fl. Ital.* VII, p. 277, n. 10 ; Desf. *Fl. Atlant.* II, p. 119 ; Rodrig. *Catal. Suppl.* p. 11. — ①. Mai-juin.

« Campsiquiat (Casall.! Rodr.). — Mayo. » (Rodrig.)

« Champs près de Soller. » (Bourgeau, *Exsicc.*)

MAJORQUE : *Champs incultes et caillouteux. — Puig Badey près d'Arta ; Pradoncellas près de Pollenza.* — Mai et Juin.

3. ALTHÆA

(L. *Gen.* p. 353, n. 839).

1. **A. hirsuta** L. *Sp.* p. 966, n. 3 ; DC. *Prodr.* I, p. 437, n. 5 ; Gren. et Godr. *Fl. de Fr.* I, p. 295 ; Moris, *Fl. Sard.* I, p. 306, n. 204 ; Guss. *Fl. Sic. Syn.* II, p. 220, n. 3 ; Bertol. *Fl. Ital.* VII, p. 251, n. 4 ; Desf. *Fl. Atlant.* II, p. 114 ; Costa, *Intr. Fl. Catal.* p. 44, n. 391 ; Camb. *Enum. pl. Balear.* n. 93 ; Rodrig. *Catal. pl. Menorca,* p. 15, n. 94. — ①. Avril-juin.

« Hab. : Torretó en terrenos cultivados ; monte Toro, r. — Mayo : » (Rodrig.)

« Champs incultes près de Soller. » (Bourgeau, *Exsicc.* n. 2733.)

MAJORQUE : *Montagne de la ermita d'Arta ; monte Galatzo ; Ariant près de Pollenza.* — IVIÇA : *Sommet du puig d'Enserra ; dans les terrains secs et caillouteux.* — Avril-juin.

Cette plante présente dans son parfait développement une taille très-variable de 3 à 33 centimètres, suivant les points où on la rencontre : en général, elle affecte la forme la plus petite dans les garigues les plus rocailleuses et devient beaucoup plus grande dès que le terrain est plus profond. Les nombreux échantillons que nous avons recueillis ne laissent aucun doute à ce sujet.

Cette observation nous a amené à ne voir dans la var. *pumila* de Camb. qu'une simple forme n'ayant pas de caractères assez constants pour constituer une variété.

2. **A. officinalis** L. *Sp.* p. 966, n. 1 ; Rodrig. *Catal. pl. Menorca*, p. 15, n. 93; Barcelo, *Apuntes pl. Balear.* p. 18, n. 74. — ♃. Juillet.

« Cultivada. » (Rodrig.)

« Mall. Almarjales de la Puebla. — Jul. » (Barcelo.)

4. ABUTILON

(Gærtn. *Fruct.* t. 135).

1. **A. Avicennæ** Presl, *Fl. Sicul.* I, p. 182; Barcelo, *Apuntes pl. Balear.*, p. 18, n. 75. — ①. Août.

« Soller y Esporlas. — Ag. » (Barcelo.)

5. GOSSYPIUM

(L. *Gen.* p. 355, n. 845).

1. **G. herbaceum** var. β. *frutescens* Del. *Flor. Ægypt. illustr.* n. 646. — ♄.

« Colitur in Ebuso et insulâ Majore, prope prædium vulgo *sô Serrera*, haud longè ab urbe Artâ. » (Camb.)

Cambessèdes, à l'époque où il visita les Baléares, en 1824, apprit qu'il existait « des plantations assez considérables de Coton auprès de sô Servera, non » loin de la ville d'Arta ». Cette culture avait été introduite depuis peu d'années à Majorque. De 1850 à 1855, nous n'avons jamais entendu parler du Coton à Majorque et à Minorque; mais en 1852, à Iviça, on nous assura qu'il avait été l'objet d'une culture assez active dans cette île, et que s'il avait été peu à peu abandonné depuis quelques années, c'était par suite de l'abaissement successif des prix.

En Algérie, la culture du Coton, commencée en 1852, n'était arrivée en 1863 qu'à 141 257 kilogr., malgré les encouragements et les primes de l'administration : mais vers cette époque, sous l'influence des perturbations produites par la guerre contre l'esclavage dans les États-Unis d'Amérique, la production s'éleva tout à coup, en 1864 à 493 309 kilogr., en 1865 à 615 183 kilogr., en 1866 à 744 158 kilogr., pour retomber brusquement en 1867 à 381 603 kilogr., et décliner peu à peu à 156 120 kilogr. en 1874.

Si nous nous sommes laissé aller à donner ces indications, c'est qu'il nous a paru intéressant d'indiquer combien la concurrence des États-Unis, celle de l'Asie, et peut-être plus tard celle du centre de l'Afrique, permettront difficilement à cette culture de prendre un large développement sur la plus grande partie des bords de la Méditerranée, malgré la facilité avec laquelle y pousse le Cotonnier.

XVII. GÉRANIACÉES

(Geranieæ DC. *Fl. fr.* IV, p. 838; — Geraniaceæ DC. *Prodr.* I, p. 637).

—

1. GERANIUM

(L'Hérit. *Geran.* inéd.; DC *Fl. fr.* IV, p. 844).

1. **G. columbinum** L. *Sp.* p. 956, n. 51; DC. *Prodr.* I, p. 643, n. 55; Gren. et Godr. *Fl. de Fr.* I, p. 302; Moris, *Fl. Sard.* I, p. 336, n. 217; Guss. *Fl. Sic. Syn.* II, p. 217, n. 10; Bertol. *Fl. Ital.* VII, p. 237, n. 21; Desf. *Fl. Atlant.* II, p. 103; Costa, *Intr. Fl. Catal.* p. 45, n. 398; Rodrig. *Catal. Suppl.* p. 12, n. 32; Barcelo, *Apuntes pl. Balear.* p. 18, n. 76. — ①. Mai.

« Mattorales en Santa-Ponsa de Alayor. — Mayo. » (Rodrig.)
« Valle de Lluch. — May. » (Barcelo.)

Majorque : *Bord des chemins.* — *Puig Badey près d'Arta.* — Mai.

2. **G. dissectum** L. *Sp.* p. 956, n. 49; DC. *Prodr.* I, p. 643, n. 56; Gren. et Godr. *Fl. de Fr.* I, p. 303; Moris, *Fl. Sard.* I, p. 337, n. 218; Guss. *Fl. Sic. Syn.* II, p. 216, n. 9; Bertol. *Fl. Ital.* VII, p. 238, n. 22; Desf. *Fl. Atlant.* II, p. 102; Costa, *Intr. Fl. Catal.* p. 45, n. 399; Camb. *Enum. pl. Balear.* n. 107; Rodrig. *Catal. pl. Menorca*, p. 16, n. 95. — ①. Avril-mai.

« Hab. in totâ Europâ, in Africâ septentrionali (Desf.!, Viv., Delil.). » (Camb.)

« Sitios húmedos; camino de la fuente den Simon, r.; camino de Adaya; barranco de Algendar.— Abr., etc. » (Rodrig.)

Majorque : *Puig Badey près d'Arta.* — *Environs de Palma.* — Avril-mai.

3. **G. molle** L. *Sp.* p. 955, n. 48; Gren. et Godr. *Fl. de Fr.* I, p. 304; Moris, *Fl. Sard.* I, p. 334, n. 215; Guss. *Fl. Sic. Syn.* II, p. 216, n. 8; Bertol. *Fl. Ital.* VII, p. 231, n. 18; Desf. *Fl. Atlant.* II, p. 102; Camb. *Enum. pl. Balear.* n. 105; Rodrig. *Catal. pl. Menorca*, p. 16, n. 96. — ①. Avril.

« In insulâ Minore (Hern.). » — (Camb.)
« Hab. abundantisimo en los caminos y sitios herbosos de toda la isla. — Marz., etc. » (Rodrig.)

Majorque : *Fon d'Agé au pied du puig Galatzo.* — 23 Avril 1855.

4. **G. rotundifolium** L. *Sp.* p. 957, n. 53; Gren. et Godr. *Fl. de Fr.* I, p. 305; Moris, *Fl. Sard.* I, p. 335, n. 216; Guss. *Fl. Sic. Syn.* II, p. 216, n. 7; Bertol. *Fl. Ital.* VII, p. 229, n. 17; Desf. *Fl. Atlant.* II, p. 101; Camb. *Enum. pl. Balear.* n. 106; Rodrig. *Catal. pl. Menorca*, p. 16, n. 97. — ①. Mars.

« Ad margines agrorum in insulâ Majore frequens. — Floret Martio. » (Camb.)

« Compendido en el catalogo de Oleo. » (Rodrig.)

MAJORQUE : *Les très creous d'Embarras à la serra de Soller.* — 15 Mars 1855.

5. **G. lucidum** L. *Sp.* p. 955, n. 46; Gren. et Godr. *Fl. de Fr.* I, p. 306; Moris, *Fl. Sard.* I, p. 339, n. 220; Guss. *Fl. Sic. Syn.* II, p. 215, n. 6; Bertol. *Fl. Ital.* VII, p. 235, n. 20; Desf. *Fl. Atlant.* II, p. 104; Barcelo, *Apuntes pl. Balear.* p. 18, n. 77. — ①. Avril-juin.

« Puig de Torella, serra de Alfabia. — Abr. » (Barcelo.)

MAJORQUE : *Ariant près de Pollenza.* — *Fon de la serra de Soller.* — Juin.

6. **G. Robertianum** L. *Sp.* p. 955, n. 45; Gren. et Godr. *Fl. de Fr.* I, p. 306; Moris, *Fl. Sard.* I, p. 340, n. 221; Guss. *Fl. Sic. Syn.* II, p. 217, n. 11; Bertol. *Fl. Ital.* p. 240, n. 23; Desf. *Fl. Atlant.* II, p. 104; Camb. *Enum. pl. Balear.* n. 108; Rodrig. *Catal. pl. Menorca*, p. 16, n. 98. — ①. Mars-juin.

« In umbrosis montium insulæ Majoris prope Lluch. — Floret Aprili. » (Camb.)

« Hab. camino de la fuente den Simon; camino de cala Mezquita. — Abr. » (Rodrig.)

MAJORQUE : *Garigues.* — *Puig Badey près d'Arta; environs de Campos; Ariant près de Pollenza.* — Mars-juin.

Var. β. *parviflorum* Viv. *Fl. Lyb. sp.* p. 39; Gren. et Godr. *Fl. de Fr.* I, p. 306.

MAJORQUE : *Dans les terrains rapportés, autour de la Fuente-Santa de Campos.* — 29 Mars 1855.

2. ERODIUM

(L'Hérit. in DC. *Fl. fr.* IV, p. 838).

1. **E. malacoides** Willd. *Sp.* III, p. 639, n. 31; Gren. et Godr. *Fl. de Fr.* I, p. 308; Camb. *Enum. pl. Balear.* n. 111; Rodrig. *Catal.*

pl. Menorca, p. 16, n. 99. — *Geranium malacoides* L. *Sp.* p. 952, n. 30; Desf. *Fl. Atlant.* II, p. 107. — ①. Février-mai.

« Ubiquè in Balearibus florebat Martio. » (Camb.)
« Bastante comun en los caminos. — Febr. » (Rodrig.)

MAJORQUE : *Sables de la plage de Campos; champs de son Vivot.* — Mars.

2. **E. chium** Willd. *Sp.* III, p. 634, n. 20; Rodrig. *Catal. Suppl.* p. 12, n. 33. — ①. Mars-avril.

« Camino de Santa-Catalina, Canasia, Subervey (Rodrig.), Favaret (Casall.!). — Marzo, Abril. » (Rodrig.)

3. **E. littoreum** Léman! in DC. *Fl. fr.* IV, p. 843, n. 4539; Gren. et Godr. *Fl. de Fr.* I, p. 308. — ♃. Mai.

MAJORQUE : *Puig Badey près d'Arta.* — Mai.

4. **E. Botrys** Bertol. *Amœn.* p. 35; Rodrig. *Catal. Suppl.* p. 12, n. 34. — ①. Avril-mai.

« Terrenos algo frescos, tanto cultivados como incultos; Binisarmeña, rara (Rodr.); covas veyas en Mercadal (Casall.!); predios Santa-Eulalia en Mercadal, Granada y son Vidal en San-Cristóbal, son Gurnès en Ferrerias (Rodr.). — Abril, Mayo. » — (Rodrig.)

5. **E. ciconinum** Willd. *Sp.* III, p. 629, n. 10; Barcelo, *Apuntes pl. Balear.* p. 18, n. 79. — ①. Mars.

« Puig de Torella. — Marz. » (Barcelo.)

6. **E. Reichardi** DC. *Prodr.* I, p. 649, n. 45; Rodrig. *Catal. pl. Menorca*, p. 101, n. 98 *bis*. — *E. chamædryoides* L'Hérit.; Barcelo, *Apuntes pl. Balear.* p. 18, n. 78. — Mai-novembre.

« Pou den Carles en Capifort. — Jul.-nov. » (Rodrig.)
« Puig Mayor, S.-Escrop, torrente de Pareys. — May. » (Barcelo.)

MAJORQUE : *Gorch Blaou et rochers d'Estretch près d'Aumalluch; fon d'Ajé; cala Figuera, à l'extrémité du cabo Formentor; la ermita d'Arta.* — Mai-juin.

7. **E. moschatum** L'Hérit. in Ait. *Hort. Kew.* 1re édit. vol. II, p. 414, n. 4; Gren. et Godr. *Fl. de Fr.* I, p. 310; Moris, *Fl. Sard.* I, p. 344, n. 223; Bertol. *Fl. Ital.* VII, p. 194, n. 9; Camb. *Enum. pl. Balear.* n. 110; Rodrig. *Catal. pl. Menorca*, p. 16, n. 100. — *Geranium moschatum* L. *Sp.* p. 951, n. 27; Desf. *Fl. Atlant.* II, p. 106. — ①. Mars.

« In aridis insulæ Majoris et Ebusi. — Floret Martio. » (Camb.)
« Mas abundante que el *malachoides*. — Ene., etc. » (Rodrig.)

MAJORQUE : *Bords des champs à mi-chemin d'Algaida à Palma.* — Mars.

Cette plante ne se trouve que dans les parties planes de l'île, dans la terre sèche et poudreuse, le long des chemins et des champs. Elle répand une forte odeur qui tient du musc et du patchouli.

8. **E. cicutarium** L'Hérit. in Ait. *Hort. Kew.* 1re édit. II, p. 414, n. 3; Camb. *Enum. pl. Balear.* n. 109. — ①. Mars.

« Ad vias in Balearibus vulgatissimum. — Floret Martio. » (Camb.)

XVIII. AURANTIACÉES

(AURANTIACEÆ Corr. in *Ann. Mus.* VI, p. 376).

1. CITRUS

(L. *Gen.* p. 391, n. 901).

1. **C. medica** Risso, *Ann. Mus.* XX, p. 199, tab. 2, fig. 2; Camb. *Enum. pl. Balear.* n. 96. — ♄.

« Colitur in hortis Balearium. » (Camb.)

2. **C. Limonium** Risso, *l. c.* p. 201; Camb. *Enum. pl. Balear.* n. 97; Rodrig. *Catal. pl. Menorca,* p. 17, n. 105. — ♄.

« Colitur in hortis Balearium. » (Camb.)
« Cultivado. » (Rodrig.)

3. **C. Aurantium** L. *Sp.* p. 1100, n. 2; Riss. *Ann. Mus.* XX, p. 181, tab. 1, fig. 1 et 2; DC. *Prodr.* I, p. 539, n. 4; Camb. *Enum. pl. Balear.* n. 98; Rodrig. *Catal. pl. Menorca,* n. 106. — ♄.

« Colitur in hortis insulæ Majoris, præcipuè circa Soller, Pollenzam; rarior in Ebuso et in insulâ Minorc. » (Camb.)
« Cultivado. » (Rodrig.)
MAJORQUE : *Soller.*

C'est de Soller que partent tous les ans, sur de petites felouques, presque toutes les oranges de Majorque, si estimées dans le midi de la France. Ce commerce lucratif a amené peu à peu les habitants à planter toutes les belles terres arrosables et profondes qui entourent la jolie baie de Soller pour en faire un magnifique bouquet d'Orangers: les Oliviers, qui s'étendaient autrefois jusqu'au bord de la mer, ont été progressivement relégués vers la montagne.

Les Oranges se vendent par charges de mulet : la charge contient environ 500 fruits ordinaires, et 400 s'ils sont choisis. La charge se vendait, en 1850, de 15 à 18 francs. Un beau jardin bien soigné et en bonne production peut donner de 1200 à 1800 oranges par arbre.

XIX. HYPÉRICINÉES

(Hypericineæ DC. *Fl. fr.* IV, p. 860).

1. HYPERICUM

(L. *Gen.* p. 392, n. 902).

1. **H. canariense** L. *Syst. Veg.* 13ᵉ édit. p. 510, n. 8; Camb. *Enum. pl. Balear.* n. 99. — Juin.

« In insulæ Majoris torrente dicto Malluch, prope Lluch. » (Camb.)

« Bords du torrent, vers le sommet du barranco de Soller; route de Lluch. (Bourgeau, *Exsicc.* n. 2735.)

Majorque : *Aumalluch* (600 *mètres*). — Juin.

2. **H. balearicum** L. *Sp.* p. 1101, n. 1; Camb. *Enum. pl. Balear.* n. 100; Rodrig. *Catal. pl. Menorca*, p. 16, n. 104, et *Suppl.* p. 12. — Mars-juin.

« In montosis Balearium frequens. — Floret Aprili, Majo. » (Camb.)

« San-Juan de Carbonell (Sint.); raro : predios son Blanc en Alayor, Subervey en Ferrerias. — Mayo, Junio. » (Rodrig.)

Majorque : *Montagnes des vergiers de Moragas près d'Arta, en fleur le* 3 *avril* 1855*; à la serra de Soller, en juin.* — Iviça : *Montagnes de Santa-Eulalia,* 2 *mai* 1852.

Cette plante est assez répandue dans toutes les montagnes de Majorque : on ne la trouve guère au-dessous de 300 mètres d'altitude. Sa floraison est rapide et variable : en 1850, elle était en fleur le 12 juin par 600 mètres environ; en 1852, elle n'était pas fleurie au pied de la serra le 25 juin, par 300 mètres, et six jours après, le 1ᵉʳ juillet, les fleurs étaient déjà passées dans cette localité et ne se trouvaient en bon état que 300 mètres plus haut.

L'*Hypericum balearicum* croît dans les terrains secs, calcaires, rocheux : il est généralement abondant sur les points où on le rencontre. Il est connu à Arta sous le nom de *Rota bot.*

3. **H. perforatum** L. *Sp.* p. 1105, n. 18; Gren. et Godr. *Fl. de Fr.* I, p. 314; Moris, *Fl. Sard.* I, p. 318, n. 208; Bertol. *Fl. Ital.* VIII, p. 316, n. 7; Camb. *Enum. pl. Balear.* n. 101; Rodrig. *Catal. pl. Menorca.* p. 16, n. 102. — ♃. Avril-juillet.

« In sterilibus Balearium haud infrequens. — Floret Majo. » (Camb.)

« Sitios húmedos; camino bajo de la fuente den Simon; camino de Mercadal á Fornells; barranco de Algendar. — Abr.-jul. » (Rodrig.)

MAJORQUE : *Col de Soller*. — Avril.

4. **H. australe** Ten. *Syll.* p. 385; Rodrig. *Catal. Suppl.* p. 12, n. 36. — ♃. Mai.

« Terrenos arenosos húmedos; predios Granada, Binifailla, Binisequi; plans de Turmaden. — Mayo. » (Rodrig.)

5. **H. tomentosum** L. *Sp.* p. 1106, n. 22; Gren. et Godr. *Fl. de Fr.* I, p. 316; Desf. *Fl. Atlant.* II, p. 217; Moris, *Fl. Sard.* I, p. 322, n. 211, tab. 21; Camb. *Enum. pl. Balear.* n. 102. — ♃. Juillet.

« In insulâ Majore (Trias). » (Camb.)

MAJORQUE : *Chemins autour de Soller; Selva.— Sollerich près Alaro, Pollenza.* — Mai-juillet.

6. **H. ciliatum** Lamk, *Dict.* IV, p. 170; Gren. et Godr. *Fl. de Fr.* I, p. 319; Rodrig. *Catal. pl. Menorca*, p. 16, n. 103. — *H. dentatum* Lois. *Fl. Gall.* 1re édit. p. 499, tab. 17; Camb. *Enum. pl. Balear.* n. 103. — *H. montanum* Desf. *Fl. Atlant.* II, p. 216 (non L.). — ♃. Mai-juin.

« In montosis insulæ Majoris prope Esporlas. — Floret Majo. (Camb.)

« Sitios húmedos; camino bajo de la fuente den Simon; camino de Mercadal à Fornells; barranco de Algendar. — Abr.-jul. » (Rodrig.)

MAJORQUE : *Fossés humides entre Alcudia et Pollenza; environs de Soller.* — Juin.

7. **H. crispum** L. *Mant.* p. 106, n. 32; Rodrig. *Catal. Suppl.* p. 12, n. 35. — ♃. Juin-juillet.

« En un cercado del Campas en Alayor (Casall.! Rodr.!). — Junio, Julio. » (Rodrig.)

2. ELODES

(Spach, *Ann. sc. nat.* 2e sér. t. V, p. 171).

1. **E. palustris** Spach, *l. c.*; Barcelo, *Apuntes pl. Balear.* p. 18, n. 80. — ♃. Mai.

« Borguña de Artá. — May. » (Barcelo.)

XX. ACÉRINÉES

(Acerineæ DC. *Théor. élém.* p. 244).

—

1. ACER

(L. *Gen.* p. 546, n. 1155).

1. **A. Opulus** Ait. *Hort. Kew.* 1re édit. III, p. 436, n. 9; Bertol. *Fl. Ital.* IV, p. 357, n. 5; Camb. *Enum pl. Balear.* n. 104. — ♄. Avril-juin.

« In fissuris rupium montis puig Mayor, in insulâ Majore. — Florebat Aprili. » (Camb.)

Majorque : *Rochers du barranco de Soller; Aumalluch; à* 600 *et* 700 *mètres d'altitude.* — Juin.

XXI. AMPÉLIDÉES

(Ampelideæ Humb. Bonpl. et Kunth, *Nov. Gen.* V, p. 223).

—

1. VITIS

(L. *Gen.* p. 112, n. 284).

1. **V. vinifera** L. *Sp.* p. 293, n. 1; Camb. *Enum. pl. Balear.* corr. et add.; Rodrig. *Catal. pl. Menorca,* p. 17, n. 107. — ♄.

« Colitur in Balearibus. » (Camb.)
« Cultivado y sub-espontáneo. » (Rodrig.)

XXII. MÉLIACÉES

(Meliaceæ Juss. *Gen.* p. 263).

—

1. MELIA

(L. *Gen.* p. 211, n. 527).

1. **M. Azederach** L. *Sp.* p. 550, n. 1; Barcelo, *Apuntes pl. Balear.* p. 18, n. 81. — ♄. Mai.

« Cultivado y sub-espontáneo en los paseos de Palma. — May. » (Barcelo.)

Les petites baies jaunâtres produites par cet arbre sont un poison violent et mortel pour les porcs.

XXIII. OXALIDÉES

(Oxalideæ DC. *Prodr.* I, p. 689).

---

1. OXALIS

(L. *Gen.* p. 231, n. 582).

1. **O. corniculata** L. *Sp.* p. 623, n. 11; Gren. et Godr. *Fl. de Fr.* I, p. 326; Moris, *Fl. Sard.* I, p. 362, n. 239; Guss. *Fl. Sic. Syn.* I, p. 522, n. 1; Bertol. *Fl. Ital.* IV, p. 727, n. 2; Camb. *Enum. pl. Balear.* n. 112; Rodrig. *Catal. pl. Menorca*, p. 17, n. 108. — ①. Mars-juin.

« Ad margines viarum et in sepibus Balearium frequens. — Florebat Aprili. » (Camb.)

« Camino de la fuente den Simon; camino de cala Mezquita. — Primavera y Otoño. » (Rodrig.)

Majorque : *Bords des chemins. — Chemins du port de Soller; environs de Palma, Pollenza.* — Mars-juin.

2. **O. cernua** Thunb.; Rodrig. *Catal. Suppl.* p. 13; Barcelo, *Apuntes pl. Balear.* p. 19, n. 82. — ♃. Février.

« Naturalizada desde muchos años en varios caminos y cercados de las inmediaciones de Mahon. — Diciembre á Marzo. » (Rodrig.)

« Naturalizada en las inmediaciones de Palma y de Portopi. — Febr. » (Barcelo.)

XXIV. ZYGOPHYLLÉES

(Zygophylleæ R. Brown, *Gen. rem.* p. 13).

---

1. TRIBULUS

(L. *Gen.* p. 213, n. 532).

1. **T. terrestris** L. *Sp.* p. 554, n. 3; Gren. et Godr. *Fl. de Fr.* I, p. 327; Guss. *Fl. Sic. Syn.* I, p. 462, n. 1; Bertol. *Fl. Ital.* IV, p. 422, n. 1; Desf. *Fl. Atlant.* I, p. 339; Rodrig. *Catal. pl. Menorca*, p. 18, n. 110; Barcelo, *Apuntes pl. Balear.* p. 19, n. 83. — ①. Mai-octobre.

« Esplanada de Mah.; caminos inmediatos á Villa-Cárlos; camino del Guix c. Fornells; puerto de Ciu. — Jun.-set. » (Rodrig.)

« Mall. Comun en los campós de Mallorca. — May., Oct. » (Barcelo.)

MINORQUE : *Les champs autour de Mahon.* — Juin.

2. FAGONIA

(L. *Gen.* p. 212, n. 531).

1. **F. cretica** L. *Sp.* p. 553, n. 1; DC. *Prodr.* I, p. 704, n. 1; Guss. *Fl. Sic. Syn.* I, p. 462, n. 1; Bertol. *Fl. Ital.* IV, p. 420, n. 1; Desf. *Fl. Atlant.* I, p. 338; Camb. *Enum. pl. Balear.* n. 116. — ①. Avril-mai.

« In sterilibus Ebusi prope urbem. — Florebat Majo. » (Camb.)

IVIÇA : *Butte des moulins à Iviça* (27 Avril 1852).

Je n'ai vu le *F. cretica* que dans ce seul point des îles Baléares.

XXV. RUTACÉES

(RUTACEÆ Juss. *Gen.* p. 296).

1. RUTA

(L. *Gen.* p. 210, n. 523).

1. **R. angustifolia** Pers. *Syn.* I, p. 464, n. 4; Gren. et Godr. *Fl. de Fr.* I, p. 528; Camb. *Enum. pl. Balear.* n. 118. — ♃. Mai.

« In aridis insulæ Majoris prope Esporlas, et Ebusi prope S.-Eulaliam. — Floret Maio. » (Camb.)

IVIÇA : *Pointe E. d'Iviça.* — Mai.

2. **R. bracteosa** DC. *Prodr.* I, p. 710, n. 4; Gren. et Godr. *Fl. de Fr.* I, p. 328; Guss. *Fl. Sic. Syn.* I, p. 463, n. 1; Camb. *Enum. pl. Balear.* n. 117; Rodrig. *Catal. pl. Menorca*, p. 18, n. 111. — ♃. Mars-mai.

« Ad mœnia urbis Alcudiæ in insulâ Majore. — Florebat Aprili. » (Camb.)

« Hab. canal de Santandria en Ciu. — Mayo, etc. » (Rodrig.)

MAJORQUE : *Fossés d'Alcudia; environs de Soller.* — Mai-juin.

XXVI. ILICINÉES

(ILICINEÆ Brongn. *Ann. sc. nat.* X, p. 329).

—

1. ILEX

(L. *Gen.* p. 67, n. 172).

1. **I. balearica** DC. *Prodr.* II, p. 14, n. 2; Desf. *Arbr.* II, p. 262; DC. *Prodr.* II, p. 14, n. 2; Barcelo, *Apuntes pl. Balear.* p. 19, n. 84. — ♃. Février-juin.

« Mall. Puig de Torella; puig Mayor; sierra de Alfabia; Teix; monte Guix; torrente de Pareys.— Febr.-marz. » (Barcelo.)

Nous n'avons trouvé cet arbuste que deux fois : 1° au puig Mayor de Massanellas, dans une fente au pied des rochers à pic qui forment la crête terminale de cette haute montagne (1340 mètres); 2° sur le versant sud du puig Mayor de Torellas, entre la couma de Arbona et Fornalutx, à 1000 mètres environ : descente rapide et difficile sur des assises de rochers calcaires, lisses et profondément crevassés. Cette localité, nommée *peñas de son Torellas*, est à peu près impraticable. Dans chacune de ces stations, nous n'avons trouvé qu'un pied d'*Ilex*, toujours si fortement enclavé dans les rochers, que nous n'avons pu en examiner ou en recueillir que les extrémités, sans apercevoir ni le tronc ni l'ensemble de l'arbrisseau.

2. **I. Aquifolium** L. *Sp.* p. 181, n. 1; Barcelo, *Apuntes pl. Balear.* p. 19, n. 85. — ♃.

« Muy raro en el Evench de las set-bocas del puig de Torella. » (Barcelo.)

XXVII. RHAMNÉES

(RHAMNEÆ R. Brown, *Gen. rem.* p. 22).

—

1. ZIZYPHUS

(Tournef. *Inst.* tab. 403).

1. **Z. vulgaris** Lamk, *Dict.* III, p. 316; Rodrig. *Catal. pl. Menorca,* p. 18, n. 114; Barcelo, *Apuntes pl. Balear.* p. 19, n. 86. — ♄. Mai.

« Cultivado y subespontáneo. » (Rodrig.)
« Mall. Cultivado y subespontáneo. — May. » (Barcelo.)

2. RHAMNUS

(Lamk, *Dict.* IV, p. 461 ; *Illustr.* tab. 128).

1. **R. Alaternus** L. *Sp.* p. 281, n. 9 ; DC. *Prodr.* II, p. 23, n. 1 ; Rodrig. *Catal. pl. Menorca*, p. 19, n. 115. — ♄. Février-juillet.

« Ab. camino de la Albufera ; comun en el mitjornet del distrito de Fer. — Febr., Marz. » (Rodrig.)

« Barranco de Soller. » (Bourgeau, *Exsicc.*)

Var. *α. balearicus* DC. *Prodr.* II, p. 23, n. 1 ; Camb. *Enum. pl. Balear.* n. 123.

« In montibus insulæ Majoris prope Lluch. — Florebat Aprili. » (Camb.)

MAJORQUE : *Puig de Ternellas près Pollenza ; rochers de Calvia ; chemin d'Aumalluch à Selva ; rochers entre Estellenchs et Andraitx ; fontaine d'Ariant.* — Avril-mai.

Var. *β. latifolius* Camb. *l. c.*

« In montibus insulæ Majoris prope Valdemosam, Esporlas, frequens. — Florebat Martio. » (Camb.)

MAJORQUE : *Les rochers de la serra de Soller ; chemin de Lluch à Selva ; chemin de Soller à Lluch ; rochers d'Aumalluch ; castillo d'Alaro.* — Avril-mai.

2. **R. lycioides** L. *Sp.* p. 279, n. 2 ; DC. *Prodr.* II, p. 25, n. 20 ; Camb. *Enum. pl. Balear.* n. 124. — ♄. Avril-mai.

« In petrosis inter Cauviam et mon em Galatzo in insulâ Majore. — Florebat Majo. » (Camb.)

« Puig de Torella. » (Bourgeau, *Exsicc.*)

MAJORQUE : *Chemin d'Estellenchs à Andraitx ; puig Galatzo* (800 *m.*), *au pied des rochers à pic qui forment la crête terminale du Tex* (1000 *m.*). — Avril-mai.

XXVIII. TÉRÉBINTHACÉES

(TEREBINTHACEÆ Juss. *Gen.* p. 368).

—

1. PISTACIA

1. **P. Lentiscus** L. *Sp.* p. 1455, n. 5 ; DC. *Prodr.* II, p. 65, n. 7 ; Gren. et Godr. *Fl. de Fr.* I, p. 339 ; Moris, *Fl. Sard.* I, p. 389,

n. 249; Guss. *Fl. Sic. Syn.* II, p. 627, n. 2; Bertol. *Fl. Ital.* X, p. 348, n. 2; Desf. *Fl. Atlant.* II, p. 365; Camb. *Enum. pl. Balear.* n. 125; Rodrig. *Catal. pl. Menorca,* p. 19, n. 116. — Février-avril.

« Ubique in Balearibus. — Floret Martio. » (Camb.)
« Abundantisima en toda la isla. — Marz., Abr. » (Rodrig.)
« Port de Soller. » (Bourgeau, *Exsicc.*)

Les garigues incultes; abords des plages : dans tout le groupe des Baléares.

Cet arbrisseau, connu des Majorcains sous le nom de *Mata*, peut acquérir d'assez grandes proportions. Sur les plages sablonneuses, il forme des buissons inextricables de troncs tordus et de branches contournées dans tous les sens. On s'en sert généralement pour faire du charbon de bois qui est estimé.

Les insulaires fabriquaient autrefois de l'huile avec le fruit du *P. Lentiscus*.

2. **P. vera** L. *Sp.* p. 1454, n. 3; Rodrig. *Catal. pl. Menorca,* p. 19, n. 117; Barcelo, *Apuntes pl. Balear.* p. 19, n. 87. — Avril.

« Cultivada. — Abril. » (Rodrig.)
« Cultivado en Menorca. — Abr. » (Barcelo.)

2. CNEORUM

(L. *Gen.* p. 23, n. 48).

1. **C. tricoccum** L. *Sp.* p. 49, n. 1; Gren. et Godr. *Fl. de Fr.* I, p. 341; Bertol. *Fl. Ital.* I, p. 196, n. 1; Desf. *Fl. Atlant.* I, p. 31; Camb. *Enum. pl. Balear.* n. 126; Rodrig. *Catal. pl. Menorca,* p. 19, n. 118. — ♄.

« In collibus petrosis insulæ Majoris et Ebusi frequens. — Floret Aprili. » (Camb.)
« Cercanias de cala Mezquita. — Febr.-abr. » (Rodrig.)

MAJORQUE : *Terrains secs, garigues.* — IVIÇA : *Puig d'Enserra.* — Avril.

3. AILANTUS

(Desf. *Act. Acad. Par.* 1786, p. 263, t. 8).

1. **A. glandulosa** Desf. *l. c.*; Barcelo, *Apuntes pl. Balear.* p. 19, n. 88. — ♄. Juin.

« Cultivado y subespontáneo en los paseos de Palma y en algunos pueblos de Mallorca. — Jun. » (Barcelo.)

XXIX. PAPILIONACÉES

(PAPILIONACEÆ L. *Gen. pl.* app. Ord. nat. 32).

—

1. ANAGYRIS

(Tournef. *Inst. rei herb.* I, p. 647, tab. 415).

1. **A. fœtida** L. *Sp.* p. 534, n. 1; DC. *Prodr.* II, p. 99, n. 1; Gren. et Godr. *Fl. de Fr.* I, p. 343; Guss. *Fl. Sic. Syn.* I, p. 460, n. 1; Bertol. *Fl. Ital.* IV, p. 404, n. 1; Desf. *Fl. Atlant.* I, p. 335; Moris, *Fl. Sard.* I, p. 398, n. 250; Costa, *Intr. Fl. Catal.* p. 53, n. 455; Camb. *Enum. pl. Balear.* n. 128; Rodrig. *Catal. pl. Menorca,* p. 19, n. 119; icon. Lamk, *Illustr.* tab. 328. — ♄. Février-avril.

« In collibus apricis Balearium frequens. — Floret Martio, Aprili. » (Camb.)

« Caminos inmediatos á Mah. — Oct.-marz. » (Rodrig.)

MAJORQUE : *Barranco de Soller; castillo d'Alaro; fentes des rochers, terrains rocailleux calcaires.* — Avril.

La gousse de cet arbuste est connue à Majorque sous le nom de *caroba del demonio* (*garoube du diable*); ses graines sont toxiques : leur ressemblance avec des haricots amène quelquefois encore des accidents graves.

2. CALYCOTOME

(Link in Schrad. *Journ.* 2a pars, II, p. 50).

1. **C. spinosa** Link, *Enum. alt. hort. Berol.* II, p. 225; Gren. et Godr. *Fl. de Fr.* I, p. 346; Guss. *Fl. Sic. Syn.* II, p. 246, n. 1; Moris, *Fl. Sard.* I, p. 401, n. 252; Costa, *Intr. Fl. Catal.* p. 53, n. 459; Rodrig. *Catal. pl. Menorca,* p. 19, n. 120. — *Spartium spinosum* Bertol. *Fl. Ital.* VII, p. 342, n. 11; Desf. *Fl. Atlant.* II, p. 135. — *Cytisus spinosus* DC. *Prodr.* II, p. 154, n. 13; Camb. *Enum. pl. Balear.* n. 131. — ♄. Avril-juin.

« In montosis Balearium vulgaris. — Floret Aprili. » (Camb.)

« Ab. en los terrenos montuosos. — Marz., etc. » (Rodrig.)

MAJORQUE : *La serra de Soller; garigue du puig de son Vivot près Arta.* — Avril-mai.

2. **C. villosa** Link, *Enum. alt. hort. Berol.* II, p. 225; Rodrig. *Catal. pl. Menorca,* p. 19, n. 121. — *Cytisus lanigerus* Camb. *Enum. pl. Balear.* n. 132. — ♄. Mars-avril.

« In insulâ Minore (Hern.). » (Camb.)

« Cercanias de cala Mezquita. — Marz., Abr. » (Rodrig.)

3. SPARTIUM

(L. *Gen.* p. 368, n. 858 ex parte).

1. **S. junceum** L. *Sp.* p. 995, n. 2; DC. *Prodr.* II, p. 145, n. 1; Bertol. *Fl. Ital.* VII, p. 327, n. 1; Moris, *Fl. Sard.* I, p. 399, n. 251; Costa, *Intr. Fl. Catal.* p. 53, n. 460; Barcelo, *Apuntes pl. Balear.* p. 20, n. 89. — *Genista juncea* Desf. *Fl. Atlant.* II, p. 137; icon. Duham. *Arbor.* edit. nov. II, tab. 22; Cyr. *De ess. pl. char.* p. 66, tab. 3, fig. 1 *a, b.* — ♄. Avril-juin.

« Mall. En el estret de Valdemosa, lecho del torrent Gros. — Abr. » (Barcelo.)

MAJORQUE : *Valdemosa.* — Avril.

4. GENISTA

(L. *Gen.* p. 368, n. 859, ex parte; — Spach, *Rev. gen.* Genista, in *Ann. sc. nat.* ser. 3, II, 237).

1. **G. acanthoclada** DC. *Leg.* mem. 6, et *Prodr.* II, p. 146. — ♄. Juin-juillet.

MAJORQUE : *Es coll des Coulomns dins el Tossals verts d'Aumalluch.* — 19 Juin 1852, à 600 mètres environ.

2. **G. lucida** Camb. *Enum. pl. Balear.* n. 129, tab. 14; Spach. *Rev. gen.* Genista, in *Ann. sc. nat.* ser. 3, III, p. 109. — ♄. Mars-avril.

« In collibus petrosis circa Artam in insulâ Majore vulgatissima. — Florebat Aprili. » (Camb.)

MAJORQUE : *Terrains marneux, sablonneux, au pied de la montagne de Randa, près Lluchmayor, versant E.* — 28 Mars 1855.

Les habitants nomment cette plante *Guetova.*

3. **G. Pomeli.**

Plante plus grêle dans toutes ses parties et moins compacte que le *G. lucida.* Rameaux très-allongés, épineux, anguleux, couverts dans la jeunesse de poils rougeâtres apprimés, très-caducs, de sorte que la plante ne tarde pas à devenir glabre; épines alternes, moins robustes que celles du *G. lucida;* les plus jeunes portent souvent vers leur milieu deux petites feuilles linéaires opposées, de l'aisselle desquelles se développent latéralement deux autres épines disposées en croix. Feuilles non mucronées, les inférieures obovales, les intermédiaires ovales, les terminales lancéolées-linéaires. Fleurs grêles, solitaires, disposées en grappes lâches de dix au plus, entremêlées de longues épines toutes latérales, mais paraissant quelquefois terminales, quand l'axe feuillé qui les porte ne se prolonge pas. Bractées linéaires, dépassant à peine la longueur du pédicelle court. Calice à segments supérieurs triangulaires, lancéolés, l'inférieur trifide, à peu près égaux. Étendard de la longueur des ailes, un peu plus court que la carène. Fruits... — ♄. Avril-mai.

MAJORQUE : *La ermita d'Arta.*

4. **G. cinerea** DC. *Fl. fr.* IV, p. 494, n. 3803; Gren. et Godr. *Fl. de Fr.* I, p. 363; Bertol. *Fl. Ital.* VII, p. 357, n. 8; Costa, *Intr. Fl. Catal.* p. 54, n. 467; Camb. *Enum. pl. Balear.* n. 130; icon. Watson, *Dendr.* I, tab. 76. — ♄. Avril-juin.

« In fissuris rupium montis puig de Malluch in insulâ Majore. — Florebat Aprili. » (Camb.)

« Collines au puig de Torella. » (Bourgeau, *Exsicc.* n. 2741.)

MAJORQUE : *Premiers rochers de la couma de Arbona du côté de Soller* (850 *m.*)*; le sommet du barranco de Soller* (870 *m.*). *Le long du chemin en arrivant au castillo d'Alaro; rochers nord du Tech* (1000 *m.*). — Avril à juin.

5. ARGYROLOBIUM

(Eckl. et Zeyeh. *Enum.* p. 184).

1. **A. Linnæanum** Walpers, *Linnæa*, t. XIII, p. 508; Gren. et Godr. *Fl. de Fr.* I, p. 363. — *Cytisus argenteus* L. *Sp.* p. 1043, n. 11; DC. *Prodr.* II, p. 156, n. 29; Bertol. *Fl. Ital.* VII, p. 563, n. 12; Desf. *Fl. Atlant.* II, p. 139; Moris, *Fl. Sard.* I, p. 411, n. 261; Costa, *Intr. Fl. Catal.* p. 56, n. 479; Camb. *Enum. pl. Balear.* n. 133; icon. Brot. *Phytogr.* I, tab. 69. — ♄. Avril-juin.

MAJORQUE : *Champs pierreux calcaires en montant au castillo d'Alaro; Bañalbufar; rochers de la couma de Arbona.* — Avril à juin.

6. LUPINUS

(Tournef. *Inst.* p. 392, tab. 213).

1. **L. hirsutus** L. *Sp.* p. 1015, n. 3; Rodrig. *Catal. pl. Menorca*, p. 20, n. 122. — ①. Avril.

« Terrenos cultivados; Binillanti; cercanias de la Albufera; Binisarmeña Mahon. » (Com. cl. Rodrig.)

7. ONONIS

(L. *Gen.* p. 370, n. 863).

1. **O. crispa** L. *Sp.* p. 1010, n. 14; DC. *Prodr.* II, p. 159, n. 1; Costa, *Intr. Fl. Catal.* p. 56, n. 482; Camb. *Enum. pl. Balear.* n. 134; icon. Wendl. in *Rœm. Arch.* I, p. 3, p. 106, tab. 1 opt. — ♄. Mars-juin.

« In insulâ Minore (Hern.). » (Camb.)

Majorque : *Source de la Roca plana d'Aumalluch ; Cuba.* — Minorque : *Terrains sablonneux en arrivant au barranco de Algendar, en el termino de Ciudadela.* — Mai-juin.

Les sépales de cette espèce sont quelquefois tridentés au sommet, mais cette particularité ne se rencontre pas sur toutes les fleurs. Du reste, elle n'avait pas échappé à Linné (voy. *Spec.* p. 1010, n. 14).

2. **O. Natrix** var. β. DC. *Prodr.* II, p. 159. — *O. pinguis* L. *Sp.* p. 1009, n. 10; Camb. *Enum. pl. Balear.* n. 135. — ♄.

« In arenosis Balearium vulgatissima. — Floret Martio, Aprili. » (Camb.)

3. **O. inæquifolia** DC. *Prodr.* II, p. 165, n. 64; Bertol. *Fl. Ital.* VII, p. 388, n. 18; Camb. *Enum. pl. Balear.* n. 136. — *O. Natrix* var. γ. *inæquifolia* Mutel, *Fl. fr.* I, p. 238, n. 23. — ♄. Avril-juin.

« In arenosis maritimis Ebusi. — Florebat Majo. » (Camb.)

« Hab. arenas en las inmediaciones de cala Mezquita; Subervey en Ferr. » (Com. cl. Rodrig.)

Majorque : *Autour de la fabrique de plâtre près Andraitx.* — Iviça : *Les champs.* — Avril.

4. **O. ramosissima** Desf.; Barcelo, *Apuntes pl. Balear.* p. 20, n. 91. — ①. Mai.

« Arenales maritimos de Palma. — May. » (Barcelo.)

5. **O. breviflora** DC. *Prodr.* II, p. 160, n. 16; Rodrig. *Catal. Suppl.* p. 13; Barcelo, *Apuntes pl. Balear.* p. 20, n. 91. — ①. Avril-mai.

« Son Blanc; Deyá; camino que desde Santa-Eulalia se dirige al Toro; Montañeta en Ciudadela; predio Cugalló. — Fines de Abril, Mayo. » (Rodrig.)

« Mall. Belver; Andraitx; Felanitx; Caymari. — Abr. » (Barcelo.)

MAJORQUE : *La Curia veya près d'Arta; puig de Farruch; bord des fossés près d'Alcudia.* — Avril-mai.

6. **O. pubescens** L. *Mant.* p. 267; Camb. *Enum. pl. Balear.* n. 137. — ①.

« In Balearibus (Gouan). » (Camb.)

« Menorca (Salv., Oleo). » (Rodrig.)

7. **O. ornithopodioides** L. *Sp.* p. 1009, n. 12; Camb. *Enum. pl. Balear.* n. 138. — ①. Avril-mai.

« Inter rupes insulæ Majoris, prope son Ferendell.— Florebat Aprili. » (Camb.)

8. **O. reclinata** L. *Sp.* p. 1011, n. 19; DC. *Prodr.* II, p. 162, n. 34; Gren. et Godr. *Fl. de Fr.* I, p. 372; Bertol. *Fl. Ital.* VII, p. 380, n. 11; Moris, *Fl. Sard.* I, p. 421, n. 270; Costa, *Intr. Fl. Catal.* p. 58, n. 495; Camb. *Enum. pl. Balear.* n. 139; Rodrig. *Catal. pl. Menorca*, p. 20, n. 126. — ①. Avril-mai.

« In insulâ Minore (Hern.). » (Camb.)

« Subervey en Fer.; canaló del mart en Ciu.; c. la Costa Nova. — Abr., Mayo. » (Rodrig.)

MAJORQUE : *Garigues, terrains secs, caillouteux, calcaires; Belver près Palma; cap Formentor; torre d'Alcudia; la talaya veya près d'Arta.* — IVIÇA : *Sommet du puig d'Enserra.* — CABRERA (îlot de). — Avril-mai.

Var. *genuina* Gren. et Godr.; Barcelo, *Apuntes pl. Balear.* p. 20.

« Belver; torre d'en Pau; Valdemosa. — May. » (Barcelo.)

Var. *Cherleri* Desf.

« Champs du port de Soller. » (Bourgeau, *Exsicc.*)

MAJORQUE : *La talaya veya près d'Arta.* — CABRERA (îlot de).

9. **O. procurrens** Wallr.; Rodrig. *Catal. Suppl.* p. 13; Barcelo, *Apuntes pl. Balear.* p. 20, n. 93. — ♄. Avril-juin.

« Menorca (Salv.); Matxani (Carreras!); hácia el Campsiquiat (Casall.! Rodr.), en terreno cultivado. — Mayo, Junio. » (Rodrig.)

« Comun en los campós de Mallorca. — Abr. » (Barcelo.)

10. **O. antiquorum** L. *Sp.* p. 1006, n. 1; Gren. et Godr. *Fl. de Fr.* I, p. 374; Guss. *Fl. Sic. Syn.* II, p. 264, p. 20; Bertol. *Fl. Ital.* VII, p. 368, n. 1; Costa, *Intr. Fl. Catal.* p. 58, n. 496; Moris, *Fl. Sard.* I, p. 424, n. 270. — ♄. Juin-juillet.

MAJORQUE : *Aumalluch près Soller; champs incultes.* — Juin.

11. **O. mitissima** L. *Sp.* p. 1007, n. 6; DC. *Prodr.* II, p. 163, n. 44; Gren. et Godr. *Fl. de Fr.* I, p. 377; Guss. *Fl. Sic. Syn.* II, p. 256, n. 4; Bertol. *Fl. Ital.* VII, p. 374, n. 5. — ①. Mai-juin.

MAJORQUE : *Chemin de la ermita d'Arta.* — Mai.

12. **O. minutissima** L. *Sp.* p. 1007, n. 4; DC. *Prodr.* II, p. 164, n. 59; Gren. et Godr. *Fl. de Fr.* I, p. 377; Guss. *Fl. Sic. Syn.* II, p. 255, n. 3; Bertol. *Fl. Ital.* VII, p. 384, n. 15; Moris, *Fl. Sard.* I, p. 418, n. 267; Costa, *Intr. Fl. Catal.* p. 58, n. 500; Camb. *Enum. pl. Balear.* n. 140; Rodrig. *Catal. Suppl.* p. 13, n. 38. — ♃. Avril-septembre.

« In montibus insulæ Majoris prope Esporlas, Valdemosam, Cauviam. — Floret Aprili, Majo. » (Camb.)

« Terrenos incultos y pedregosos; Alcaufar; Santa-Ponsa, Binixabonet, son Blanc y Torresuli en Alayor; barranco de se Vall. — Mayo. » (Rodrig.)

MAJORQUE : *Garigues de la torre d'Alcudia; route de can Tex près Soller.*

8. ANTHYLLIS

(L. *Gen.* p. 371, n. 864).

1. **A. cytisoides** L. *Sp.* p. 1013, n. 8; DC. *Prodr.* II, p. 169, n. 3; Gren. et Godr. *Fl. de Fr.* I, p. 378; Costa, *Intr. Fl. Catal.* p. 58, n. 501; Camb. *Enum. pl. Balear.* n. 141. — ♄. Avril-juin.

« Frequens in collibus aridis inter Palmam et Cauviam in insulâ Majore. — Floret Aprili, Majo. » (Camb.)

MAJORQUE : *Terrains incultes à Palma, du côté de Belver; chemin de Bañalbufar à Estellenchs; mine de San-Creus près Soller, port de Soller; la marina de son Mas de Valdemosa; environs d'Arta; terrains rocailleux.* — Nom vulg.: *Botcha.* — Avril à juin.

2. **A. Aspalathi** DC., Rodrig. *Catal. Suppl.* p. 14, n. 39. — *A. spinosissima* et *A. horrida* Pourr. ex Colm. — ♄. Mai-juin.

« Cerca de Mahon (Richard ex Lam.); inmediaciones de San-Lorenzo y hácia el monte Toro (Salv. et Pourr. ex Colm.); raro en Mongofre-nou; Santa-Ponsa en Alayor; son Vidal en San-Cristóbal, hácia la cúspide de la Anclusa (Rodrig.). — Mayo-junio. » (Rodrig.)

3. **A. Vulneraria** L. *Sp.* p. 1012, n. 2.

Var. γ. *rubriflora* DC. *Prodr.* II, p. 170, n. 15; Gren. et Godr. *Fl. de Fr.* I, p. 380; Bertol. *Fl. Ital.* VII, p. 401, n. 2; Desf. *Fl. Atlant.* II,

p. 151; Moris, *Fl. Sard.* I, p. 427, n. 275; Costa, *Intr. Fl. Catal.* p. 59, n. 504; Camb. *Enum. pl. Balear.* n. 142. — *Vulneraria heterophylla* Guss. *Fl. Sic. Syn.* II, p. 265, n. 1, α.; icon. *Dillen. hort. Elth.* II, p. 431, tab. 320, fig. 413. — ♃. Mars-juin.

« In collibus maritimis prope Artam in insulâ Majore.—Floret Aprili. » (Camb.)

« Entre los Canutells y calas covas; Subervey, entre la torre del Ram y Ciu; inmediaciones de la Costa Nova; Lluquelquelba; Alayor.— Avril-mai. » (Com. cl. Rodrig.)

« Puig Mayor. » (Bourgeau, *Exsicc.*)

MAJORQUE : *La Bleda, près le port de Soller. — Terrain gypseux, calcaire délité; rochers de la ermita d'Arta; couma de Arbona, au puig Mayor de Torellas* (880 *m.*)*; rochers du Tex* (1000 *m.*).— Avril à juillet.

4. **A. balearica** Coss. — Juin.

« Rochers du puig de Torellas. » (Bourgeau, *Exsicc.*)

Souche ligneuse. Tiges de 2-4 décimètres, rameuses, presque ligneuses à la base, fermes, dressées ou ascendantes, couvertes d'une villosité soyeuse, blanchâtre. Feuilles ailées avec impaire. Folioles à 5-7 paires toutes égales, oblongues ou lancéolées, entières, non mucronées, soyeuses en dessous, glabres en dessus. Fleurs en capitules solitaires ou géminés, terminaux et axillaires; pédoncule commun court, courbé en arc portant les fleurs sur sa convexité, pourvu à sa base d'une feuille florale palmée à 5-7 lanières entières, obtuses. Calice vésiculeux pubescent, à 5 dents très-inégales, les deux supérieures beaucoup plus longues que les trois inférieures. Corolle beaucoup plus grande que dans le *Vulneraria.* Légume gros, stipité au fond du calice, stipe deux fois et demie plus court que le légume. Dans le *Vulneraria,* le stipe est presque aussi long que le légume. Graine beaucoup plus grosse que celle du *Vulneraria,* comprimée, lisse, brune.

5. **A. tetraphylla** L. *Sp.* p. 1011, n. 1; DC. *Prodr.* II, p. 171, n. 17; Gren. et Godr. *Fl. de Fr.* I, p. 381; Bertol. *Fl. Ital.* VII, p. 399, n. 1; Moris, *Fl. Sard.* I, p. 429, n. 276; Costa, *Intr. Fl. Catal.* p. 59, n. 505; Camb. *Enum. pl. Balear.* n. 143; Rodrig. *Catal. pl. Menorca,* p. 20, n. 128. — *Vulneraria tetraphylla* Guss. *Fl. Sic. Syn.* II, p. 266, n. 2; icon. Sibth. *Fl. Gr.* tab. 681; *Camer. Hort.* tab. 47. — ①. Avril-juillet.

« In aridis insulæ Majoris, prope Artam, Palmam, Cauviam, frequens. — Floret Aprili. » (Camb.)

« Hab. : puerto de Adaya; barranco den Fideu; c. la Costa Nova. — Abr., Mayo. » (Rodrig.)

MAJORQUE : *Champs incultes de cap Formentor et chemins sablonneux; garigues qui dominent Belver près Palma; terrains pierreux en montant au castillo d'Alaro; son Cadenas près Alaro; champs d'Oliviers entre Valdemosa et Bañalbufar; champs d'Estellenchs; la peña vermeya d'Enzoulous près d'Arta.*

9. MEDICAGO

(L. *Gen.* p. 389, n. 899; — Gærtn. *Fruct.* II, p. 348, tab. 155, fig. 7).

1. **M. Lupulina** L. *Sp.* p. 1097, n. 7; DC. *Prodr.* II, p. 172, n. 6; Gren. et Godr. *Fl. de Fr.* I, p. 383; Guss. *Fl. Sic. Syn.* II, p. 361, n. 1; Bertol. *Fl. Ital.* VIII, p. 258, n. 3; Moris, *Fl. Sard.* I, p. 431, n. 277; Costa, *Intr. Fl. Catal.* p. 59, n. 507; Camb. *Enum. pl. Balear.* n. 144. — ②. Avril-juillet.

« Ad vias et margines agrorum in insulâ Majore frequens. » (Camb.)

MAJORQUE : *Le long des murs; chemin du puig d'Alaro; les champs autour de Lluch.* — Avril-juin.

2. **M. sativa** L. *Sp.* p. 1095, n. 5; Rodrig. *Catal. pl. Menorca*, p. 20, n. 129; Barcelo, *Apuntes pl. Balear.* p. 20, n. 94. — ♃. Mai.

« Cultivado. » (Rodrig.)
« Mall. Cultivada y subspontanea. — May. » (Barcelo.)
« Soller. » (Bourgeau, *Exsicc.*)

3. **M. arborea** L. *Sp.* p. 1096, n. 1; Camb. *Enum. pl. Balear.* n. 145; icon. Moris *Fl. Sard.* tab. 35. — ♄. Mai.

« In insulâ Majore, prope Esporlas. — Florebat Majo. An spontanea? » (Camb.)

4. **M. orbicularis** All. *Fl. Ped.* n. 1150; Camb. *Enum. pl. Balear.* n. 146; Rodrig. *Catal. pl. Menorca*, p. 20, n. 131, et *Suppl.* p. 15; icon. Moris *Fl. Sard.* tab. 37. — ①. Avril-mai.

« In montibus insulæ Majoris prope Lluch. — Floret Aprili. » (Camb.)
« Hab.: Terrenos cultivados (Carr.), Mayo; camino de la Mezquita; Mongofre-nou en Mahon; Binietzau; Santa-Ponsa en Alayor (Rodr.); Canasía (Casall.!, Rodr.); camino de Ferrerias á San-Cristóbal; Subervey; barranco de Algendar (Rodr.). — Abril, Mayo. » (Rodrig.)

5. **M. scutellata** All. *Fl. Ped.* n. 1151; DC. *Prodr.* II, p. 175, n. 25; Gren. et Godr. *Fl. de Fr.* I, p. 384; Guss. *Fl. Sic. Syn.* II, p. 363, n. 5; Bertol. *Fl. Ital.* VIII, p. 271, n. 15; Moris, *Fl. Sard.* I, p. 435, n. 280; Costa, *Intr. Fl. Catal.* p. 59, n. 510; Camb.

Enum. pl. Balear. n. 147; Rodrig. *Catal. Suppl.* p. 15.— *M. polymorpha* var. *β. scutellata* Desf. *Fl. Atlant.* II, p. 211; icon. Moris *Fl. Sard.* tab. 36. — ①. Avril-juin.

« Ad margines agrorum, prope Esporlas in insulâ Majore. — Florebat Aprili. » (Camb.)

« Terrenos cultivados; Canasía (Casall.!, Rodr.); Campsiquiat (Casall.!). — Abril, Mayo. » (Rodrig.)

MAJORQUE : *Palma, côté de Belver.* — Avril.

6. **M. tuberculata** Willd. *Sp.* p. 1410, n. 16; Camb. *Enum. pl. Balear.* n. 148. — ①. Avril-juin.

« In insulâ Minore (Hern.). » (Camb.)

« Alayor, terrenos cultivados : Mahon; Canasía; Campsiquiat; barranco de Algendar. — Mai. » (Com. cl. Rodrig.)

7. **M. marina** L. *Sp.* p. 1097, n. 8; DC. *Prodr.* II, p. 176, n. 41; Gren. et Godr. *Fl. de Fr.* I, p. 392; Guss. *Fl. Sic. Syn.* II, p. 376, n. 36; Bertol. *Fl. Ital.* VIII, p. 284, n. 28; Desf. *Fl. Atlant.* II, p. 210; Moris, *Fl. Sard.* I, p. 442, n. 286; Costa, *Intr. Fl. Catal.* p. 60, n. 518; Camb. *Enum. pl. Balear.* n. 149; Rodrig. *Catal. Suppl.* p. 16. — ♃. Avril-juillet.

« In arenosis maritimis Balearium vulgatissima. — Floret Aprili. » (Camb.)

« Raro : Arenas maritimas de la Canasía (Casall.!, Rodr.). — Abril. » (Rodrig.)

MAJORQUE : *Plages de Campos et de la Cueva de la ermita d'Arta.* — Mars-avril.

8. **M. littoralis** Rhode in Lois. not. p. 118; DC. *Prodr.* II, p. 177, n. 45; Gren. et Godr. *Fl. de Fr.* I, p. 393; Guss. *Fl. Sic. Syn.* II, p. 372, n. 26; Bertol. *Fl. Ital.* VIII, p. 301, n. 47; Moris, *Fl. Sard.* I, p. 439, n. 283; Costa, *Intr. Fl. Catal.* p. 60, n. 519; Camb. *Enum. pl. Balear.* n. 150. — ①. Mars-juin.

« In arenosis maritimis insulæ Majoris frequens. — Floret Martio. » (Camb.)

MAJORQUE : *Bord des chemins près d'Arta; Albufera d'Alcudia.* — FORMENTERA : *Au pied de la mola, cala San-Augustin.* — Avril-mai.

9. **M. Gerardii** Willd.; Rodrig. *Suppl.* p. 16, n. 45; Barcelo, *Apuntes pl. Balear.* p. 20, n. 95. — Mars.

« Inmediaciones de Alayor (Casall. segun Texidor). » (Rodrig.)

« Comun entre las mieses y sitios herbosos. — Marz. » (Barcelo.)

10. **M. tribuloides** Lamk, *Dict.* III, p. 635; DC. *Prodr.* II, p. 178, n. 53; Gren. et Godr. *Fl. de Fr.* I, p. 394; Guss. *Fl. Sic. Syn.* II, p. 373, n. 29; Bertol. *Fl. Ital.* VIII, p. 228, n. 30; Moris, *Fl. Sard.* I, p. 440, n. 284; Costa, *Intr. Fl. Catal.* p. 60, n. 521; Rodrig. *Catal. Suppl.* p. 16, n. 46. — ①. Mars-juin.

« Mahon (Casall.); Subervey, en terrenos cultivados (Rodr.). — Mayo. » (Rodrig.)

MAJORQUE : *Champs autour de Palma.* — Avril.

11. **M. minima** Lamk, *Dict.* III, p. 636; DC. *Prodr.* II, p. 178, n. 58; Gren. et Godr. *Fl. de Fr.* I, p. 391; Bertol. *Fl. Ital.* VIII, p. 303, n. 49; Moris, *Fl. Sard.* I, p. 450, n. 293; Costa, *Intr. Fl. Catal.* p. 60, n. 517; Camb. *Enum. pl. Balear.* n. 151; Rodrig. *Catal. Suppl.* p. 16, n. 44. — ①. Mars-juin.

« In aridis montium insulæ Majoris et Ebusi. — Floret Martio, Aprili. » (Camb.)

« Hort den Morillo en Mahon; Santa-Ponsa; son Blanc; torre Veya y cerca de la Canasía en Alayor; inmediaciones de Mercadal; Subervey y las covas en Ferrerias. — Abril, Mayo. » (Rodrig.)

MAJORQUE : *Garigue au-dessus de Belver.* — Avril.

Var. *canescens* DC.

« Santa-Ponsa, Alayor. » (Com. cl. Rodrig.)

12. **M. maculata** Willd. *Sp.* III, p. 1412, n. 22; DC. *Prodr.* II, p. 179, n. 65; Gren. et Godr. *Fl. de Fr.* I, p. 391; Guss. *Fl. Sic. Syn.* II, p. 368, n. 17; Bertol. *Fl. Ital.* VIII, p. 282, n. 27; Moris, *Fl. Sard.* I, p. 449, n. 292; Costa, *Intr. Fl. Catal.* p. 60, n. 516; Camb. *Enum. pl. Balear.* n. 152; Rodrig. *Catal. Suppl.* p. 15, n. 43. — ①. Mars-mai.

« In agris prope Valdemosam in insulà Majore. — Floret Martio, Aprili. » (Camb.)

« Executars; camino del Campas; Algendar en Ferrerias. — Marzo, Abril. » (Rodrig.)

MAJORQUE : *Les champs d'Arta.* — Mai.

13. **M. intertexta** Willd. *Sp.* III, p. 1411, n. 19; Camb. *Enum. pl. Balear.* n. 153. — ①. Avril-mai.

« In agris Ebusi. Cum fructibus lecta Majo. » (Camb.)

14. **M. sphærocarpos** Bertol. *Rar. Ital. pl.* dec. III, p. 60, n. 7; Rodrig. *Catal. Suppl.* p. 16, n. 49. — ①. Avril-mai.

« Binisarmeña y Biniaixa en Mahon; Campsiquiat y plans de Turmaden en Alayor; Santa-Eulalia en Mercadal; Biniatrum y son Gurnès en Ferrerias. — Abril, Mayo. » (Rodrig.)

15. **M. præcox** DC. *Cat. monsp.* p. 123, et *Prodr.* II, p. 178, n. 55; Rodrig. *Catal. Suppl.* p. 15, n. 40; Barcelo, *Apuntes pl. Balear.* p. 20, n. 96. — ①. Mars-avril.

« Cerca de Mahon (Casall.); Binisarmeña (Rodr.). — Marzo. » (Rodrig.)

« En los campós, Felanitx. — Abr. » (Barcelo.)

16. **M. polycarpa** Willd. *Enum. Berol.* suppl. 52; Rodrig. *Catal. Suppl.* p. 15, n. 41. — ①. Avril-mai.

« Binisarmeña. — Abril, Mayo. » (Rodrig.)

Var. γ. *denticulata* Gren. et Godr. *Fl. de Fr.* I, p. 390; Rodrig. *l. c.*

« Vergeles de San-Juan (Casall. segun Texidor). » (Rodrig.)

17. **M. lappacea** Lamk, *Dict.* III, p. 637.

Var. α. *tricycla* Gren. et Godr. *Fl. de Fr.* I, p. 390; Rodrig. *Catal. Suppl.* p. 15, n. 42; icon. Moris *Fl. Sard.* tab. 48. — ①. Mars.

« Cerca de Mahon y en el monte Toro (Casall. segun Texidor). — Marzo. » (Rodrig.)

Var. β. *pentacycla* Gren. et Godr. *l. c.*; Rodrig. *Catal. Suppl.* p. 15, n. 42. — Mars-mai.

« Hort den Morillo; camino de Biniaixa (Rodr.); cerca de Alayor y de Mercadal (Casall.); barranco de Algendar y sus ramales (Rodr.). — Marzo, Mayo. » (Rodrig.)

18. **M. Murex** Willd. *Sp.* III, p. 1410, n. 18; Rodrig. *Catal. Suppl.* p. 16, n. 47. — ①. Avril.

« Binisarmeña, Subervey. — Abril. » (Rodrig.)

10. MELILOTUS

(Tournef. *Inst.* p. 406, tab. 229; — Lamk, *Illustr.* tab. 613; — Gærtn. *Fruct.* II, tab. 153; *Trifolii* L. *Sp.*).

1. **M. indica** L. *Sp.* p. 1077, n. 2; Moris, *Fl. Sard.* I, p. 459, n. 300, tab. 56. — *M. parviflora* DC. *Prodr.* II, p. 187, n. 12; Desf. *Fl. Atlant.* II, p. 192; Gren. et Godr. *Fl. de Fr.* I, p. 401; Guss. *Fl. Sic. Syn.* II, p. 821, n. 3; Bertol. *Fl. Ital.* VIII, p. 89, n. 6; Costa, *Intr. Fl. Catal.* p. 61, n. 53. — ①. Mai-juin.

MAJORQUE : *Environs de Soller.* — Juin.

2. **M. messanensis** Desf. *Fl. Atlant.* II, p. 192; Rodrig. *Catal. Suppl.* p. 17, n. 50. — ①. Avril-mai.

« Raro en sitios incultos húmedos; Canasía (Rodr., Casall.!); barranco de Algendar (Rodr.). — Abril, Mayo. » (Rodrig.)

3. **M. sulcata** Desf. *Fl. Atlant.* II, p. 193; DC. *Prodr.* II, p. 189, n. 24; Gren. et Godr. *Fl. de Fr.* I, p. 400; Guss. *Fl. Sic. Syn.* II, p. 321, n. 4; Bertol. *Fl. Ital.* VIII, p. 91, n. 8; Moris, *Fl. Sard.* I, p. 463, n. 305; Camb. *Enum. pl. Balear.* n. 155; Rodrig. *Catal. Suppl.* p. 17. — ①. Mars-juin.

Var. α. *genuina* Gren. et Godr. *Fl. de Fr.* I, p. 400.

Feuilles vert pâle; grappe lâche.

« In agris Balearium frequens. — Floret Aprili. » (Camb.)
« Algendar y Subervey, en terrenos cultivados secos. » (Rodrig.)

MAJORQUE : *Champs cultivés du Prat près Palma; champs autour du castillo d'Alaro.* — Mars-avril.

Var. β. *major* Camb. *Enum. pl. Balear.* n. 155.

Var. *c.* Rodrig. *Catal. Suppl.* p. 18.

Feuilles d'un vert foncé; grappes denses.

« In arvis Ebusi. — Florebat Majo. » (Camb.)
« Plans de Turmaden y Canasía, en terrenos cultivados frescos. » (Rodrig.)

4. **M. italica** L. *Sp.* p. 1078, n. 5; Lamk, *Dict.* IV, p. 65; Pers. *Syn. Plant.* II, p. 348, n. 12; DC. *Prodr.* II, p. 188, n. 16; Gren. et Godr. *Fl. de Fr.* I, p. 400; Guss. *Fl. Sic. Syn.* II, p. 320, n. 1; Moris, *Fl. Sard.* I, p. 460, n. 302; Desf. *Fl. Atlant.* II, p. 192; Camb. *Enum. pl. Balear.* n. 154. — ①. Mars-mai.

« In agris prope Esporlas in insulâ Majore. — Florebat Martio. » (Camb.)

MAJORQUE : *Pointe N. O. du castillo d'Alaro.* — Avril.

5. **M. elegans** Salzm. in DC. *Prodr.* II, p. 188, n. 21; Gren. et Godr. *Fl. de Fr.* I, p. 400; Guss. *Fl. Sic. Syn.* II, p. 323, n. 7; Bertol. *Fl. Ital.* VIII, p. 90, n. 7; Moris, *Fl. Sard.* I, p. 462, n. 303, tab. 57. — ①. Avril-juin.

« Champs d'Oliviers près Soller. » (Bourgeau, *Exsicc.*)

IVIÇA : *Près des moulins de la ville.*

6. **M. parviflora** Desf. *Fl. Atlant.* II, p. 192; Rodrig. *Catal. Suppl.* p. 19, n. 51. — ①. Avril-mai.

« Hort den Morillo (Rodr.); alrededores de Alayor (Casall.); Canasía, Subervey (Rodr.). — Abril, Mayo. » (Rodrig.)

« Champs de Soller. » (Bourgeau, *Exsicc.*)

7. **M. officinalis** Lamk, *Dict.* IV, p. 63; Rodrig. *Catal. Suppl.* p. 19; Barcelo, *Apuntes pl. Balear.* p. 20, n. 97. — ②.

« Torrente de los vergeles de San-Juan (Casall. segun Texidor). » (Rodrig.)

« Valdemosa; Deyá; Artá. — Mayo. » (Barcelo.)

11. TRIFOLIUM

(Tournef. *Inst.* I, p. 404, tab. 228; — Lamk, *Illustr.* tab. 613).

1. **T. stellatum** L. *Sp.* p. 1083, n. 26; DC. *Prodr.* II, p. 197, n. 59; Gren. et Godr. *Fl. de Fr.* I, p. 403; Guss. *Fl. Sic. Syn.* II, p. 334, n. 20; Bertol. *Fl. Ital.* VIII, p. 134, n. 23; Desf. *Fl. Atlant.* II, p. 199; Moris, *Fl. Sard.* I, p. 487, n. 324; Costa, *Intr. Fl. Catal.* p. 61, n. 536; Camb. *Enum. pl. Balear.* n. 157; Rodrig. *Catal. pl. Menorca*, p. 21, n. 136. — ①. Avril-juin.

« In sterilibus Balearium frequens. — Floret Aprili. » (Camb.)

« Ab. en los campós. — Abr., etc. » (Rodrig.)

MAJORQUE : *Palma, du côté de Belver.* — Avril.

2. **T. angustifolium** L. *Sp.* p. 1083, n. 24; Camb. *Enum. pl. Balear.* n. 156; Barcelo, *Apuntes pl. Balear.* p. 20. — ①. Juin-juillet.

« In insulâ Minore (Hern.). » (Camb.)

« Palma; Andraitx; Soller; Deyá; Binisalen; Felanitx. — Mayo. » (Barcelo.)

3. **T. Cherleri** L. *Sp.* p. 1081, n. 17; Rodrig. *Catal. Suppl.* p. 19, n. 52. — ①.

« Predios Binisarmeña, Lluquelquelba, Granada, Biniatrum, Anclusa, Subervey. — Abril, Mayo. » (Rodrig.)

4. **T. maritimum** Huds.; Rodrig. *Catal. Suppl.* p. 20, n. 53. — ②. Avril-mai.

« Binisarmeña, camino de Favaritx (Rodr.); hácia la fuente de Santa-Catalina (Casall.); Campsiquiat, Campós, camino de Medina, Subervey (Rodr.). — Abril, Mayo. » (Rodrig.)

5. **T. lappaceum** L. *Sp.* p. 1082, n. 22; Rodrig. *Catal. Suppl.* p. 20, n. 54. — ①. Mai.

« Camino de Favaritx; barranco de se Mola; plans de Turmaden; Santa-Ponsa en Alayor; Santa-Eulalia (Rodr.); son Blanc en tierras cultivadas (Casall.!) é incultas (Rodr.). — Mayo. » (Rodrig.)

6. **T. arvense** L. *Sp.* p. 1083, n. 25.

Var. α. *genuinum* Gren. et Godr. *Fl. de Fr.* I, p. 410; Rodrig. *Catal. Suppl.* p. 20, n. 55. — ①. Avril-juin.

« Predios Binisarmeña; Granada y son Gurnès; monte Anclusa. — Abril á Junio. » (Rodrig.)

7. **T. Bocconi** Savi, *Att. Accad. ital.* I, p. 191, fig. 1; Rodrig. *Catal. Suppl.* p. 20, n. 56. — ①. Avril-juin.

« Terrenos arenosos algo frescos, tanto cultivados como incultos; predios Binisarmeña, Granada, son Gurnès. — Abril, Mayo y principios de Junio. » (Rodrig.)

8. **T. scabrum** L. *Sp.* p. 1084, n. 28; Gren. et Godr. *Fl. de Fr.* I, p. 412; Guss. *Fl. Sic. Syn.* II, p. 327, n. 6; Bertol. *Fl. Ital.* VIII, p. 124, n. 17; Moris, *Fl. Sard.* I, p. 474, n. 313; Desf. *Fl. Atlant.* II, p. 199; Rodrig. *Catal. Suppl.* p. 20, n. 57. — ①. Mai.

« Comun, así en terrenos cultivados como incultos. — Mayo. » (Rodrig.)

MAJORQUE : *Rochers de la Talaya veya à la ermita d'Arta; Albufera; champs d'Ariant près Pollenza.* — MINORQUE : *Environs de Ciudadela.* — Mai-juin.

9. **T. subterraneum** L. *Sp.* p. 1080, n. 15; DC. *Prodr.* II, p. 202, n. 97; Gren. et Godr. *Fl. de Fr.* I, p. 413; Guss. *Fl. Sic. Syn.* II, p. 337, n. 25; Bertol. *Fl. Ital.* VIII, p. 132, n. 22; Desf. *Fl. Atlant.* II, p. 196; Moris, *Fl. Sard.* I, p. 489, n. 326; Rodrig. *Catal. pl. Menorca*, p. 21, n. 139, et p. 102, n. 139, et *Suppl.* p. 20; Barcelo, *Apuntes pl. Balear.* p. 20, n. 99; icon. Barr. 881. — ①. Mars-mai.

« R. Hab. camino de la Albufera (Carr.! Rodr.); caminos de la Mezquita y de Adaya; Binillauti, son Gurnès; Païsas; Subervey; caminos de Ferrerias á San-Cristóbal y de la montaña de las Fonts radonas; carretera de Mah. á Ciu., hácia Biniaxa; camino de Adaya. — Marzo, Abril. » (Rodrig.)

« Menorca. — Abril (Rodr.). » (Barcelo.)

MINORQUE : *Champs autour de Ciudadela* — Mai.

10. **T. fragiferum** L. *Sp.* p. 1086, n. 37; Camb. *Enum. pl. Balear.*

n. 159; Rodrig. *Catal. pl. Menorca*, p. 22, n. 140, et *Suppl.* p. 20; Barcelo, *Apuntes pl. Balear.* p. 20. — ♃. Mai-juin.

« In insulâ Minore (Hern.). » (Camb.)

« Camino bajo de la fuente den Simon; colársega del puerto de Mahon, raro; Binietzau; camino del Campás; torrente de la Canasía; barranco de Algendar. — Fines de Mayo, Junio. — (Rodrig.)

« Parajes herbosos; Palma; Manacor; Felanitx. — Mayo. » (Barcelo.)

11. **T. resupinatum** L. *Sp.* p. 1086, n. 35; DC. *Prodr.* II, p. 202, n. 100; Gren. et Godr. *Fl. de Fr.* I, p. 414; Guss. *Fl. Sic. Syn.* II, p. 344, n. 38; Bertol. *Fl. Ital.* VIII, p. 185, n. 57; Moris, *Fl. Sard.* I, p. 493, n. 329; Costa, *Intr. Fl. Catal.* p. 62, n. 551; Rodrig. *Catal. Suppl.* p. 21; Barcelo, *Apuntes pl. Balear.* p. 20, n. 100; icon. Barr. tab. 872. — ①. Mars-juin.

« Camino de Adaya; barranco de San-Juan; Binisarmeña en Mahon; barranco de se Mola en Alayor; barranco de Algendar en Ferrerias. — Abril, Mayo. » (Rodrig.)

« Parajes herbosos; Palma; Felanitx. — Abr. » (Barcelo.)

MAJORQUE : *Champs cultivés du Prat près Palma; Ariant près Pollenza; champs de son Vives au puig de Badey près Arta.* — Mai-juin.

12. **T. tomentosum** L. *Sp.* p. 1086, n. 36; DC. *Prodr.* II, p. 203, n. 102; Gren. et Godr. *Fl. de Fr.* I, p. 414; Guss. *Fl. Sic. Syn.* II, p. 345, n. 39; Bertol. *Fl. Ital.* VIII, p. 187, n. 58; Desf. *Fl. Atlant.* II, p. 200; Costa, *Intr. Fl. Catal.* p. 62, n. 553; Camb. *Enum. pl. Balear.* n. 160; Rodrig. *Catal. pl. Menorca*, p. 102, n. 141, et *Suppl.* p. 21; icon. Moris, *Fl. Sard.* I, p. 495, tab. 64. — ①. Mars-mai.

« In collibus maritimis prope Artam. — Florebat Aprili. » (Camb.)

« Hab. hácia Mah. (Pourr. herb.); Binisarmeña (Rodr.); caminos inmediatos á Alayor (Casall.!); Subervey en terrenos cultivados (Rodr.). — Mediados de Marzo á fines Abril. » (Rodrig.)

MAJORQUE : *Ariant près Pollenza.* — Juin.

13. **T. glomeratum** L. *Sp.* p. 1084, n. 29; Rodrig. *Catal. Suppl.* p. 21, n. 58. — ①. Mars-mai.

« Binisarmeña; Mongofre; estancia de Medina; predio Granada; caminos de Ferrerias á San-Cristóbal y de la montaña de las Fonts radonas; Biniatrum; son Gurnès; Subervey. — Marzo á Mayo. » (Rodrig.)

14. **T. tumens** Stev.! in M. B. *Flor. Taur. Cauc.* II, p. 217; Camb. *Enum. pl. Balear.* n. 161; Rodrig. *Catal. pl. Men.* p. 22, n. 145. — ♃. Mai-juin.

« In insulà Minore (Hern.). » (Camb.)

« Hab. en la isla, s.-esp. loc. (Hern.). » (Rodrig.)

15. **T. suffocatum** L. *Mant.* p. 276; Rodrig. *Catal. Suppl.* p. 21, n. 59. — ①. Mars-avril.

« Binisarmeña; monte Toro; son Gurnès; son Trioy. — Marzo, Abril. » (Rodrig.)

16. **T. repens** L. *Sp.* p. 1080, n. 12; Barcelo, *Apuntes pl. Balear.* p. 20, n. 102. — ♃. Avril-mai.

« Orillas de las acequias; Palma; Soller; Artá. — Abr. » (Barcelo.)

« Bords des fossés près Soller. » (Bourgeau, *Exsicc.*)

17. **T. nigrescens** Viv. *Fragm. Ital.* p. 12, t. 13; Rodrig. *Catal. Suppl.* p. 21. — ①. Mars-mai.

« Comun en los caminos. — Marzo á Mayo. » (Rodrig.)

18. **T. filiforme** L. *Sp.* p. 1088, n. 42; Camb. *Enum. pl. Balear.* n. 163; Rodrig. *Catal. Suppl.* p. 21, n. 60. — ①. Avril-mai.

« In aridis Ebusi circa S.-Inès. — Florebat Maio. » (Camb.)

« Raro. Binisarmeña, en sitios arenosos y pantanosos. — Abril. » (Rodrig.)

19. **T. agrarium** L. *Sp.* p. 1087, n. 39; Rodrig. *Catal. Suppl.* p. 21. — *T. procumbens* Sm. *Brit.* 792; Camb. *Enum. pl. Balear.* n. 162. — ①. Avril-juillet.

« Abunda en sitios herbosos, caminos, etc. — Abril, Mayo. » (Rodrig.)

Var. *α. majus* Koch, *Syn.* 194; Rodrig. *l. c.* — *T. procumbens* var. *β. campestre* Camb. *Enum. pl. Balear.* n. 162.

« Inter rupes maritimas Balearium frequens. — Florebat Aprili, Maio. » (Camb.)

« En el camino de la Mezquita. » (Rodrig.)

Var. *β. minus* Koch, *l. c.*; Rodrig. *Catal. Suppl.* p. 21.

« En el camino de la Mezquita. » (Rodrig.)

20. **T. hybridum** Savi, *Fl. Pis.* II, p. 90; Camb. *Enum. pl. Balear.* n. 158. — ♃. Avril-juin.

« In collibus maritimis insulæ Majoris prope Artam; in ins. Minore (Hern.). — Florebat Aprili. » (Camb.)

21. **T. diffusum** Ehrh. *Beit.* VII, p. 165; Barcelo, *Apuntes pl. Balear.* p. 20, n. 101. — ①. Avril.

« Sitios herbosos; Palma; Yuca. — Abr. » (Barcelo.)

12. DORYCNIUM

(Tournef. *Inst.* p. 391, tab. 211, fig. 3).

1. **D. suffruticosum** Vill. *Pl. Dauph.* III, p. 416, n. 1; DC. *Prodr.* II, p. 209, n. 11; Gren. et Godr. *Fl. de Fr.* I, p. 426; Bertol. *Fl. Ital.* VIII, n. 2; Costa, *Intr. Fl. Catal.* p. 63, n. 568; Camb. *Enum. pl. Balear.* n. 166; Rodrig. *Catal. pl. Menorca*, p. 22, n. 147. — *Lotus Dorycnium* p. 1093, n. 17; Moris, *Fl. Sard.* I, p. 503, n. 336; icon. Jord. *Obs. pl. France*, 3ᵉ frag. p. 64, tab. 4, fig. B. — ♄. Avril-mai.

« Ubique in aridis Balearium. — Florebat Aprili. » (Camb.)

« Bastante comun en terrenos incultos. — Mayo. » (Rodrig.)

« Collines de Soller. » (Bourgeau, *Exsicc.*)

Iviça : *Butte des moulins.* — Fin avril.

13. LOTUS

(L. *Gen.* p. 388, n. 897, ex parte).

1. **L. rectus** L. *Sp.* 1092, n. 14; Rodrig. *Catal. Suppl.* p. 21, n. 61; Barcelo, *Apuntes pl. Balear.* p. 21. — *Dorycnium rectum* Ser. in DC. *Prodr.* II, p. 208, n. 1; Camb. *Enum. pl. Balear.* n. 164. — ♄. Mai-juin.

« In fossis Ebusi. — Florebat Mayo. » (Camb.)

« Camino de Santa-Catalina; camino de Adaya en el torrente llamado *Modorro;* acequias de la Canasía; torrente de se Vall. — Mayo, Junio. » (Rodrig.)

« Sitios húmedos; Palma; Soller; Artá; Valdemosa; Deyá. — Mayo. » (Barcelo.)

2. **L. hirsutus** L. *Sp.* p. 1091, n. 13; Gren. et Godr. *Fl. de Fr.* I, p. 429; Guss. *Fl. Sic. Syn.* II, p. 354, n. 11; Desf. *Fl. Atlant.* I, p. 204; Moris, *Fl. Sard.* I, p. 505, n. 337; Costa, *Intr. Fl. Catal.* p. 64, n. 572; Rodrig. *Catal. pl. Menorca*, p. 22, n. 148, et *Suppl.* p. 21. — *Dorycnium hirsutum* DC. *Prodr.* II, p. 208, n. 4; Camb. *Enum. pl. Balear.* n. 165. — *Bonjeanea hirsuta* Bertol. *Fl. Ital.* VIII, p. 236, n. 1; icon. Sibth. *Fl. Gr.* tab. 759. — ♄. Avril-juin.

« Ad margines agrorum in Balearibus haud rarum. — Florebat Maio. » (Camb.)

« Camino de cala Mezquita? Mahon (Pourr. herb. ex Lange, Pug.); Binisarmeña; Biniaxa; Mongofre-nou (Rodr.); Binigurdó (Casall.!); Santa-Eulalia (Rodr.). — Abril à Junio. » (Rodrig.)

« Collines au-dessus de Soller. » (Bourgeau, *Exsicc.* n. 2745.)

MAJORQUE : *Ariant près Pollenza; Albufera d'Alcudia.* — Mai-juin.

3. **L. parviflorus** Desf. *Fl. Atlant.* II, p. 206, n. 211; Rodrig. *Catal. Suppl.* p. 22, n. 62. — ①. Avril-juin.

« Binisarmeña; plans de Turmaden; predios Granada y son Vidal en San-Cristóbal; Anclusa y son Gurnès en Ferrerias. — Abril, Mayo y principios de Junio. » (Rodrig.)

4. **L. angustissimus** L. *Sp.* p. 1090, n. 8.

Var. *hispidus* Rodrig. *Catal. Suppl.* p. 22.

« Mahon (Pourr. herb. segun Lange, Pug.); Binisarmeña; marina de Turmaden (Rodr.). — Abril, Mayo y principios de Junio. » (Rodrig.)

5. **L. corniculatus** L. *Sp.* p. 1092, n. 15; DC. *Prodr.* II, p. 214, n. 46; Gren. et Godr. *Fl. de Fr.* I, p. 432; Bertol. *Fl. Ital.* VIII, p. 222, n. 12; Desf. *Fl. Atlant.* II, p. 205; Moris, *Fl. Sard.* I, p. 309, n. 340; Costa, *Intr. Fl. Catal.* p. 64, n. 573; Camb. *Enum. pl. Balear.* n. 171; Rodrig. *Catal. pl. Menorca,* p. 22, n. 150. — ♃. Mars-septembre.

« Ubique in Balearibus. — Floret Martio, Aprili. » (Camb.)

« Comun en sitios húmedos. — Jun. » (Rodrig.)

MAJORQUE : *Bords du ruisseau de la Cueva de la ermita près Arta; Lluch; serra de Soller.* — Mai-juin.

M. Willkomm, dans son *Index plant.*, etc. (*Linnæa*, Berlin, 1876, p. 98), indique une *forma canescens*, dont il fait une espèce : *L. longesiliquosus* Rœmer, dans son *Prodr. Floræ Hispanicæ.* — Mallorca : puig de Randa, in via versus sanct. N. S. de Gracia atque inter saxa. — Apr. c. fl. — ♃.

6. **L. creticus** L. *Sp.* p. 1091, n. 12; DC. *Prodr.* II, p. 211, n. 17; Gren. et Godr. *Fl. de Fr.* I, p. 433; Guss. *Fl. Sic. Syn.* II, p. 357, n. 18; Bertol. *Fl. Ital.* VIII, p. 219, n. 9; Desf. *Fl. Atlant.* II, p. 203; Moris, *Fl. Sard.* I, p. 507, n. 339; Camb. *Enum. pl. Balear.* n. 170; Rodrig. *Catal. pl. Menorca,* p. 22, n. 151. — ♃. Avril-mai.

« Ubique in arenosis maritimis Balearium. — Floret Aprili, Maio. » (Camb.)

« Hab. puerto de Mah. (Salv.); comun en varios puntos de la costa S. de la isla; barranco den Fideu. — Abr., Mayo. » (Rodrig.)

MAJORQUE : *Albufera d'Alcudia.* — IVIÇA : *Butte des moulins.* — FORMENTERA : *Au pied de la mola.* — Avril, mai.

7. **L. Allionii** Desv. *Journ. Bot.* III, p. 77; Rodrig. *Catal. Suppl.* p. 22, n. 63. — *L. cytisoides* DC. *Prodr.* II, p. 211, n. 18. — *L. prostratus* Desf. *Fl. Atlant.* II, p. 206; Guss. *Fl. Sic. Syn.* II, p. 358; icon. All. *Fl. Ped.* n. 1136, tab. 20, fig. 1. — ①. Mars-mai.

« Inmediaciones de Mahon (Casall. segun Texidor). » (Rodrig.)

MAJORQUE : *Bois de pins à mi-chemin d'Algayda à Palma.* — Mars.

8. **L. ornithopodioides** L. *Sp.* p. 1091, n. 9; DC. *Prodr.* II, p. 209, n. 2; Gren. et Godr. *Fl. de Fr.* I, p. 434; Guss. *Fl. Sic. Syn.* II, p. 355, n. 13; Bertol. *Fl. Ital.* VIII, p. 233, n. 20; Desf. *Fl. Atlant.* II, p. 203; Moris, *Fl. Sard.* I, p. 511, n. 341; Costa, *Intr. Fl. Catal.* p. 64, n. 574; Camb. *Enum. pl. Balear.* n. 168; Rodrig. *Catal. Suppl.* p. 22, n. 64. — ①. Avril-mai.

« In agris prope Valdemosam, Artam, in insula Majore. — Floret Aprili. » (Camb.)

« Comun tanto en los campós como en los sitios incultos. — Marzo à Mayo. » (Rodrig.)

« Champs près Soller. » (Bourgeau, *Exsicc.*)

MAJORQUE : *Palma, côté de Belver; Arta, el camino de Mazoc; rochers de la Talaya veya à la ermita d'Arta.* — Avril-mai.

9. **L. tetraphyllus** L. fil. *Suppl.* p. 340; DC. *Prodr.* II, p. 210, n. 5; Camb. *Enum. pl. Balear.* n. 169, tab. 15; Rodrig. *Catal. Suppl.* p. 22. — ①. Avril-juin.

« In aridis insulæ Majoris prope Artam, ad ingressum speluncæ Cueva de la ermita. — Florebat Aprili. » (Camb.)

« Terrenos incultos y pedregosos : Alcaufar, Binidali, Canutells, Mongofre, son Blanc, laderas del barranco de se Vall, Subervey, Santa-Galdana. — Abril-Mayo. » (Rodrig.)

MAJORQUE : *Garigues, terrains secs et rocailleux; la ermita et la grotte d'Arta; montagnes des Vergiers de Moragas près Arta; torre d'Alcudia; cap Formentor; bords du chemin de Pollenza à Lluch; de Lluch à Aumalluch et Soller; rochers de S'Escrop (puig de Galatzo).* — MINORQUE : *Son Perelleta au S. de Ciudadela.* — Mai-juin.

10. **L. edulis** L. *Sp.* 1090, n. 6; DC. *Prodr.* p. 209, n. 1; Gren. et Godr. *Fl. de Fr.* I, p. 434; Guss. *Fl. Sic. Syn.* II, p. 350, n. 4; Bertol. *Fl. Ital.* VIII, p. 215, n. 7; Desf. *Fl. Atlant.* II, p. 202; Moris, *Fl. Sard.* I, p. 516, n. 345; Costa, *Intr. Fl. Catal.* p. 64, n. 575; Camb. *Enum. pl. Balear.* n. 167; Rodrig. *Catal. pl. Menorca,* p. 23, n. 153. — ① Mars-mai.

« In aridis circa Artam in insulâ Majore; in Ebuso (DC.). » (Camb.)

« Hab. entre la torre del Ram y el puerto de Ciu. — Abr.-Mayo. » (Rodrig.)

MAJORQUE : *Bords de la mer près Palma; long des murs en arrivant à Arta.* — Avril-mai.

14. TETRAGONOLOBUS

(Scop. *Fl. Carn.* II, p. 87; — Mœnch, *Meth.* 164).

1. **T. purpureus** Mœnch, *Meth.* 164; DC. *Prodr.* II, p. 215, n. 1; Gren. et Godr. *Fl. de Fr.* I, p. 428; Costa, *Intr. Fl. Catal.* p. 63, n. 570. — *L. tetragonolobus* L. *Sp.* p. 1089, n. 3; Guss, *Fl. Sic. Syn.* II, p. 349, n. 1; Bertol. *Fl. Ital.* VIII, p. 211, n. 3; Desf. *Fl. Atlant.* II, p. 201; Moris, *Fl. Sard.* I, p. 517, n. 346. — ①. Mai.

MAJORQUE : *Les champs entre Pollenza et Alcudia.* — Mai.

15. ASTRAGALUS

(L. *Gen.* p. 385, n. 896).

1. **A. hamosus** L. *Sp.* p. 1067, n. 15; Rodrig. *Catal. Suppl.* p. 23, n. 65. — ①. Avril.

« Raro : Campás y Torreveya en Alayor. — Abril. » (Rodrig.)

« Col de Soller. » (Bourgeau, *Exsicc.*)

2. **A. bæticus** L. *Sp.* p. 1068, n. 17; DC. *Prodr.* II, p. 291, n. 90; Gren. et Godr. *Fl. de Fr.* I, p. 438; Guss. *Fl. Sic. Syn.* II, p. 313, n. 5; Bertol. *Fl. Ital.* VIII, p. 66, n. 21; Moris, *Fl. Sard.* I, p. 529, n. 355; Desf. *Fl. Atlant.* II, p. 180; Rodrig. *Catal. Suppl.* p. 23, n. 66. — ①. Mars-mai.

« Alcaufar; Subervey; torre Petxina; barranco de Algendar. — Marzo, Abril. (Rodrig.)

MINORQUE : *Champs autour de Ciudadela.* — Mai.

3. **A. Poterium** Vahl. *Symb.* I, p. 63; DC. *Prodr.* II, p. 298, n. 161; Camb. *Enum. pl. Balear.* n. 174; Rodrig. *Catal. pl. Menorca*, p. 23, n. 154. — ♄. Avril-juin.

« In collibus aridis insulæ Majoris prope Artam, Pollenzam, Lluch. — Florebat Aprili. » (Camb.)

« Hab. puerto de Mah. en el monte Atalaya (se referirá á la Mola, Salv.!); inmediaciones de cala-Mezquita; — Mezquita, Mahon. » (Com. cl. Rodrig.)

« Pentes arides vers le sommet de puig Mayor. » (Bourgeau, *Exsicc.* n. 2743.)

MAJORQUE : *La Curia veya près Arta; montagne de S'Escrop (puig Galatzo); sommet du puig Mayor de Torellas.* — *Rotas*, en majorcain. — Avril à juin.

Selon Bunge, l'*A. Poterium* n'est qu'une variété de l'*A. massiliensis* Lamk.

4. **A. incanus** L. *Sp.* p. 1072, n. 34; Rodrig. *Catal. Suppl.* p. 23, n. 67. — ♃.

« Menorca (Pourr. herb. segun Lange, Pug.). » (Rodrig.)

16. BISERRULA

(L. *Gen.* p. 385, n. 893).

1. **B. Pelecinus** L. *Sp.* p. 1073, n. 1; Rodrig. *Catal. Suppl.* p. 23, et *Catal. pl. Menorca*, p. 102, n. 154 *bis*. — ①. Avril.

« Rara : Binisarmeña (Abril). — Hab. hácia Mah. (Pourr. herb.). » (Rodrig.)

17. PSORALEA

(L. *Gen.* p. 386, n. 894).

1. **P. bituminosa** L. *Sp.* p. 1075, n. 6; Camb. *Enum. pl. Balear.* n. 172; Rodrig. *Catal. pl. Menorca*, p. 23, n. 156. — ♃. Avril-mai.

« Ad vias in Balearibus frequens. — Floret Aprili, Maio. » (Camb.)

« Alcaufar; camino de la cala-Mezquita; Subervey en Ferr.—Abr., etc. — Canasia Alayor. » (Com. cl. Rodrig.)

« Champs incultes près Soller. » (Bourgeau, *Exsicc.*)

2. **P. glandulosa** L. *Sp.* p. 1075, n. 7; Gouan *Illustr.* p. 50, n. 1. — ♄.

« Ex Hispania et insulis Balearicis. » (Gouan.)

Quoique Cambessèdes ne mentionne pas le *P. glandulosa* aux Baléares, nous lui donnons place ici, sur le témoignage de Gouan.

18. ROBINIA

(DC. *Prodr.* II, p. 261).

1. **R. Pseudacacia** L. *Sp.* p. 1043, n. 1; Rodrig. *Catal. pl. Menorca*, p. 23, n. 155; Barcelo, *Apuntes pl. Balear.* p. 21, n. 104. — ♄. Mai.

« Cultivada y subespontánea. » (Rodrig. et Barcelo.)

19. PHASEOLUS

(L. *Gen.* p. 372, n. 866).

1. **P. vulgaris** L. *Sp.* p. 1016, n. 1; Rodrig. *Catal. pl. Menorca*, p. 24, n. 157; Barcelo, *Apuntes pl. Balear.* p. 21, n. 105. — ①.

« Cultivado. » (Rodrig.)

« Cultivadas muchas variedades. » (Barcelo.)

20. VICIA

(Tournef. *Inst.* tab. 221).

1. **V. sativa** L. *Sp.* p. 1037, n. 10; DC. *Prodr.* II, p. 360, n. 52; Gren. et Godr. *Fl. de Fr.* I, p. 458; Guss. *Fl. Sic. Syn.* II, p. 284, n. 9; Bertol. *Fl. Ital.* VII, p. 512, n. 28; Desf. *Fl. Atlant.* II, p. 164; Moris, *Fl. Sard.* I, p. 553, n. 372; Costa, *Intr. Fl. Catal.* p. 67, n. 601; Camb. *Enum. pl. Balear.* n. 183; Rodrig. *Catal. pl. Balear.* p. 24, n. 158. — ①. Mars-juin.

« In sepibus insulæ Majoris et Ebusi frequens. — Floret Aprili, Maio. » (Camb.)

« Comun en terrenos incultos. — Primavera. » (Rodrig.)

« Champs près de Soller. » (Bourgeau, *Exsicc.*)

MAJORQUE : *Champs à l'E. de Palma ; terrains caillouteux des montagnes des Vergiers de Moragas près Arta ; garigue qui domine Belver près Palma ; long des murs du puig d'Alaro ; prairies d'Estellencs.* — Avril-mai.

Cette plante croît dans tous les terrains : ses formes varient suivant le degré d'humidité et la composition du sol. Ainsi, si on la trouve dans les terrains incultes et herbeux, sa tige a de 25 à 30 centimètres; ses feuilles, les supérieures surtout, ont les folioles linéaires aiguës, très-étroites ; la plante est presque glabre dans toutes ses parties.

Si le sol est aride, la plante est plus petite dans toutes ses parties, plus ou moins pubescente, mais jamais glabre ; la tige, de 3-30 centimètres, ordinairement rameuse, ne porte le plus souvent qu'une ou deux fleurs sur chaque rameau. Les folioles des feuilles revêtent toutes les formes ; elles peuvent être obcordées, obovales, cunéiformes, ovales et quelquefois linéaires.

Si la plante est cultivée, elle est plus vigoureuse dans toutes ses parties, la hauteur de la tige peut dépasser un mètre ; elle peut être pubescente, ou tout à fait glabre ; les folioles des feuilles caulinaires sont sensiblement similaires, obovales, oblongues, tronquées, émarginées et apiculées.

D'après ce qui précède, on voit que les caractères tirés de la forme des folioles et de la couleur du légume à la maturité n'ont aucune valeur pour caractériser même des variétés.

Après avoir fait une étude approfondie de toutes ces formes et constaté leur instabilité, nous n'avons pu trouver des caractères assez constants pour admettre les variétés proposées par les auteurs.

2. **V. angustifolia** Roth, *Tent. Fl. Germ.* I, p. 310 ; Barcelo, *Apuntes pl. Balear.* p. 21, n. 106. — ①.

« Rara en Belver. » (Barcelo.)

3. **V. cuneata** Guss. *Prodr.* II, p. 428, et *Fl. Sic. Syn.* p. 286.

n. 14; Gren. et Godr. *Fl. de Fr.* I, p. 459; Bertol. *Fl. Ital.* VII, p. 519, n. 31. — ①. Mars-août.

MAJORQUE : *Carrières abandonnées (tuf calcaire marin) du chemin de Palma à Lluchmayor près de la mer; montagne de S'Escrop (puig Galatzo).* — Mars-avril.

4. **V. lathyroides** L. *Sp.* p. 1037, n. 11; DC. *Prodr.* II, p. 362, n. 65; Gren. et Godr. *Fl. de Fr.* I, p. 460; Guss. *Fl. Sic. Syn.* II, p. 287, n. 16; Bertol. *Fl. Ital.* VII, p. 517, n. 30; Moris, *Fl. Sard* I, p. 555, n. 373; Costa, *Intr. Fl. Catal.* p. 67, n. 603; Camb. *Enum. pl. Balear.* n. 184; icon. Lamk *Illustr.* tab. 634, fig. 2. — ①. Avril-juin.

« In insulâ Majore prope Valdemosam, Artam.— Floret Aprili.» (Camb.)

MAJORQUE : *Garigue de la torre d'Alcudia.* — Mai.

5. **V. amphicarpa** Dorth. *Journ. phys.* XXXV, p. 131; DC. *Prodr.* II, p. 362, n. 63; Gren. et Godr. *Fl. de Fr.* I, p. 461; Costa, *Intr. Fl. Catal.* p. 67, n. 604. — ①. Avril-mai.

CABRERA (îlot de). — Mai.

6. **V. peregrina** L. *Sp.* p. 1038, n. 14; Barcelo, *Apuntes pl. Balear.* p. 21, n. 108. — ①.

« Orillas de los campós de Palma. » (Barcelo.)

7. **V. lutea** L. *Sp.* 1037, n. 12; Rodrig. *Catal. Suppl.* p. 24, n. 68; Barcelo, *Apuntes pl. Balear.* p. 21, n. 109. — ①. Avril-mai.

« Sitios húmedos; Campsiquiat (Casall.!); acequias del camino de Santa-Barbara en Ferrerias; barranco de Algendar (Rodr.). — Abril, Mayo. » (Rodrig.)

« Rara en los alrededores de Palma. — Mayo. » (Barcelo.)

8. **V. hybrida** L. *Sp.* p. 1037, n. 13; Rodrig. *Catal. Suppl.* p. 24, n. 69; Barcelo, *Apuntes pl. Balear.* p. 21, n. 110. — ①. Mars.

« Menorca, sin expresar localidad (Bart. Ramis segun Texidor). » (Rodrig.)

« Sitios herbosos, Palma. — Marzo. » (Barcelo.)

9. **V. Faba** L. *Sp.* p. 1039, n. 18; Rodrig. *Catal. pl. Menorca,* p. 24, n. 159. — *Faba vulgaris* Mœnch, *Meth.* p. 130; Camb. *Enum. pl. Balear.* n. 182. — ①. Mai-juillet.

« Ubique in agris Balearium culta, cibum usitatissimum rusticis præbet. » (Camb.)

« Cultivada. » (Rodrig.)

10. **V. bithynica** L. *Sp.* p. 1038, n. 16; Gren. et Godr. *Fl. de Fr.* I, p. 463; Guss. *Fl. Sic. Syn.* II, p. 288, n. 18; Moris, *Fl. Sard.* I, p. 559, n. 377; Costa, *Intr. Fl. Catal.* p. 68, n. 611; Rodrig. *Catal. Suppl.* p. 24, n. 70. — *Lathyrus bithynicus* Lamk, *Dict.* II, p. 706; DC. *Prodr.* II, p. 374, n. 44; Bertol. *Fl. Ital.* VII, p. 459, n. 14; Camb. *Enum. pl. Balear.* n. 191. — ①. Avril-juin.

« In montibus insulæ Majoris prope Lluch frequens. — Florebat Aprili. » (Camb.)

« Mahon (Pourr. herb. segun Lange, Pug.); Binisarmeña; laderas entre el Favaret y los vergeles de San-Juan (Rodr.); camino del Toro (Casall.!); barranco de Algendar (Rodr.). — Abril, Mayo. » (Rodrig.)

Majorque : *Prairies d'Estellencs; pied du puig de Pollenza; champs de Lazareil près Pollenza.* — Avril-mai.

11. **V. Pseudo-Cracca** Bertol. *Rar. Ital. pl.* dec. III, p. 58, n. 6, et *Amœn. Ital.* p. 90, n. 6, et *Fl. Ital.* VII, p. 487, n. 9; Rodrig. *Catal. Suppl.* p. 24, n. 71. — ①.

« Mahon (Casall. segun Texidor). » (Rodrig.)

12. **V. atropurpurea** Desf. *Fl. Atlant.* II, p. 164; Rodrig. *Catal. Suppl.* p. 24, n. 72. — ①. Mars-mai.

« Terrenos cultivados é incultos; Binisarmeña y San-Antonio en Mahon; Canasia. — Marzo á Mayo. » (Rodrig.)

13. **V. calcarata** Desf. *Fl. Atlant.* II, p. 166. — *Cracca calcarata* Gren. et Godr. *Fl. de Fr.* I, p. 472; Barcelo, *Apuntes pl. Balear.* p. 21, n. 111. — ①. Avril.

« En los campós de Palma, rara. — Abr. » (Barcelo.)

14. **V. disperma** DC. *Cat. hort. Monsp.* p. 154, et *Prodr.* II, p. 359, n. 39; Rodrig. *Catal. Suppl.* p. 25, n. 73. — ①. Avril.

« Colársega del puerto de Mahon; Binisarmeña. — Abril. » (Rodrig.)

21. ERVUM

(L. *Gen.* p. 376, n. 874).

1. **E. tetraspermum** L. *Sp.* p. 1032, n. 2; DC. *Prodr.* II, p. 367, n. 12 (excl. var. β.); Gren. et Godr. *Fl. de Fr.* I, p. 474; Bertol. *Fl. Ital.* VII, p. 533, n. 1; Desf. *Fl. Atlant.* II, p. 167; Costa, *Intr. Fl. Catal.* p. 69, n. 623; Rodrig. *Catal. Suppl.* p. 25; Barcelo, *Apuntes pl. Balear.* p. 21, n. 112. — *Vicia tetraspermum* Guss. II, p. 297, n. 35; Moris, *Fl. Sard.* I, p. 567, n. 384. — ①. Avril-mai.

« Binisarmeña en sitios incultos. — Abril. » (Rodrig.)
« Valdemosa, Lluch. — Abr. » (Barcelo.)

MAJORQUE : *Pied du puig de Pollenza ; rochers.* — Mai.

2. **E. hirsutum** L. *Sp.* p. 1039, n. 3 ; DC. *Prodr.* II, p. 366, n. 5 ; Bertol. *Fl. Ital.* VII, p. 536, n. 2 ; Moris, *Fl. Sard.* I, p. 574, n. 390 ; Costa, *Intr. Fl. Catal.* p. 69, n. 622. — *Cracca minor* Gren. et Godr. *Fl. de Fr.* I, p. 473. — *Vicia hirsuta* Guss. *Fl. Sic. Syn.* II, p. 298, n. 37 ; icon. Riv. tetr. in tab. 53, fig. 2. — ①. Avril.

MAJORQUE : *Palma, du côté de Belver.* — Avril.

3. **E. pubescens** DC. *Hort. Monsp.* p. 109 ; Rodrig. *Catal. Suppl.* p. 25, n. 74. — ①. Avril-mai.

« Mattorales y sitios incultos frescos ; barranco del Favaret (Rodr.) ; ladera entre el Favaret y la huerta de San-Juan (Casall.!) ; Calamporter, Granada y son Vidal en San-Cristóbal, Subervey en Ferrerias (Rodr.) — Abril, Mayo. » (Rodrig.)

4. **E. gracile** DC. *Hort. Monsp.* p. 109 ; Gren. et Godr. *Fl. de Fr.* I, p. 475 ; Costa, *Intr. Fl. Catal.* p. 69, n. 624 ; Rodrig. *Catal. Suppl.* p. 25, n. 75. — *Vicia gracilis* Guss. *Fl. Sic. Syn.* II, p. 296, n. 34 ; Moris, *Fl. Sard.* I, p. 568, n. 385 ; Camb. *Enum. pl. Balear.* n. 185. — ①. Avril-mai.

« In montibus prope Lluch et in arenosis maritimis prope Artam in insulâ Majore. — Florebat Aprili. » (Camb.)

« Binisarmeña ; Mongofre ; se Mola ; Binixabonet y Santa-Ponsa en Alayor (Rodr.) ; monte Toro (Casall.!) ; son Vidal en San-Cristóbal ; Subervey en Ferrerias (Rodr.). — Abril, Mayo. » (Rodrig.)

MAJORQUE : *Garigue de la torre d'Alcudia.* — Mai.

5. **E. Ervilia** L. *Sp.* 1040, n. 6 ; Barcelo, *Apuntes pl. Balear.* p. 21, n. 113. — ①. Avril.

« Cultivada. — Abr. » (Barcelo.)

22. LENS

(Tournef. *Inst.* tab. 210).

1. **L. esculenta** Mœnch, *Meth.* p. 131 ; Rodrig. *Catal. pl. Menorca*, p. 24, n. 160. — *Ervum Lens*, L. *Sp.* p. 1039, n. 1 ; Barcelo, *Apuntes pl. Balear.* p. 21, n. 114. — ①. Mai.

« Cultivada. » (Rodrig.)

« Cultivada. — May. » (Barcelo.)

« Champs du col de Soller. » (Bourgeau, *Exsicc.*)

2. **L. nigricans** Godr. *Fl. Lorr.* I, p. 173; Gren. et Godr. *Fl. de Fr.* I, p. 476. — *Ervum nigricans* M. B. *Fl. Cam.* II, p. 164, n. 1419; DC. *Prodr.* II, p. 366, n. 2; Guss. *Fl. Sic. Syn.* II, p. 299, n. 2; Bertol. *Fl. Ital.* VII, p. 538, n. 3; Moris, *Fl. Sard.* I, p. 572, n. 388, tab. 71, fig. 2. — ①. Avril-mai.

MAJORQUE : *Garigue du cap Formentor.* — Mai.

23. CICER

(Tournef. *Inst.* 389, tab. 210, fig. 2).

1. **C. arietinum** L. *Sp.* p. 1040, n. 1; Camb. *Enum. pl. Balear.* n. 181; Rodrig. *Catal. pl. Menorca*, p. 24, n. 161. — ①.

« Colitur in agris Balearium. » (Camb.)

« Cultivado. » (Rodrig.)

24. PISUM

(Tournef. *Inst.* p. 394, tab. 215).

1. **P. sativum** L. *Sp.* p. 1026, n. 1; Camb. *Enum. pl. Balear.* n. 186; Rodrig. *Catal. pl. Menorca*, p. 24, n. 162. — ①.

« Colitur in hortis Balearium. » (Camb.)

« Cultivado. » (Rodrig.)

2. **P. arvense** L. *Sp.* p. 1027, n. 2; DC. *Prodr.* II, p. 368, n. 3; Gren. et Godr. *Fl. de Fr.* I, p. 478; Guss. *Fl. Sic. Syn.* II, p. 279, n. 1; Bertol. *Fl. Ital.* VII, p. 419, n. 1; Moris, *Fl. Sard.* I, p. 576, n. 391; Costa, *Intr. Fl. Catal.* p. 69, n. 628. — Mars.

MAJORQUE : *Les champs près de Fuente-Santa.* — Mars.

25. LATHYRUS

(L. *Gen.* p. 375, n. 872).

1. **L. Clymenum** L. *Sp.* p. 1032, n. 14; Gren. et Godr. *Fl. de Fr.* I, p. 479; Camb. *Enum. pl. Balear.* n. 192. — ①. Avril-mai.

« In monte puig de Torella in insulâ Majore, necnon in insulâ Minore (Hern.). — Florebat Aprili. » (Camb.)

« Binisarmeña, Mahon. » (Com. cl. Rodrig.)

MAJORQUE : *Puig de Farutx.*

Var. *α. tenuifolius* Gren. et Godr. *Fl. de Fr.* I, p. 479; Rodrig. *Catal. Suppl.* p. 25.

« Terrenos incultos : Binisarmeña, Biniatrum. — Abril. » (Rodrig.)

2. **L. articulatus** L. *Sp.* p. 1031, n. 9; DC. *Prodr.* II, p. 375, n. 48; Gren. et Godr. *Fl. de Fr.* I, p. 479; Desf. *Fl. Atlant.* II, p. 159; Costa, *Intr. Fl. Catal.* p. 70, n. 631; Barcelo, *Apuntes pl. Balear.* p. 21, n. 116. — ①. Mai-juin.

« En el monte Teix. — May. » (Barcelo.)

MAJORQUE : *Champs d'Ariant près Pollenza; champs de blé près Lluch.* — Juin.

3. **L. Ochrus** DC. *Fl. fr.* IV, p. 578, n. 3983, et *Prodr.* II, p. 375, n. 51; Gren. et Godr. *Fl. de Fr.* I, p. 480; Guss. *Fl. Sic. Syn.* II, p. 279, n. 15; Bertol. *Fl. Ital.* VII, p. 442, n. 3; Moris, *Fl. Sard.* I, p. 581, n. 395; Costa, *Intr. Fl. Catal.* p. 70, n. 632; Camb. *Enum. pl. Balear.* n. 193; Rodrig. *Catal. pl. Menorca*, p. 24, n. 164; Barcelo, *Apuntes pl. Balear.* p. 21. — ①. Avril-mai.

« In insulâ Minore (Hern.). » (Camb.)
« Barrancó c. Mah.; barrancó den Fideu. — Abr. » (Rodrig.)
« Comun entre las mieses en Mallorca. — Marz., Abr. » (Barcelo.)

MAJORQUE : *Sur le talayot de las païsas d'Arta.* — Mai.

4. **L. Aphaca** L. *Sp.* p. 1029, n. 1; DC. *Prodr.* II, p. 372, n. 23; Gren. et Godr. *Fl. de Fr.* I, p. 480; Guss. *Fl. Sic. Syn.* II, p. 271, n. 11; Desf. *Fl. Atlant.* II, p. 157; Bertol. *Fl. Ital.* VII, p. 439, n. 1; Moris, *Fl. Sard.* I, p. 592, n. 405; Costa, *Intr. Fl. Catal.* p. 70, n. 633; Camb. *Enum. pl. Balear.* n. 187; Rodrig. *Catal. pl. Menorca*, p. 24, n. 165. — ①. Mars-mai.

« In insulâ Majore frequens. — Florebat Aprili. » (Camb.)
Terrenos cultivados : Algendar y barranco de Calafi en Ferr. — Abr., Mayo. » (Rodrig.)

MAJORQUE : *Montagnes de la ermita d'Arta.* — Mai.

5. **L. Cicera** L. *Sp.* p. 1030, n. 4; DC. *Prodr.* II, p. 373, n. 35; Gren. et Godr. *Fl. de Fr.* I, p. 481; Guss. *Fl. Sic. Syn.* II, p. 273, n. 5; Desf. *Fl. Atlant.* II, p. 158; Bertol. *Fl. Ital.* VII, p. 444, n. 4; Moris, *Fl. Sard.* I, p. 587, n. 400; Costa, *Intr. Fl. Catal.* p. 70, n. 635; Camb. *Enum. pl. Balear.* n. 190; Rodrig. *Catal. pl. Menorca*, p. 24, n. 166. — ①. Mars-avril.

« In agris insulæ Majoris frequens. — Florebat Mart., Apr. » (Camb.)
« Hab. : en la isla, s.-esp. loc. (Oleo); hácia cala Bousquet, r. — Abr. » (Rodrig.)

MAJORQUE : *Son Dureta autour de Palma; bord des champs, près du Prat; sommet du barranco de Soller.* — Mars-avril.

6. **L. sphæricus** Retz. «In graminosis cultis, ad agrorum margines Balearium passim : Menorca, in ditione Binisarmeña; Mallorca, peña den Galiléu, sub dumetis, in latere orientali, pr. Escorca. — Mart., Apr. c. fl. ①. » (Willkomm, *Index*.)

7. **L. sativus** L. *Sp.* p. 1030, n. 5; DC. *Prodr.* II, p. 373, n. 34; Gren. et Godr. *Fl. de Fr.* I, p. 482; Desf. *Fl. Atlant.* II, p. 158; Bertol. *Fl. Ital.* VII, p. 446, n. 5; Costa, *Intr. Fl. Catal.* p. 70, n. 636; Camb. *Enum. pl. Balear.* n. 189; Rodrig. *Catal. pl. Menorca*, p. 25, n. 167. — ①. Avril.

« Colitur in hortis Balearium. » (Camb.)
« Cultivado. » (Rodrig.)

Majorque : *Champs cultivés de Calria.* — Avril.

8. **L. annuus** L. *Sp.* p. 1032, n. 11; DC. *Prodr.* II, p. 373, n. 36; Gren. et Godr. *Fl. de Fr.* I, p. 482; Guss. *Fl. Sic. Syn.* p. 274, n. 7; Bertol. *Fl. Ital.* VII, p. 456, n. 12; Moris, *Fl. Sard.* I, p. 586, n. 399; Costa, *Intr. Fl. Catal.* p. 70, n. 637; Rodrig. *Catal. Suppl.* p. 25, n. 76; Barcelo, *Apuntes pl. Balear.* p. 21, n. 117. — ①. Avril-mai.

« Entre las mieses ; Hort den Morillo (Rodr.); Campsiquiat; Canasía (Casall.!, Rodr.); barrancó de se Mola en Alayor (Rodr.). — Abril, Mayo. » (Rodrig.)
« Entre las mieses cerca de el Real. — Abr. » (Barcelo.)

Majorque : *Champs entre Pollenza et Alcudia.* — Mai.

9. **L. latifolius** L. *Sp.* p. 1033, n. 18; DC. *Prodr.* II, p. 370, n. 6; Gren. et Godr. *Fl. de Fr.* I, p. 484; Guss. *Fl. Sic. Syn.* II, p. 276, n. 11; Costa, *Intr. Fl. Catal.* p. 70, n. 639. — ♃. Mai.

Majorque : *Fossés humides des champs entre Alcudia et Pollenza.* — Mai.

10. **L. setifolius** L. *Sp.* p. 1031, n. 7; DC. *Prodr.* II, p. 373, n. 32; Gren. et Godr. *Fl. de Fr.* I, p. 491; Guss. *Fl. Sic. Syn.* II, p. 273, n. 4; Bertol. *Fl. Ital.* VII, p. 451, n. 8; Camb. *Enum. pl. Balear.* n. 188. — ①. Avril.

« In montibus insulæ Majoris prope Artam, Soller. — Floret Aprili. » (Camb.)

Majorque : *Montagne de S'Escrop* (*puig Galatzo*). — Avril.

26. OROBUS

1. **O. saxatilis** Vent. *Hort. Cels*, tab. 94; DC. *Prodr.* II, p. 380, n. 31; Bertol. *Fl. Ital.* VII, p. 435, n. 12. — ①. Avril.

IVIÇA : *Sommet extrême du puig d'Enserra, dans les fissures des rochers* (500 *mètr.*). — Avril.

27. SCORPIURUS

(L. *Gen.* p. 382, n. 886).

1. **S. sulcata** L. *Sp.* p. 1050, n. 3; DC. *Prodr.* II, p. 308, n. 3; Guss. *Fl. Sic. Syn.* II, p. 307, n. 3; Desf. *Fl. Atlant.* II, p. 174; Costa, *Intr. Fl. Catal.* p. 71, n. 650. — Avril.

MAJORQUE : *Palma, côté de Belver.* — Avril.

2. **S. subvillosa** L. *Sp.* 1050, n. 4; DC. *Prodr.* II, p. 308, n. 4; Gren. et Godr. *Fl. de Fr.* I, p. 492; Guss. *Fl. Sic. Syn.* II, p. 307, n. 1; Bertol. *Fl. Ital.* VII, p. 608, n. 3; Desf. *Fl. Atlant.* II, p. 173; Moris, *Fl. Sard.* I, p. 533, n. 358; Costa, *Intr. Fl. Catal.* p. 71, n. 649; Camb. *Enum. pl. Balear.* n. 175; Rodrig. *Catal. pl. Menorca*, p. 25, n. 169. — ①. Avril-mai.

« In agris insulæ Majoris prope Artam, necnon in Ebuso. — Floret Aprili, Maio. » (Camb.)

« Hab. : comun en terrenos cultivados. — Abr. » (Rodrig.)

« Champs près Soller. » (Bourgeau, *Exsicc.*)

MAJORQUE : *Rochers de la ermita d'Arta.* — Mai.

28. CORONILLA

(Neck. *Elem. bot.* III, p. 18; — Lamk. *Illustr.* 630).

1. **C. glauca** L. *Sp.* p. 1047, n. 4; Rodrig. *Catal. pl. Menorca*, p. 25, n. 170, et *Suppl.* p. 25; Barcelo, *Apuntes pl. Balear.* p. 21, n. 118. — ♄. Février-mai.

« R. Hab. : marina del Coll-rotj en Ciu., muy rara; peñascos del barranco de Algendar. — Abril, Mayo. » (Rodrig.)

« Espontanéa en la mola de Felanitx y cultivada en los jardines. — Febr. » (Barcelo.)

2. **C. juncea** L. *Sp.* p. 1047, n. 2; DC. *Prodr.* II, p. 309, n. 2; Gren. et Godr. *Fl. de Fr.* I, p. 496; Bertol. *Fl. Ital.* VII, p. 577, n. 2; Desf. *Fl. Atlant.* II, p. 170; Rodrig. *Catal. Suppl.* p. 26, n. 78; Barcelo, *Apuntes pl. Balear.* p. 21, n. 119. — ♄. Avril-août.

« Mongofre-nou (Rodr.); hácia el Campsiquiat; son Saura; predio Albufera en Mercadal (Casall.!); Deyá (Rodr.); se Vall (Casall.!, Rodr.); Santa-Eulalia; Coll-rotj en Ciudadela (Rodr.). — Abril, Mayo. » (Rodrig.)

« Colinas de Génova, Andraitx. — May. » (Barcelo.)

MAJORQUE : *Rochers qui dominent Calvia; garigue crayeuse sur le chemin d'Andraitx à Calvia.* — Avril.

3. **C. scorpioides** Koch, *Deutschl. Fl.* V, p. 201; Gren. et Godr. *Fl. de Fr.* I, p. 497; Guss. *Fl. Sic. Syn.* II, p. 302, n. 5; Moris, *Fl. Sard.* I, p. 537, n. 362; Costa, *Intr. Fl. Catal.* p. 72, n. 656; Rodrig. *Catal. pl. Menorca*, p. 25, n. 171. — *Astrolobium scorpioides* Desv. in *Journ. bot.* III, p. 121, tab. 4, fig. 10; Bertol. *Fl. Ital.* VII, p. 589, n. 1. — *Astrolobium scorpioides* DC. *Prodr.* II, p. 311, n. 4; Camb. *Enum. pl. Balear.* n. 176. — *Ornithopus scorpioides* L. *Sp.* p. 1049, n. 3; Desf. *Fl. Atlant.* II, p. 173. — ①. Avril-mai.

« In agris inter Artam et montem puig Ferrutx; in insulâ Majore. — Florebat Aprili. » (Camb.)

« R. Hab. canaló del mart c. Santa-Galdana, r.; predio se Montaña en Ciu. — Abr., Mayo. » (Rodrig.)

MAJORQUE : *Garigue du col d'Arta.* — Mai.

29. ORNITHOPUS

(Desv. *Journ.* III, p. 121).

1. **O. ebracteatus** Brot. *Lus.* II, p. 159, tab. 68; Rodrig. *Catal. Suppl.* p. 26, n. 79. — ①. Avril-mai.

« Sitios algo frescos; Binisarmeña, hácia los plans de Turmaden; predios Granada y son Vidal en San-Cristóbal; monte Anclusa; son Gurnès en Ferrerias. — Abril, Mayo. » (Rodrig.)

2. **O. compressus** L. *Sp.* p. 1049, n. 2; Rodrig. *Catal. Suppl.* p. 26; Barcelo, *Apuntes pl. Balear.* p. 21, n. 120. —①. Mars-mai.

« Terrenos incultos : Binisarmeña; Biniaxa; inmediaciones de Adaya; plans de Turmaden; predio Granada; son Gurnès. — Abril, Mayo. » (Rodrig.)

« Parajes arenosos; Palma; Andraitx; Felanitx. — Marz. » (Barcelo.)

30. HIPPOCREPIS

(L. *Gen.* p. 381, n. 885; — Lamk, *Illustr.* tab. 680; — Tournef. *Inst.* tab. 285).

1. **H. balearica** Jacq. *Misc.* II, p. 305; DC. *Prodr.* II, p. 312, n. 1;

Camb. *Enum. pl. Balear.* n. 177; Rodrig. *Catal. Suppl.* p. 26. — ♄. Mars-juin.

« In fissuris rupium, montium insulæ Majoris prope Esporlas, Lluch, etc., frequens. — Floret Aprili; fructus maturat Junio. » (Camb.)

« Grietas de peñascos calcáreos : son Blanc (Casall.!, Rodr.); se Vall; barranco de Algendar (Rodr.). — Marzo, Abril. » (Rodrig.)

« Fentes des rochers maritimes de Soller. » (Bourgeau, *Exsicc.* n. 2747.)

MAJORQUE : *Rochers de la langounissa entre le barranco de Soller et Caymari; rochers près de son Ferrendeill, près Valdemosa; rochers près du port d'Estellencs; rochers en montant à la torre d'Alcudia; rochers de la ermita d'Arta; Ariant près Pollenza; rochers à pic près la ferme d'Aumalluch* (600 *mètr.*). — Mars-juin.

2. **H. ciliata** Willd. *Mag. nat. Gesch. Berl.* 1808, p. 173; DC. *Prodr.* II, p. 313, n. 8; Gren. et Godr. *Fl. de Fr.* I, p. 501; Guss. *Fl. Sic. Syn.* II, p. 305, n. 2; Moris, *Fl. Sard.* I, p. 544, n. 367, tab. 67; Costa, *Intr. Fl. Catal.* p. 72, n. 660; Camb. *Enum. pl. Balear.* n. 179; Rodrig. *Catal. pl. Menorca*, p. 25, n. 173. — ①. Avril-mai.

« In aridis insulæ Majoris, prope Artam, Esporlas. — Floret Aprili. » (Camb.)

« Hab. : terrenos incultos, c. la torre de Cala-Moli; Coll-rotj en Ciu. — Abr., Mayo. » (Rodrig.)

MAJORQUE : *Casa de Moreil près du col d'Arta; Andraitx.* — MINORQUE : *Garigue de la torre Petxina au S. E. du termino de Ciudadela.*

3. **H. multisiliquosa** L. *Sp.* p. 1050, n. 2; DC. *Prodr.* II, p. 312, n. 5; Guss. *Fl. Sic. Syn.* II, p. 305, n. 3; Bertol. *Fl. Ital.* VII, p. 602, n. 3; Desf. *Fl. Atlant.* II, p. 175; Moris, *Fl. Sard.* I, p. 543, n. 366.

MINORQUE : *Les champs autour de Ciudadela.* — Mai.

4. **H. unisiliquosa** L. *Sp.* p. 1049, n. 1; DC. *Prodr.* II, p. 313, n. 7; Gren. et Godr. *Fl. de Fr.* I, p. 502; Guss. *Fl. Sic. Syn.* II, p. 304, n. 1; Bertol. *Fl. Ital.* VII, p. 600, n. 1; Moris, *Fl. Sard.* I, p. 542, n. 365; Costa, *Intr. Fl. Catal.* p. 72, n. 661; Desf. *Fl. Atlant.* II, p. 174; Camb. *Enum. pl. Balear.* n. 178; Rodrig. *Catal. pl. Menorca*, p. 25, n. 174. — ①. Mars-mai.

« In aridis Balearium frequens. — Florebat Aprili. » (Camb.)

« Puerto de Santandria en Ciu. — Abr. » (Rodrig.)

MAJORQUE : *Chemins et terrains incultes près son Vivot; Palma, du côté de Belver; son Alcaria près du puig Galatzo.* — Mars-avril.

31. HEDYSARUM

(J. S.-Hil. *Journ. bot.* III, p. 61. — *Echinolobium* Desv. *Journ. bot.* p. 123, tab. 5, fig. 20, 21; — DC. *Prodr.* II, p. 340, n. 146).

1. **H. spinosissimum** L. *Sp.* p. 1058, n. 38 (excl. syn.); DC. *Prodr.* II, p. 341, n. 8; Camb. *Enum. pl. Balear.* p. 71, n. 180. ①. Mars-avril.

« In agris insulæ Majoris prope Artam. — Florebat Aprili. » (Camb.)

MAJORQUE : *Garigue du port de Fuente-Santa; Andraitx.*

2. **H. coronarium** L. *Sp.* p. 1058, n. 37; Rodrig. *Catal. pl. Menorca*, p. 25, n. 175; Barcelo, *Apuntes pl. Balear.* p. 21, n. 121. — ♃. Mars-avril.

« Cultivado y subespontáneo. — Abr. » (Rodr.)

« Cultivado en Menorca, para pastos desde el último tercio del siglo pasado. — Marz. » (Barcelo.)

XXX. MIMOSÉES

(MIMOSEÆ R. Brown, *Gen. rem.* p. 19, *Cong.* p. 10).

1. ACACIA

(Neck. *Elem.* n. 1297).

1. **A. Farnesiana** Willd. *Sp.* IV, p. 1083, n. 83; Camb. *Enum. pl. Balear.* n. 195. — ♄. Juin-août.

« Ubique in hortis Balearium culta, nunc quasi spontanea. » (Camb.)

XXXI. CÉSALPINIÉES

(CÆSALPINIEÆ R. Brown, *Gen. rem.* p. 19).

1. CERCIS

(L. *Gen.* p. 205, n. 510).

1. **C. Siliquastrum** L. *Sp.* p. 534, n. 1; Barcelo, *Apuntes pl. Balear.* p. 22, n. 123. — ♄. Mars.

« Cultivado y subespontáneo. — Marz. » (Barcelo.)

2. CERATONIA

(L. *Gen.* p. 554, n. 1167).

1. **C. Siliqua** L. *Sp.* p. 1513, n. 1; Camb. *Enum. pl. Balear.* n. 196; Rodrig. *Catal. pl. Menorca*, p. 25, n. 176. — ♄.

« In agris Balearium, præcipuè in insulâ Majore, culta. » — (Camb.)
« Cultivado y subespontáneo. » (Rodrig.)

Cet arbre vit concurremment avec l'Olivier, mais il atteint une altitude moindre. Son fruit est presque entièrement réservé pour la nourriture des chevaux et des mulets.

XXXII. AMYGDALÉES

(Amygdaleæ Juss. *Gen.* 340, ex parte).

1. AMYGDALUS

(L. *Gen.* p. 248, n. 619).

1. **A. communis** L. *Sp.* p. 677, n. 2; Camb. *Enum. pl. Balear.* n. 197; Rodrig. *Catal. pl. Menorca*, p. 26, n. 177. — ♄.

« Colitur in campis Balearium. » (Camb.)
« Cultivado. » (Rodrig.)

2. **A. Persica** L. *Sp.* p. 676, n. 1; Rodrig. *Catal. pl. Menorca*, p. 26, n. 178. — *Persica vulgaris* Mill. *Dict.* III, p. 465; Camb. *Enum. pl. Balear.* n. 198. — ♄.

« Colitur in hortis Balearium. » (Camb.)
« Cultivado. » (Rodrig.)

2. PRUNUS

(Tournef. *Inst.* tab. 398).

1. **P. Armeniaca** L. *Sp.* p. 679, n. 7; Rodrig. *Catal. pl. Menorca*, p. 26, n. 179. — *Armeniaca vulgaris*, Lamk, *Dict.* 1, p. 2; Camb. *Enum. pl. Balear.* n. 199. — ♄.

« Colitur in hortis Balearium. » (Camb.)
« Cultivado. » (Rodrig.)

2. **P. domestica** L. *Sp.* p. 680, n. 11; Camb. *Enum. pl. Balear.* n. 201; Rodrig. *Catal. pl. Menorca*, p. 26, n. 180. — ♄.

« Colitur in hortis. » (Camb.)
« Cultivado. » (Rodrig.)

3. **P. spinosa** L. *Sp.* p. 681, n. 13.

Var. *α. vulgaris* Ser. in DC. *Prodr.* II, p. 532, n. 1; Gren et Godr. *Fl. de Fr.* I, p. 515; Guss. *Fl. Sic. Syn.* I, p. 653, n. 3; Bertol. *Fl. Ital.* V, p. 136, n. 8; Moris, *Fl. Sard.* II, p. 11, n. 411; Costa, *Intr. Fl. Catal.* p. 74, n. 671; Camb. *Enum. pl. Balear.* n. 200; Rodrig. *Catal. pl. Menorca*, p. 26, n. 181. — ♄. — Février-avril.

« Ad sepes in Balearibus frequens. — Floret Aprili. » (Camb.)
« R. Camino viejo de Mah. á Ala. — Febr. » (Rodrig.)

MAJORQUE : *Barranco de Soller et tout le chemin jusqu'à l'Estrech d'Aumalluch.*

Var. *β. foliis synanthiis* Camb. *Enum. pl. Balear.* n. 200.

« In montibus insulæ Majoris haud rara. — Floret Aprili. Folia simul cum floribus emittit. » (Camb.)

4. **P. avium** L. *Sp.* p. 680, n. 10; Barcelo, *Apuntes pl. Balear.* p. 22, n. 124. — ♄. Mars.

« En los setos; Esporlas; Deyá. — Marz. » (Barcelo.)

5. **P. Cerasus** L. *Sp.* p. 679, n. 9; Rodrig. *Catal. pl. Menorca*, p. 26, n. 182. — *Cerasus Juliana* DC. *Fl. fr.* IV, p. 482, n. 3785; Camb. *Enum. pl. Balear.* n. 202. — ♄.

« Colitur in campis et hortis. » (Camb.)
« Cultivado. » (Rodrig.)

6. **P. Mahaleb** L. *Sp.* p. 678, n. 6; Barcelo, *Apuntes pl. Balear.* p. 22, n. 125. — Mars.

« Planicie. — Marz. » (Barcelo.)

XXXIII. ROSACÉES

(ROSACEÆ Juss. *Gen.* 334, part.).

1. POTENTILLA

(L. *Gen.* p. 255, n. 634).

1. **P. caulescens** L. *Sp.* p. 713, n. 19; DC. *Prodr.* II, p. 584, n. 88; Gren. et Godr. *Fl. de Fr.* I, p. 524; Guss. *Fl. Sic. Syn.* I, p. 572, n. 2; Bertol. *Fl. Ital.* V, p. 257, n. 13; Costa, *Intr. Fl. Catal.* p. 76, n. 688; Barcelo, *Apuntes pl. Balear.* p. 22, n. 126. — ♃. Mai-Juin.

« Puig de Torella, S'Escrop. — May. » (Barcelo.)

MAJORQUE : *Rochers du sommet du puig Massanellas.* — Juin.

2. **P. reptans** L. *Sp.* p. 714, n. 22; DC. *Prodr.* II, p. 774, n. 21; Gren. et Godr. *Fl. de Fr.* I, p. 731; Guss. *Fl. Sic. Syn.* I, p. 572, n. 3; Bertol. *Fl. Ital.* V, p. 271, n. 22; Moris, *Fl. Sard.* II, p. 25, n. 420; Costa, *Intr. Fl. Catal.* p. 76, n. 696; Camb. *Enum. pl. Balear.* n. 205; Rodrig. *Catal. pl. Menorca*, p. 26, n. 183. — ♃. Mars-juin.

« Ad sepes et vias in insulâ Majore frequens. — Martio, Aprili floret. » (Camb.)

« Hab. : sitios húmedos, acequias, orillas de los caminos. — Primavera. » (Rodrig.)

MAJORQUE : *Bords des chemins.* — *Ariant près Pollenza.* — Juin.

2. FRAGARIA

(L. *Gen.* p. 255, n. 633).

1. **F. vesca** L. *Sp.* p. 708, n. 1; Camb. *Enum. pl. Balear.* n. 204; Rodrig. *Catal. pl. Menorca*, p. 26, n. 184. — ♃.

« In montibus insulæ Majoris. Colitur in hortis. » (Camb.)

« Cultivado. » (Rodrig.)

3. RUBUS

(L. *Gen.* p. 254, n. 632).

1. **R. discolor** Weihe et Nees *Rub. Germ.* (*R. fructicosus* plurim. non L.).

MAJORQUE : *Chemin de Pollenza à la cala San-Vicent.* — Juin.

2. **R. thyrsoideus** Wimm. *Fl. von Schles.* p. 131; Rodrig. *Catal. Suppl.* p. 27, n. 81. — ♄.

« Setos de Alayor (Casall. segun Texidor). » (Rodrig.)

Willkomm, *Index*, n° 525, indique avec doute, à côté du *R. discolor*, le *R. fruticosus* L. Nous ne savons si le véritable *R. fruticosus* L. (*R. plicatus* W. N.), du groupe *Suberecti*, existe dans les Baléares. On sait que les anciens auteurs, Cambessèdes entre autres, entendaient sous le nom de *R. fruticosus* L. tous les *Rubus* frutescents, dont le plus commun est le *R. discolor*.

4. ROSA

(L. *Gen.* p. 631, n. 254).

1. **R. arvensis** Huds. angl. edit. p. 219.

Var. β. *bracteata* Gren. et Godr. *Fl. de Fr.* p. 555; Barcelo, *Apuntes pl. Balear.* p. 22, n. 127. — ♄. Mai.

« En los setos; Palma; Deyá, Yuca. — May. » (Barcelo.)

2. **R. sempervirens** L. *Sp.* p. 704, n. 9; DC. *Prodr.* II, p. 597, n. 2; Gren. et Godr. *Fl. de Fr.* I, p. 555; Guss. *Fl. Sic. Syn.* I, p. 561, n. 1; Bertol. *Fl. Ital.* V, p. 213, n. 16; Moris, *Fl. Sard.* II, p. 36, n. 427; Costa, *Intr. Fl. Catal.* p. 78, n. 717; Camb. *Enum. pl. Balear.* n. 208; Rodrig. *Catal. pl. Menorca* p. 26, n. 186. — ♄. Mai-juin.

« In insulâ Minore (Hern.). » (Camb.)

« Barranco de San-Jüan en Mah.; caminos de Santa-Bárbara en Ferr. — Mayo, Jun. » (Rodrig.)

MAJORQUE : *Murailles des chemins autour d'Arta; chemins de l'île Majorque.*

3. **R. Pouzini** Tratt. — Mallorca, barranco de Pareis, in dumetis partis superioris; puig de Polenza. — Die 30 Apr. c. flor. ♄. (Willk. *Index.*)

4. **R. rubiginosa** L. *Mant.* p. 564.

Var. ο. *sepium* Ser. in DC. *Prodr.* II, p. 617; Camb. *Enum. pl. Balear.* n. 209. — ♄. Mai-juin.

« In aridis inter Cauviam et montem Galatzo. — Florebat Majo. » (Camb.)

« Sommet du barranco de Soller. » (Bourgeau, *Exsicc.*)

5. AGRIMONIA

(Tournef. *Inst.* tab. 55; — L. *Gen.* p. 241, n. 607).

1. **A. Eupatoria** L. *Sp.* p. 643, n. 1; DC. *Prodr.* II, p. 587, n. 1; Gren. et Godr. *Fl. de Fr.* I, p. 561; Guss. *Fl. Sic. Syn.* I, p. 526, n. 1; Bertol. *Fl. Ital.* V, p. 18, n. 1; Moris, *Fl. Sard.* II, p. 29, n. 423; Costa, *Intr. Fl. Catal.* p. 79, n. 724; Camb. *Enum. pl. Balear.* n. 206; Rodrig. *Catal. pl. Menorca*, p. 27, n. 188. — ♃. Avril-juillet.

« Ad margines agrorum in insulâ Majore. — Floret Aprili, Majo. » (Camb.)

« Barranco de San-Juan en Mah., r. — Jun., Jul. » (Rodrig.)

MAJORQUE : *Chemins autour de Pollenza.* — Mai.

6. POTERIUM

(L. *Gen.* p. 495, n. 1069).

1. **P. muricatum** Spach, *Rev. Pot.* in *Ann. sc. nat.* 1846, p. 36; Rodrig. *Catal. pl. Menorca*, p. 27, n. 189. — *P. Sanguisorba* L. (ex part.). — ♃. Avril-mai.

« Hab. camino de la fuente den Simon ; Alcaufar. — Abr., Mayo. » (Rodrig.)

2. **P. Magnolii** Spach, *Rev. Pot.* in *Ann. sc. nat.* 1846, p. 38. — ♃. Mai-juin.

MAJORQUE : *Barranco de Soller ; champs incultes près Manacor ; rochers calcaires en montant au castillo d'Alaro ; puig Mayor de Massanellas.* — Avril à juin.

XXXIV. POMACÉES

(POMACEÆ Lindl. *Trans. Linn. Soc.* XIII, p. 99).

1. MESPILUS

(L. *Gen.* p. 251, n. 625).

1. **M. germanica** L. *Sp.* p. 684, n. 1 ; DC. *Prodr.* II, p. 633, n. 1 ; Gren. et Godr. *Fl. de Fr.* I, p. 567 ; Guss. *Fl. Sic. Syn.* I, p. 555, n. 1 ; Bertol. *Fl. Ital.* V, p. 155, n. 1 ; Moris, *Fl. Sard.* II, p. 41, n. 430 ; Rodrig. *Catal. pl. Menorca*, p. 27, n. 190 ; Barcelo, *Apuntes pl. Balear.* p. 22, n. 128. — ♄. Mai.

« Cultivado. — May. » (Rodrig. et Barcelo.)

MAJORQUE : *Bords du chemin de Pollenza à Alcudia.* — Mai.

2. CRATÆGUS

(L. *Gen.* p. 250, n. 622, ex parte).

1. **C. oxyacantha** L. *Sp.* p. 683, n. 8 ; var. δ. *monostyla* DC. *Prodr.* II, p. 628, n. 29 ; Bertol. *Fl. Ital.* V, p. 145, n. 4. — *C. monogyna* Gren. et Godr. *Fl. de Fr.* I, p. 567 ; Costa, *Intr. Fl. Catal.* p. 80, n. 733 ; Desf. *Fl. Atlant.* I, p. 395. — ♄. Mars-mai.

MAJORQUE : *Dans les haies du chemin de Selva à Muro.* — Mars.

2. **C. brevispina** Kunze (*C. monogyna* auct. hisp. non L. ; *Mespilus oxyacantha* var. *monostyla* Cambess.), *Prodr.* III, p. 198. (Willk. *Index.*)

« In ins. Minore, ut videtur, rarior (Rodriguez !) ; in ins. Majoris regione inferiore et montana satis frequens, in tractu sierra (Puig de Teix), ad altit. 1200 met. usque adscendens. — Apr. c. flor. ♄. » (Willk.)

Willkomm fait observer que cette espèce, qu'il a découverte en 1844 dans le royaume de Valence et ensuite dans celui de Grenade et dans l'Aragon méridional, paraît avoir le centre de son aire géographique dans l'île Majorque. — Nous ne l'avons pas recueillie.

3. **C. Azarolus** L. *Sp.* p. 683, n. 9 ; Rodrig. *Catal. pl. Menorca*, p. 27, n. 192 ; Barcelo, *Apuntes pl. Balear.*, p. 22, n. 129. — ♄. Avril.

« Cultivado. » (Rodrig.)
« Cultivado y subespontáneo. — Abr. » (Barcelo.)

3. CYDONIA

(Tournef. *Inst.* tab. 405).

1. **C. vulgaris** Pers. *Syn.* II, p. 40; Camb. *Enum. pl. Balear.* n. 214. — ♄.

« Colitur in hortis. » (Camb.)

4. PIRUS

(L. *Gen.* p. 251, n. 626).

1. **P. communis** L. *Sp.* p. 686, n. 1; Camb. *Enum. pl. Balear.* n. 211; Rodrig. *Catal. pl. Menorca*, p. 27, n. 194. — ♄.

« Colitur in hortis. » (Camb.)
« Cultivadas muchas variedades. » (Rodrig.)

2. **P. Malus** L. *Sp.* p. 686, n. 2; Camb. *Enum. pl. Balear.* n. 212; Rodrig. *Catal. pl. Menorca*, p. 27, n. 195. — ♄.

« Colitur in hortis. » (Camb.)
« Cultivadas muchas variedades. » (Rodrig.)

5. SORBUS

(L. *Gen.* p. 250, n. 623).

1. **S. domestica** L. *Sp.* p. 684, n. 3; Rodrig. *Catal. pl. Menorca*, p. 28, n. 196. — *Pirus Sorbus* Gærtn. *Fruct.* II, p. 45, t. 87; Camb. *Enum. pl. Balear.* n. 213. — ♄.

« Colitur in hortis. » (Camb.)
« Cultivado. » (Rodrig.)

2. **S. Aria** Crantz *Aust.* tab. 2, fig. 2; Gren. et Godr. *Fl. de Fr.* I, p. 573; Costa, *Intr. Fl. Catal.* p. 81, n. 742; Barcelo, *Apuntes pl. Balear.* p. 22, n. 130. — *Pirus Aria* Ehrh. *Beitr.* IV, p. 20*; DC. *Prodr.* II, p. 636, n. 23; Guss. *Fl. Sic. Syn.* I, p. 560, n. 10; Moris, *Fl. Sard.* II, p. 45, n. 433. — *Cratægus Aria* Bertol. *Fl. Ital.* V, p. 139, n. 1. — ♄. Mai.

« Comun en planicie; S'Escrop; Teix; puig de Torella; puig Mayor. — Mayo. » (Barcelo.)

« Rochers vers le sommet de puig Mayor. » (Bourgeau, *Exsicc.* n. 2778.)

MAJORQUE : *Rochers du puig Massanellas* (1300 *mètr.*) ; *col de Zeous au sommet de la serra de Soller* (1000 *m.*) ; *sommet du puig Mayor de Torellas, dans les fissures des rochers* (1400 *m.*). — Mai-juin.

6. AMELANCHIER

(Mœnch, *Meth.* p. 682).

1. **A. vulgaris** Mœnch, *Meth.* p. 682 ; DC. *Prodr.* II, p. 632, n. 1 ; Gren. et Godr. *Fl. de Fr.* I, p. 575 ; Moris, *Fl. Sard.* II, p. 43, n. 432 ; Costa, *Intr. Fl. Catal.* p. 81, n. 745 ; Barcelo, *Apuntes pl. Balear.* p. 22, n. 131. — ♄. Mai.

« Rochers du puig de Torella. » (Bourgeau, *Exsicc.*)
« Coma den Arbona, puig de s'Arracay. — Marz. » (Barcelo.)

MAJORQUE : *Sommet du puig Mayor de Torellas, dans les fissures des rochers.* — Juin.

XXXV. GRANATÉES

(GRANATEÆ Don in Jameson, *Edinb. Phil. Journ.* 1826, p. 134).

1. PUNICA

(Tournef. *Inst.* tab. 401).

1. **P. Granatum** L. *Sp.* p. 676, n. 1 ; Camb. *Enum. pl. Balear.* n. 216. — ♄.

« Ad sepes in insulâ Majore. Colitur in hortis. » (Camb.)

XXXVI. ONAGRARIÉES

(ONAGRARIEÆ DC. *Prodr.* III, p. 35, excl. trib. 1 et 6).

1. EPILOBIUM

(L. *Gen.* p. 188, n. 471).

1. **E. tetragonum** L. *Sp.* p. 494, n. 5 ; Rodrig. *Catal. pl. Menorca*, p. 28, n. 198 ; Barcelo, *Apuntes pl. Balear.* p. 22, n. 133. — ♃. Juin.

« Hab. : sitios húmedos ; camino de la fuente den Simon (Carr.!) ;

camino de la Albufera; barranco de San-Juan en Mah., r.; c. el Ual de Santa-Catalina, r. — Jun. » (Rodrig.)

« Sitios húmedos; Deyá; Soller; Lluch; Manacor; Arba. — Jun. » (Barcelo.)

2. **E. parviflorum** Schreb. *Spic.* p. 146; Barcelo, *Apuntes pl. Balear.* p. 23, n. 134. — ♃. Juin.

« Acequia den Baster, Deyá. — Jun. » (Barcelo.)

3. **E. hirsutum** L. *Sp.* p. 494, n. 3 (excl. var. β.); Rodrig. *Catal. pl. Menorca*, p. 28, n. 199; Barcelo, *Apuntes pl. Balear.* p. 23, n. 135. — ♃. Juin-juillet.

« R. Hab.: barranco de Algendar en tierras de torre Petxina (Carr.!). — Jun. » (Rodrig.)

« Manacor; Artá; la Puebla; Andraitx. — Jul. » (Barcelo.)

XXXVII. HALORAGÉES

(Halorageæ R. Brown, in *Flind. Voy.* II, p. 549).

1. MYRIOPHYLLUM

(Vaill. *Act. Acad. Par.* 1719, tab. 2, fig. 3).

1. **M. verticillatum** L. *Sp.* p. 1410, n. 2; Barcelo, *Apuntes pl. Balear.* p. 23, n. 136. — ♃. Mai.

« Lagunas de la Puebla. — May. » (Barcelo.)

2. **M. spicatum** L. *Sp.* p. 1409, n. 1; Barcelo, *Apuntes pl. Balear.* p. 23, n. 137. — ♃.

« Acequias y lagunas de la Puebla. » (Barcelo.)

2. TRAPA

(L. *Gen.* p. 62, n. 157).

1. **T. natans** L. *Sp.* p. 175, n. 1; Barcelo, *Apuntes pl. Balear.* p. 23, n. 138. — ①.

« Lagunas de la Puebla. » (Barcelo.)

XXXVIII. CALLITRICHINÉES

(Link, *Enum. hort. Berol.* 1821, I, p. 7).

—

1. CALLITRICHE

(L. *Gen.* p. 6, n. 13).

1. **C. stagnalis** Scop. *Carn.* II, p. 251 ; Rodrig. *Catal. Suppl.* p. 27, n. 82. — ♃. Février-avril.

« Acequias de la huerta de San-Juan; Binisarmeña; barranco de Algendar y muchos otros puntos. — Febr. á Abril. » (Rodrig.)

2. **C. verna** L. *Sp.* p. 6, n. 1 ; Camb. *Enum. pl. Balear.* n. 218. — ♃.

« In fossis insulæ Majoris, prope Artam. » (Camb.)

3. **C. pedunculata** DC. *Fl. fr.* IV, p. 415, n. 3656 ; Rodrig. *Catal. Suppl.* p. 27, n. 83. — ①. Avril.

« Binisarmeña en sitios húmedos inundados en invierno (Hegelmaier!). — Abril. » (Rodrig.)

XXXIX. LYTHRARIÉES

(LYTHRARIEÆ Juss. *Dict. sc. nat.* t. XXVII, p. 453)

—

1. LYTHRUM

(L. *Gen.* p. 240, n. 604).

1. **L. Græfferi** Ten. *Fl. Nap.* IV, p. 256 ; DC. *Prodr.* III, p. 82, n. 11 ; Gren. et Godr. *Fl. de Fr.* I, p. 594 ; Guss. *Fl. Sic. Syn.* I, p. 525, n. 3 ; Bertol. *Fl. Ital.* V, p. 12, n. 2 ; Moris, *Fl. Sard.* II, p. 68, n. 448 ; Costa, *Intr. Fl. Catal.* p. 84, n. 771 ; Camb. *Enum. pl. Balear.* n. 217 ; Rodrig. *Catal. pl. Menorca*, p. 28, n. 201. — ♃. Avril-août.

« In humidis insulæ Majoris prope Artam, necnon in Ebuso. — Florebat Aprili, Mayo. » (Camb.)

« Hab. : sitios húmedos, orillas de los torrentes ; torrente de Llobertó ; torrente de los vergeles de San-Juan ; camino de la Atalaya de Mah. — Mayo, Agost. » (Rodrig.)

« Barranco de Soller. » (Bourgeau, *Exsicc.*)

MAJORQUE : *Champs près Alcudia; Arta, casa de son Vives; puig Badey, terres humides; ruisseau au pied de la montée de Pradoncellas, près Pollenza; chemin d'Ariant près Pollenza; ruisseau de San-Creous près Soller.* — MINORQUE : *Barranco de Algendar, dans le termino de Ciudadela.*

2. **L. hyssopifolia** L. *Sp.* p. 642, n. 8; DC. *Prodr.* III, p. 81, n. 6; Gren. et Godr. *Fl. de Fr.* I, p. 594; Guss. *Fl. Sic. Syn.* I, p. 525, n. 4; Bertol. *Fl. Ital.* V, p. 14, n. 3; Moris, *Fl. Sard.* II, p. 70, n. 449; Desf. *Fl. Atlant.* I, p. 372; Costa, *Intr. Fl. Catal.* p. 84, n. 772; Rodrig. *Suppl.* p. 27, n. 84. — ①. Avril-juin.

« Sitios húmedos : Binisarmeña (Rodr.); Campsiquiat (Casall.); Campas; Llucasaldent; camino de Santa-Eulalia al Toro (Rodr.). — Mayo, Junio. » (Rodrig.)

MAJORQUE : *Son Vives près d'Arta; chemin d'Ariant près Pollenza; Lluch.* — IVIÇA : *Rio San-Jose.* — Mai-juin.

3. **L. bibracteatum** Salzm. in DC. *Prodr.* III, p. 81, n. 6; Rodrig. *Catal. Suppl.* p. 27, n. 85. — ①.

« Campsiquiat. » (Com. cl. Rodrig.)

XL. TAMARISCINÉES

(TAMARISCINEÆ A. Saint-Hilaire, *Mém. du Mus.* p. 205).

1. TAMARIX

(Desv. *Ann. sc. nat.* 1re sér. IV, p. 348).

1. **T. gallica** L. *Sp.* p. 386, n. 1; Camb. *Enum. pl. Balear.* n. 223; Rodrig. *Catal. pl. Menorca*, p. 28, n. 202. — ♄. Mars-avril.

« In maritimis prope Alcudiam, Palmam, in insulà Majore, necnon in ins. Minore (Hern.). — Florebat Aprili. » (Camb.)
« Márgenes de acequias y torrentes. — Marz., Abr. » (Rodrig.)

2. **T. africana** Poir. *Voy.* II, p. 139; DC. *Prodr.* III, p. 95, n. 2; Gren. et Godr. *Fl. de Fr.* I, p. 601; Guss. *Fl. Sic. Syn.* I, p. 364, n. 2; Bertol. *Fl. Ital.* III, p. 496, n. 2; Moris, *Fl. Sard.* II, p. 76, n. 453; Desf. *Fl. Atlant.* I, p. 269; Camb. *Enum. pl. Balear.* n. 224. — ♄. Avril-mai.

« In maritimis prope Palmam, Alcudiam, in insulâ Majore, etiam in Ebuso. — Florebat Aprili. (Camb.)

MAJORQUE : *Bords du grand fossé de l'Albufera d'Alcudia.* — Mai.

XLI. MYRTACÉES

(MYRTACEÆ R. Brown, in *Flind. Voy.* II, p. 546).

---

1. MYRTUS

(Tournef. *Inst.* tab. 409).

1. **M. communis** L. *Sp.* p. 673, n. 1; DC. *Prodr.* III, p. 239, n. 5; Gren. et Godr. *Fl. de Fr.* p. 602; Guss. *Fl. Sic. Syn.* p. 550, n. 1; Bertol. *Fl. Ital.* V, p. 117, n. 1; Moris, *Fl. Sard.* II, p. 77, n. 454; Desf. *Fl. Atlant.* I, p. 391; Costa, *Intr. Fl. Catal.* p. 85, n. 776; Camb. *Enum. pl. Balear.* n. 215; Rodrig. *Catal. pl. Menorca,* p. 29, n. 203. — ♄. Mai-juin.

« In montibus Balearium frequens. » (Camb.)
« Ab. en la parte N. de la isla. — Mayo, Jun. » (Rodrig.)
« Abondant dans la vallée de Soller. » (Bourgeau, *Exsicc.* n. 2774.)

MAJORQUE : *Cova del Bon-Jesus, près Soller.* — Juin.

XLII. CUCURBITACÉES

(CUCURBITACEÆ Juss. *Gen.* p. 393).

---

1. ECBALLIUM

(C. Rich. *Dict. class. d'hist. nat.* t. VI, p. 19).

1. **E. Elaterium** Rich. *l. c.*; Rodrig. *Catal. pl. Menorca,* p. 29, n. 204. — *Momordica Elaterium* L. *Sp.* p. 1434, n. 8; Camb. *Enum. pl. Balear.* n. 356. — ♃. Mai-août.

« Ad vias in insulâ Majore. » (Camb.)
« Alcaufar; cala Mezquita; puerto de Ciu., hácia el camino de San-Nicolau. — Abr., Oct. » (Rodrig.)
« Port de Soller. » (Bourgeau, *Exsicc.*)

2. CUCUMIS

(L. *Gen.* p. 508, n. 1092).

1. **C. Melo** L. *Sp.* p. 1436, n. 5; Camb. *Enum. pl. Balear.* n. 357; Rodrig. *Catal. pl. Menorca*, p. 29, n. 205. — ①.

« Colitur in hortis. » (Camb.)
« Cultivado. » (Rodrig.)

2. **C. sativus** L. *Sp.* p. 1437, n. 8; Camb. *Enum. pl. Balear.* n. 358; Rodrig. *Catal. pl. Menorca*, p. 29, n. 206. — ①.

« Colitur in hortis. » (Camb.)
« Cultivado. » (Rodrig.)

3. **C. Citrullus** Ser.; Rodrig. *Catal. pl. Menorca*, p. 29, n. 207.

« Cultivado. » (Rodrig.)

3. CUCURBITA

(L. *Gen.* p. 506, n. 1091).

1. **C. maxima** Duch. in Lamk, *Dict.* II, p. 151; Camb. *Enum. pl. Balear.* n. 360; Rodrig. *Catal. pl. Menorca*, p. 29, n. 209. — ①.

« Colitur in hortis. » (Camb.)
« Cultivadas algunas variedades. » (Rodrig.)

2. **C. Pepo** Duch. in Lamk, *Dict.* II, p. 151; Camb. *Enum. pl. Balear.* n. 361; Rodrig. *Catal. pl. Menorca*, p. 29, n. 210. — ①.

« Colitur in hortis. » (Camb.)
« Cultivada. » (Rodrig.)

XLIII. PORTULACÉES

(PORTULACEÆ Juss. *Gen.* p. 312, excl. gen.).

1. PORTULACA

(Tournef. *Inst.* p. 118).

1. **P. oleracea** L. *Sp.* p. 638, n. 1; Camb. *Enum. pl. Balear.* n. 222; Rodrig. *Catal. pl. Menorca*, p. 30, n. 211. — ①. Juin-septembre.

« In campis insulæ Majoris haud raro. » (Camb.)
« Hab. terrenos cultivados. — Jun.-Set. » (Rodrig.)

XLIV. PARONYCHIÉES

(PARONYCHIEÆ S.-Hil. *Mém. Mus.* II, p. 276).

1. POLYCARPON

(Lœfl. in L. *Gen.* p. 42, n. 105).

1. **P. tetraphyllum** L. fil. *Suppl.* p. 116; DC. *Fl. fr.* IV, p. 767, et *Prodr.* III, p. 376, n. 2; Gren. et Godr. *Fl. de Fr.* I, p. 607; Guss. *Fl. Sic. Syn.* I, p. 166, n. 1; Bertol. *Fl. Ital.* I, p. 834, n. 1; Desf. *Fl. Atlant.* I, p. 115; Costa, *Intr. Fl. Catal.* p. 86, n. 781; Camb. *Enum. pl. Balear.* n. 226; Rodrig. *Catal. pl. Menorca*, p. 30, n. 212. — ①. Mai-juin.

« Hab. puerto de Mah. en Calapedrera (Solv.); camino de Mah. á Villa-Cárlos. — Mayo, Jun. » (Rodrig.)

IVIÇA. — Mai.

2. **P. peploides** DC. *Prodr.* III, p. 376; Gren. et Godr. *Fl. de Fr.* I, p. 608; Guss. *Fl. Sic. Syn.* I, p. 167, n. 3; Bertol. *Fl. Ital.* I, p. 837, n. 3; Rodrig. *Catal. Suppl.* p. 27, n. 86. — ♃. Avril-juin.

« Peñascos entre la Mezquita y el cap Negre (Rodrig.); son Saurá en Mercadal (Casall.!). — Abril á Junio. » (Rodrig.)

MINORQUE : *Plage de Santa-Galdana ; côté sud du termino de Ciudadela ; cala des Refoulets à Mahon.*

2. PARONYCHIA

(Tournef. *Inst.* tab. 288).

1. **P. echinata** Lamk, *Fl. fr.* III, p. 232; Rodrig. *Catal. pl. Menorca*, p. 30, n. 213. — ①. Avril-mai.

« Hab. : monte la Anclusa; marina de son Gurnès. — Abr.-Mayo. » (Rodrig.)

2. **P. argentea** Lamk, *Fl. fr.* III, p. 230; DC. *Prodr.* III, p. 371, n. 7; Gren. et Godr. *Fl. de Fr.* I, p. 610; Moris, *Fl. Sard.* II, p. 100, n. 462; Costa, *Intr. Fl. Catal.* p. 87, n. 783; Camb. *Enum. pl. Balear.* n. 225. — *Illecebrum Paronychia* L. *Sp.* p. 299; Bertol. *Fl. Ital.* II, p. 731, n. 4; Desf. *Fl. Atlant.* I, p. 204. — ♃. Mars-avril.

MAJORQUE : *Près la plage à l'E. de Palma, dans les carrières de tufs marins*. — Iviça : *Chemin du puig d'Enserra, près de San-Jose*. — Avril.

3. **P. capitata** Lamk, *Fl. fr*. III, p. 229 ; DC. *Prodr*. III, p. 371, n. 8 ; Gren. et Godr. *Fl. de Fr*. I, p. 610 ; Costa, *Intr. Fl. Catal*. p. 87, n. 785. — *Illecebrum capitatum* L. *Sp*. p. 299, n. 5 ; Desf. *Fl. Atlant*. I, p. 205. — ♃. Mars.

Majorque : *Montagne de Randa, versant sud*. — Mars.

4. **P. nivea** DC. *Dict. encycl*. V, p. 25, et *Prodr*. III, p. 371, n. 10 ; Gren. et Godr. *Fl. de Fr*. I, p. 611 ; Costa, *Intr. Fl. Catal*. p. 87, n. 786. — ♃. Mars.

Majorque : *Montagne de Randa, versant sud*. — Mars.

5. **P. polygonifolia** DC. *Prodr*. III, p. 371, n. 6 ; Barcelo, *Apuntes pl. Balear*. p. 23, n. 142. — ♃.

« En las Baleares (DC. *Prodr*. II, p. 371). » (Barcelo.)

3. HERNIARIA

(Tournef. *Inst*. tab. 288).

1. **H. hirsuta** L. *Sp*. p. 317, n. 2 ; DC. *Prodr*. III, p. 367, n. 4 ; Gren. et Godr. *Fl. de Fr*. I, p. 612 ; Moris, *Fl. Sard*. II, p. 99, n. 461 ; Desf. *Fl. Atlant*. I, p. 213 ; Costa, *Intr. Fl. Catal*. p. 87, n. 789 ; Rodrig. *Catal. pl. Menorca*, p. 30, n. 216 ; Barcelo, *Apuntes pl. Balear*. p. 23, n. 144. — ♃. Mai.

« Camino de Matxani ; Binillobet. — Mayo. » (Rodrig.)
« Comun en los caminos. » (Barcelo.)

Minorque : *Autour de Ciudadela*.

En majorcain, cette plante se nomme *Roump-roc ;* elle est employée contre la gravelle.

2. **H. cinerea** DC. *Fl. fr*. V, p. 375, n. 2293ª ; Rodrig. *Catal. Suppl*. p. 27, n. 87. — ♃.

« Distrito de Alayor (Casall. segun Texidor). » (Rodrig.)

3. **H. macrocarpa** Sibth. ; Barcelo, *Apuntes pl. Balear*. p. 23, n. 146. — ♃.

« En las Baleares (Smith in Rees *Cycl*. V, p. 17). » (Barcelo.)

XLV. CRASSULACÉES

(Crassulaceæ DC. *Bull. phil.* 1801, n. 49).

—

1. TILLÆA

(Mich. *Nov. Gen.* p. 22, tab. 20).

1. **T. muscosa** L. *Sp.* p. 186, n. 2; DC. *Prodr.* III, p. 381, n. 1; Gren. et Godr. *Fl. de Fr.* I, p. 616; Moris, *Fl. Sard.* II, p. 109, n. 468; Guss. *Fl. Sic. Syn.* I, p. 167, n. 1; Bertol. *Fl. Ital.* I, p. 838, n. 1; Costa, *Intr. Fl. Catal.* p. 88, n. 796. — ①. Mars.

Majorque : *Garigue près le Prat.* — Avril.

2. BULLIARDA

(DC. *Pl. grass.* p. 7).

1. **B. Vaillantii** DC. *Pl. grass.* t. 74, et *Fl. fr.* IV, p. 385, n. 3602; Rodrig. *Catal Suppl.* p. 27, n. 88. — ① Mars-août.

« Binisarmeña, en terrenos inundados en invierno. — Marzo, Abril. » (Rodrig.)

3. SEDUM

(DC. *Bull. phil.* n. 49).

1. **S. stellatum** L. *Sp.* p. 617, n. 7; DC. *Prodr.* III, p. 412, n. 18; Gren. et Godr. *Fl. de Fr.* I, p. 619; Moris, *Fl. Sard.* II, p. 115, n. 472; Guss. *Fl. Sic. Syn.* I, p. 514, n. 1; Bertol. *Fl. Ital.* IV, p. 696, n. 3; Barcelo, *Apuntes pl. Balear.* p. 24, n. 148. — ①. Mai.

« Monte de Valdemosa y de Caymari. — May. » (Barcelo.)

« Bords du torrent près Soller. » (Bourgeau, *Exsicc.*)

Majorque : *Sur les murs aux environs de Pollenza.* — Juin.

2. **S. rubens** L. *Sp.* p. 619, n. 14; DC. *Prodr.* III, p. 405, n. 39; Gren. et Godr. *Fl. de Fr.* I, p. 620; Moris, *Fl. Sard.* II, p. 119, n. 476; Bertol. *Fl. Ital.* IV, p. 715, n. 19; Costa, *Intr. Fl. Catal.* p. 88, n. 801; Rodrig. *Catal. pl. Menorca*, p. 30, n. 217; Barcelo, *Apuntes pl. Balear.* p. 24, n. 149. — *Crassula rubens* Guss. *Fl. Sic. Syn.* I, p. 379, n. 1. — ①. Mars-mai.

« Hab. : Alcaufar; Favaret. — Mayo. » (Rodrig.)

« Com. Valdemosa; Deyá; Soller; Lluch; Andraitx; Felanitx; Lluchmayor. — May. » (Barcelo.)

Majorque : *Autour de Pollenza.* — Juin.

3. **S. dasyphyllum** L. *Sp.* p. 618, n. 9; DC. *Prodr.* III, p. 406, n. 42; Gren. et Godr. *Fl. de Fr.* I, p. 624; Moris, *Fl. Sard.* II, p. 125, n. 480; Bertol. *Fl. Ital.* IV, p. 710, n. 15; Costa, *Intr. Fl. Catal.* p. 89, n. 808. — ♃. Mars-juin.

« Murs près Soller. » (Bourgeau, *Exsicc.*)

Majorque : *Sommet du puig Mayor de Massanellas.* — Juin.

Var. β. *glanduliferum* Gren. et Godr. *Fl. de Fr.* I, p. 624. — *S. corsicum* Dub. *Bot.* p. 202; Barcelo, *Apuntes pl. Balear.* p. 24, n. 150.

« Muros y peñascos; Valdemosa; Deyá; Soller; Binisalen; puig Puñent; Lluch. — May. » (Barcelo.)

4. **S. acre** L. *Sp.* p. 619, n. 15; Barcelo, *Apuntes pl. Balear.* p. 24, n. 151; Rodrig. *Catal. pl. Menorca*, p. 102, n. 219. — ♃. Juin-juillet.

« Hab. tapias inmediatas à Torret en Mah. (Bar.). — Jun., Jul. » (Rodrig.)

« Muros, rocas; Esporlas. — Jun. » (Barcelo.)

5. **S. reflexum** L. *Sp.* p. 618, n. 10; Camb. *Enum. pl. Balear.* p. 228. — ♄.

« In insulâ Minore (Hern.). » (Camb.)

6. **S. altissimum** Lamk, *Dict.* IV, p. 634; Camb. *Enum. pl. Balear.* n. 229; Rodrig. *Catal. Suppl.* p. 28, n. 89. — ♃. Juillet.

« Ad vias et muros in insulâ Majore. » (Camb.)

« Viejas paredes y peñas calcareas; Cala-Figuera, camino de Villa-Cárlos. — Julio. » (Rodrig.)

4. SEMPERVIVUM

(L. *Gen.* p. 244, n. 612).

1. **S. tectorum** L. *Sp.* p. 664, n. 3; Camb. *Enum. pl. Balear.* n. 230. — ♃. Mai.

« In tectis et muris vetustis Alcudiæ in insulâ Majore. — Florebat Maio. » (Camb.)

2. **S. arboreum** L. *Sp.* p. 664, n. 1. — ♄. Juillet.

« Rochers maritimes près le port de Soller. » (Bourgeau, *Exsicc.*)

5. UMBILICUS

(DC. *Bull. phil.* 1801, n. 49).

1. **U. pendulinus** DC. *Pl. grass.* tab. 156, et *Fl. fr.* IV, p. 382;

DC. *Prodr.* III, p. 399, n. 6; Gren. et Godr. *Fl. de Fr.* I, p. 630; Costa, *Intr. Fl. Catal.* p. 90, n. 818; Camb. *Enum. pl. Balear.* n. 227. — *Cotyledon Umbilicus* L. *Sp.* p. 615, n. 6; Moris, *Fl. Sard.* II, p. 132, n. 485; Guss. *Fl. Sic. Syn.* I, p. 513, n. 1; Bertol. *Fl. Ital.* IV, p. 691, n. 1. — ♃.

« In Balearibus frequens. » (Camb.)

MAJORQUE : *Ariant; Alaro.* — Avril-juin.

La décoction de la tige est employée contre les maux de dents.

2. **U. horizontalis** DC. *Prodr.* III, p. 400, n. 9.

« Vieux murs près Soller. — Juillet. » (Bourgeau, *Exsicc.* n. 2777.)

XLVI. CACTÉES

(CACTEÆ DC. *Prodr.* III, p. 457).

1. CACTUS

(L. *Gen.* p. 246, n. 613).

1. **C. Opuntia** L. *Sp.* p. 669, n. 16; Camb. *Enum. pl. Balear.* n. 221. — *Opuntia vulgaris* Mill.; Rodrig. *Catal. pl. Menorca,* p. 31, n. 224. — ♃. Mai-juillet.

« Inter rupes maritimas et ad pagos Balearium vulgatissimus. » (Camb.)

« Ab. completamente naturalizada. — Mayo, Jul. » (Rodrig.)

Partout dans les Baléares. — Nom vulgaire : *Figuera de Moro.*

Cette plante est d'une grande utilité dans les campagnes; elle est très-rustique, sa croissance est rapide; elle forme d'excellentes haies faciles à entretenir; ses fruits sont sains et rafraîchissants. La population pauvre en fait une énorme consommation; le surplus sert à l'engrais de divers animaux. Par la distillation, les *Figues de Barbarie* donnent une eau-de-vie agréable.

Les feuilles du *Cactus* conservent leur aspect vert et charnu par les plus fortes chaleurs de l'été : en Algérie, par des températures très-sèches de 35 à 38 degrés centigrades, notre thermomètre, plongé dans l'intérieur de différentes feuilles, a marqué jusqu'à 53 et 55 degrés. Dans ce cas, la plante se flétrit légèrement pour reprendre toute son ampleur pendant la nuit. Aussi, durant la saison chaude, alors que la végétation herbacée est complétement desséchée, les feuilles de *Cactus,* préalablement débarrassées de leurs épines, coupées par tranches et saupoudrées de son, fournissent aux bêtes à cornes une bonne et utile nourriture.

Cambessèdes dit : « Les paysans des Baléares mangent volontiers les fruits » de cette plante et n'en éprouvent ordinairement aucun mauvais effet. Des per-

» sonnes dignes de foi m'ont assuré que cette nourriture leur devenait mortelle » lorsqu'ils avaient l'imprudence de boire, par-dessus, une certaine quantité » d'eau-de-vie. Je n'ai eu aucune occasion de vérifier ce fait pendant mon séjour » dans ce pays. »

A notre tour, nous n'avons pas eu l'occasion de faire cette vérification; mais le goût et l'agréable fraîcheur de la Figue de Barbarie, son innocuité bien connue sur l'économie, encouragent quelquefois à en faire de véritables excès : dans ce cas, on voit survenir assez fréquemment une obstruction du rectum par l'accumulation des graines nombreuses et aplaties. Cette obstruction, en quelque sorte purement mécanique, peut devenir mortelle si on la laisse se prolonger trop longtemps : nous en connaissons des exemples. L'emploi direct d'une curette est alors le moyen le plus efficace pour dégager l'intestin d'une manière sûre, prompte et facile.

Les cendres de *Cactus* contiennent une remarquable proportion d'azotate de potasse.

XLVII. FICOIDÉES

(FICOIDEÆ DC. *Fl. fr.* V, p. 528).

1. MESEMBRIANTHEMUM

(L. *Gen.* p. 252, n. 628).

1. **M. nodiflorum** L. *Sp.* p. 687, n. 1 ; Camb. *Enum. pl. Balear.* n. 219; Rodrig. *Catal. pl. Menorca*, p. 31, n. 225; Barcelo, *Apuntes pl. Balear.* p. 24. — ①.

« In maritimis insulæ Minoris prope Cala-Figuera (Hern.). » (Camb.)

« Hab. entre Mah. y Villa-Cárlos (Salv.!); hácia Cala-Figuera (Hern.!); camino de San-Nicolau c. Ciu. — Mayo, Jun. » (Rodrig.)

« Orillas del mar, Palma, Campós; Ibiza, cerca de las salinas.— May. » (Barcelo.)

2. **M. crystallinum** L. *Sp.* p. 688, n. 2; DC. *Prodr.* III, p. 448, n. 278; Gren. et Godr. *Fl. de Fr.* I, p. 633; Moris, *Fl. Sard.* II, p. 136, n. 487; Guss. *Fl. Sic. Syn.* I, p. 554, n. 1; Bertol. *Fl. Ital.* V, p. 175, n. 2; Costa, *Intr. Fl. Catal.* p. 90, n. 822; Rodrig. *Catal. pl. Menorca*, p. 31, n. 226; Barcelo, *Apuntes pl. Balear.* p. 24, n. 152. — ①. Avril-mai.

« R. Hab. ruinas del castillo de San-Felipe. — Abr. » (Rodrig.)

« Espontáneo en Menorca (Rodr.). » (Barcelo.)

MINORQUE : *Fort Saint-Philippe à Mahon.* — Juillet, fleurs passées.

Les habitants de Mahon nomment cette plante : *Cristallina.*

XLVIII. GROSSULARIÉES

(GROSSULARIEÆ DC. *Fl. fr.* IV, p. 405).

—

1. RIBES

(L. *Gen.* p. 111, n. 281).

1. **R. rubrum** L. *Sp.* p. 290, n. 1; Camb. *Enum. pl. Balear.* n. 220. — ♄.

« Colitur in hortis. » (Camb.)

XLIX. SAXIFRAGÉES

(SAXIFRAGEÆ Juss. *Gen.* p. 308).

—

1. SAXIFRAGA

(L. *Gen.* p. 223, n. 559).

1. **S. tridactylites** L. *Sp.* p. 578, n. 32; DC. *Prodr.* IV, p. 35, n. 83; Gren. et Godr. *Fl. de Fr.* I, p. 643; Moris, *Fl. Sard.* II, p. 152, n. 494; Guss. *Fl. Sic. Syn.* I, p. 468, n. 4; Bertol. *Fl. Ital.* IV, p. 494, n. 30; Costa, *Intr. Fl. Catal.* p. 92, n. 832; Camb. *Enum. pl. Balear.* n. 231. — ①. Mars.

« In Balearibus vulgatissima. — Floret Martio. » (Camb.)

MAJORQUE : *Sur les murs autour de Soller ; chemin du port de Soller.* — Avril.

2. **S. tenerrima** Willk. *Œsterr. bot. Zeitschr.* 1875, p. 111, et *Index* n° 485 (*cum descr.*). — ⊙.

« Mallorca, ad rupes madidas in faucibus gorch Blaou (inter Escorca et Plá de Cuba), juxta pontem, d. 2 Maii c. flor. » (Willk.)

Cette nouvelle espèce est voisine du *S. tridactylites*, dont elle diffère surtout par son aspect grêle, sa croissance cespiteuse « gregatim, crescens, caulibus » cespitem densum læte virentem depressum formantibus »; les fleurs solitaires oppositifoliées, à longs pédoncules; etc., etc.

L. OMBELLIFÈRES

(UMBELLIFERÆ Juss. *Gen.* p. 218).

—

1. DAUCUS

(L. *Gen.* p. 131, n. 333).

1. **D. Carota** L. *Sp.* p. 348, n. 1; DC. *Prodr.* IV, p. 211, n. 9; Gren. et Godr. *Fl. de Fr.* I, p. 665; Moris, *Fl. Sard.* II, p. 259, n. 557; Guss. *Fl. Sic. Syn.* I, p. 331, n. 1; Bertol. *Fl. Ital.* III, p. 156, n. 1; Desf. *Fl. Atlant.* I, p. 240; Costa, *Intr. Fl. Catal.* p. 95, n. 849; Camb. *Enum. pl. Balear.* n. 241; Rodrig. *Catal. pl. Menorca*, p. 32, n. 228. — ②. Avril-juillet.

« Ad margines agrorum in Balearibus frequens. — Floret Aprili. » (Camb.)

« Cultivado y espontáneo. — Mayo. » (Rodrig.)

MAJORQUE : *La serra de Soller.* — Mai.

2. **D. maritimus** Lamk, *Dict.* I, p. 634; DC. *Prodr.* IV, p. 211, n. 10; Gren. et Godr. *Fl. de Fr.* I, p. 665; Moris, *Fl. Sard.* II, p. 260, n. 558; Guss. *Fl. Sic. Syn.* I, p. 338, n. 7. — ②. Juillet.

MAJORQUE : *Les rochers de la serra de Soller.* — Juin.

3. **D. Bocconi** Guss. *Fl. Sic. Syn.* I, p. 333, n. 6; Rodrig. *Catal. Suppl.* p. 28, n. 90. — ②.

« Peñas en el puerto de Mahon (Casall. segun Texidor). » (Rodrig.)

4. **D. maximus** Desf. *Fl. Atlant.* I, p. 241; DC. *Prodr.* IV, p. 212, n. 16; Gren. et Godr. *Fl. de Fr.* I, p. 667; Moris, *Fl. Sard.* II, p. 257, n. 555; Guss. *Fl. Sic. Syn.* I, p. 331, n. 2; Bertol. *Fl. Ital.* III, p. 162, n. 7; Costa, *Intr. Fl. Catal.* p. 95, n. 850; Camb. *Enum. pl. Balear.* n. 242. — ②. Mai-juillet.

« Ad margines agrorum in Ebuso. — Maio. » (Camb.)

« Champs incultes près Soller. » (Bourgeau, *Exsicc.*)

MAJORQUE : *La serra de Soller.* — Juin.

5. **D. mauritanicus** L. *Sp.* p. 348, n. 2; Barcelo, *Apuntes pl. Balear.* p. 24, n. 153. — ②. Mai.

« Hendiduras de las peñas, Genova, Andraitx; murallas de la ciudad de Ibiza. — May. » (Barcelo.)

6. **D. hispidus** Desf. *Fl. Atlant.* I, p. 243, tab. 63; DC. *Prodr.* IV, p. 213, n. 19; Gren. et Godr. *Fl. de Fr.* I, p. 668; Guss. *Fl. Sic. Syn.* I, p. 331, n. 3; Bertol. *Fl. Ital.* III, p. 163, n. 8. — ②. Mai.

CABRERA (îlot de) : *Rochers du Castillo du port.* — Mai.

7. **D. Gingidium** L. *Sp.* p. 348, n. 4; Rodrig. *Catal. Suppl.* p. 28, n. 91. — ②. Juillet.

« Termino de Alayor (Casall. segun Texidor). — Julio. » (Rodrig.)

8. **D. gummifer** Lamk, *Dict.* I, p. 634; Gren. et Godr. *Fl. de Fr.* I, p. 668; Moris, *Fl. Sard.* II, p. 254, n. 552; Guss. *Fl. Sic. Syn.* I, p. 332, n. 5. — ②. Mai.

IVIÇA : *Isleta des Bouté-foc; pointe E. du port d'Iviça.*

2. CAUCALIS

(L. *Gen.* p. 130).

1. **C. leptophylla** L. *Sp.* Willk. *Index*, n. 459. — ⊙.

« Mallorca : salobrar de campos, in glareosis inter dumeta *Salicorniæ fruticosæ*, d. 20 Apr. c. flor. et fr. » (Willk.)

3. ORLAYA

(Hoffm. *Umb.* I, p. 58).

1. **O. platycarpos** Koch, *Umb.* p. 79; DC. *Prodr.* IV, p. 209, n. 2; Gren. et Godr. *Fl. de Fr.* I, p. 672; Moris, *Fl. Sard.* II, p. 265, n. 561; Costa, *Intr. Fl. Catal.* p. 95, n. 853. — *Caucalis platycarpon* Gouan, *Fl. Monsp.* p. 285; Guss. *Fl. Sic. Syn.* I, p. 329, n. 2; Bertol. *Fl. Ital.* III, p. 181, n. 4; Desf. *Fl. Atlant.* I, p. 237; Camb. *Enum. pl. Balear.* n. 243. — ①. Mars-avril.

« Inter segetes insulæ Majoris prope Artam. — Florebat Aprili. » (Camb.)

MAJORQUE : *Champs de son Vivot près Inca.* — Mars.

2. **O. maritima** Koch, *Umb.* p. 47; DC. *Prodr.* IV, p. 209, n. 3; Gren. et Godr, *Fl. de Fr.* I, p. 672, Moris, *Fl. Sard.* II, p. 264, n. 560; Webb. *Iter. Hispan.* p. 43; Costa, *Intr. Fl. Catal.* p. 95, n. 854; Rodrig. *Catal. Suppl.* p. 28, n. 92; Barcelo, *Apuntes pl. Balear.* p. 24, n. 154. — *Caucalis maritima* Gouan, *Hort. Monsp.* 135; Desf. *Fl. Atlant.* I, p. 238; Guss., *Fl. Sic. Syn.* I, p. 330; Bertol. *Fl. Ital.* III, p. 182, n. 5. — ①. Avril-mai.

« Canasía, en las arenas maritimas de son Bou y de Binicudrell. — Mayo. » (Rodrig.)

« Arenales maritimos, Palma, San-Juan de Campós. — Abr. » (Barcelo.)

MINORQUE : *Plage de Santa-Galdana; côté sud du termino de Ciudadela.* — IVIÇA : *Bord de la mer en venant de las salinas.* — Avril, mai.

4. TURGENIA

(Hoffm. *Umb.* 59).

1. **T. latifolia** Hoffm. *l. c.*; Barcelo, *Apuntes pl. Balear.* p. 24, n. 155. — ④.

« Rara cerca de Palma. » (Barcelo.)

5. TORILIS

(Hoffm. *Umb.* 49).

1. **T. helvetica** Gmel. *Fl. Bad.* I, p. 617; DC. *Prodr.* IV, p. 219, n. 4; Gren. et Godr. *Fl. de Fr.* I, p. 675; Moris, *Fl. Sard.* II, p. 269, n. 563; Costa, *Intr. Fl. Catal.* p. 96, n. 859; Barcelo, *Apuntes pl. Balear.* p. 24, n. 156. — *T. infesta* Wallr. *Sched.* p. 120; Bertol. *Fl. Ital.* III, p. 187, n. 2. — *Caucalis arvensis* Huds. *Angl.* 113. — Var. β. *simplex* Camb. *Enum. pl. Balear.* n. 244. — ①. Mai.

« In umbrosis montium circa Esporlas in insulâ Majore. — Floret Maio. » (Camb.)

« Comun en los campós de Mallorca. » — May. » (Barcelo.)

MAJORQUE : *Garigue del monte de la Torre d'Alcudia.* — Mai.

2. **T. heterophylla** Guss. *Prodr.* I, p. 326; Rodrig. *Catal. Suppl.* p. 28, n. 93. — ①. Avril-mai.

« Matorrales; Binisarmeña en Mahon; Santa-Ponsa y barranco de se Mola en Alayor; San-Juan y barranco de Algendar en Ferrerias. — Fines de Abril, Mayo. (Rodrig.)

« Barranco de Soller. » (Bourgeau, *Exsicc.*)

3. **T. nodosa** Gærtn. *Carp.* I, p. 82, tab. 20, fig. 6; DC. *Prodr.* IV, p. 219, n. 8; Gren. et Godr. *Fl. de Fr.* I, p. 676; Moris, *Fl. Sard.* II, p. 270, n. 564; Costa, *Intr. Fl. Catal.* p. 96, n. 860; Rodrig. *Catal. Suppl.* p. 28. — *Biasolettia nodosa* Bertol. *Fl. Ital.* III, p. 192, n. 1. — *Caucalis nodosa* Desf. *Fl. Atlant.* I, p. 236. —

Caucalis nodiflora Lamk, *Dict.* I, p. 656 ; Camb. *Enum. pl. Balear.* n. 245. — ①. Avril-mai.

« In agris insulæ Majoris prope castellum Belver. — Floret Maio. » (Camb.)

« Santa-Ponsa en Alayor ; Favaret. — Abril-Mayo. » (Rodrig.)

MAJORQUE : *Pied des rochers de la Talaya veya, près la ermita d'Arta ; puig Badey près Arta.* — Mai.

6. BIFORA

(Hoffm. *Umb.* add. 2, p. 191).

1. **B. testiculata** Spreng. ap. Schult. *Syst.* VI, p. 38 et 448 ; Barcelo, *Apuntes pl. Balear.* p. 24. — *Coriandrum testiculatum* L. *Sp.* p. 367, n. 2 ; Camb. *Enum. pl. Balear.* n. 235. — ①. Mars-mai.

« Inter segetes Ebusi prope S.-Raphael, cum fructibus lectum Maio. » (Camb.)

« Portapi, torre d'en Pau. — Marz. » (Barcelo.)

2. **B. radians** Bieb. *Taur.-cauc. Suppl.* p. 233 ; Barcelo, *Apuntes pl. Balear.* p. 24, n. 157. — ①. Avril.

« Campós cultivados, Andraitx, Felanitx. — Abr. » (Barcelo.)

7. THAPSIA

(Tournef. *Inst.* 321, tab. 171).

1. **T. garganica** L. *Mant.* p. 57, n. 5 ; DC. *Prodr.* IV, p. 202, n. 1 ; Moris, *Fl. Sard.* II, p. 248, n. 548 ; Guss. *Fl. Sic. Syn.* I, p. 358, n. 1 ; Bertol. *Fl. Ital.* III, p. 380, n. 1 ; Desf. *Fl. Atlant.* I, p. 262 ; Camb. *Enum. pl. Balear.* n. 252. — ♃. Mai.

« Ad margines agrorum in Ebuso vulgatissima. — Floret Maio. » (Camb.)

MAJORQUE : *Montagnes de la ermita d'Arta.* — Mai.

En majorcain, *Tacita.* A Majorque, cette plante est employée en cataplasmes contre les douleurs.

2. **T. villosa** L. *Sp.* p. 375, n. 1 ; Camb. *Enum. pl. Balear.* n. 251. — ♃. Avril.

« In montibus insulæ Majoris prope Artam. — 14 Aprilis nondùm floruerat. » (Camb.)

8. LASERPITIUM

(L. *Gen*. p. 136, n. 344).

1. **L. gallicum** C. Bauh. *Pin*. 56; DC. *Prodr*. IV, p. 205, n. 8; Gren. et Godr. *Fl. de Fr*. I, p. 681; Moris, *Fl. Sard*. II, p. 251, n. 550; Bertol. *Fl. Ital*. III, p. 394, n. 4, Costa, *Intr. Fl. Catal*. p. 97, n. 865. — ♃. Juin.

MAJORQUE : *Fissures des rochers de la serra de Soller ; rochers de la couma de Arbona*. — Juin.

9. RIDOLFIA

(Moris, *Enum. sem. Hort. reg. Taurin*. ann. 1841, p. 43).

1. **R. segetum** Moris *l. c.* et *Fl. Sard*. II, p. 212, n. 525, tab. 75; Guss. *Fl. Sic. Syn*. I, p. 312, n. 1. — *Meum segetum* Guss. *Prodr*. I, p. 346; *Suppl*. p. 79. — *Fœniculum segetum* Presl, *Fl. Sic*. I, p. 26. — ①. Juin.

MAJORQUE : *Champs près du port de Pollenza*. — Juin.

10. FERULA

(Tournef. *Inst*. p. 321, tab. 170).

1. **F. communis** L. *Sp*. p. 355, n. 1; DC. *Prodr*. IV, p. 179, n. 8; Desf. *Fl. Atlant*. I, p. 251; Camb. *Enum. pl. Balear*. p. 253; Gren. et Godr. *Fl. de Fr*. I, p. 691. — *F. nodiflora* Moris, *Fl. Sard*. II, p. 243, n. 546; Bertol. *Fl. Ital*. III, p. 372, n. 1; icon. Sibth. *Fl. Gr*. III, tab. 279; Rodrig. *Catal. pl. Menorca*, p. 32, n. 232. — ♃. Mai.

« In insulâ Majore prope Esporlas, necnon in Ebuso. — Florebat Maio. » (Camb.)

« Hort de se rotja en Adaya. — Mayo. » (Rodrig.)

MAJORQUE : *Rochers de la Calobra, crique au N. de Lluch*. — Juin. — MINORQUE : *Rochers du barranco d'Algendar, dans le termino de Ciudadela*. — Mai.

Var. *paucivittata* Willk. *Index*, n. 465.

« Menorca : monte de Toro, in solo pingui glareosisque haud rara, d. 31 Mart. c. flor. » (Willk.).

2. **F. glauca** L. *Sp*. p. 355, n. 2; Gren. et Godr. *Fl. de Fr*. I, p. 692; Bertol. *Fl. Ital*. III, p. 174. — ♃. Avril.

IVIÇA : *Moulins de la ville (Iviça), terrains pierreux calcaires*. — Avril.

11. SELINUM

(L. *Gen.* p. 133, n. 337).

1. **S. carvifolium** L. *Sp.* p. 350, n. 3; Barcelo, *Apuntes pl. Balear.* p. 24, n. 158. — ♃. Juillet.

« Puig de Torella. — Jul. » (Barcelo.)

12. PASTINACA

(L. *Gen.* p. 144, n. 362).

1. **P. sativa** L. *Sp.* p. 376, n. 1; Rodrig. *Catal. pl. Menorca*, p. 32, n. 233; Barcelo, *Apuntes pl. Balear.* p. 24, n. 159. — ②.

« Cultivada. » (Rodrig. et Barcelo.)

2. **P. lucida** Gouan, *Illustr.* p. 19, tab. 11 et 12; DC. *Prodr.* IV, p. 189, n. 4; Gren. et Godr. *Fl. de Fr.* I, p. 695; Camb. *Enum. pl. Balear.* n. 250; Rodrig. *Catal. pl. Menorca*, p. 32, n. 234, et p. 102, n. 234. — ②. Avril-juin.

« In montibus insulæ Majoris prope Lluch frequens. 20 Aprilis nondùm floruerat in insulâ Minore (Hern.). » (Camb.)

« Hab. : c. Ala. y en el monte Toro (Salv.); camino de Adaya; barranco de Algendar; cala de Santa-Galdana, á la parte del termino de Ferr., ab. — Mayo. » (Rodrig.)

MAJORQUE : *Aumalluch, les terrains incultes autour de la ferme; torrent de la porte de la couma de Soller; toutes les parties montagneuses de l'île.*

Cette plante a une odeur vireuse très-prononcée. Les habitants d'AumaLuch me racontèrent qu'un âne de la ferme étant couvert de vermine, fut lavé avec la décoction de cette plante : dès le lendemain, tout le poil de l'animal était tombé, et les parasites avaient disparu.

13. TORDYLIUM

(L. *Gen.* p. 130, n. 330).

1. **T. apulum** L. *Sp.* p. 345, n. 3; Rodrig. *Catal. Suppl.* p. 28, n. 94. — ①. Avril-mai.

« Calas-covas, Calamporter. — Abril, principios de Mayo. » (Rodrig.)

14. MAGYDARIS

(Koch, in litt. 1828; — DC. coll. dess. V, p. 68).

1. **M. tomentosa** Koch, *l. c.* — ♃. Mai.

« Son Blanc; Alayor. — Mai. » (Com. cl. Rodrig.)

15. CRITHMUM

(L. *Gen.* p. 134, n. 340).

1. **C. maritimum** L. *Sp.* p. 354, n. 1 ; DC. *Prodr.* IV, p. 164, n. 1 ; Gren. et Godr. *Fl. de Fr.* I, p. 700 ; Moris, *Fl. Sard.* II, p. 216, n. 528 ; Guss. *Fl. Sic. Syn.* I, p. 326 ; Bertol. *Fl. Ital.* III, p. 333, n. 1 ; Desf. *Fl. Atlant.* I, p. 258 ; Costa, *Intr. Fl. Catal.* p. 99, n. 885 ; Camb. *Enum. pl. Balear.* n. 238 ; Rodrig. *Catal. pl. Menorca*, p. 32, n. 235. — ♃. Août-octobre.

« Ad rupes maritimas prope Bañalbufar, in insulâ Majore. » (Camb.)
« Ab. en los peñascos inmediatos al mar. — Ag.-Oct. » (Rodrig.)

Majorque : *Fentes des rochers au bord de la mer près Bañalbufar.* — Avril.

16. SESELI

(L. *Sp.* p. 360, n. 143).

1. **S. Libanotis** Koch, *Umb.* p. 111, et *Deutschl. Fl.* II, p. 411 ; Rodrig. *Catal. Suppl.* p. 28. — ②.

« Citado por Juan Ramis y por Oleo sin expressar localidad ; en los terminos de Alayor y San-Cristóbal una forma intermedia entre la α. *genuinum* Gren. et Godr. y la β. *daucifolium* DC. (Casall. segun Texidor). » (Rodrig.)

2. **S. tortuosum** L. *Sp.* p. 373, n. 7 ; Rodrig. *Catal. Suppl.* p. 29, n. 96. — ♃.

« San-Estéban en Mahon, Alayor (Casall. segun Texidor). » (Rodrig.)

17. BRIGNOLIA

(Bertol. in Desv. *Journ. Bot.* IV, p. 76).

1. **B. pastinacæfolia** Bertol. *l. c.* ; Gren. et Godr. *Fl. de Fr.* I, p. 711 ; Moris *Fl. Sard.* II, p. 228, n. 536 ; Guss. *Fl. Sic. Syn.* I, p. 324, n. 1 ; Bertol. *Fl. Ital.* III, p. 299, n. 1 ; Camb. *Enum. pl. Balear.* n. 237 ; Rodrig. *Catal. pl. Menorca*, p. 33, n. 237. — *Sium siculum* L. *Sp.* p. 362, n. 8 ; Desf. *Fl. Atlant.* I, p. 256. — *Ligusticum balearicum* L. *Mant.* alt. p. 218. — *Kundmannia sicula* DC. *Prodr.* IV, p. 143, n. 1. — *Campderia sicula* Lag. *Amœn. nat.* II, p. 99 ; icon. Jacq. *Hort. Vind.* II, tab. 133. — ♃. Avril-juin.

« Inter segetes insulæ Majoris, inter Alcudiam et Pollentiam ; in ins. Minore (Hern.). — Florebat Aprili. » (Camb.)

« Peñascos del lado S. O. del puerto; barranco de San-Juan en Mah. — Jun. » (Rodrig.)

MAJORQUE : *Garigues défrichées d'Arta.* — Mai.

Var. *Huetiorum* Willk. *Index*, n. 468.

« An species propria? Mallorca : ad agrorum margines prope præd. casa de Morai, in ditione oppidi Arta, rara. 23 Apr. cum flor. » — ♃. (Willk. *l. c.* et Rchb. *Fl. Germ.* XXI, fig. 28.)

18. FŒNICULUM

(Hoffm. *Umb.* p. 120, tab. 1).

1. **F. vulgare** Gærtn. *Fruct.* I, p. 105, tab. 23, fig. 5; DC. *Prodr.* IV, p. 142, n. 1; Gren. et Godr. *Fl. de Fr.* I, p. 712; Guss. *Fl. Sic. Syn.* I, p. 323, n. 1; Costa, *Intr. Fl. Catal.* p. 100, n. 894; Rodrig. *Catal. pl. Menorca*, p. 33, n. 238. — *Fœniculun officinale* Moris, *Fl. Sard.* II, p. 214, n. 526; Bertol. *Fl. Ital.* III, p. 339, n. 1. — *Anethum fœniculum* Camb. *Enum. pl. Balear.* n. 248. — ♃ ou ②.

« In collibus petrosis Balearium haud infrequens. » (Camb.)
« Subervey y son Fonoy en Ferr. — Verano. » (Rodrig.)

19. ŒNANTHE

(L. *Gen.* p. 140, n. 352).

1. **Œ. pimpinelloides** L. *Sp.* p. 366, n. 5; Rodrig. *Catal. Suppl.* p. 29. — ♃.

« Campsiquiat (Casall. segun Texidor). » (Rodrig.)

2. **Œ. globulosa** L. *Sp.* p. 365, n. 4; DC. *Prodr.* IV, p. 138, n. 10; Gren. et Godr. *Fl. de Fr.* I, p. 716; Moris, *Fl. Sard.* II, p. 226, n. 535; Guss. *Fl. Sic. Syn.* I, p. 328, n. 3; Desf. *Fl. Atlant.* I, p. 257; Rodrig. *Catal. Suppl.* p. 29, n. 97. — *Phellandrium globulosum* Bertol. *Fl. Ital.* III, p. 231, n. 2. — ♃. Avril-mai.

« Mongofre-nou; Campsiquiat; plans de Turmaden (Rodr.). — Abril, Mayo. » (Rodrig.)

MAJORQUE : *Terrains humides entre Alcudia et Pollenza.* — Mai.

20. BUPLEURUM

(L. *Gen.* p. 129, n. 328).

1. **B. protractum** Link et Hoffm. *Fl. portug.* II, p. 387; DC. *Prodr.* IV, p. 129, n. 16; Gren. et Godr. *Fl. de Fr.* I, p. 717;

Moris, *Fl. Sard.* II, p. 204, n. 519; Guss. *Fl. Sic. Syn.* I, p. 308, n. 1; Bertol. *Fl. Ital.* III, p. 132, n. 2; Costa, *Intr. Fl. Catal.* p. 101, n. 900; Camb. *Enum. pl. Balear.* n. 254; Rodrig. *Catal. pl. Menorca*, p. 33, n. 240. — ①. Mai-juin.

« Inter segetes Ebusi frequens. — Florebat Maio. » (Camb.)

« Hab. terrenos cultivados; Alcaufar; torre Petxina. — Mayo, Jun. » (Rodrig.)

MAJORQUE : *Les champs près d'Alcudia; casa de son Virot.* — Mars à mai.

2. **B. rotundifolium** L. *Sp.* p. 340, n. 1. — ①. Mai.

« Champs près Soller. » (Bourgeau, *Exsicc.*)

3. **B. Barceloi** Coss. ined. in Bourg. pl. bal. *exs.* s. n. Willkomm, *Index* n. 475 (sphalmate typographico, *B. Barceloi*). — *B. petræum* Barc. *Apunt.* p. 24, non L.

Tige de 60-80 centimètres, très-glabre, verte, suffrutescente, nue inférieurement, et n'offrant que les bases des feuilles tombées, se ramifiant plus haut avec des rameaux latéraux stériles, chargés de feuilles serrées comme les surcules des *Dianthus*. Tiges fertiles à rameaux assez courts, espacés. *Feuilles* persistantes, assez roides, linéaires, étroites, très-longues, à base dilatée, semi-amplexicaule, à bords lisses, enroulés en dessous, aiguës, non mucronées, à 5-7 nervures, les supérieures plus courtes, espacées. *Ombelles* longuement pédonculées, formées d'environ 8-13 rayons longuement pédicellés; ombelles compactes. Involucre polyphylle, à folioles à peu près du même nombre que les rayons, beaucoup plus courtes qu'eux, linéaires, très-étroites, cuspidées; involucelle à 5-6 folioles linéaires, très-aiguës, un peu plus courtes que les pédicelles ou les égalant. Fleurs jaunâtres.....

« Mallorca, in fissuris rupium calcar. regionis submontanæ in tractu sierra passim (hucúsque non nisi suprá pagum Fornalutx pr. Soller et pr. S'Escrop, ubi cl. Barceló d. 7 Sept. 1870 hanc plantam primus legit). — Floret Julio. » (Willk.).

« Majorque, fentes des rochers au-dessus de Fornalutx. — 8 juillet 1869. » (Bourgeau, *Exsicc.*).

MAJORQUE : *Anfractuosités des grands rochers calcaires de la serra qui dominent le barranco de Soller.* — 1er Juillet 1852.

A cette époque, les ombelles ne présentaient que quelques fleurs épanouies.

Le *B. Barceloi* est très-voisin du *B. paniculatum* Brot. var. ex Lange in *Prodr. Fl. Hisp.* III, p. 74.

4. **B. glaucum** Rob. et Cast. in DC. *Fl. fr.* suppl. p. 515, n. 3543; DC. *Prodr.* IV, p. 127, n. 4, Gren. et Godr. *Fl. de Fr.* I, p. 724; Moris, *Fl. Sard.* II, p. 207, n. 521; Guss. *Fl. Sic. Syn.* p. 301, n. 4; Bertol. *Fl. Ital.* III, p. 148, n. 16; Costa, *Intr. Fl. Catal.* p. 102, n. 905; Rodrig. *Catal. Suppl.* p. 29, n. 98; Barcelo, *Apuntes pl. Balear.* p. 25, n. 161. — ①. Mai-juin.

« Mezquita, raro; marina de Binidalins, Cutainas, son Blanc. — Mayo, Junio. » (Rodrig.)

« Belver; Prat, cerca de la casa Blanca. — May. » (Barcelo.)

MINORQUE : *Bords du vieux chemin dans le termino de Ciudadela.* Mai.

5. **B. petræum** L. *Sp.* p. 340, n. 3; Barcelo, *Apuntes pl. Balear.* p. 24, n. 160. — ♃. Juillet.

« Montes de Fornalutx, S'Escrop. — Jul. » (Barcelo.)

6. **B. aristatum** Bartling in Reich. icon. II, p. 170, tab. 178; DC. *Prodr.* IV, p. 129, n. 13; Gren. et Godr. *Fl. de Fr.* I, p. 724; Moris, *Fl. Sard.* II, p. 209, n. 523; Guss. *Fl. Sic. Syn.* I, p. 309, n. 3; Bertol. *Fl. Ital.* III, p. 146, n. 14; Costa, *Intr. Fl. Catal.* p. 102, n. 906; Camb. *Enum. pl. Balear.* n. 255; Rodrig. *Catal. Suppl.* p. 30, n. 99. — ①. Mai-juin.

« Ad apicem montis Galatzo inter rupes. — Florebat Maio. » (Camb.)

« Terrenos incultos y matorrales : Santa-Ponsa y son Blanc de Alayor. — Mayo, Junio. — Lluquelquelba, Alayor. » (Com. cl. Rodrig.)

MAJORQUE : *La serra de Soller; les blés de Lluch.* — Juin.

7. **B. opacum** Lange, *Prodr. Fl. Hisp.* III, p. 71; Willk. *Index*, n. 474.

« Mallorca : in pinetis pr. Alcudia d. 7 Apr. vix florens. » — ○. (Willk.)

Voisin des *B. odontites* et *aristatum*.

21. BERULA

(Koch, *Deutschl. Fl.* II, p. 455).

1. **B. angustifolia** Koch, *l. c.*; Gren. et Godr. *Fl. de Fr.* I, p. 726. — *Sium angustifolium* L. *Sp.* p. 1672, n. 1, 2; DC. *Prodr.* IV,

p. 125, n. 8; Costa, *Intr. Fl. Catal.* p. 102, n. 94; icon. Jacq. *Austr.* tab. 67; Camb. *Enum. pl. Balear.* n. 236. — ♃. Mai-juin.

« In humidis Ebusi haud rara; in insulâ Minore (Hern.). — Floret Maio. » (Camb.)

MAJORQUE : *Ruisseaux près Pollenza.* — Mai.

22. PIMPINELLA

(L. *Gen.* p. 145, n. 366).

1. **P. Tragium** Vill. *Prosp.* 24, et *Fl. Dauph.* II, p. 605, n. 4; DC. *Prodr.* IV, p. 121, n. 10; Gren. et Godr. *Fl. de Fr.* I, p. 728; Guss. *Fl. Sic. Syn.* I, p. 313, n. 1; Bertol. *Fl. Ital.* p. 269, n. 6; Camb. *Enum. pl. Balear.* n. 232. — ♃. Juillet-août.

« Inter rupes ad apicem montis puig Mayor in insulâ Majore. » (Camb.)

MAJORQUE : *Rochers de la couma de Arbona, au puig Mayor de Torellas.* — Juillet.

23. BUNIUM

(Koch in DC. *Prodr.* IV, p. 115, n. 48).

1. **B. ferulaceum** Smith, *Fl. Græc. Prodr.* I, p. 186; Camb. *Enum. pl. Balear.* n. 239. — ♃. Avril.

« In campis insulæ Majoris prope Esporlas. — Floret Aprili. » (Camb.)

24. BULBOCASTANUM

(Schur, *Enum. pl. Transilv.* p. 249).

1. **B. incrassatum** Lange, Willk. *Index*, n. 477. — ♃.

« Mallorca : puig de Teix, inter segetes Tritici supra Quercuum limitem, d. 7 Maii c. flor. » (Willk.)

2. **B. mauritanicum** Willk. *Index*, n. 478. — ♃.

« Mallorca : barranco de Soller, in pascuis saxosis regionis montanæ in ditione l'Ofra, d. 11 Maii c. flor. » (Willk.)

25. AMMI

(Tournef. *Inst.* p. 304).

1. **A. majus** L. *Sp.* p. 349, n. 1; Camb. *Enum. pl. Balear.* n. 240; Rodrig. *Catal. Suppl.* p. 30; Barcelo, *Apuntes pl. Balear.* p. 25. — ①. Mai-juillet.

« In agris insulæ Minoris prope portum Magonis. — Florebat Junio. » (Camb.)

« Binisarmeña junto al Cos-nou (Rodr.); caminos inmediatos á Alayor (Casall.!, Rodr.); son Blanc, Canasía (Rodr.). — Mayo á Julio. » (Rodrig.)

« Comun en los campós. — Jun. » (Barcelo.)

2. **A. Visnaga** Lamk, *Dict.* I, p. 132; Barcelo, *Apuntes pl. Balear.* p. 25, n. 163. — ①. Juillet.

« En los campos; Montuiri, Manacor, la Puebla, Santa-Margarita. — Jul. » (Barcelo.)

26. HELOSCIADIUM

(Koch, *Umb.* p. 125).

1. **H. nodiflorum** Koch, *Umb.* p. 126; Barcelo, *Apuntes pl. Balear.* p. 25, n. 164. — ♃. Mai.

« Acequias, Palma, Andraitx, la Puebla. — May. » (Barcelo.)

27. PETROSELINUM

(Hoffm. *Umb.* I, p. 78, tab. 1, fig. 1).

1. **P. sativum** Hoffm. *Umb.* I, p. 78, tab. 1, fig. 1; Rodrig. *Catal. pl. Menorca*, p. 34, n. 244. — *Apium Petroselinum* L. *Sp.* p. 379, n. 1; Camb. *Enum. pl. Balear.* n. 247. — ②.

« Çolitur in hortis Balearium. » (Camb.)

« Cultivado y subespontáneo. » (Rodrig.)

2. **P. peregrinum** Lag. Willk. *Index*, n. 482. — ♂.

« Mallorca : ..... (puig de Randa ad rupes marginis septentrionem spectantis copiose, ad alt. c. 800 mètr.; puig de S.-Salvador de Felanitx, ad alt. c. 500 mètr ; puig de Calvari prope Pollenza, ubi abundat ad alt. c. 130 mètr.). Apr. c. flor. » (Willk.).

28. APIUM

(Hoffm. *Umb.* I, p. 75, tab. 1, fig. 8).

1. **A. graveolens** L. *Sp.* p. 379, n. 2; DC. *Prodr.* IV, p. 101, n. 1; Gren. et Godr. *Fl. de Fr.* I, p. 739; Moris, *Fl. Sard.* II, p. 186, n. 509; Guss. *Fl. Sic. Syn.* I, p. 320, n. 1; Bertol. *Fl. Ital.* III, p. 258, n. 2; Costa, *Intr. Fl. Catal.* p. 104, n. 925; Camb. *Enum. pl. Balear.* n. 246. — ②. Juillet.

Var. α. *sylvestre* Camb. *Enum. pl. Balear.* n. 246; Rodrig. *Catal. pl. Menorca*, p. 34, n. 245.

« In insulà Minore (Hern.). » (Camb.)

« Hab. sitios húmedos y aguanosos. — Jul. » (Rodrig.)

Mahon.

Var. β. *sativum* Camb. *l. c.*

« Colitur in hortis Balearium. » (Camb.)

29. SCANDIX

(Gærtn. *Fl.* II, p. 33, tab. 85).

1. **S. Pecten-Veneris** L. *Sp.* p. 368, n. 2; DC. *Prodr.* IV, p. 221, n. 2; Gren. et Godr *Fl. de Fr.* I, p. 740; Moris, *Fl. Sard.* II, p. 236, n. 541; Bertol. *Fl. Ital.* III, p. 199, n. 1; Costa, *Intr. Fl. Catal.* p. 104, n. 926; Camb. *Enum. pl. Balear.* n. 234; Rodrig. *Catal. pl. Menorca*, p. 34, n. 246. — ①. Mars-mai.

« In agris insulæ Majoris et Ebusi frequens.— Florebat Aprili, Mayo. » (Camb.)

« Terrenos cultivados; Binicalafs; son Belloc. — Abr., Mayo. » (Rodrig.)

MAJORQUE : *Champs autour de Palma et Soller.* — Avril.

30. ANTHRISCUS

(Hoffm. *Umb.* I, p. 38).

1. **A. vulgaris** Pers. *Syn.* I, p. 320, n. 1; Barcelo, *Apuntes pl. Balear.* p. 25, n. 165. — ①. Mai.

« Sierra de Alfabia. — May. » (Barcelo.)

2. **A. Cerefolium** Hoffm. *Umb.* p. 41. — *Chærophyllum sativum* Lamk, *Fl. fr.* III, p. 438; Camb. *Enum. pl. Balear.* n. 233. — ①.

« Colitur in hortis. » (Camb.)

31. SMYRNIUM

(L. *Gen.* p. 144, n. 363, excl. sp.).

1. **S. Olusatrum** L. *Sp.* p. 376, n. 3; DC. *Prodr.* IV, p. 247, n. 1; Gren. et Godr. *Fl. de Fr.* I, p. 749; Moris, *Fl. Sard.* II, p. 173, n. 502; Guss. *Fl. Sic. Syn.* I, p. 247, n. 1; Bertol. *Fl. Ital.* III, p. 289, n. 1; Desf. *Fl. Atlant.* I, p. 264; Costa, *Intr. Fl. Catal.*

p. 106, n. 938; Camb. *Enum. pl. Balear.* n. 249; Rodrig. *Catal. pl. Menorca,* p. 34, n. 247. — ②. Mars-mai.

« Ad pagos in Balearibus vulgatissimum. — Floret Aprili. » (Camb.)
« Ab. en sitios sombrios. — Marz., Abr. » (Rodrig.)

MAJORQUE : *Son Dureto autour de Palma; bords des champs.* — IVIÇA : *Buttes des moulins d'Iviça.* — Mars-avril.

32. CONIUM

(L. *Gen.* p. 132, n. 336).

1. **C. maculatum** L. *Sp.* p. 349, n. 1; Rodrig. *Catal. pl. Menorca,* p. 34, n. 248. — ②. Avril-mai.

« Talayot de Torrauba. — Abr., Mayo. — Son Bell-noch; Ferrerias. » (Com. cl. Rodrig.)

MAJORQUE : *Ferme d'Elbercoutx, entre Pollenza et le cap Formentor* (Mai). — *Son Bañols près Alaro* (Avril). — *Can canal près Arta* (Mai).

33. ERYNGIUM

(L. *Gen.* p. 127, n. 324).

1. **E. campestre** L. *Sp.* p. 337, n. 8; Camb. *Enum. pl. Balear.* n. 257; Rodrig. *Catal. pl. Menorca,* p. 34, n. 249. — ♃. Juin-juillet.

« Ad vias in insulis Majore et Minore. » (Camb.)
« Comun en la parte S. de los términos de Mah., Alayor y Ferrerias.— Jun., Jul. » (Rodrig.)

2. **E. maritimum** L. *Sp.* p. 337, n. 5; Camb. *Enum. pl. Balear.* n. 256; Rodrig. *Catal. pl. Menorca,* p. 34, n. 250. — ♃. Juillet.

« In arenosis maritimis insulæ Majoris. » (Camb.)

« Arenales maritimos; inmediaciones de cala Mezquita; Albufera; playas de Algayrens; Tirant. — Jul. » (Rodrig.)

LI. ARALIACÉES

(ARALIACEÆ Juss. *Dict. sc. nat.* II, p. 348).

—

1. HEDERA

(L. *Gen.* 238).

1. **H. Helix** L. *Sp.* p. 292, n. 1; Camb. *Enum. pl. Balear.* n. 262; Rodrig. *Catal. pl. Menorca*, p. 35, n. 251. — ♄. Fl. Septembre-octobre. — Fr. Janvier-mars.

« Ad muros et truncos vetustos in Balearibus frequens. » (Camb.)
« Ab. en los peñascos y tapias sombrias. » (Rodrig.)

MAJORQUE : *Serra de Soller, ravin au bas de la Mamaliouda.*— Juin.

LII. LORANTHACÉES

(LORANTHEÆ Juss. et Rich. *Ann. Mus.* XII, p. 292).

—

1. VISCUM

(Tournef. *Inst.* tab. 380).

1. **V. album** L. *Sp.* p. 1451, n. 1; Camb. *Enum. pl. Balear.* n. 259. — ♄. Fl. Mars-avril. — Fr. Août-novembre.

« Ad arbores in montibus insulæ Majoris. » (Camb.)

LIII. CAPRIFOLIACÉES

(CAPRIFOLIACEÆ A. Rich. *Dict. class.* III, p. 172).

—

1. SAMBUCUS

(Tournef. *Inst.* tab. 376; — Lin. *Gen.* p. 372).

1. **S. Ebulus** L. *Sp.* p. 385, n. 1; Camb. *Enum. pl. Balear.* n. 261; Rodrig. *Catal. pl. Menorca*, p. 35, n. 253. — ♃. Fl. Juin-juillet. — Fr. Septembre-octobre.

« In Balearibus frequens. » (Camb.)
« Hort del Lleó c. el puerto de Adaya? » (Rodrig.)

2. **S. nigra** L. *Sp.* p. 385, n. 3; Rodrig. *Catal. pl. Menorca*, p. 25,

n. 254; Barcelo, *Apuntes pl. Balear.* p. 25, n. 167. — ♄. Fl. Juin. — Fr. Septembre.

« Cultivado. » (Rodrig.)
« Setos y caserios. — May. » (Barcelo.)

2. VIBURNUM

(L. *Gen.* p. 149, n. 370).

1. **V. Tinus** L. *Sp.* p. 383, n. 1; Gren. et Godr. *Fl. de Fr.* II, p. 7; Moris, *Fl. Sard.* II, p. 279, n. 569; Guss. *Fl. Sic. Syn.* I, p. 362, n. 1; Bertol. *Fl. Ital.* III, p. 481, n. 1; Desf. *Fl. Atlant.* I, p. 268; Camb. *Enum. pl. Balear.* n. 260. — ♄. Fl. depuis Février. — Fr. Août.

« In montibus insulæ Majoris vulgatissimum. — Floret Martio. » (Camb.)

Majorque : *A l'estretx d'Aumalluch; rochers entre Lluch et la ferme de las Barcas.*

3. LONICERA

(L. *Gen.* p. 93, n. 233).

1. **L. implexa** Ait. *Hort. Kew.* edit. 1, t. I, p. 231, n. 5; Gren. et Godr. *Fl. de Fr.* II, p. 9; Moris, *Fl. Sard.* II, p. 281, n. 571; Guss. *Fl. Sic. Syn.* I, p. 259, n. 1; Bertol. *Fl. Ital.* II, p. 559, n. 3; Camb. *Enum. pl. Balear.* n. 258; Rodrig. *Catal. pl. Menorca*, p. 35, n. 255. — *L. balearica* DC. *Fl. fr.* suppl. 499. — ♄. Fl. Mai-juin. — Fr. Août.

« Ad sepes in insulâ Majore, prope Soller, Incam, Artam; etiam in ins. Minore (Hern.).— Floret Maio. — In sepibus Ebusi prope S.-Eulaliam. » (Camb.)
« Matorrales y bosques; barranco de San-Juan en Mah.; barranco d'Algendar. » (Rodrig.)

Majorque : *Haies autour de Pollenza; en montant a la couma Negra près Soller; Bañalbufar.*

2. **L. pyrenaica** L. *Sp.* p. 248, n. 7; Gren. et Godr. *Fl. de Fr.* II, p. 11; Barcelo, *Apuntes pl. Balear.* p. 25, n. 168. — ♄. Juin.

« Puig de Torella; puig Mayor; puig de S'Arvaçay. — May. » (Barcelo.)

Majorque : *Rochers à pic des montagnes de Majorque; puig Mayor de Torellas et de Massanellas; Ariant près Pollenza; la serra de Soller.* — Juin.

Cette espèce a été publiée par Bourgeau, *Exsicc.* n. 2750, sous le nom de *L. pyrenaica* var. *grandiflora ;* elle a en effet les fleurs plus grandes que dans le type pyrénéen.

LIV. RUBIACÉES

(RUBIACEÆ Juss. *Gen.* 196, part.).

—

1. RUBIA

(L. *Gen.* p. 52, n. 127).

1. **R. peregrina** L. *Sp.* p. 158, n. 2 ; Gren. et Godr. *Fl. de Fr.* II, p. 13 ; Moris, *Fl. Sard.* II, p. 293 ; Guss. *Fl. Sic. Syn.* I, p. 193, n. 2 ; Bertol. *Fl. Ital.* II, p. 146, n. 2 ; Camb. *Enum. pl. Balear.* n. 274 ; Rodrig. *Suppl.* p. 30, n. 100. — ♃. Avril-juillet.

« Ubique in sterilibus Balearium. — Floret Aprili. » (Camb.)
« Abunda enredada en paredes y Lentiscos.— Mayo, Junio. » (Rodrig.)

MAJORQUE : *La serra de Soller ; les chemins près d'Arta ; murailles des semente des Tetx ; murailles de la cala San-Vicent près Pollenza ; broussailles près Soller.* — Mai-juin.

Var. α. *latifolia* Gren. et Godr. *Fl. de Fr.* II, p. 13 ; Rodrig. *Catal. Suppl.* p. 30, n. 100. — *R. lucida* L. *Syst. nat.* edit. 12, p. 732 ; Camb. *Enum. pl. Balear.* n. 274.

« Ubique in sterilibus Balearium. — Florebat Aprili. » (Camb.)
« En paredes de son Pons de Alayor. » (Rodrig.)

MAJORQUE : *Murailles de la cala San-Vicent près Pollenza.* — Juin.

Var. β. *intermedia* Gren. et Godr. *l. c.* ; Rodrig. *Catal. Suppl.* p. 30, n. 100.

« In paredes de son Pons de Alayor y en el monte Toro. » (Rodrig.)

Var. γ. *angustifolia* Gren. et Godr. *l. c.* ; Rodrig. *Catal. Suppl.* p. 30, n. 100. — *R. angustifolia* L. *Mant.* p. 39, n. 3 ; Camb. *Enum. pl. Balear.* n. 274.

« Majorque, mont Galatzo. » (Camb.)
« En Mahon (Pourr. herb. segun Texidor). » (Rodrig.)

MAJORQUE : *Fentes des rochers au cap d'Alcudia ; rochers de la ermita d'Arta ; rochers et vieilles murailles de Soller.* — Mai.

Var. δ. *Balearica* Willk. *Index*, c. descript. n. 324

« Mallorca : in fissuris rupium calcar. inque dumetis juxta aditum ad cavernam Cueva del ermitaño pr. Arta (Cabo Vermey) atque ad muros (inter saxa), inter Soller, Deyá et Miramar, in consortio var. α. et γ. satis frequens. — Aprili-Maio c. flor. » (Willk.) — ♃.

2. **R. tinctorum** L. *Sp.* p. 158 ; n. 1 ; Camb. *Enum. pl. Balear.* n. 274. — ♃. Mai-juin.

« Ubique in sterilibus Balearium. — Floret Aprili. » (Camb.)

3. **R. lævis** Poir. *Voy. en Barb.* II, p. 111. — ♃. Juin.

MAJORQUE : *Rochers du Tetx près Soller ; rochers de puig Gironellas et d'Ariant près Pollenza.* — Juin.

2. GALIUM

(L. *Gen.* p. 52, n. 125).

1. **G. decolorans** Gren. et Godr. *Fl. de Fr.* II, p. 19 ; Barcelo, *Apuntes pl. Balear.* p. 25, n. 171. — ♃. Juin-juillet.

« Montes de Lluch, S'Escrop. — Jun. » (Barcelo.)
« Fentes des rochers au barranco de Soller. » (Bourgeau, *Exsicc.*)

2*. **G. Mollugo** L. *Sp.* p. 155, n. 14 ; Barcelo, p. 25, n. 172. — ♃. Mai.

« Génova, Esporlas, Deyá. — May. » (Barcelo.)

3. **G. corrudæfolium** Vill. *Prosp. Dauph.* p. 20, et *Fl. Dauph.* II, p. 320, n. 4 ; Gren. et Godr. *Fl. de Fr.* II, p. 24. — *G. lucidum* All. *Pedem.* I, p. 5, tab. 77, fig. 2 ; Camb. *Enum. pl. Balear.* n. 266. — ♃. Juin-juillet.

« In fissuris rupium montium insulæ Majoris prope Esporlas. » (Camb.)

MAJORQUE : *Puig Mayor de Torellas, barranco de Soller.* — Juin.

4. **G. cinereum** All. *Pedem.* I, p. 6, tab. 77, fig. 4 ; Gren. et Godr. *Fl. de Fr.* II, p. 24 ; Camb. *Enum. pl. Balear.* n. 267. — ♃. Juin-juillet.

« In insulâ Majore ad apicem montis Galatzo, inter rupes. — Florebat Maio. » (Camb.)

MAJORQUE : *La couma freda de Massanellas.* — Juin.

5. **G. rubrum** L. *Sp.* p. 156, n. 19 ; Gren. et Godr. *Fl. de Fr.* II, p. 25 ; Moris, *Fl. Sard.* II, p. 300, n. 583. — ♃. Juin.

MAJORQUE : *La couma des prat des puig Mayor de Massanellas ; pierrailles du puig Mayor de Torellas.* — Juin.

6. **G. æthnicum** Biv. Bern. *Manip.* IV, p. 21. — ♃. Juin.

MAJORQUE : *Sommet du puig Mayor de Massanellas* (1340 m.). — Juin.

7. **G. sylvestre** Pollich, *Flora Palat.* p. 151, n. 151 (1776); Gren. et Godr. *Fl. de Fr.* II, p. 33. — ♃. Juin.

MAJORQUE : *La couma freda de Massanellas.* — Juin.

8. **G. palustre** L. *Sp.* p. 153, n. 3; Barcelo, *Apuntes pl. Balear.* p. 25, n. 173. — ♃. Mai.

« Lagunas de la Puebla y de Alcudia. » (Barcelo.)

9. **G. setaceum** Lamk, *Dict.* II, p. 584; Gren. et Godr. *Fl. de Fr.* II, p. 41; Moris, *Fl. Sard.* II, p. 302, n. 585; Guss. *Fl. Sic. Syn.* I, p. 187, n. 9; Bertol. *Fl. Ital.* II, p. 131, n. 25; Desf. *Fl. Atlant.* I, p. 129. — ①. Mai-juin.

MAJORQUE : *Barranco de Soller.* — Juin.

10. **G. divaricatum** Lamk, *Dict.* II, p. 580; Gren. et Godr. *Fl. de Fr.* II, p. 41; Guss. *Fl. Sic. Syn.* I, p. 186, n. 7. — ①. Avril-juin.

MAJORQUE : *Environs de Palma.* — Avril.

11. **G. parisiense** L. *Sp.* p. 157, n. 23; Rodrig. *Catal. Suppl.* p. 30, n. 101. — Var. α. *nudum* Gren. et Godr. *Fl. de Fr.* II, p. 42. — *G. anglicum* Huds. *Angl.* p. 69, n. 8; Camb. *Enum. pl. Balear.* n. 268. — ①. Mai-juin.

« In insulâ Majore ad apicem montis Galatzo, inter rupes. — Florebat Maio. » (Camb.)

« Predios son Blanc en Alayor; Granada en San-Cristóbal, son Gurnès en Ferrerias (Mayo). — Rampres Alayor. » (Rodrig.)

MAJORQUE : *Champs incultes près Soller.* — Mai.

12. **G. Aparine** L. *Sp.* p. 157, n. 22; Gren. et Godr. *Fl. de Fr.* II, p. 43; Rodrig. *Catal. pl. Menorca*, n. 260, et *Suppl.* p. 30; Barcelo, *Apuntes pl. Balear.* p. 25, n. 174. — ①. Mars-juillet

« Vergeles á la derecha del camino de la fuente den Simon. » (Rodrig.)

« Setos, orillas de los campós; Palma, Andraitx. — Marz. » (Barcelo.)

13. **G. tricorne** With. edit. 2, p. 153; Gren. et Godr. *Fl. de Fr.* II,

p. 44; Moris, *Fl. Sard.* II, p. 306, n. 588; Guss. *Fl. Sic. Syn.* I, p. 188, n. 12; Bertol. *Fl. Ital.* II, p. 124, n. 20; Camb. *Enum. pl. Balear.* n. 269. — ①. Avril-juin.

« In agris insulæ Majoris prope Valdemosam et in Ebuso. — Floret Aprili. » (Camb.)

MAJORQUE : *Arta, champs près Soller.* — Mai.

14. **G. saccharatum** All. *Pedem.* I, p. 9, n. 39; Gren. et Godr. *Fl. de Fr.* II, p. 45; Moris, *Fl. Sard.* II, p. 307, n. 589; Guss. *Fl. Sic. Syn.* I, p. 189, n. 13; Bertol. *Fl. Ital.* II, p. 123, n. 19; Camb. *Enum. pl. Balear.* n. 270; Rodrig. *Catal. pl. Menorca*, p. 36, n. 261. — ①. Mars-avril.

« In agris Balearium vulgatissima. — Floret Martio. » (Camb.)
« Ab. en los terrenos cultivados. » — (Rodrig.)

MAJORQUE : *Montagnes de la ermita d'Arta; champs de son Vivot près Inca.*— IVIÇA : *Murailles des chemins d'Iviça.*— Mars à mai.

15. **G. murale** All. *Pedem.* I, p. 8, n. 34, tab. 77, fig. 1; Gren. et Godr. *Fl. de Fr.* II, p. 46; Guss. *Fl. Sic. Syn.* I, p. 190, n. 17; Bertol. *Fl. Ital.* II, p. 135, n. 27; Camb. *Enum. pl. Balear.* n. 271; Rodrig. *Suppl.* p. 30, n. 102; Barcelo, *Apuntes pl. Balear.* p. 25. — ♃. Avril-mai.

« Ad rupes in Ebuso circa S.-Inès. — Florebat Maio. » (Camb.)
« Terrenos incultos : Binisarmeña y Mongofre en Mahon, Santa-Ponsa en Alayor. — Abril. » (Rodrig.)
« Palma, Valdemosa, Deyá, Lluch. — Abr. » (Barcelo.)

MAJORQUE : *Barranco de Soller.* — Juin.

3. VAILLANTIA

(DC. *Fl. fr.* IV, p. 266, n. 563).

1. **V. muralis** L. *Sp.* p. 1490, n. 2; Gren. et Godr. *Fl. de Fr.* II, p. 46; Moris, *Fl. Sard.* II, p. 311, n. 593; Bertol. *Fl. Ital.* II, p. 138, n. 1; Camb. *Enum. pl. Balear.* n. 272; Rodrig. *Catal. pl. Menorca*, p. 36, n. 262. — ①. Mars-juin.

« Inter rupes insulæ Majoris et Ebusi frequens.—Floret Martio.» (Camb.)
« Hab. : Alcaufar. — Marz. » (Rodrig.)

MAJORQUE : *Garigue de Belver; garigue après le Prat; montagnes de Randa.* — Mars-avril.

2. **V. hispida** L. *Sp.* p. 1490, n. 1; Bertol. *Fl. Ital.* II, p. 139, n. 2; Camb. *Enum. pl. Balear.* n. 273. — ①. Avril-mai.

« In insulâ Majore prope Artam. — Florebat Aprili. » (Camb.)

MAJORQUE : *Champs incultes près Soller.* — IVIÇA : *Chemin d'Iviça à S.-Eulalia ; sommet du puig d'Enserra.* — Avril-mai.

3. **V. filiformis** Willd. IV, p. 948, n. 3. — ①. Avril-juin.

MAJORQUE : *Albufera d'Alcudia.* — Mai.

4. ASPERULA

(L. *Gen.* p. 50, n. 121).

1. **A. lævigata** L. *Mant.* p. 38, n. 8 ; Gren. et Godr. *Fl. de Fr.* II, p. 48 ; Moris, *Fl. Sard.* II, p. 290, n. 567 ; Guss. *Fl. Sic. Syn.* I, p. 178, n. 2 ; Bertol. *Fl. Ital.* II, p. 89, n. 13 ; Desf. *Fl. Atlant.* I, p. 127 ; Rodrig. *Catal. pl. Menorca*, p. 36, n. 263 ; Barcelo, *Apuntes pl. Balear.* p. 26, n. 175. — ♃. Mars-mai.

« Hab. : sitios sombrios ; camino que de la fuente den Simon empalma con el viejo de Alayor ; barranco del Favaret. — Marz., Abr. » (Rodrig.)

« Parages húmedos. Establiments, Felanitx, Lluch, Soller. — May. » (Barcelo.)

MAJORQUE : *Casas de neou du col de Massanellas ; bords des fossés au col de Soller.* — MINORQUE : *Chemin vieux de Mahon, dans le termino de Ciudadela.* — Mai-juin.

2. **A. arvensis** L. *Sp.* p. 150, n. 2 ; Gren. et Godr. *Fl. de Fr.* II, p. 49 ; Moris, *Fl. Sard.* II, p. 289, n. 576 ; Guss. *Fl. Sic. Syn.* I, p. 178, n. 3 ; Bertol. *Fl. Ital.* II, p. 76, n. 2 ; Camb. *Enum. pl. Balear.* n. 264 ; Rodrig. *Suppl.* p. 30, n. 103 ; Barcelo, *Apuntes pl. Balear.* p. 26. — ①. Avril-juin.

« In agris Ebusi. — Florebat Maio. » (Camb.)

« Rara. Menorca, sin expresar localidad (Bart., Ramis, segun Texidor) ; barranco de Algendar. — Mayo. » (Rodrig.)

« En los campós, Palma, Felanitx, Andraitx. — Abr. » (Barcelo.)

MAJORQUE : *Champs près du col de son Mas, près Manacor ; champs près Soller.* — Avril.

3. **A. cynanchica** L. *Sp.* p. 151, n. 6 ; Camb. *Enum. pl. Balear.* n. 265 ; Barcelo, *Apuntes pl. Balear.* p. 26. — ♃. Avril-juin.

« In aridis Ebusi frequens. — Florebat Maio. » (Camb.)

« Belver, Lluch, Lloseta, Soller. — Abr. » (Barcelo.)

5. SHERARDIA

(L. *Gen.* p. 50, n. 120).

1. **S. arvensis** L. *Sp.* p. 149, n. 1; Gren. et Godr. *Fl. de Fr.* II, p. 50; Moris, *Fl. Sard.* II, p. 288, n. 575; Guss. *Fl. Sic. Syn.* I, p. 181, n. 1; Bertol. *Fl. Ital.* II, p. 72, n. 1; Desf. *Fl. Atlant.* I, p. 126; Camb. *Enum. pl. Balear.* n. 263; Rodrig. *Catal. pl. Menorca*, p. 36, n. 264. — ① ou ②. Mars-août.

« In agris Balearium vulgatissima. — Floret Martio. » (Camb.)
« Comun en terrenos cultivados. — Marz., Abr. » (Rodrig.)

MAJORQUE : *Arta ; champs près Soller.* — Juin.

6. CRUCIANELLA

(L. *Gen.* p. 52, n. 126).

1. **C. maritima** L. *Sp.* p. 158, n. 4; Gren. et Godr. *Fl. de Fr.* II, p. 50; Moris, *Fl. Sard.* II, p. 284, n. 572; Guss. *Fl. Sic. Syn.* I, p. 192, n. 3; Bertol. *Fl. Ital.* II, p. 143, n. 3; Desf. *Fl. Atlant.* I, p. 132; Barcelo, *Apuntes pl. Balear.* p. 26, n. 176; Rodrig. *Suppl.* p. 30, n. 104. — ♄. Avril-juin.

« Arenas maritimas de la canasía Alayor. — Mayo. » (Rodrig.)
« Arenales maritimos, Palma, arenal de Noseras. — May. » (Barcelo.)

MAJORQUE : *Bord de la mer à Alcudia.* — Mai.

2. **C. latifolia** L. *Sp.* p. 158, n. 2; Gren. et Godr. *Fl. de Fr.* II, p. 51; Guss. *Fl. Sic. Syn.* I, p. 191, n. 2; Desf. *Fl. Atlant.* I, p. 131; Barcelo, *Apuntes pl. Balear.* p. 26, n. 177. — ①. Mai-juillet.

« Terrenos secos, Andraitx, Esporlas, Deyá, Valdemosa. — May. » (Barcelo.)

MAJORQUE : *Champs incultes, barranco de Soller, la route de can Tetx.* — Juin.

3. **C. angustifolia** L. *Sp.* p. 157, n. 1; Gren. et Godr. *Fl. de Fr.* II, p. 51; Moris, *Fl. Sard.* II, p. 287, n. 574; Guss. *Fl. Sic. Syn.* I, p. 191, n. 1; Bertol. *Fl. Ital.* II, p. 141, n. 1; Desf. *Fl. Atlant.* I, p. 131; Rodrig. *Suppl.* p. 31, n. 105. — ①. Mai-juillet.

« Santa-Ponsa en Alayor. — Mayo, principios de Junio. » (Rodrig.)

MAJORQUE : *Champs incultes du barranco de Soller; la route de can Tetx.* — Juin.

LV. VALÉRIANÉES

(VALERIANEÆ DC. *Fl. fr.* IV, p. 232).

—

1. CENTRANTHUS

(DC. *Fl. fr.* IV, p. 238).

1. **C. ruber** DC. *Fl. fr.* IV, p. 239, n. 3327; Barcelo, *Apuntes pl. Balear.* p. 26, n. 179. — ①. Mars-avril.

« Paredes próximas á los sitios donde se cultiva. — Abr. » (Barcelo.)

2. **C. Calcitrapa** Dufr. *Val.* p. 39, n. 3; Gren. et Godr. *Fl. de Fr.* II, p. 53; Moris, *Fl. Sard.* II, p. 321, n. 600; Camb. *Enum. pl. Balear.* n. 275; Rodrig. *Catal. pl. Menorca*, p. 36, n. 261. — β. *orbiculata* DC. *Prodr.* IV, 632. — *Valeriana Calcitrapa* Guss. *Fl. Sic. Syn.* I, p. 25, n. 2; Bertol. *Fl. Ital.* I, p. 165, n. 4; Desf. *Fl. Atlant.* I, p. 28. — ①. Mars-juin.

« Ubique ad muros Balearium. — Floret Martio. » (Camb.)
« Sitios sombrios y pedregosos, inmediaciones de la fuente den Simon; Subervey; barranco de Algendar. — Abr., Mayo. » (Rodrig.)

MAJORQUE : *Garigues au-dessus de Belver; montagnes de la ermita d'Arta; champs incultes près Soller; sommet de puig Mayor de Torellas.* — FORMENTERA : *Rochers au sud de la mola.* — Avril à juin.

3. **C. orbiculatus** Dufr. *Val.* p. 39, n. 4; Barcelo, *Apuntes pl. Balear.* p. 26, n. 178. — ①. Mars-avril.

« Colinas de Arta. — Marz., Abr. » (Barcelo.)

4. **C. macrosiphon** Boiss. *Voy.* p. 738; *Diagn. pl. Or.* 1re sér., fasc. 3, p. 57. — ①. Mai.

MINORQUE : *Talayot, termino de torre Fuda près Ciudadela.*

2. VALERIANELLA

(Poll. *Fl. Palat.* I, p. 29).

1. **V. microcarpa** Lois. *Fl. Gall. not.* p. 151; Rodrig. *Suppl.* p. 31, n. 106. — ①. Mars-avril.

« Alcaufar, Binisarmeña; son Blanc-nou. — Marz., Abril. » (Rodrig.)

2. **V. coronata** DC. *Fl. fr.* IV, p. 241, n. 3333; Camb. *Enum. pl. Balear.* n. 277. — ①. Avril-mai.

« In agris insulæ Majoris et Ebusi frequens. — Floret Aprili ; fructus maturat Maio. » (Camb.)

3. **V. discoidea** Lois. *Fl. Gall. not.* p. 148 ; Gren. et Godr. *Fl. de Fr.* II, p. 66 ; Rodrig. *Suppl.* p. 31, n. 107. — ①. Avril-mai.

« Santa-Ponsa, torresuli y canasía en Alayor. — Abril, Mayo. » (Rodrig.)

MAJORQUE : *Garigues sèches, chemin de Palma à Lluchmayor ; Arta ; barranco de Soller.* — Mars à juin.

4. **V. truncata** DC. Willk. *Index*, n. 229. — ⊙.

« Mallorca : in solo uliginoso exsiccato graminoso, inter dumeta, in ditione el Prat, d. 19 Aprili c. flor. » (Willk.)

5. **V. eriocarpa** Desv. Willk. *Index*, n. 230. — ⊙.

« Mallorca : in arenosis pinetorum ad cast. Belver. — April. c. flor. » (Willk.)

6. **V. Morisonii** Koch, β. *dasycarpa* Willk. *Index*, n. 231. — ⊙.

« Mallorca : in cultis (v. c. huerta de Soller). — Maio c. flor. et fr. » (Willk.)

3. FEDIA

(Mœnch, *Method. pl.* p. 486).

1. **F. Caput-bovis** Pomel, *Nouv. matér. Fl. Atlant.* p. 72 (1874).

« Fruit pubescent, oblong, à loges stériles, non débordantes, spon- » gieuses, sauf un canal situé à l'angle interne et séparé du voisin par la » cloison ventrale, qui correspond extérieurement à une gouttière pro- » fonde et étroite. Limbe du calice en coupe un peu évasée, prolongée de » chaque côté en un appendice linéaire, oblong, étalé, avec une dent » souvent obsolète dans le sinus dorsal. Les fruits inférieurs ont un » limbe calicinal à dents courtes et les loges stériles moins rapprochées, » séparées par la côte carénée de la gouttière ventrale. Corolle à lobes » petits, à tube très-grêle, quatre fois aussi long que le limbe. » (Pomel.)

F. Cornucopiæ Camb. *Enum. pl. Balear.* n. 276. — ①. Mars-avril.

« Ad margines agrorum prope Palmam in insulà Majore. — Floret Martio. » (Camb.)

MAJORQUE : *Palma, côté de Belver.* — 22 avril 1852.

LVI. DIPSACÉES

(DIPSACEÆ DC. *Fl. fr.* IV, p. 221).

---

1. DIPSACUS

(Tournef. *Inst.* p. 265).

1. **D. sylvestris** Mill. *Dict.* II; Gren. et Godr. *Fl. de Fr.* II, p. 67; Moris, *Fl. Sard.* II, p. 324, n. 602; Guss. *Fl. Sic. Syn.* I, p. 169, n. 1; Bertol. *Fl. Ital.* II, p. 14, n. 2; Desf. *Fl. Atlant.* I, p. 118; Barcelo, *Apuntes pl. Balear.* p. 26, n. 180. — ②. Avril-juillet.

« Sitios húmedos, Palma, Esporlas, Deyá, Lluch, Artá. — Abr. » (Barcelo.)

MAJORQUE : *Champs autour de Lluch et champs auprès d'Alcudia.* — Mai-juin.

2. CEPHALARIA

(Schrad. *Ind. sem. Gott.* 1814).

1. **C. balearica** Coss. in Bourgeau *Exsicc.* Willk. *Index*, n. 233. — *C. syriaca* Barc. *Apunt.* p. 26, non R. Sch.

« Rochers du barranco de Soller, 8 juillet 1869. » (Bourgeau.)

« Sierra del Teix, montes de Formalutx, S'Escrop, Single-Verd. » (Barcelo.)

« Puig gross de Ternellas. » (Willk.)

MAJORQUE : *La couma de Arbona de puig Mayor de Torellas* (900 m.) (8 août 1852); *rochers du barranco de Soller* (8 juillet 1852).

Plante glabre, à souche vivace, indurée, suffrutescente, portant une ou plusieurs tiges de 30 à 60 centimètres, ascendantes, cannelées, anguleuses, simples, rarement rameuses.—*Feuilles* très-fermes, coriaces, atténuées en pétiole, plus ou moins acuminées au sommet, ciliées à la base par des poils calleux plus abondants à la partie connée des pétioles, les inférieures plus ou moins dentées en scie, les moyennes entières ou presque entières, les supérieures linéaires subbractéiformes. — Capitule dressé. Pédoncules canaliculés, glabres jusqu'au sommet, un peu épaissi. Écailles du réceptacle coriaces, amincies, subscarieuses aux bords, pubescentes extérieurement, plus ou moins ovales-obtuses, les extérieures presque arrondies, glabrescentes. — Calice velu, subsessile, cyathiforme, à bords fimbrillés.—*Fleurs* de grandeur médiocre, non rayonnantes, jaunâtres; corolle à lobes un peu inégaux, velue, soyeuse à l'extérieur.—*Fruit* couvert d'une villosité presque appliquée, 4-gone, un peu arqué, à sillons prolongés jusqu'au sommet. — Involucre à limbe un peu plus court que le calice, cyathiforme, à divisions des angles plus grandes, linéaires-obtuses, celles des faces plus étroites, paléiformes, contiguës, un peu inégales entre elles. — Tube prismatique, un peu atténué à la base, à angles plus ou moins aigus. — ♃. Juillet-août.

3. KNAUTIA

(Coult. *Dips.* p. 40).

1. **K. hybrida** Coult. *Dips.* p. 40; Gren. et Godr. *Fl. de Fr.* II, p. 71. — ①. Mai-juin.

MAJORQUE : *Champs d'Aumalluch; chemin de Lluch à Soller.* — Juin.

4. SCABIOSA

(L. *Gen.* p. 48, n. 115).

1. **S. stellata** L. *Sp.* p. 144, n. 15; Barcelo, *Apuntes pl. Balear.* p. 26, n. 182. — ①. Avril-juin.

« Belver, Font-Santa près Campos. — Abr. » (Barcelo.)

MAJORQUE : *Rochers du barranco de Soller.* — Juin.

2. **S. cretica** L. *Sp.* p. 145, n. 20; Guss. *Fl. Sic. Syn.* I, p. 176, n. 8; Bertol. *Fl. Ital.* II, p. 66, n. 15; Camb. *Enum. pl. Balear.* n. 280; Rodrig. *Catal. pl. Menorca*, p. 37, n. 269; Barcelo, *Apuntes pl. Balear.* p. 26. — ♄. Avril-mai.

« Ad rupes maritimas insulæ Majoris prope Bañalbufar. » (Camb.)

« Hab. : grietas de peñascos calcáreos; barranco den Fideu; son Fonoy c. el barranco de Algendar (Carr.). — Abr.-Mayo. » (Rodrig.)

« Hendiduras de las peñas, Andraitx, Valdemosa, Deyá, Caymari, Lluch, S'Escrop, Bañalbufar. — May. » (Barcelo.)

MAJORQUE : *Rochers de la couma de Arbona du puig Mayor de Torrellas; rochers du pic de Tetx près Soller; rochers du port d'Estellencs; barranco de Soller; la peña Roya près d'Alcudia; rochers de la Talaya veya près Arta.* — Avril-juin.

3. **S. columbaria** L. *Sp.* p. 143, n. 12 (excl. var. *maritima* Camb.); Camb. *Enum. pl. Balear.* n. 281; Rodrig. *Catal. pl. Menorca*, p. 38, n. 271. — ♃. Avril-septembre.

« In sterilibus insulæ Majoris prope Incam. — Floret Maio. » (Camb.)

« Ab. en toda la isla. — Jun.-Oct. » (Rodrig.)

4. **S. maritima** L. *Sp.* p. 144, n. 13; Rodrig. *Suppl.* p. 31, n. 108. — ①. Mai-juillet.

« Abunda en los caminos; arenas maritimas de la Canasía. — Mayo á Julio. » (Rodrig.)

MAJORQUE : *Barranco de Soller.* — Juin.

LVII. SYNANTHÉRÉES

(SYNANTHEREÆ C. Rich. in *Marth. Cat. hort. bot.* 1801, p. 85).

1. PHAGNALON

(Cass. *Bull. phil.* 1819, p. 174).

1. **P. sordidum** DC. *Prodr.* V, p. 396; Gren. et Godr. *Fl. de Fr.* II, p. 94; Moris, *Fl. Sard.* II, p. 377, n. 635; Rodrig. *Catal. pl. Menorca*, p. 38, n. 272. — *Conyza sordida* Bertol. *Fl. Ital.* IX, p. 178, n. 3; Desf. *Fl. Atlant.* II, p. 269; Camb. *Enum. pl. Balear.* n. 331. — ♃. Mai-juin.

« Frequens inter rupes montium insulæ Majoris; etiam in insulâ Minore (Hern.). » (Camb.)

« Peñascos en el monte Santa-Agueda y barranco de Algendar. — Santa-Ponsa Alayor. — Mayo. » (Rodrig.)

MAJORQUE : *Rochers de la route de can Tetx près Soller; couma de Arbona, au puig Mayor de Torellas.* — Juin.

2. **P. saxatile** Cass. *Bull. phil.* 1819, p. 174; Gren. et Godr. *Fl. de Fr.* II, p. 95; Moris, *Fl. Sard.* II, p. 374, n. 632; Rodrig. *Catal. pl. Menorca*, p. 38, n. 273. — *Conyza saxatilis* L. *Sp.* p. 1206, n. 3; Guss. *Fl. Sic. Syn.* II, p. 499, n. 4; Bertol. *Fl. Ital.* IX, p. 179, n. 4; Camb., *Enum. pl. Balear.* n. 329. — ♃. Avril-août.

« Ubique ad muros et rupes Balearium. — Floret Aprili. » (Camb.)

« Peñas del Funduco; camino de la Albufera; Alcaufar; Serra-Morena. — Mayo-Oct. » (Rodrig.)

MAJORQUE : *Murs près son Defla près Lloreto; couma Negra près Soller. — Palma, côté de Belver.* — Mars à juin.

3. **P. Tenorii** Presl, *Fl. Sic.* I, p. 29 (1826); Gren. et Godr. *Fl. de Fr.* II, p. 95. — *P. rupestre* DC. *Prodr.* p. 396 (1836); Moris, *Fl. Sard.* II, p. 375, n. 633; Rodrig. *Suppl.* p. 31. — *Conyza*

rupestris Desf. *Fl. Atlant.* p. 268; Camb. *Enum. pl. Balear.* n. 330. — ♃. Avril-juillet.

« In petrosis prope Artam, Cauviam, in insulâ Majore. — Florebat Aprili, Maio. » (Camb.)
« Canutells en Mahon, Montañeta en Ciudadela. — Abril à Junio. » (Rodrig.)

MAJORQUE : *La serra de Soller.* — Juin.

β. *pedunculare* Willk.; Rodrig. *Catal. Suppl.* p. 31.

« En el termino de San-Cristóbal (Casall. segun Texidor). » (Rodrig.)

2. CONYZA

(Less. *Synops.* p. 203, n. 9).

1. **C. ambigua** DC. *Fl. fr.* suppl. p. 468, n. 3127ᵃ; Camb. *Enum. pl. Balear.* n. 328. — ①. Juin-juillet.

« In insulâ Minore. » (Camb.)

3. ASTER

(Nees, *Ast.* p. 16).

1. **A. Tripolium** L. *Sp.* p. 1226, n. 9; Rodrig. *Suppl.* p. 31; Barcelo, *Apuntes pl. Balear.* p. 27, n. 186. — ②. Mai-septembre.

« Camino del Cuatre Ponts, cerca de Mahon. — Octubre, Noviembre y Marzo. » (Rodrig.)
« Albufera de Alcudia, en Menorca (Rodr.). — May. » (Barcelo.)

4. ERIGERON

(L. *Gen.*, n. 951).

1. **E. canadense** L. *Sp.* p. 1210, n. 5; Rodrig. *Catal. pl. Menorca*, Adic. p. 103, n. 275 *bis*; Barcelo, *Apuntes pl. Balear.* p. 26, n. 185. — ①. Juillet-septembre.

« Ab. en las inmediaciones de Mah. — Jul. » (Rodr.)
« Comunisima en el llano de Mallorca y de Ibiza. » (Barcelo.)

5. BELLIUM

(L. *Mant.* p. 157, n. 1322).

1. **B. bellidioides** L. *Mant.* p. 285; Gren. et Godr. *Fl. de Fr.* II, p. 105; Moris, *Fl. Sard.* II, p. 351, n. 614; Bertol. *Fl. Ital.* IX, p. 322, n. 1; Desf. *Fl. Atlant.* II, p. 279; Camb. *Enum. pl. Ba-*

lear. n. 341 ; Rodrig. *Catal. pl. Menorca,* p. 39, n. 277. — ♃. Mai-juillet.

« In humidis prope Deyam, in insulâ Majore (Trias), necnon in maritimis insulæ Minoris (Hern.). » (Camb.)

« Hab. : puerto de Mah. (Salv.!) ; inmediaciones de cala Mezquita y Albufera ; barranco de son Tema. — Mayo-Jul. » (Rodrig.)

« Abondant au bord des sources au-dessus de Soller. » (Bourgeau, *Exsicc.* n. 2766.)

MAJORQUE : *Commun dans les lieux humides; serra de Soller; col d'Esporal près Arta ; cala Figuera du cabo Formentor.* — MINORQUE : *Autour du port de Ciudadela.* — *Ilot de* CABRERA. — Mai-juin.

6. BELLIS

(L. *Gen.* p. 429, n. 962).

1. **B. annua** L. *Sp.* p. 1249, n. 2 ; Gren. et Godr., *Fl. de Fr.* II, p. 105 ; Moris, *Fl. Sard.* II, p. 348, n. 611 ; Guss. *Fl. Sic. Syn.* II, p. 508, n. 4 ; Bertol. *Fl. Ital.* IX, p. 320, n. 4 ; Desf. *Fl. Atlant.* II, p. 280 ; Camb. *Enum. pl. Balear.* n. 345 ; Rodrig. *Catal. pl. Menorca,* p. 39, n. 278. — ①. Mars-juillet.

« Ubique in Balearibus. — Floret primo vere. » (Camb.)

« Ab. en toda la isla. — Nov.-Feb. » (Rodrig.)

MAJORQUE : *Champs de son Vivot; montagnes de la ermita d'Arta; Palma, côté de Belver.* — Mars à mai.

2. **B. silvestris** Cyr. *Pl. rar.* II, p. 12, tab. 4 ; Camb. *Enum. pl. Balear.* n. 346 ; Rodrig. *Catal. pl. Menorca,* p. 39, n. 280. — ♃. Août-septembre.

« In insulis Majore (Trias) et Minore (Hern.), ad vias. — Floret autumno. » (Camb.)

« Ab. en los bordes de los caminos (Hern. !) ; sitios frescos y herbosos de toda la isla. — Set.-Dic. » (Rodrig.)

7. ARONICUM

(Neck. *Elem.* n. 49).

1. **A. scorpioides** DC. *Prodr.* VI, p. 319, n. 3. — ♃. Juin-juillet.

MAJORQUE : *Se couma freda de Massanellas.* — Juin.

8. SENECIO

(Less. *Syn.* p. 391, n. 13).

1. **S. vulgaris** L. *Sp.* p. 1216, n. 7 ; Camb. *Enum. pl. Balear.*

n. 337; Rodrig. *Catal. pl. Menorca*, p. 39, n. 281. — ①. Toute l'année.

« In Balearibus frequens. » (Camb.)

« Ab. en sitios cultivados. — Nov.-Marz. » (Rodrig.)

2. **S. viscosus** L. *Sp.* p. 1217, n. 12; Rodrig. *Catal. pl. Menorca*, p. 39, n. 282. — ①. Mai-septembre.

« Hab. : marina de son Gurnès. — Mayo. » (Rodrig.)

3. **S. lividus** L. *Sp.* p. 1216, n. 10; Rodrig. *Suppl.* p. 32, n. 109. — ①. Avril-juin.

« Peñas en las covas vellas de Mercadal (Casall.); son Saura de Mercadal y la mola de Mahon (Casall. segun Texidor). — Abril. » (Rodrig.)

4. **S. Rodriguezii** Willk. in litt. et *Index*, n. 264; Rodrig. *Suppl.* p. 32, n. 110. — ①. Mars-mai.

« Cerca del mar en terrenos arenosos y pedregosos; Mezquita; Capifort en el Pou den Carles; Mongofre-nou (Rodrig.); son Saura cerca del arenal den Castell (Casall.!); entre la torre del Ram y el puerto de Ciudadela (Rodrig.); Mezquita de Mahon. — Marzo á Mayo. (Rodrig.)

MAJORQUE : *Cala Figuera du cap Formentor; cala San-Vicent près Pollenza.* — Mai-juin. — MINORQUE : *Plage de Perelleta près Ciudadela.* — Mai.

5. **S. crassifolius** Willd. *Sp.* III, p. 1982, n. 28; Gren. et Godr. *Fl. de Fr.* II, p. 113; Guss. *Fl. Sic. Syn.* II, p. 474, n. 8; Bertol. *Fl. Ital.* IX, p. 217, n. 5. — ①. Mars-avril.

IVIÇA : *Isleta des Boute-foc dans le port d'Iviça.* — FORMENTERA. — Avril-mai.

6. **S. gallicus** Chaix in Vill. *Dauph.* I, p. 371, et III, p. 230, n. 6; Gren. et Godr. *Fl. de Fr.* II, p. 113; Guss. *Fl. Sic. Syn.* II, p. 477, n. 12. — ①. Mai-juillet.

IVIÇA. — FORMENTERA : *Au pied de la mola.* — Avril-mai.

7. **S. Jacobæa** L. *Sp.* p. 1219, n. 25; Camb. *Enum. pl. Balear.* n. 338. — ♃. Juin-août.

« In insulâ Minore (Hern.). » (Camb.)

8. **S. linifolius** L. *Sp.* p. 1220, n. 28; Camb. *Enum. pl. Balear.* n. 339. — ♃. Avril-mai.

« In Ebuso ad vias frequens. — Florebat Mayo. » (Camb.)

IVIÇA. — Avril.

9. ARTEMISIA

(L. *Gen.* p. 418, n. 945).

1. **A. arborescens** L. *Sp.* p. 1188, n. 15 ; Rodrig. *Catal. pl. Menorca*, p. 39, n. 285 ; Barcelo, *Apuntes pl. Balear.* p. 27, n. 188. — ♄. Mai-juin.

« Hab. : cala Figuera ; camino Verde ; barranco den Fideu. — Junio. » (Rodrig.)

« Hendiduras de las peñas, puig de San-Miguel en Montuiri y Menorca (Rodrig.). — May. » (Barcelo.)

2. **A. maritima** L. *Sp.* p. 1186, n. 7; Gren. et Godr., *Fl. de Fr.* II, p. 135 ; Bertol. *Fl. Ital.* IX, p. 128, n. 15. — ♃. Septembre-octobre.

MAJORQUE : *Albufera ; chemin d'Alcudia, bord de la mer.*

3. **A. gallica** Willd. *Sp.* III, p. 1834, n. 44 ; Camb. *Enum. pl. Balear.* n. 347 ; Rodrig. *Catal. pl. Menorca*, p. 39, n. 287. — ♃. Août-octobre.

« In maritimis insulæ Minoris (Hern.). » (Camb.)

« Hab. : en el litoral (Hern.) ; Albufera ; Addaya ; camino de Fornells ; entre el Degallador y Santandria. — Ag.-Oct. » (Rodrig.)

4. **A. Absinthium** L. *Sp.* p. 1188, n. 14 ; Barcelo, *Apuntes pl. Balear.* p. 27, n. 189. — ♃. Mai-juillet.

« Comun en los caserios. — May. » (Barcelo.)

10. CHRYSANTHEMUM

(Tournef. *Inst.* p. 491).

1. **C. segetum** L. *Sp.* p. 1254, n. 15 ; Gren. et Godr. *Fl. de Fr.* II, p. 146 ; Moris, *Fl. Sard.* II, p. 403, n. 652 ; Guss. *Fl. Sic. Syn.* II, p. 484, n. 1 ; Desf. *Fl. Atlant.* II, p. 282 ; Camb. *Enum. pl. Balear.* n. 343 ; Rodrig. *Catal. pl. Menorca*, p. 40, n. 288 ; Barcelo, *Apuntes pl. Balear.* p. 27. — ①. Mars-juin.

« In agris insulæ Minoris (Hern.). » (Camb.)

« Hab. : en los campós (Hern.) ; Binillanti. — Abr.-Mayo. » (Rodrig.)

« En los campós, poco comun, Palma, Lloseta, Felanitx. — Marz. » (Barcelo.)

MAJORQUE : *Champs de Lluch.* — Juin.

2. **C. coronarium** L. *Sp.* p. 1254, n. 16; Moris, *Fl. Sard.* II, p. 404, n. 653; Guss. *Fl. Sic. Syn.* II, p. 484, n. 2; Desf. *Fl. Atlant.* p. 283; Camb. *Enum. pl. Balear.* n. 344; Rodrig. *Catal. pl. Menorca*, p. 40, n. 289.—*Pinardia coronaria* Less. *Syn.* 255; Gren. et Godr. *Fl. de Fr.* II, p. 147. — ①. Mars-juillet.

« Inter segetes insulæ Majoris et Ebusi vulgatissima. — Floret Martio-Aprili. » (Camb.)

« Las habitaciones; cala Figuera. — Abr.-Jun. » (Rodrig.)

Majorque : *Champs de Lloreto. — Palma, côté de Belver.* — Mars-avril.

11. LEUCANTHEMUM

(Tournef. *Inst.* p. 492).

1. **L. Parthenium** Gren. et Godr. *Fl. de Fr.* II, p. 145; Barcelo, *Apuntes pl. Balear.* p. 27, n. 191. — ♃. Mai-juin.

« Subspontánea y cultivada. — May. » (Barcelo.)

Majorque : *Bord des chemins à Soller.* — Juin.

12. HYMENOSTEMMA

(Kze in *Flora*, 1846, p. 699, et Walp. *Rep.* VI, p. 722; Wk. in *Bot. Zeit.* 1864, p. 253).

1. **H. Fontanesii** Wk. *l. c.* — *Chrysanthemum paludosum* Desf. *Fl. Atlant.* II, p. 283, tab. 238. — *Chrys. glabrum* Poir., et Bss. Reut. *Pug.* p. 57, non Lag. — *Chrys. setabense* Duf.

Var. *pinnatifidum* Wk. — *Leucanthemum glabrum* β. *pinnatifidum* Coss. ap. Bourg. *Pl. Algér. exsicc.* 1856, n. 86. — *Leucanth. murcicum* Gay ap. Bourg. *Pl. Hisp. exsicc.* n. 1353 et 1354.

Iviça : *Sommet du puig d'Enserra.* — 28 Avril 1852.

13. ANTHEMIS

(L. *Gen.* p. 434, n. 970, ex parte).

1. **A. arvensis** L. *Sp.* p. 1261, n. 8; Gren. et Godr. *Fl. de Fr.* II, p. 152; Moris, *Fl. Sard.*, II, p. 410, n. 657; Bertol. *Fl. Ital.* IX, p. 378, n. 19; Camb. *Enum. pl. Balear.* n. 350; Rodrig. *Catal. pl. Menorca*, p. 40, n. 291. — ①. Avril-août.

« In agris prope Artam in insulâ Majore. — Florebat Aprili. » (Camb.)

« Hab. : terrenos cultivados; comun en el distrito de San-Clemente. — Abr.-Jun. » (Rodrig.)

Majorque : *La serra de Soller; la ermita d'Arta; Palma, côté de Belver.* — Minorque : *Sommet du puig d'Enserra.* — Avril à juin.

Var. β. *incrassata* Boiss. forma canescenti-pubescens. — Mallorca, in arenosis pinetorum ad castell. Belver. — Apr., Maio c. flor.

2. **A. Cotula** L. *Sp.* p. 1261, n. 10; Gren. et Godr. *Fl. de Fr.* II, p. 153; Gay in Guss. *Fl. Sic. Syn.* II, p. 871; Bertol. *Fl. Ital.* p. 381, n. 20; Barcelo, *Apuntes pl. Balear.* p. 27, n. 192. — *Maruta Cotula* Moris, *Fl. Sard.* II, p. 414, n. 660. — ①. Mai-septembre.

« Manacor, San-Juan, son Cervera, Lluch. — May. » (Barcelo.)

MAJORQUE : *Las Barcas, près Lluch; la couma freda de Massanellas près de la casa del Guich; champs humides entre Pollenza et Alcudia; champs près de Soller.* — Juin.

3. **A. maritima** L. *Sp.* p. 1259, n. 3; Camb. *Enum. pl. Balear.* n. 349; Rodrig. *Catal. pl. Menorca*, p. 40, n. 293. — ♃. Juin-août.

« In arenosis maritimis Balearium haud rara. » (Camb.)

« Pou den Carles en Capifort; inmediaciones de Fornells, ab. — Jun.-Jul. » (Rodrig.)

14. ANACYCLUS

(Pers. *Syn.* II, p. 464, n. 1885).

1. **A. clavatus** Pers. *Syn.* II, p. 465, n. 6; Gren. et Godr. *Fl. de Fr.* II, p. 157; Moris, *Fl. Sard.* II, p. 408, n. 656; Barcelo, *Apuntes pl. Balear.* p. 27, n. 193. — ①. Avril-juin.

« Comun en las inmediaciones de Palma. — Abr. » (Barcelo.)

MAJORQUE : *Champs de Soller et de son Virot près Arta.* — Mars-avril.

15. DIOTIS

(Desf. *Fl. Atlant.* II, p. 260, non Schreb.).

1. **D. candidissima** Desf. *Fl. Atlant.* II, p. 261; Gren. et Godr. *Fl. de Fr.* II, p. 159; Moris, *Fl. Sard.* II, p. 390, n. 645; Guss. *Fl. Sic. Syn.* II, p. 453, n. 1; Bertol., *Fl. Ital.*, IX, p. 97, n. 1; Barcelo, *Apuntes pl. Balear.* p. 27, n. 194. — ♃. Mai-juillet.

« Arenales maritimos de Lluchmayor, San-Juan de Campos, Ibiza. — Jun. » (Barcelo.)

MAJORQUE : *Plage de San-Juan de Campos.*

La décoction vineuse de cette plante, gardée dans la bouche pendant quelques instants et plusieurs fois renouvelée, est considérée à Majorque comme un remède efficace contre les maux de dents.

16. SANTOLINA

(Tournef. *Inst.* p. 260).

1. **S. Chamæcyparissus** L. *Sp.* p. 1179, n. 1; Rodrig. *Catal. pl. Menorca*, p. 41, n. 294.

Var. α. *incana* Gren. et Godr. *Fl. de Fr.* II, p. 160; Camb. *Enum. pl. Balear.* n. 348; Rodrig. *Suppl.* p. 32.

« In insulâ Majoris puig Mayor; etiam in insulâ Minore (Hern.). » (Camb.)
« Canutells. — Junio. » (Rodrig.)

MAJORQUE : *Sommet du barranco de Soller.*

β. *virens* Willk.; Rodrig. *Suppl.* p. 32.

« Castell-vey. — Junio. » (Rodrig.)

MAJORQUE : *Abondant au puig Mayor de Torellas.* — Juin.

17. ACHILLEA

(L. *Gen.* p. 435, n. 971).

1. **A. Ageratum** L. *Sp.* p. 1264, n. 2; Gren. et Godr. *Fl. de Fr.* II, p. 165; Guss., *Fl. Sic. Syn.* II, p. 496, n. 2; Camb. *Enum. pl. Balear.*, n. 351. — ♃. Mai-juillet.

« Ad vias in insulâ Majore frequens. — Florebat Maio. » (Camb.)
« Sommet du col de Soller. » (Bourgeau, *Exsicc.* n. 2764.)

MAJORQUE : *Solleric près de Selva; garigues du sommet du cap Formentor.* — Mai-juillet.

18. ASTERISCUS

(Mœnch, *Meth.* 592).

1. **A. maritimus** Mœnch, *Meth.* 592; Gren. et Godr. *Fl. de Fr.* II, p. 171; Bertol. *Fl. Ital.* IX, p. 420, n. 3; Rodr. *Catal. pl. Menorca*, p. 41, n. 296. — *Buphthalmum maritimum* Moris, *Fl. Sard.* II, p. 357, n. 619; Guss. *Fl. Sic. Syn.* II, p. 506, n. 3; Desf. *Fl. Atlant.* II, p. 290; Camb. *Enum. pl. Balear.* n. 354. — ♃. Mai-juin.

« In arenosis Balearium vulgatissimum. — Florebat Maio. » (Camb.)
« Hab. : Isla del Rey en el puerto de Mah. (Salv.); entre el Funduco y Villa-Carlós, son Blanc Alayor. » (Rodrig.)

MAJORQUE : *Chemin près Belver.*— IVIÇA : *Environs du port.*— Avril.

2. **A. aquaticus** Mœnch, *Meth.* 592; Gren. et Godr. *Fl. de Fr.* II, p. 172; Bertol. *Fl. Ital.* IX, p. 418, n. 2; Rodrig. *Catal. pl. Menorca*, p. 41, n. 297; Barcelo, *Apuntes pl. Balear.* p. 27. — *Buphthalmum aquaticum* Moris, *Fl. Sard.* II, p. 360, n. 621; Guss. *Fl. Sic. Syn.* II, p. 505, n. 2; Desf. *Fl. Atlant.* II, p. 290; Camb. *Enum. pl. Balear.* n. 353. — ①. Mai-septembre.

« Ad vias in Ebuso prope S. Eulaliam. — Florebat Maio. » (Camb.)
« Hab. Funduco. — Jun. » (Rodrig.)
« Marratxi, torre d'en Pau, isla Dragoñera. — May.-Set. » (Barcelo.)

MAJORQUE : *Cala San-Vicent près Pollenza.* — Juin.

Var. β. *nanus* Boiss. *Flor. orient.* III, p. 179. — *A. pygmæus* C. H. Schultz bip. ex Willk. *Prodr. Fl. Hisp.* II, p. 47 (non Coss. et DR. *Bull. Soc. bot. Fr.* IV, p. 277).

FORMENTERA : *Sommet de la Mola.* — Avril.

3. **A. spinosus** Gren. et Godr. *Fl. de Fr.* II, p. 172; Bertol. *Fl. Ital.* IX, p. 416, n. 1; Rodrig. *Catal. pl. Menorca*, p. 41, n. 298.— *Buphthalmum spinosum* Moris, *Fl. Sard.* II, p. 359, n. 620; Guss. *Fl. Sic. Syn.* II, p. 505, n. 1; Desf. *Fl. Atlant.* II, p. 290; Camb. *Enum. pl. Balear.* n. 352. — ②. Mai-juillet.

« Ad vias in Balearibus frequens. — Florebat Maio. » (Camb.)
« Son Belloc. — Jun. » (Rodrig.)

MAJORQUE : *Près Soller; la ermita d'Arta; autour de Lluch.* — MINORQUE : *Champs autour de Ciudadela.*

19. INULA

(L. *Gen.*, p. 426, n. 956, excl. sp.).

1. **I. Conyza** DC. *Prodr.* V, p. 464, n. 3; Barcelo, *Apuntes pl. Balear.* p. 27, n. 195. — ②. Juin-août.

« Montes de Esporlas. — Jul. » (Barcelo.)

2. **I. viscosa** Ait. *Kew.* ed. 1, t. 3, p. 223 Willk. *Index*, n° 240.— ♃.

« Ad vias, muros, in ruderatis, alveis exsiccatis Balearium abundat. — Floret æstate. » (Willk.)

3. **I. crithmoides** L. *Sp.* p. 1240, n. 17; Camb. *Enum. pl. Balear.* n. 335; Rodrig. *Catal. pl. Menorca*, p. 41, n. 299. — ♃. Mai-octobre.

« In maritimis Balearium frequens. — Florebat Maio-Junio. » (Camb.)
« Ab. en la colársega del puerto de Mah. — Set. Oct. » (Rodrig.)

20. PULICARIA

(Gærtn. *Fruct.* II, p. 461, tab. 173, fig. 7).

1. **P. odora** Rchb. *Fl. excurs.* p. 239, n. 1532; Gren. et Godr. *Fl. de Fr.* II, p. 178; Moris, *Fl. Sard.* II, p. 366, n. 625; Guss. *Fl. Sic. Syn.* II, p. 501, n. 1; Rodrig. *Catal. pl. Menorca*, p. 41, n. 300; Barcelo, *Apuntes pl. Balear.* p. 27. — *Inula odora* Bertol. *Fl. Ital.* IX, p. 270, n. 3; Camb. *Enum. pl. Balear.* n. 332. — ♃. Mai-juillet.

« In insulâ Minore (Hern.). » (Camb.)

« Ab. en terrenos incultos, especialmente en los llamados de Tramontana. — Jun. » (Rodrig.)

« Génova, Andraitx, Soller, Artá, Santa-Maria. — May. » (Barcelo.)

Majorque : *Les bois de Lluch ; la serra et le barranco de Soller ; son Cadenas près Alaro ; le long du ruisseau entre Lluch et Pollenza.* — Avril à juin.

Obs. — Cambessèdes indique une variété à feuilles décurrentes qui a échappé à nos recherches.

2. **P. dysenterica** Gærtn. *Fruct.* II, p. 461; Rodrig. *Catal. pl. Menorca*, p. 42, n. 301; Barcelo, *Apuntes pl. Balear.* p. 27. — *Inula dysenterica* Camb. *Enum. pl. Balear.* n. 333. — ♃. Juin-août.

« In humidis insulæ Minoris (Hern.). » (Camb.)

« Hab. : sitios húmedos (Hern.), camino de Santa-Catalina en Mah., r. Jul. » (Rodrig.)

« Acequias, Palma, Manacor, Artá, la Puebla, Iviça, S.-Antonio. — Jun. » (Barcelo.)

3. **P. sicula** Moris, *Fl. Sard.* II, p. 363, n. 622; Rodrig. *Catal. pl. Menorca*, p. 42, n. 302; Barcelo, *Apuntes pl. Balear.* p. 27, n. 196. ①. Juillet-octobre.

« Hab. : Biniaxa, Albufera. — Set., Oct. » (Rodrig.)

« En los campós, Palma, Andraitx, Soller. — Jul., Nov. » (Barcelo.)

21. CUPULARIA

(Gren. et Godr. *Fl. de Fr.* II, p. 180).

1. **C. graveolens** Gren. et Godr. *Fl. de Fr.* II, p. 180; Rodrig. *Catal. pl. Menorca*, p. 42, n. 303; Barcelo, *Apuntes pl. Balear.* p. 27. — *Solidago graveolens* Camb. *Enum. pl. Balear.* n. 336. — ①. Juin-septembre.

« In insulâ Minore (Hern.). » (Camb.)

« Terrenos húmedos cultivados; Biniaxa. — Jun.-Set. » (Rodrig.)
« Comun en los campós de Mallorca y de Ibiza. — Ag. » (Barcelo.)

2. **C. viscosa** Gren. et Godr. *Fl. de Fr.* II, p. 181; Rodrig. *Catal. pl. Menorca*, p. 42, n. 304; Barcelo, *Apuntes pl. Balear.* p. 27. — *Inula viscosa* Camb. *Enum. pl. Balear.* n. 334. — ♃. Aoû - octobre.

« In insulâ Minore (Hern.). » (Camb.)
« Abunda especialmente en los terrenos llamados de Tramontana. — Ag.-Oct. » (Rodrig.)
« Comunisima en Mallorca. — Set. » (Barcelo.)

22. JASONIA

(DC. *Prodr.* V, p. 476, n. 240).

1. **J. glutinosa** DC. *Prodr.* V, p. 476, n. 1; Barcelo, *Apuntes pl. Balear.* p. 27, n. 197. — ♃. Juillet-septembre.

« Hendiduras de las rocas, grau de Soller. — Jul. » (Barcelo.)

23. SOLIVA

(Ruiz. et Pav. *Prodr.* [1794] p. 113).

1. **S. lusitanica** Less. *Syn.* p. 268, n. 31; DC. *Prodr.* VI, p. 142, n. 3. — ①. Juillet.

Cette espèce, nouvelle pour les Baléares, a été trouvée par M. Rodriguez dans les rues de Mahon, juillet 1874.

24. HELICHRYSUM

(DC. *Prodr.* p. 169, n. 549).

1. **H. decumbens** Camb. *Enum. pl. Balear.* n. 323; Gren. et Godr. *Fl. de Fr.* II, p. 183. — ♄. Avril-mai.

« Inter rupes maritimas Alcudiæ in insulâ Majore. — Aprili Maioque floret. » (Camb.)

MAJORQUE : *Plage de la grotte d'Arta, plage de Campos, près Selva.* — Mars à mai.

2. **H. Lamarckii** Camb. *Enum. pl. Balear.* n. 321; Rodrig. *Catal. pl. Menorca*, p. 42, n. 305; Barcelo, *Apuntes pl. Balear.* p. 27. — ♃. Mai-juin.

« Ad rupes in montibus insulæ Majoris prope Esporlas, Lluch. — Floret Maio. » (Camb.)

« Hab. : frecuente en las grietas de las peñas del monte Toro, floreciendo en Mayo y Junio (Salv.). » (Rodrig.)

« Comun en las hendiduras de las rocas : grau de Soller, Valdemosa, Esporlas, S'Escrop, Caymari, sierra del Teix, barranco de Soller, Lluch, monte Toro en Menorca (Salvador). — May. » (Barcelo.)

« Fentes des rochers des puig de Torellas et de Soller. » (Bourgeau, n. 2768.)

MAJORQUE : *Es semente des Tetx; rochers de la serra de Soller.* — Juin.

3. **H. Fontanesii** Camb. *Enum. pl. Balear.* n. 322 ; Rodrig. *Catal. Suppl.* p. 33, n. 113; Willk. *Index*, n. 249. — *H. rupestre*, β. *Cambessedesii* DC. *Prodr.* VI, p. 182, n. 68. — ♃. Mai-juin.

« In fissuris rupium montis puig de Torella in insulâ Majore. — Florebat Maio. » (Camb.)

« Santa-Ponsa en Alayor (Casall. segun Texidor). » (Rodrig.)

« Mallorca : barranco de Pareis, in parte superiore, in fissuris rupium calcar. præruptarum accessu difficili, copiose pulvinaria magna formans. — Die 30 April. florere incepit. » (Willk.)

MAJORQUE : *Au gorg Blaou dans l'estretx d'Aumalluch.* — Juin.

4. **H. Stœchas** DC. *Fl. fr.* édit. 3, IV, p. 132, n. 3112 ; Gren. et Godr. *Fl. de Fr.* II, p. 184 ; Camb. *Enum. pl. Balear.* n. 324 ; Rodrig. *Catal. pl. Menorca*, p. 43, n. 306. — ♃. Mai-juillet.

« In aridis et maritimis Balearium frequens. — Floret Maio. » (Camb.)

« Alcaufar. — Mayo. » (Rodrig.)

« Collines de Soller. » (Bourgeau, *Exsicc.* n. 2767.)

MAJORQUE : *Grotte d'Arta.* — IVIÇA : *Chemin de San-Jose près la Cueva Santa.* — Avril-mai.

β. *cæspitosum* Willk. *Prodr.* II, p. 59.

« Mallorca : in sabulosis littoralibus oræ australis passim (el Prat, Salobrar de Campos). » (Willk. *Index*, n. 251.)

5. **H. angustifolium** DC. *Fl. fr.* V, p. 467; Rodrig. *Catal. pl. Menorca*, p. 43, n. 307 ; Barcelo, *Apuntes pl. Balear.* p. 27, n. 198. — ♄. Mai-juillet.

« Hab. inmediaciones del torrente de cala Mezquita ; Sivinar de Algayrens ? — Jun.-Jul. » (Rodrig.)

« Menorca (Rodrig.), Ibiza, S'Antonio. — Jun. » (Barcelo.)

6. **H. microphyllum** Camb. *Enum. pl. Balear.* n. 325; Gren. et Godr. *Fl. de Fr.* II, p. 185. — ♄. Avril-juin.

« In monte puig Mayor in insulâ Majore. — Ibi 21 Aprilis nondum floruerat. » (Camb.)

MAJORQUE : *La marina de son Valdemosa près Palma.* — Juin.

25. GNAPHALIUM

(Don, *Mém. Wern. Soc.* V, p. 563).

1. **G. luteo-album** L. *Sp.* p. 1196, n. 23; Rodrig. *Catal. pl. Menorca*, p. 103, n. 307 *bis*; Barcelo, *Apuntes pl. Balear.* p. 28, n. 199. — ①. Mai-août.

« R. Hab. cercanias de la Albufera. — Jun. » (Rodrig.)
« Acequia den Baster, en el Prat. — May. » (Barcelo.)

26. FILAGO

(Tournef. *Inst.* 259).

1. **F. spathulata** Presl, *Delic. prag.* p. 93; Gren. et Godr. *Fl. de Fr.* II, p. 191; Rodrig. *Catal. Suppl.* p. 33, n. 114. — ①. Avril-juin.

« Mongofre, Llucosaldent, son Blanc. — Abril, Mayo. » (Rodrig.)

MAJORQUE : *Col de Soller.* — FORMENTERA : *Les champs.* — Avril-mai.

2. **F. germanica** L. *Sp.* p. 1311, n. 2; Gren. et Godr. *Fl. de Fr.* II, p. 191; Moris, *Fl. Sard.* II, p. 382, n. 639; Guss. *Fl. Sic. Syn.* II, p. 461, n. 1; Bertol. *Fl. Ital.* IX, p. 157, n. 1; Rodrig. *Catal. pl. Menorca*, p. 43, n. 308; Barcelo, *Apuntes pl. Balear.* p. 28. — *Gifola vulgaris*, Camb. *Enum. pl. Balear.* n. 326. — ①. Avril-juillet.

« In insulâ Minore (Hern.). » (Camb.)
« Hab. terrenos cultivados. — Jun. » (Rodrig.)
« Comun en los campós de Mallorca. — Abr. » (Barcelo.)

FORMENTERA. — Avril.

27. LOGFIA

(Cass. *Bull. phil.* 1819, p. 143).

1. **L. subulata** Cass. *Dict.* XXVII, p. 116; Rodrig. *Catal. pl. Menorca*, p. 103, n. 308 *bis*, et *Suppl.* p. 33. — ①. Avril-juin.

« Binisarmeña, Biniaxa, Capifort, Mongofre. — Abril, Mayo. » (Rodrig.)

Var. β. *longebracteata* Willk. *Prodr. Fl. Hisp.* II, p. 56, n. 1341.

« Turmaden, Alayor. — May. » (Com. cl. Rodrig.)

28. EVAX

(Gærtn. *Fruct.* II, p. 393, tab. 165).

1. **E. pygmæa** Pers. *Syn.* II, p. 422, n. 1; Rodrig. *Catal. pl. Menorca*, p. 43, n. 309. — *Filago pygmæa* Camb. *Enum. pl. Balear.* n. 327. — ①. Avril-juin.

« Ad vias et in aridis Balearium vulgatissima. — Florebat Aprili, Mayo. » (Camb.)

« Entre el Funduco y Villa-Carlós, Binisarmeña, Mongofre, Santa-Ponsa en Alayor (Avril-mai); Lucaraldera, Alayor. » (Com. cl. Rodrig.)

29. CALENDULA

(Neck. *Elem.* n. 75).

1. **C. arvensis** L. *Sp.* p. 1303, n. 1; Camb. *Enum. pl. Balear.* n. 342; Rodrig. *Catal. pl. Menorca*, p. 43, n. 310. — ①. Mai-juillet.

« Inter segetes Balearium vulgatissima. — Florebat Maio. — (Camb.)

« Ab. en terrenos cultivados. — Set. hasta Mayo. » (Rodr.)

2. **C. officinalis** L. *Sp.* p. 1304, n. 3; Barcelo, *Apuntes pl. Balear.* p. 28, n. 200. — ①. Mai-août.

« Cultivada y subespontánea. — Nov. » (Barcelo.)

30. GALACTITES

(Mœnch, *Meth.* p. 558).

1. **G. tomentosa** Mœnch, *Meth.*, p. 558; Moris, *Fl. Sard.* II, p. 459, n. 697; Guss. *Fl. Sic. Syn.* II, p. 521, n. 1; Bertol. *Fl. Ital.* IX, p. 491, n. 1; Camb. *Enum. pl. Balear.* n. 317; Rodrig. *Catal. pl. Menorca*, p. 43, n. 311. — *Centaurea Galactites* Desf. *Fl. Atlant.* II, p. 303. — ②. Avril-juin.

« Ad margines agrorum prope Valdemosam in insulâ Majore. — Florebat Aprili. » (Camb.)

« Comun en toda la isla. — Mayo. » (Rodrig.)

MAJORQUE : *Champs incultes près Soller.* — Juin.

31. SILYBUM

(Vaill. *Act. Acad. Par.* [1718], p. 172).

1. **S. Marianum** Gærtn. *Fruct.* II, p. 378, tab. 162, fig. 2; Gren. et Godr. *Fl. de Fr.* II, p. 204; Moris, *Fl. Sard.* II, p. 474, n. 709; Guss. *Fl. Sic. Syn.* II, p. 438, n. 1; Rodrig. *Catal. pl. Menorca*, p. 43, n. 313. — *Carduus Marianus* Bertol. *Fl. Ital.* VIII, p. 637, n. 23; Desf. *Fl. Atlant.* II, p. 246; Camb. *Enum. pl. Balear.* n. 307. — ②. Avril-juillet.

« Ad vias in Balearibus. — Florebat Aprili. » (Camb.)

« Bastante comun en los caminos. — Mayo, Jun. » (Rodrig.)

MAJORQUE : *Port d'Andraitx ; la serra de Soller.* — Avril à juin.

32. ONOPORDON

(Vaill. *Act. Acad. Par.* [1718], p. 152).

1. **O. illyricum** L. *Sp.* p. 1158, n. 2; Gren. et Godr. *Fl. de Fr.* II, p. 205; Moris, *Fl. Sard.* II, p. 471, n. 706; Guss., *Fl. Sic. Syn.* II, p. 437, n. 2. — ②. Juin-août.

MAJORQUE : *Ferme de Cuba au pied du pic de Loffre ; puig Mayor de Torellas.* — Juin.

33. CYNARA

(Vaill. *Act. Acad. Par.* [1718], p. 155).

1. **C. Cardunculus** L. *Sp.* p. 1159, n. 2; Gren. et Godr. *Fl. de Fr.* II, p. 206; Desf. *Fl. Atlant.* II, p. 248; Rodrig. *Catal. pl. Menorca*, p. 43, n. 312, et *Suppl.* p. 34. — *C. horrida* Guss. *Fl. Sic. Syn.* II, p. 436, n. 1. — ♃. Juin-juillet.

« Inmediaciones de la Canasía, camino del Toro (Rodrig.); plan de Turmaden (Casall.!). — Junio, Julio. » (Rodrig.)

MAJORQUE : *Ferme de Cuba ; son Torellas, sur le versant sud du puig Mayor.* — Juin.

β. *sativa* Mer (*C. Scolymus* L.).

« Undique culta. » Willk. *Index*, n. 277.

2. **C. humilis** L. *Sp.* p. 1159, n. 3; Barcelo, *Apuntes pl. Balear.* p. 28, n. 201. — ♃. Mai-juin.

« Comun á orillas de los caminos en ambas islas. — May. » (Barcelo.)

34. NOTOBASIS

(Cass. *Dict.* XXV, p. 225)

1. **N. syriaca** Cass. *Dict.* XXV, p. 225; Moris, *Fl. Sard.* II, p. 470, n. 705; Rodrig. *Suppl.* p. 34, n. 115; Barcelo, *Apuntes pl. Balear.* p. 28, n. 202. — *Cnicus syriacus* Guss. *Fl. Sic. Syn.* II, p. 445, n. 9; Bertol. *Fl. Ital.* IX, p. 35, n. 26. — *Carduus syriacus* Desf. *Fl. Atlant.* II, p. 245. — ①. Mai-juin.

« Deyá, Torresuli, barranco de Calamporter, Subervey. — Mayo. » (Rodrig.)

« Caminos : Palma, Esporlas, Caymari, Manacor, Lluchmayor. — May. » (Barcelo.)

Minorque : *Barranco d'Algendar; la serra de Soller.*— Iviça : *Chemin des salines.* — Formentera : *Les champs.* — Avril à juin.

Les habitants de Formentera nomment cette plante *Sigaler.*

35. TYRIMNUS

(Cass. *Dict.* XLI, p. 335).

1. **T. leucographus** Cass. *Dict.* XLI, p. 335; Barcelo, *Apuntes pl. Balear.* p. 28, n. 203. — ②. Mai-juin.

« Caminos : Palma, Esporlas, Caymari, Manacor, Lluchmayor. — May. » (Barcelo.)

36. CIRSIUM

(Tournef., *Inst.*, p. 255).

1. **C. italicum** DC. *Hort. monsp.* 96; Rodrig. *Suppl.* p. 34, n. 116; Barcelo, *Apuntes pl. Balear.* p. 28, n. 204. — ②. Juin-août.

« Hácia Capifort (Casall. segun Texidor). — Agosto. » (Rodrig.)
« Comun en sitios húmedos en Mallorca é Ibiza. — Jun. » (Barcelo.)

2. **C. crinitum** Boiss. in DC. *Prodr.* VII, p. 305, n. 7*; Rodrig. *Catal. pl. Menorca*, p. 44, n. 316; Barcelo, *Apuntes pl. Balear.* p. 28, n. 205. — ②. Juin-août.

« Hab. : camino de la fuente den Simon; camino de la Albufera. — Junio. » (Rodrig.)

« Sitios húmedos; Prat, cerca de la casa Blanca; Artá, son Cervera. — Ag. » (Barcelo.)

Var. β. *catalaunicum* Willk. *Index*, n. 280.

« Son Blanc, Aïayor. — May. » (Rodrig. *Exsicc.*)

3. **C. arvense** Scop. *Carn.* II, p. 126; Barcelo, *Apuntes pl. Balear.* p. 28, n. 206. — ♃. Mai-juillet.

« Infesta los campós, huertas y viñedos. — May. » (Barcelo.)

37. CARDUUS

(Gærtn. *Fruct.* II, p. 377, tab. 162).

1. **C. tenuiflorus** Curt. *Lond.* fasc. VI, p. 55; Barcelo, *Apuntes pl. Balear.* p. 28, n. 207. — ① ou ②. Avril-juin.

« Escombros, parajes incultos. — Abr. » (Barcelo.)

2. **C. pycnocephalus** L. *Sp.* p. 1151, n. 7; Camb. *Enum. pl. Balear.* n. 308; Rodrig. *Catal. pl. Menorca*, p. 44, n. 319. — ① ou ②. Avril-juin.

« Ad margines agrorum in insulâ Majore prope Esporlas, Alcudiam. — Florebat Aprili, Maio. » (Camb.)

« Ab. en el termino de Mah.; frecuente en los caminos. — Mayo, Jun. » (Rodrig.)

« Champs près Soller. » (Bourgeau, *Exsicc.*)

3. **C. nigrescens** Vill. *Prosp.* 30, et *Dauph.* III, p. 5, tab. 20 (excl. syn.); Barcelo, *Apuntes pl. Balear.* p. 28, n. 208. — ②. Juin-juillet.

« Comun en el llano de Mallorca. — Jun. » (Barcelo.)

38. CENTAUREA

(L. *Gen.* p. 442, n. 984).

1. **C. intybacea** Lamk, *Dict.* I, p. 671; Barcelo, *Apuntes pl. Balear.* p. 28, n. 209. — ♄. Juin-juillet.

« Hendiduras de las peñas : Andraitx, Esporlas, S'Escrop, grau de Soller. — Jun. » (Barcelo.)

2. **C. balearica** Rodrig. in *Bull. Soc. bot. Fr.* 1869. — *C. spinosa* Rodrig. *Catal. pl. Menorca*, non L., et *Suppl.* p. 34. — Willk. *Index*, n. 273, *cum descript.* — ♃. Mai-juin.

« Pou den Carles en terreno de Capifort y de Mongofre. — Mayo, Junio. » (Rodrig.)

« Menorca, in rupibus schistosis ad sinum cala Pou den Carles..... » (Willk.)

3. **C. aspera** L. *Sp.* p. 1296, n. 41; Camb. *Enum. pl. Balear.*

n. 310; Rodrig. *Catal. pl. Menorca*, n. 321; Barcelo, *Apuntes pl. Balear*. p. 28. — ♃. Mai-août.

« In agris Ebusi frequens. — Floret Maio. » (Camb.)
« Arenal de Tirant. — Jul. » (Rodrig.)
« Comunisima en los campós; cerca Palma. » (Barcelo.)

4. **C. Calcitrapa** L. *Sp*. p. 1297, n. 44; Camb. *Enum. pl. Balear*. n. 311; Rodrig. *Catal. pl. Menorca*, p. 45, n. 322. — ②. Juin-juillet.

« Ubique ad vias in Balearibus. » (Camb.)
« Comun en caminos y terrenos incultos. — Junio. » (Rodrig.)

MINORQUE : *Environs de Mahon*.

5. **C. melitensis** L. *Sp*. p. 1297, n. 47; Rodrig. *Catal. pl. Menorca*, p. 45, n. 323. — *Centaurea apula* Lamk, *Dict*. I, p. 674; Camb. *Enum. pl. Balear*. n. 313. — ①. Mai-juin.

« In insulâ Majore (Trias). » (Camb.)
« Hab. Binidalins. — Mayo, Jun. » (Rodrig.)

39. MICROLONCHUS

(DC. *Prodr*. VI, p. 562, n. 666).

1. **M. salmanticus** DC. *Prodr*. VI, p. 563, n. 2; Barcelo, *Apuntes pl. Balear*. p. 28, n. 212. — ②. Juin-juillet.

« Cercanias de Palma y de El Real. — Jun. » (Barcelo.)

2. **M. Clusii** Gay, in *Ann. sc. nat*. 3e série, IV, p. 165; Bourgeau, *Exsicc*. n. 2758. — ② ou ♃. Juillet.

« Champs de la montagne au-dessus de Soller. » (Bourgeau.)

40. KENTROPHYLLUM

(Neck. *Elem*. n. 155).

1. **K. cæruleum** Gren. et Godr. *Fl. de Fr*. II, p. 264; Rodrig. *Catal. pl. Menorca*, p. 45, n. 324, et *Suppl*. p. 34. — *Carthamus cœruleus* Desf. *Fl. Atlant*. II, p. 256; Camb. *Enum. pl. Balear*. n. 306. — *Carduncellus cœruleus* Moris, *Fl. Sard*. II, p. 440, n. 682; Guss. *Fl. Sic. Syn*. II, p. 430, n. 1; Bertol. *Fl. Ital*. IX, p. 69, n. 1. — ♃. Mai-juin.

« Inter segetes insulæ Majoris prope Esporlas (Trias), et in Ebuso circa S.-Inès. — Florebat Maio. » (Camb.)

« R. Hab. camino del Lloch de vall á Ferr. (Carr.). — Campsiquiat (Casall.!). — Mayo. » (Rodrig.)

MAJORQUE : *Champs près Alcudia.* — Mai.

2. **K. lanatum** DC. in Dub. *Bot.* 293 ; Rodrig. *Catal. pl. Menorca*, p. 45, n. 325. — *Centaurea lanata* DC. *Fl. fr.* IV, p. 102 ; Camb. *Enum. pl. Balear.* n. 312. — ①. Juin-juillet.

« Ad vias in Balearibus haud rara. » (Camb.)
« Ab. en toda la isla. — Jun., Jul. » (Rodrig.)

3. **K. bæticum** Boiss. Reut. *Pug.* p. 65 ; Barcelo, *Apuntes pl. Balear.* p. 28, n. 213. — ①. Juin-août.

« Cerca de Belver. — Jun. » (Barcelo.)

41. CRUPINA

(Cass. *Dict.* XLIV, p. 39, et L. p. 239).

1. **C. vulgaris** Cass. *Dict.* XLIV, p. 39. — *Centaurea Crupina* L. *Sp.* p. 1285, n. 1 ; Camb. *Enum. pl. Balear.* n. 309. — ①. Mai-juillet.

« In agris insulæ Majoris prope Cauviam. — Florebat Maio. » (Camb.)

2. **C. Morisii** Boreau, *Fl. centre Fr.* édit. 2, p. 292 (obs.). — *Centaurea Crupinastrum* Moris, *Fl. Sard.* II, p. 443, n. 684.

MAJORQUE : *Palma, côté de Belver ; collines de Soller.* — Avril-mai.

42. LEUZEA

(DC. *Fl. fr.* IV, p. 109, n. 513).

1. **L. conifera** DC. *Fl. fr.* IV, p. 109, n. 3070 ; Gren. et Godr. *Fl. de Fr.* II, p. 271 ; Moris, *Fl. Sard.* II, p. 457, n. 696 ; Guss. *Fl. Sic. Syn.* II, p. 447, n. 1 ; Camb. *Enum. pl. Balear.* n. 316. — *Centaurea conifera* Bertol. *Fl. Ital.* IX, p. 468, n. 40 ; Desf. *Fl. Atlant.* II, p. 295. — ♃. Mai-juin.

« In aridis insulæ Majoris prope Esporlas. — Florebat Maio. » (Camb.)

MAJORQUE : *Le Tetx près Soller ; champs de Soller.* — Juin.

43. STÆHELINA

(DC. *Ann. Mus.* XVI, p. 192).

1. **S. dubia** L. *Sp.* p. 1176, n. 2 ; Gren. et Godr. *Fl. de Fr.* II,

p. 274; Bertol. *Fl. Ital.* IX, p. 87, n. 1; Barcelo, *Apuntes pl. Balear.* p. 28, n. 214. — ♄. Juin-juillet.

« Miramar, barranco de Soller, puig Mayor, puig de Torella. — Jun. » (Barcelo.)

MAJORQUE : *Château de Belver, près Palma.* — Avril.

44. CARLINA

(Tournef. *Inst.* 285).

1. **C. lanata** L. *Sp.* p. 1160, n. 2; Camb. *Enum. pl. Balear.* n. 318; Rodrig. *Suppl.* p. 34; Barcelo, *Apuntes pl. Balear.* p. 29. — ①. Mai-juillet.

« Ad vias in insulâ Minore (Hern.). » (Camb.)

« En los caminos (Hern.); Matxani (Carr.!); Alayor (Casall.); Cutainos, son Blanc, torre del Ram en Ciudadela (Rodrig.). — Julio. » (Rodrig.)

« Caminos y campós del llano en Mallorca. Ibiza. — May. » (Barcelo.)

2. **C. corymbosa** L. *Sp.* p. 1160, n. 3; Camb. *Enum. pl. Balear.* n. 319; Rodrig. *Suppl.* p. 34. — ②. Juin-juillet.

« Ad vias in insulâ Majore. » (Camb.)

« Termino en Alayor (Casall. segun Texidor). » (Rodrig.)

45. ATRACTYLIS

(L. *Gen.* p. 411, n. 930, excl. sp.).

1. **A. cancellata** L. *Sp.* p. 1162, n. 3; Guss. *Fl. Sic. Syn.* II, p. 435, n. 1; Desf. *Fl. Atlant.* II, p. 253; Camb. *Enum. pl. Balear.* n. 320. — *Acarna cancellata* Moris, *Fl. Sard.* II, p. 438, n. 680; Bertol. *Fl. Ital.* IX, p. 64, n. 1. — ①. Mai-juin.

« In petrosis prope castellum Belver, in insulâ Majore. — Florebat Maio. » (Camb.)

MAJORQUE : *Albufera d'Alcudia; la serra de Soller.* — *Ilot de* CABRERA.

46. LAPPA

(Tournef. *Inst.* 450).

1. **L. tomentosa** Lamk, *Dict.* I, p. 377; Barcelo, *Apuntes pl. Balear.* p. 29, n. 216. — ②. Juin-juillet.

« En los setos, Andraitx, Lluch. — Jul. » (Barcelo.)

47. XERANTHEMUM

(Tournef. *Inst.* 499).

1. **X. inapertum** Willd. *Sp.* III, p. 1902, n. 2; Gren. et Godr. *Fl. de Fr.* II, p. 282; Guss. *Fl. Sic. Syn.* II, p. 470, n. 1; Bertol. *Fl. Ital.* IX, p. 168, n. 2. — *Xeranthemum erectum* Moris, *Fl. Sard.* II, p. 431, n. 674. — ①. Juin-juillet.

MAJORQUE : *Collines près Palma ; la serra de Soller.* — Avril à juin.

48. CATANANCE (1)

(Vaill. *Act. Par.* 1721, p. 215).

1. **C. cærulea** L. *Sp.* p. 1142, n. 1 ; Barcelo, *Apuntes pl. Balear.* p. 29, n. 217. — ♃. Juin.

« Rara en el glasis del Ornabeque, en Palma. — Jun. » (Barcelo.)

49. CICHORIUM

(L. *Gen.* p. 406, n. 921).

1. **C. Intybus** L. *Sp.* p. 1142, n. 1; Camb. *Enum. pl. Balear.* n. 303; Rodrig. *Catal. pl. Menorca*, p. 47, n. 332. — ♃. Avril-août.

« Ad margines agrorum in Balearibus. — Florebat Aprili-Maio. » (Camb.)

« Abunda en caminos y sitios incultos. — Mayo-Oct. » (Rodrig.)

2. **C. Endivia** L. *Sp.* p. 1142, n. 2; Camb. *Enum. pl. Balear.* n. 304; Rodrig. *Catal. pl. Menorca*, p. 47, n. 333. — ①.

« Colitur in hortis. » (Camb.)

« Cultivado. » (Rodrig.)

50. TOLPIS

(Gærtn. *Fruct.* II, p. 371).

1. **T. barbata** Willd. *Sp.* III, p. 1608, n. 1; Rodrig. *Catal. pl. Menorca*, p. 47, n. 334. — ①. Mai-juin.

« Hab. terrenos incultos y arenosos; camino de la cala Mesquita; son Gurnès; Capifort. — May., Jun. » (Rodrig.)

51. HEDYPNOIS

(Tournef. *Inst.* 478, tab. 271 ; DC. *Prodr.* VII, p. 81).

1. **H. tubæformis** Ten. *Fl. Neapol.* II, p. 179, tab. 73; Rodrig. *Suppl.* p. 35, n. 117. — ①. Mars-mai.

(1) Voy. *Bulletin de la Société botanique de France*, t. VII, p. 911.

« Hacía Villa-Carlos, Binisarmeña, Montañeta. — Marzo á Mayo. » (Rodrig.)

2. **H. polymorpha** DC. *Prodr.* VII, p. 18; var. *diffusa* Gren. et Godr. *Fl. de Fr.* II, p. 288; Rodrig. *Catal. pl. Menorca*, p. 47, n. 335. — *Hyoseris Hedypnois* Camb. *Enum. pl. Balear.* n. 297. — ①. Mai-juin.

« Hab. inmediaciones de Villa-Carlos en los campós, siendo probable que se encuentre en muchas otras localidades. — Mayo, Junio. » (Rodrig.)

« In aridis insulæ Majoris prope Artam, Lluch., Palmam, Alcudiam, etiam in Ebuso circa S.-Eulaliam. — Florebat Aprili, Maio. » (Camb.)

« Champs incultes près Soller. » (Bourgeau, *Exsicc.* n. 2767.)

52. HYOSERIS

(Juss. *Gen.* p. 169; DC. *Prodr.* VII, p. 79).

1. **H. scabra** L. *Sp.* p. 1138, n. 3; Gren. et Godr. *Fl. de Fr.* II, p. 289; Moris, *Fl. Sard.* II, p. 510, n. 738; Guss. *Fl. Sic. Syn.* II, p. 417, n. 3; Bertol. *Fl. Ital.* VIII, p. 554, n. 4; Desf. *Fl. Atlant.* II, p. 232; Camb. *Enum. pl. Balear.* n. 296; Rodrig. *Suppl.* p. 35, n. 118. — ①. Mars-mai.

« Ubiquè in aridis insulæ Majoris. — Floret Martio. » (Camb.)

« Caminos y terrenos cultivados; camino de la Mezquita; comun al S. O. de Alayor; Subervey en Ferrerias. — Marzo. » (Rodrig.)

Majorque : *Champs incultes près son Vivot, près d'Inca.* — Mars.

2. **H. radiata** L. *Sp.* p. 1137, n. 2; Camb. *Enum. pl. Balear.* n. 295; Rodrig. *Suppl.* p. 35, et *Catal. pl. Menorca*, p. 47, n. 336. — ♃. Mars-mai.

« In collibus aridis prope Palmam, Artam, in insulâ Majore. — Floret Martio, Aprili. » (Camb.)

« Hab. inmediaciones de Mah. (Salv.); abunda en toda la isla, especialmente á los lados de los caminos. — Marzo á Mayo. » (Rodrig.)

« Bord des champs près Palma. » (Bourgeau, *Exsicc.*)

53. RHAGADIOLUS

(Tournef. *Inst.* p. 479, tab. 272).

1. **R. stellatus** DC. *Prodr.* VII, p. 77, n. 1; Rodrig. *Catal. pl. Menorca*, p. 47, n. 337; Barcelo, *Apuntes pl. Balear.* p. 29, n. 220. — ①. Avril-mai.

« Hab. barranco de Algendar. — Abr., Mayo. » (Rodrig.)

« Sembrados; Palma, Felanitx, Andraitx, Soller. — Abr. » (Barcelo.)

Var. δ. *edulis* DC.; Gren. et Godr. *Fl. de Fr.* II, p. 290; Rodrig. *Catal. pl. Menorca*, p. 47, n. 337. — *R. edulis* Guss. *Fl. Sic. Syn.* II, p. 425, n. 1; Bertol. *Fl. Ital.* VIII, p. 583, n. 2; Camb. *Enum. pl. Balear.* n. 282.

« In montibus prope Lluch, et ad littora maris prope Bañalbufar. — Floret Aprili. » (Camb.)

« Hab. barranco de Algendar. — Abr., Mayo. » (Rodrig.)

MAJORQUE : *Autour de Lluch; barranco de Soller.* — Avril à juin.

54. HYPOCHŒRIS

(L. *Gen.* p. 405, n. 918).

1. **H. glabra** L. *Sp.* p. 1140, n. 3.

Var. α. *genuina* Godr.; Rodrig. *Suppl.* p. 35, n. 119. — ①. Avril-mai.

« Binisarmeña, llano de Turmaden, son Vidal en San-Cristóbal. — Abril, Mayo. » (Rodrig.)

55. SERIOLA

(L. *Gen.* p. 404, n. 917).

1. **S. ætnensis** L. *Sp.* p. 1139, n. 2; Guss. *Fl. Sic. Syn.* II, p. 420, n. 1; Bertol. *Fl. Ital.* VIII, p. 560, n. 2; Desf. *Fl. Atlant.* II, p. 237; Camb. *Enum. pl. Balear.* n. 298; Rodrig. *Catal. pl. Menorca*, p. 48, n. 338. — ①. Avril-août.

« In aridis prope montem Galatzo, necnon inter rupes maritimas Alcudiæ in insulâ Majore. — Floret Aprili, Maio. » (Camb.)

« Hab. puerto de Mah., hácia cala Pedrera. — Jun. » (Rodrig.)

« Champs incultes près Soller. » (Bourgeau, *Exsicc.* n. 2760.)

MAJORQUE : *Arta; castillo de Belver près Palma.* — Avril-mai.

56. THRINCIA

(Roth, *Cat.* I, p. 97).

1. **T. hirta** Roth, *Cat.* I, p. 98; Camb. *Enum. pl. Balear.* n. 300. — ② ou ♃. Mars-avril.

« In arenosis maritimis insulæ Majoris prope Artam. — Florebat Aprili. » (Camb.)

2. **T. tuberosa** DC. *Fl. fr.* IV, p. 52, n. 2967; Gren. et Godr. *Fl. de Fr.* II, p. 297; Guss. *Fl. Sic. Syn.* II, p. 400, n. 1; Camb. *Enum. pl. Balear.* n. 299; Rodrig. *Catal. pl. Menorca*, p. 48,

n. 339. — *Thrincia grumosa* Brot. *Fl. Lus.* I, p. 325. — *Apargia tuberosa* Willd. *Sp.* III, p. 1549; Bertol. *Fl. Ital.* VIII, p. 442, n. 9. — *Leontodon tuberosum* L. *Sp.* p. 1123, n. 6; Desf. *Fl. Atlant.* II, p. 229. — ♃. Mars-novembre.

« In aridis et ad margines agrorum in Balearibus frequens. — Florebat Martio. » (Camb.)

« Hab. Serra Morena; camino de cala Mezquita. — Nov., Dic. » (Rodrig.)

MAJORQUE : *Rochers de la montagne de la ermita d'Arta; garigue de Campos; puig Mayor de Torellas.* — Mars à juin.

57. HELMINTHIA

(Juss. *Gen.* p. 170).

1. **H. echioides** Gærtn. *Fruct.* II, p. 368, tab. 159, fig. 2; Rodrig. *Enum. pl. Menorca*, p. 103, n. 339 *bis;* Barcelo, *Apunt. pl. Balear.* p. 29, n. 221. — ①. Mai-juin.

« R. Hab. camino de Adaya. — Mayo. » (Rodrig.)

« Campós y huertas; Andraitx, Lloseta, Deyá, Soller, acequias del Prat. — Jun. » (Barcelo.)

58. UROSPERMUM

(Juss. *Gen.* p. 170).

1. **U. Dalechampii** Desf. *Catal.* édit. 1, p. 90; Gren. et Godr. *Fl. de Fr.* II, p. 305; Guss. *Fl. Sic. Syn.* II, p. 385, n. 1; Bertol. *Fl. Ital.* VIII, p. 352, n. 1; Camb. *Enum. pl. Balear.* n. 301; Rodrig. *Catal. pl. Menorca,* p. 48, n. 340. — ♃. Avril-juin.

« Ad vias in Balearibus frequens. — Florebat Aprili. » (Camb.)

« Comun en toda la isla. — May.-Jun. » (Rodrig.)

MAJORQUE : *Andraitx; collines à l'E. de Bañalbufar; vallée de Soller.* — IVIÇA : *Butte des moulins.* — Fin Avril.

2. **U. picroides** Desf. *Catal.* édit. 1, p. 90; Gren. et Godr. *Fl. de Fr.* II, p. 305; Guss. *Fl. Sic. Syn.* II, p. 385, n. 2; Bertol. *Fl. Ital.* VIII, p. 354, n. 2; Camb. *Enum. pl. Balear.* n. 302; Rodrig. *Suppl.* p. 35, n. 120. — ①. Avril-juin.

« In arenosis maritimis insulæ Majoris prope Artam. — Florebat Aprili. » (Camb.)

« Hort den Morillo, Santa-Ponsa en Alayor, Subervey. — Abr., May. » (Rodrig.)

Majorque : *Rochers de la ermita d'Arta; castillo de Alaro.* — Avril-mai.

Var. β. *asperum* DC. *Fl. fr.* IV, p. 63; Camb. *Enum. pl. Balear.* n. 302.

« Inter rupes maritimas S.-Eulaliæ in Ebuso. — Florebat Maio. » (Camb.)

Majorque : *Palma, côté de Belver.* — Avril.

59. SCORZONERA

(L. *Gen.* p. 399, n. 906 part.).

1. **S. hispanica** L. *Sp.* p. 1112, n. 2; Barcelo, *Apunt. pl. Balear.* p. 29, n. 225. — ②. Mai.

« Planicie, montes de Pollenza. — May. » (Barcelo.)

60. PODOSPERMUM

(DC. *Fl. fr.* IV, p. 61).

1. **P. laciniatum** DC. *Fl. fr.* IV, p. 62, n. 2984.

Var. *calcitrapæfolium* Koch, *Syn.* 490 (non DC.).

« Bord des champs près Palma. » (Bourgeau, *Exsicc.*)

2. **P. octangulare** Roth, ex Steudel, *Nom. phan.* p. 753; DC. *Prodr.* VII, p. 110.

« Orillas de los campós y caminos; Palma, Valdemosa, Andraitx. — Marz., Abr. » (Barcelo.)

61. TRAGOPOGON

(L. *Gen.* p. 398, n. 905).

1. **T. crocifolius** L. *Sp.* p. 1110, n. 5; Barcelo, *Apuntes pl. Balear.* p. 29, n. 223. — ②. Juin.

« Raro en S'Escrop. — Jun. » (Barcelo.)

62. GEROPOGON

(L. *Gen.* p. 398, n. 904).

1. **G. glaber** L. *Sp.* p. 1109, n. 1; Gren. et Godr. *Fl. de Fr.* II, p. 314; Guss. *Fl. Sic. Syn.* II, p. 383, n. 1; Bertol. *Fl. Ital.* VIII, p. 342, n. 1; Barcelo, *Apuntes pl. Balear.* p. 29, n. 224. — ①. Mai.

« Campós, viñedos; Andraitx, Santa-Margarita, Felanitx. — May. » (Barcelo.)

MAJORQUE : *Champs humides du mollo de Pollenza.* — Juin.

63. CHONDRILLA

(L. *Gen.* p. 401, n. 910).

1. **C. juncea** L. *Sp.* p. 1120, n. 1; Barcelo, *Apuntes pl. Balear.* p. 29, n. 226. — ②. Juin.

« Comun en los campós. — Jun. » (Barcelo.)

64. TARAXACUM

(Juss. *Gen.* 169).

1. **T. officinale** Wigg. *Prim. Fl. Hols.* p. 56 (1780); Gren. et Godr. *Fl. de Fr.* II, p. 316; Barcelo, *Apuntes pl. Balear.* p. 29, n. 227. — *T. taraxacoides* α. *lævigatum* Willk. *Ind.* n. 301. — ♃. Mars-juin.

« Galatzó, puig de Torella. — Fl. casi todo el año. » (Barcelo.)

MAJORQUE : *Casa del Guich, près Lluch; puig Mayor de Torellas.* — Juin.

2. **T. obovatum** DC. *Rapp. voy.* II, p. 83; Gren. et Godr. *Fl. de Fr.* II, p. 317. — *Leontodon obovatum* Bertol. *Fl. Ital.* VIII, p. 427, n. 3. — ♃. Mars-mai.

« Puig de Torella, S'Escrop. — May. » (Barcelo.)

MAJORQUE : *Barranco de Soller.* — Avril.

65. LACTUCA

(L. *Gen.* p. 400, n. 909).

1. **L. viminea** Link, *Enum. hort. Berol.* II, p. 281; Barcelo, *Apuntes pl. Balear.* p. 29, n. 229. — ②. Juin.

« Desde el litoral de Palma y de Andraitx hasta el coll de Soller y montes de Lluch. — Jun. » (Barcelo.)

2. **L. virosa** L. *Sp.* p. 1119, n. 5; Camb. *Enum. pl. Balear.* n. 285. — ②. Juin-juillet.

« Ad sepes insulæ Majoris prope Esporlas. » (Camb.)

3. **L. Scariola** L. *Sp.* p. 1119, n. 4; Barcelo, *Apuntes pl. Balear.* p. 30, n. 230. — ②. Juillet.

« Caminos; Andraitx, Montuiri, Manacor, Artá. — Jul. » (Barcelo.)

4. **L. sativa** L. *Sp.* p. 1118, n. 2; Camb. *Enum. pl. Balear.* n. 284; Rodrig. *Catal. pl. Menorca*, p. 48, n. 345. — ①.

« Colitur in hortis. » (Camb.)
« Cultivada. » (Rodrig.)

5. **L. tenerrima** Pourr. *Act. Toul.* III, p. 321; Gren. et Godr. *Fl. de Fr.* II, p. 323; Bertol. *Fl. Ital.* VIII, p. 411, n. 9; Barcelo, *Apuntes pl. Balear.* p. 30, n. 231. — ♃. Juin.

« Montes de Valdemosa, Deyá, Soller, Esporlas, Lluch. — Jun. » (Barcelo.)

MAJORQUE : *Ariant, près Pollenza; la route de can Tetx, près Soller; serra et rochers du barranco de Soller.* — Juin.

66. SONCHUS

(L. *Gen.* p. 400, n. 908).

1. **S. tenerrimus** L. *Sp.* p. 1117, n. 6; Gren. et Godr. *Fl. de Fr.* II, p. 324; Guss. *Fl. Sic. Syn.* II, p. 391, n. 4; Bertol. *Fl. Ital.* VIII, p. 395, n. 7; Desf. *Fl. Atlant.* II, p. 223; Camb. *Enum. pl. Balear.* n. 287; Rodrig. *Catal. pl. Menorca*, p. 49, n. 346. — ♃. Avril-octobre.

« In agris prope Valdemosam in insulâ Majore. — Floret Aprili. » (Camb.)
« Comun en grietas de peñas y muros. — Oct., Marz. » (Rodrig.)

MAJORQUE : *La peña Roya d'Alcudia; rochers du barranco de Soller; mont de Randa; rochers de la ermita d'Arta; Palma, côté de Belver.* — IVIÇA : *Isleta de Boute-foc, dans le port d'Iviça.* — Mars à mai.

2. **S. cervicornis** Nym. *Syll. fl. Europ.* p. 38, n. 957. — *S. spinosus* DC.— *β. cervicornis* Lge, Willk. *Index*, n. 307.— *Prenanthes cervicornis* Boiss. *Voy.* 744. — *Lactuca spinosa* Camb. *Enum. pl. Balear.* n. 286. — ♃. Juin-juillet.

« Inter rupes maritimas ad ingressum speluncæ *la Cueva de la Ermita* prope Artam, in insulâ Majore. » (Camb.)

MINORQUE : *Côté sud du termino de Ciudadela; Albufera de Mahon, bord de la mer.* — Mai à juillet.

3. **S. spinosus** DC. *Prodr.* VII, p. 189, n. 36; Rodrig. *Catal. pl. Menorca*, p. 49, n. 349. — *Lactuca spinosa* Lamk, non Camb. — *Prenanthes spinosa* Forsk. *Descr.* 144. — ♄. Mai-juin.

« Hab. comun en la costa Norte del termino de Mah. — Mayo, Jun. » (Rodrig.)

4. **S. oleraceus** L. *Sp.* p. 1116, n. 5; Gren. et Godr. *Fl. de Fr.* II, p. 324; Guss. *Fl. Sic. Syn.* II, p. 391, n. 2; Bertol. *Fl. Ital.* VIII, p. 390, n. 5; Desf. *Fl. Atlant.* II, p. 224; Camb. *Enum. pl. Balear.* n. 289; Rodrig. *Catal. pl. Menorca*, p. 49, n. 347.— ①. Avril-septembre.

« In agris circa Valdemosam in insulâ Majore. — Florebat Aprili. » (Camb.)

« Ab. en terrenos cultivados. — Set., Marz. » (Rodrig.)

Majorque : *Chemin de Valdemosa à Bañalbufar; Fuente Santa, près Campos.* — Mars-avril.

5. **S. asper** Vill. *Dauph.* III, p. 158; Camb. *Enum. pl. Balear.* n. 288; Rodrig. *Suppl.* p. 35, n. 121. — ①. Avril-septembre.

« In arenosis insulæ Majoris prope Artam. — Floret Aprili. » (Camb.)
« Estancia de Mora en Mercadal (Casall.!). — Abril. » (Rodrig.)

6. **S. maritimus** L. *Sp.* p. 1116, n. 4; Gren. et Godr. *Fl. de Fr.* II, p. 326; Guss. *Fl. Sic. Syn.* II, p. 390, n. 1; Bertol. *Fl. Ital.* VIII, p. 389, n. 4; Desf. *Fl. Atlant.* II, p. 223; Rodrig. *Suppl.* p. 36; Barcelo, *Apuntes pl. Balear.* p. 30, n. 232. — ♃. Avril-juin.

« En Alayor (Casall. segun Texidor). » (Rodrig.)
« Sitios húmedos; Palma, Andraitx, Alcudia, Manacor, Artá. — Jun. » (Barcelo.)

Majorque : *Chemin de la Cueva de la ermita d'Arta.* — Mai.

67. PICRIDIUM

(Desf. *Fl. Atlant.* II, p. 220).

1. **P. tingitanum** Desf. *Fl. Atlant.* II, p. 220; Camb. *Enum. pl. Balear.* n. 291; Rodrig. *Suppl.* p. 36. — ♃. Mars-juin.

« In arenosis maritimis insulæ Majoris prope Artam, Soller, et Ebusi prope S.-Eulaliam. — Floret Aprili, Maio. » (Camb.)
« S'Argossam, Lluquelquelba, son Blanc, arenas de la Canasía.— Mayo, Junio. » (Rodrig.)

Majorque : *Fuente Santa, près Campos* (Mars). — Minorque : *Termino de Ciudadela, Albufera de Mahon* (Mai à juillet).— Iviça : *Plage des salines.*

2. **P. intermedium** Schultz. Bip. (forma intermedia inter α. et β. *Prodr. Fl. Hisp.* II, 233); Willk. *Index*, n. 303.— ♃. Aprili, Maio, c. flor.

« Mallorca, in arenosis sub dumetis pinctorum pr. castellum Belver, haud frequens. » (Willk.)

3. **P. vulgare** Desf. *Fl. Atlant.* II, p. 221 ; Gren. et Godr. *Fl. de Fr.* II, p. 328 ; Camb. *Enum. pl. Balear.* n. 290 ; Rodrig. *Catal. pl. Menorca*, p. 49, n. 351. — ①. Mars-juillet.

« In agris et sterilibus Balearium frequens. — Florebat Martio, Apr. » (Camb.)

« Abunda en toda la isla. — Abr. » (Rodrig.)

Majorque : *Plage près de Palma ; champs d'Ariant ; rochers de la ermita d'Arta ; champs près de Soller* (Avril à juin). — Minorque : *Albufera de Mahon* (Juillet). — Iviça : *Butte des moulins ; plage des salines.*

68. BARKHAUSIA

(Mœnch, *Meth.* p. 537).

1. **B. vesicaria** Mœnch, *Meth.* p. 537. — *Crepis vesicaria* L. *Sp.* p. 1132, n. 5 ; Gren. et Godr. *Fl. de Fr.* II, p. 330 ; Guss. *Fl. Sic. Syn.* II, p. 411, n. 6 ; Camb. *Enum. pl. Balear.* n. 293 ; Rodrig. *Catal. pl. Menorca*, p. 103, n. 351 *bis*. — ②. Mars-juin.

« Ad margines agrorum in insulâ Majore prope castellum Belver. — Florebat Martio. » (Camb.)

« Hab. caminos y terrenos cultivados mediodia de Ferr. — Mayo. » (Rodrig.)

Majorque : *La ermita d'Arta ; champs de son Vivot près d'Inca ; barranco de Soller.* — Mars à juin.

2. **B. taraxacifolia** DC. *Fl. fr.* IV, p. 43, n. 2949 ; Camb. *Enum. pl. Balear.* n. 294. — *Crepis taraxacifolia* Thuil. *Fl. Par.* p. 409 ; Rodrig. *Suppl.* p. 36, n. 122. — ②. Avril-mai.

« In agris prope Valdemosam in insulâ Majore. — Floret Aprili. » (Camb.)

« Camino de Torresuli, son Blanc y Canasía en Alayor, son Merces ; Subervey y Algendar en Ferrerias (Rodrig.). — Mayo. » (Rodrig.)

3. **B. bellidifolia** DC. *Fl. fr.* V, p. 449, n. 2950[a]. — *Crepis bellidifolia* Lois. *Fl. Gall.* p. 527, n. 14 ; Barcelo, *Apuntes pl. Balear.* p. 31, n. 234. — ① et ②. Mai.

« Colinas de Genova. — May. » (Barcelo.)

4. **B. fœtida** DC. *Fl. fr.* IV, p. 42, n. 2948. — *Crepis fœtida* L.

Sp. p. 1133, n. 7; Barcelo, *Apuntes pl. Balear.* p. 31, n. 235. — ①. Mai.

« Rara en las colinas de Genova, Soller. — May. » (Barcelo.)

Var. γ. *hispida* Bisch.; Rodrig. *Suppl.* p. 36, n. 124.

« Rara : Santa-Ponsa en Alayor. — Junio. » (Rodrig.)

5. **B. Triasii** Camb. *Enum. pl. Balear.* n. 292 (sub *Hieracio*). — *B. balearica* Costa, *Ind. sem. hort. Barc.* 1861; Barcelo, *Apuntes pl. Balear.* p. 30, n. 233. — *Crepis balearica* Costa, *Fl. Catal.* p. 153; Rodrig. *Catal. Suppl.* p. 36, n. 125. — *C. Triasii* Willk. *Index*, n. 313. — ♃. Mai-juin.

« In fissuris rupium montis qui villæ D[i] *Trias* imminet, prope Esporlas in insulâ Majore. — Floret Maio. » (Camb.)

« Grietas de peñas calcáreas : barranco de se Mola y Santa-Ponsa en Alayor (Rodr.); barranco de se Vall, son Blanc-nou, monte Toro (Casall.! Rodr.); Subervey y Algendar en Ferrerias (Rodr.). — Mayo, Junio. » (Rodrig.)

« Esporlas, Andraitx, S'Escrop y en los montes de Lluch. » (Barcelo.)

« Rochers du barranco de Soller. » (Bourgeau, *Exsicc.* n. 2762.)

MAJORQUE : *Rochers du puig de Pollenza; le gorg blaoü de l'Estretx à Aumalluch; la serra de Soller; la serra d'Alcudia; Talaya veya, près Arta. — Très-répandu sur tous les rochers à pic de Majorque, à toutes les altitudes.*

69. CREPIS

(DC. *Prodr.* VII, p. 160).

1. **C. bulbosa** Cass. *Ann. sc. nat.* XXIX, p. 4; Gren. et Godr. *Fl. de Fr.* II, p. 335; Rodrig. *Catal. pl. Menorca*, p. 50, n. 352; Barcelo, *Apuntes pl. Balear.* p. 31. — *Ætheorriza bulbosa* Cass. *Dict.* XLVIII, p. 425. — *Hieracium bulbosum* Willd. *Sp.* pl. 3, p. 1562; Guss. *Fl. Sic. Syn.* II, p. 402, n. 1. — *Prenanthes bulbosa* DC. *Fl. fr.* IV, p. 7, n. 2883; Camb. *Enum. pl. Balear.* n. 283. — ♃. Mars-mai.

« Ad sepes in Ebuso frequens. — Floret primo vere. » (Camb.)

« Abunda á la sombra de los Lentiscos; camino de cala Mezquita. — Marz., Abr. » (Rodrig.)

« Comun á orillas de las acequias y en los setos, Palma, Andraitx. — Marz. » (Barcelo.)

« In sabulosis maritimis Balearium abundat. » (Willk. *Index*, n. 310.)

MAJORQUE : *Sommet de la peña Roya d'Alcudia.* — 31 Mai 1852.

2. **C. montana** Willk. in *Œsterr. bot. Zeitschr.* 1875, p. 110, et *Index*, n. 311, *cum descript. sub nomine Ætheorrizœ*). — ♃. Die 17 et 23 Aprili c. flor. et fr.

« Mallorca : In regione montana, in glareosis calcareis aridis dumosis inque rupium calc. fissuris, sæpe sub dumetis spinosis intricatis (c. v. *Smilace aspera* var. *balearica*) passim. Puig de Galatzó, ad altit. 788-1200 metr. ; Atalaya veya pr. Artá, ad altit. 300-400 metr.). » (Willk.)

70. HIERACIUM

(L. *Gen.* p. 402, n. 913).

1. **H. præaltum** Vill. in Gochn. *Cich.* 17, et *Voy.* 62, tab. 2, fig. 1. — Var. β. *furcatum* Scheele ; Rodrig. *Suppl.* p. 37, n. 126. — ♃.

« Peñas en Alayor y otros puntos (Casall. segun Texidor). » (Rodrig.)

2. **H. amplexicaule** L. *Sp.* p. 1129, n. 21 ; Gren. et Godr. *Fl. de Fr.* II, p. 364 ; Bertol. *Fl. Ital.* VIII, p. 497, n. 35 ; Barc. *Apuntes pl. Balear.* p. 31, n. 236. — ♃. Juin.

« Puig de Torella. — Jun. » (Barcelo.)

Majorque : *Rochers du puig Mayor de Torellas.* — Juin.

3. **H. murorum** L. *Sp.* p. 1128, n. 17. — ♃.

« Rochers du puig de Torellas. » (Bourgeau, *Exsicc.*)

4. **H. sericeum** L. *Sp.* p. 477, n. 32. — ♃.

« Rochers du puig de Torellas. » (Bourgeau, *Exsicc.*)

71. SCOLYMUS

(L. *Gen.* p. 407, n. 922).

1. **S. hispanicus** L. *Sp.* p. 1143, n. 2 ; Camb. *Enum. pl. Balear.* n. 305 ; Rodrig. *Catal. pl. Menorca*, p. 50, n. 353. — ②. Mai-juillet.

« Ad vias in Balearibus. — Florebat Maio. » (Camb.)

« Caminos de cala Mezquita, de la cala San-Estébané inmediatios á Villa-Cárlos ; puerto de Ciu. ; camino de Mercadal á Fornells. — Jun., Jul. » (Rodrig.)

« Champs incultes près Soller. » (Bourgeau, *Exsicc.* n. 2759.)

2. **S. maculatus** L. *Sp.* p. 1143, n. 1 ; Barcelo, *Apuntes pl. Balear.* p. 31, n. 237. — ①. Juin.

« En los campós, Palma, Manacor, Lluchmayor. — Jun. » (Barcelo.)

LVIII. AMBROSIACÉES

(AMBROSIACEÆ Link, *Handb. zur Erkenn. d. Gen.* I, p. 816).

—

1. XANTHIUM

(Tournef. *Inst.* p. 438, tab. 252).

1. **X. strumarium** L. *Sp.* 1400, n. 1 ; Barcelo, *Apuntes pl. Balear.* p. 31, n. 238. — ①. Juillet.

« Huerta de Palma, puerto de Andraitx. — Jul. » (Barcelo.)

2. **X. spinosum** L. *Sp.* p. 1400, n. 3; Rodrig. *Cat. pl. Men.*, p. 50, n. 354 ; Barcelo, *Apuntes pl. Balear.* p. 31, n. 239. — ①. Juin.

« Inmediaciones de cala Figuera. — Junio. » (Rodrig.)

« Caminos y escombros, terrenos incultos del llano de Mallorca. — Jun. » (Barcelo.)

LIX. LOBÉLIACÉES

(LOBELIACEÆ Juss. *Ann. Mus.* XVIII, p. 1).

—

1. LAURENTIA

(Neck. *Elem.* n. 224).

1. **L. Michelii** DC. *Prodr.* VII, p. 409, n. 1 ; Rodrig. *Suppl.* p. 38, n. 127. — ①. Avril-mai.

« Terrenos arenosos húmedos : predios Binisarmeña, Granada, son Gurnès. — Abril, Mayo. — Mahon. » (Rodrig.)

2. **L. tenella** DC. *Prodr.* VII, p. 410, n. 2. — ♃. Juillet.

« Bord des sources vers le sommet du barranco de Soller. — Juillet. » (Bourgeau, *Exsicc.* n. 2770.)

LX. CAMPANULACÉES

(CAMPANULACEÆ Endlich. *Gen.* 513 part.).

—

1. SPECULARIA

(Heist. *Syst. pl. gen.* 8, 1748).

1. **S. hybrida** Alph. DC. *Prodr.* VII, p. 490, n. 4 ; Gren. et Godr. *Fl. de Fr.* II, p. 405 ; Guss. *Fl. Sic. Syn.* I, p. 251, n. 2 ; Rodrig.

Catal. pl. Menorca, p. 50, n. 355; Barcelo, *Apuntes pl. Menorca*, p. 31, n. 240. — *Campanula hybrida* L. *Sp.* p. 239, n. 32; Bertol. *Fl. Ital.* II, p. 522, n. 41; Desf. *Fl. Atlant.* I, p. 180. — ①. Avril.

« R. Hab. Binicolafs, en terrenos cultivados. — Abr. » (Rodrig.)
« Entre las mieses, Palma, Deyá, Lluch. — Abr. » (Barcelo.)

Majorque : *Champs cultivés à Calvia.* — Avril.

2. **S. falcata** Alph. DC. *Prodr.* VII, p. 489, n. 2; Gren. et Godr. *Fl. de Fr.* II, p. 405; Guss. *Fl. Sic. Syn.* I, p. 251, n. 3; Barcelo, *Apuntes pl. Balear.* p. 31, n. 241. — *Campanula falcata* Rœm. et Sch. *Syst.* V, p. 154; Bertol. *Fl. Ital.* II, p. 523, n. 42. — ①. Avril-juin.

« Entre las mieses, Palma, Andraitx. — Abr. » (Barcelo.)
Majorque : *Cala San-Vicent près Pollenza; champs près Lluch; barranco de Soller.* — Juin.

2. CAMPANULA

(L. *Gen.* p. 88, n. 218).

1. **C. dichotoma** L. *Sp.* p. 237, n. 24; Guss. *Fl. Sic. Syn.* I, p. 249, n. 4; Bertol. *Fl. Ital.* II, p. 508, n. 32; Desf. *Fl. Atlant.* I, p. 179. — ①. Avril-mai.

Iviça : *Sommet du puig d'Enserra.* — Avril.

2. **C. Erinus** L. *Sp.* p. 240, n. 40; Guss. *Fl. Sic. Syn.* I, p. 249, n. 5; Bertol. *Fl. Ital.* II, p. 510, n. 33; Desf. *Fl. Atlant.* I, p. 181; Camb. *Enum. pl. Balear.* n. 355; Rodrig. *Catal. pl. Menorca*, p. 50, n. 356. — ①. Avril-juin.

« Ad apicem montis Galatzo in insulâ Majore. — Florebat Maio. » (Camb.)
« Comun en terrenos cultivados. — Abr., Jun. » (Rodrig.)

Majorque : *Champs de Palma, côté de Belver.* — Avril.

3. **C. pyrenaica** Alph. DC. *Monogr. Camp.* p. 324; Barc. *Apuntes pl. Balear.* p. 31, n. 242.

« En las Baleares. » (Barcelo.)

LXI. ÉRICINÉES

(ERICINEÆ Desv. *Journ. bot.* 1813, p. 28).

---

1. ARBUTUS

(Tournef. *Inst.* p. 598, tab. 368).

1. **A. Unedo** L. *Sp.* p. 566, n. 1; Gren. et Godr. *Fl. de Fr.* II, p. 425; Guss. *Fl. Sic. Syn.* I, p. 464, n. 1; Bertol. *Fl. Ital.* IV, p. 432, n. 1; Desf. *Fl. Atlant.* I, p. 340; Camb. *Enum. pl. Balear.* n. 364; Rodrig. *Catal. pl. Menorca*, p. 50, n. 358. — ♄. Octobre-juin.

« In montibus insulæ Majoris prope Esporlas. » (Camb.)

« Comun en terrenos incultos llamados de Tramontana.— Oct., Febr. » (Rodrig.)

« Esporlas près Soller. » (Bourgeau, *Exsicc.* n. 2773.)

2. ERICA

(L. *Gen.* p. 192, n. 484).

1. **E. mediterranea** L. *Mant.* p. 229; Gren. et Godr. *Fl. de Fr.* II, p. 428; Willk. et Lange, *Prodr. Fl. Hisp.*, II, p. 348, n. 2114. — ♄. Avril.

MAJORQUE : *Puig d'Alaro.* — Avril.

2. **E. multiflora** L. *Sp.* p. 503, n. 13; Gren. et Godr. *Fl. de Fr.* II, p. 429; Bertol. *Fl. Ital.* IV, p. 324, n. 3; Rodrig. *Catal. pl. Menorca*, p. 51, n. 359, et *Suppl.* p. 38. — ♄. Mars-décembre.

« Abunda en terrenos incultos del norte de la isla, por lo general en sitios arenosos. — Setiembre á Deciembre. » (Rodrig.) — Binisarmeña, Mahon (*Exsicc.*).

MAJORQUE : *La serra de Soller; son Belouet près Soller; plage de las salinas.* — Mars à juin.

3. **E. vagans** L. *Mant.* p. 230; Camb. *Enum. pl. Balear.* n. 363. — ♄. Avril.

« Ubique in montibus insulæ Majoris. — Florebat Aprili. » (Camb.)

4. **E. arborea** L. *Sp.* p. 502, n. 9; Gren. et Godr. *Fl. de Fr.* II, p. 432; Guss. *Fl. Sic. Syn.* I, p. 446, n. 1; Bertol. *Fl. Ital.* IV, p. 321, n. 1; Desf. *Fl. Atlant.* I, p. 328; Camb. *Enum. pl. Balear.* n. 362; Rodrig. *Catal. pl. Menorca*, p. 52, n. 360. — ♄. Février-avril.

« In montibus insulæ Majoris prope Pollentiam, Lluch, Soller, frequens; etiam in insulâ Minore (Hern.). — Florebat Aprili. » (Camb.)

« Abunda con la *E. multiflora.* — Febr., etc. » (Rodrig.)

MAJORQUE : *La serra de Soller.* — Mars.

5. **E. scoparia** L. Willk. *Index*, n. 337. — ♄.

« Menorca : Cum præcedente, satis abundantes, sed d. 3 Aprili nondum florens. » (Willk.)

LXII. PRIMULACÉES

(PRIMULACEÆ Vent. tabl. 2, p. 285).

1 PRIMULA

(L. *Gen.* p 80, n. 197).

1. **P. grandiflora** Lamk, *Fl. fr.* II, p. 248 (1778); Barcelo, *Apuntes pl. Balear.* p. 31, n. 246. — ♃. Avril.

« Puig de Torella, puig Mayor, Planicie. — Abr. » (Barcelo.)

« Vers le sommet du puig Mayor. » (Bourgeau, *Exsicc.* n. 2775.)

Var. (?) *Balearica* (*P. grandiflora* var. flore albo Barc. *Apunt.* p. 31); Willk. *Index*, n. 438. — ♃.

« Mall. : Puig de Torella, puig Mayor, Planicie. — Abr. » (Barc.)

« Mallorca : Puig de Torella, inter saxa in solo pingui excavationum graminosarum in cacumine septentrionem versus sitarum, ad altit. 1500 metr. copiose, d. 5 Maio c. flor. » (Willk.)

2. **P. elatior** Jacq. *Misc.* I, p. 158

Var. *scapobrevi, floribus atro-purpureis*, Camb. *Enum. pl. Bal.* n. 464.

« Crescit prope Esporlas in insulâ Majore; verisimiliter ex hortis transfuga. » (Camb.)

2. CYCLAMEN

(Tournef. *Inst.* p. 158, tab. 68).

1. **C. balearicum** Willk. in *Œsterr. bot. Zeitschr.* 1875, p. 111, et *Index*, n. 439. — *C. vernum* Camb. nec Lob. — *C. repandum* Auct. hisp. nec Sibth. Sm.

« Tenerum, tubere depresso-globoso 1,5-2 centim. diam.; foliis glabris longissime petiolatis, petiolo basi tenuissimo, limbo cordato-ovato, supra obscure viridi et maculis albis parvis munito, subtus violascente, margine obsolete repando-dentato; floribus longissime pedunculatis, pedunculis medio incrassatis, folia æquantibus vel superantibus; calycis campanulati tubo corolla breviori, laciniis ovatis acutis; corolla 14-19 mm., alba, fauce rosea, segmentis oblongo-lanceolatis obtusis breviter apiculatis, genitalibus inclusis; antheris tubo corollæ brevioribus obtusis, papilloso-punctatis, papillis conicis purpureis, stylo conico tubum æquante vel subsuperante. Flores suaveolentes. — Species proxima *C. repando* Sibth. Sm., quod differt foliis acute sinuato-dentatis, supra vix albo-maculatis, floribus duplò majoribus, corolla intense purpurea, stylo tenui longe exserto, papillis antherarum cristas transversales formantibus, etc. »

« In solo pingui saxoso Balearium abundat atque in insulâ Majore ad summa montium cacumina usque ascendit. — Floret Martio, Maio. » (Willk in *Œsterr. bot. Zeitschr.*)

Voici comment s'exprime M. Loret, dans sa *Flore de Montpellier*, au sujet du *Cyclamen repandum* :

« J'ai communiqué notre *Cyclamen* des Capouladoux à l'auteur des *Cyclamen de la Gironde* et à un autre savant botaniste bordelais, M. Lespinasse, qui l'ont trouvé très-différent du *C. repandum* par ses fleurs plus petites, à lobes beaucoup plus étroits et linéaires-lancéolés. Il y a probablement là une espèce nouvelle, voisine du *C. repandum*, dont elle a les feuilles et le tubercule, mais dont elle diffère notablement par la fleur. Nous engageons les botanistes de Montpellier à cultiver cette plante avec le *C. repandum* Sm. et Sibth., et à les étudier comparativement, pour s'assurer si, outre la petitesse de la fleur et l'étroitesse de ses lobes, notre *Cyclamen* n'offrirait point quelque caractère constant qui permette de l'élever au rang d'espèce. Nous ne voulons point, dans un étroit intérêt personnel, faire mystère de ce fait curieux. L'amour de la science nous touche avant tout, et nous espérons que personne ne s'exposera à lui nuire, en se hâtant de donner à notre plante, avant une étude approfondie, un nom éphémère destiné à tomber immédiatement dans les basfonds de la synonymie. » (*Flore de Montpellier*, t. II, p. 834.)

« In solo pingui, saxoso, glareoso rupium calcar. fissuris Balearium abundat, præcipue in insulâ Majore, etc. » (Willk. *Index*, n. 439.)

MAJORQUE : *Couma Negra, à la serra de Soller.* — 18 Avril 1852.

A Soller, la fleur du *Cyclamen* se nomme *Viola de San-Pera.*

3. GLAUX

(Tournef. *Inst.* p. 80, tab. 60).

1. **G. maritima** L. *Sp.* p. 301, n. 1 ; Barcelo, *Apuntes pl. Balear.* p. 32, n. 247. — ♃. Avril.

« Portapi, Font-Santa, Santa-Ponsa, Lluchmayor. — Abr. » (Barcelo.)

4. ASTEROLINUM

(Link et Hoffm. *Fl. Port.* 332).

1. **A. stellatum** Link et Hoffm. *loc. cit.*; Barcelo, *Apuntes pl. Balear.* p. 32, n. 248. — ①. Avril.

« Raro en Belver. — Abr. » (Barcelo.)

5. CORIS

(Tournef. *Inst.* p. 652, tab. 423).

1. **C. monspeliensis** L. *Sp.* p. 252, n. 1; Gren. et Godr. *Fl. de Fr.* II, p. 465; Guss. *Fl. Sic. Syn.* I, p. 237, n. 1; Bertol. *Fl. Ital.* II, p. 568, n. 1; Desf. *Fl. Atlant.* I, p. 185; Camb. *Enum. pl. Balear.* n. 463; Rodrig. *Catal. pl. Menorca*, p. 53, n. 363. — ②. Avril-juin.

« Ubique in aridis et arenosis maritimis Balearium. — Floret Maio. » (Camb.)

« Marina del predio Coll-Rotj c. la carretera en Ciu. r.; Sivinar de Algayrens, r. — Abr., Mayo. » (Rodrig.)

MAJORQUE : *La serra de Soller, dans les champs d'oliviers; Arta, vallon de son Soureda; es puñol d'Embaña près Soller; couma de Arbona, les rochers; fentes des rochers du barranco de Soller.* — Mai-juin.

MINORQUE : *Plage de Santa-Ana, au sud du termino de Ciudadela.* — Mai.

6. ANAGALLIS

(Tournef. *Inst.* p. 142, tab. 59).

1. **A. arvensis** L. *Sp.* p. 211, n. 1; Gren. et Godr. *Fl. de Fr.* II, p. 467; Rodrig. *Catal. pl. Menorca*, p. 53, n. 364; Desf. *Fl. Atlant.* I, p. 168. — *Anagallis cœrulea* et *arvensis* Guss. *Fl. Sic. Syn.* I, p. 239, n. 2 et 1; Bertol. *Fl. Ital.* II, p. 424 et 422, n. 2 et 1. — *Anagallis cœrula* et *phœnicea* Camb. *Enum. pl. Balear.* n. 461 et 462. — ①. Février-mai.

« In agris insulæ Majoris et Ebusi frequens; ubique in agris Balearium. — Floret Martio. » (Camb.)

« Ab. en terrenos cultivados. — Febr., etc. » (Rodrig.)

MAJORQUE : *Champs de Palma et de Soller.* — Avril.

2. **A. tenella** L. *Syst. veget.* edit. 13, p. 165; Barcelo, *Apuntes pl. Balear.* p. 32, n. 249. — ♃.

« Bañalbufar. » (Barcelo.)

3. **A. parviflora** Lk. et Hoffm. *Flor. Port.* I, 325; Willk. *Index*, n. 443. — ①. April. c. flor.

« Mallorca : In solo arenoso arido graminoso pinetorum ad sinum Alcudianum sitorum atque juxta Salobrar de Campos. » (Willk.)

7. SAMOLUS

(Tournef. *Inst.* p. 143, tab. 60).

1. **S. Valerandi** L. *Sp.* p. 243, n. 1; Gren. et Godr. *Fl. de Fr.* II, p. 468; Guss. *Fl. Sic. Syn.* I, p. 237, n. 1; Bertol. *Fl. Ital.* II, p. 551, n. 1; Desf. *Fl. Atlant.* I, p. 183; Camb. *Enum. pl. Balear.* n. 466; Rodrig. *Catal. pl. Menorca*, p. 53, n. 365. — ♃. Avril-juin.

« In humidis Balearium frequens. » (Camb.)

« Abunda en sitios húmedos. — Abr., etc. » (Rodrig.)

MAJORQUE : *Torrent du chemin de Soller à Palma.* — Avril.

LXIII. OLÉACÉES

(OLEACEÆ Lindl. *Intr.* edit. 2, p. 307).

1. FRAXINUS

(Tournef. *Inst.* p. 577, tab. 343).

1. **F. excelsior** L. *Sp.* p. 1509, n. 1.

Var. β. *australis* Gay herb.!; Camb. *Enum. pl. Balear.* n. 568.

« Ad margines agrorum in insulâ Majore. » (Camb.)

2. OLEA

(Tournef. *Inst.* p. 598, tab. 370).

1. **O. europæa** L. *Sp.* p. 11, n. 1; Gren. et Godr. *Fl. de Fr.* II, p. 474; Guss. *Fl. Sic. Syn.* I, p. 11, n. 1; Bertol. *Fl. Ital.* I, p. 45, n. 1; Desf. *Fl. Atlant.* I, p. 9; Camb. *Enum. pl. Balear.* n. 365; Rodrig. *Catal. pl. Menorca*, p. 53, n. 366. — ♄. Mai-juin.

« In montibus Balearium vulgatissima. Colitur in agris. » (Camb.)

« Abunda en toda la isla. — Mayo. » (Rodrig.)

MAJORQUE : *Répandu dans toutes les îles.* — Mai.

Dans ses excursions dans les Baléares (*Nouv. Annales des voyages*, t. XXX, p. 45), Cambessèdes nous dit : « Je mesurai, près de Valdemosa, un Olivier dont le tronc, parfaitement sain, avait vingt pieds huit pouces de circonférence à trois pieds du sol. » — Les plus beaux que nous ayons observés se trouvent dans l'île d'Iviça, du côté de Saint-George : l'un d'eux mesurait 19 mètres de tour à sa base. C'était, me dit-on, le plus gros de l'île. Dans les Baléares, les Oliviers ont leur port naturel si élégant et élancé : on les cultive dans les montagnes jusqu'à 700 mètres environ; au delà de cette altitude, on ne les rencontre plus guère qu'à l'état sauvage et couchés par les vents. — L'Olivier sauvage est connu sous le nom d'*Ouliastre;* l'Olivier cultivé, sous le nom d'*Olivera*.

3. PHILLYREA

(Tournef. *Inst.* p. 596, tab. 367).

1. **P. latifolia** L. *Sp.* p. 10, n. 3; Guss. *Fl. Sic. Syn.* I, p. 10, n. 4; Bertol. *Fl. Ital.* I, p. 42, n. 3; Desf. *Fl. Atlant.* I, p. 8; Camb. *Enum. pl. Balear.* n. 366. — ♄. Mars-juillet.

« In sepibus insulæ Majoris frequens. — Floret Martio. » (Camb.)
« Barranco de Soller. » (Bourgeau, *Exsicc.*)

2. **P. media** L. *Sp.* p. 10, n. 1; Rodrig. *Catal. pl. Menorca*, p. 53, n. 368. — ♄. Mars-septembre.

« Comun especialmente en los terrenos llamados de Tramontana. — Fl. Marz.; fr. Set. » (Rodrig.)

3. **P. angustifolia** L. *Sp.* p. 10, n. 2; Gren. et Godr. *Fl. de Fr.* II, p. 474; Guss. *Fl. Sic. Syn.* I, p. 10, n. 1; Bertol. *Fl. Ital.* I, p. 41, n. 2; Desf. *Fl. Atlant.* I, p. 9; Camb. *Enum. pl. Balear.* n. 367; Rodrig. *Catal. pl. Menorca*, p. 53, n. 367. — ♄. Mars-septembre.

« Frequens in sepibus insulæ Majoris. — Floret Martio. » (Camb.)
« Comun en toda la isla. — Fl. Marz.; fr. Set. » (Rodrig.)

MAJORQUE : *Plage de las salinas du port de Campos.* — Fin Mars.

LXIV. APOCYNACÉES

(APOCYNACEÆ Lindl. *Nat. Syst.* edit. 2, p. 299).

1. VINCA

(L. *Gen.* p. 115, n. 295).

1. **V. media** Link et Hoffm. *Fl. Port.* t. 70; Gren. et Godr. *Fl. de Fr.* II, p. 477; Camb. *Enum. pl. Balear.* n. 369; Rodrig. *Catal. pl. Menorca*, p. 53, n. 369. — ♃.

« In sepibus insulæ Majoris vulgatissima. — Florebat Aprili. » (Camb.)
« Hab. sitios frescos : camino de la fuente den Simon; inmediaciones

de la ermita de San-Juan ; camino viejo entre Ferrerias y el barranco de Algendar. — Ene., Abr. » (Rodrig.)

MAJORQUE : *Chemin autour d'Arta ; Lazareil près Pollenza, bord des fossés et des ruisseaux du Fabi, près le col de Soller.* — Mai-juin.

2. NERIUM

(L. *Gen.* p. 116, n. 297).

1. **N. Oleander** L. *Sp.* p. 305, n. 1 ; Camb. *Enum. pl. Balear.* n. 370. — ♄. Juin-juillet.

« In montibus insulæ Majoris. » (Camb.)

IVIÇA : *Se fon des Jerns près Santa-Eulalia, dans les alluvions rouges sur les bords des ruisseaux et dans les lits des torrents entre Santa-Eulalia et San-Miguel.*

LXV. ASCLÉPIADÉES

ASCLEPIADEÆ R. Br. *Prodr.* p. 458).

—

1. CYNANCHUM

(L. *Gen.* p. 119, n. 304).

1. **C. acutum** L. *Sp.* p. 310, n. 1 ; Gren. et Godr. *Fl. de Fr.* II, p. 479 ; Guss. *Fl. Sic. Syn.* I, p. 287, n. 1 ; Bertol. *Fl. Ital.* III, n. 9 ; Desf. *Fl. Atlant.* II, p. 212 ; Camb. *Enum. pl. Balear.* n. 371. — ♃. Juin.

« In sepibus insulæ Majoris prope Artam. » (Camb.)

MAJORQUE : *Port de Soller.* — Juin.

2. VINCETOXICUM

(Mœnch, *Meth.* p. 717).

1. **V. officinale** Mœnch, *loc. cit.*; Gren. et Godr. *Fl. de Fr.* II, p. 480 ; Rodrig. *Suppl.* p. 38 ; Barcelo, *Apuntes pl. Balear.* p. 32, n. 250. — ♃. Avril-juillet.

« Terrenos pedregosos algo frescos : Mezquita, Pou den Carles en Capifort, Mongofre-nou (Rodr.) ; son Saura en Mercadal (Casall.!). — Abril à Junio. » (Rodrig.)

« Puig de Torella, coma d'en Arbona. — Jul. » (Barcelo.)

« Rochers de puig Mayor. » (Bourgeau, *Exsicc.* n. 2771.)

2. **V. nigrum** Mœnch, *loc. cit.*; Gren. et Godr. *Fl. de Fr.* II, p. 481 ; Rodrig. *Catal. pl. Menorca*, p. 54, n. 371, et *Suppl.* p. 39. — *Cynanchum nigrum* Bertol. *Fl. Ital.* III, p. 13, n. 3. — *Asclepias nigra* Camb. *Enum. pl. Balear.* n. 372. — ♃. Mai-juin.

« In montibus insulæ Majoris prope Esporlas frequens, necnon in insulâ Minore (Hern.). — Florebat Maio. » (Camb.)

« Pou den Carles en Capifort? (Jun.). — Terrenos incultos algo frescos : son Blanc, monte Toro cerca de Lanzell. — Mayo, Junio. » (Rodrig.)

Majorque : *El camino de Mazoc près Arta ; serra de Soller.* — Mai-juin.

LXVI. GENTIANACÉES

(Gentianaceæ Lindl. *Syst.* edit. 2, p. 296).

—

1. ERYTHRÆA

(L. C. Richard in Pers. *Syn.* I, 283).

1. **E. pulchella** Horn. *Fl. Dan.* t. 1637 ; Gren. et Godr. *Fl. de Fr.* II, p. 483 ; Rodrig. *Catal. pl. Menorca*, p. 54, n. 372 ; Barcelo, *Apuntes pl. Balear.* p. 32. — *Chironia pulchella* Swartz, *Act. Holm.* (1785), p. 85, t. 3, fig. 8 et 9 ; Camb. *Enum. pl. Balear.* n. 375. — ① ②. Avril-juillet.

« In maritimis insulæ Majoris (Hern.). » (Camb.)

« Hab. en la costa (Hern.) ; Alcaufar. — Mayo-Jul. » (Rodrig.)

« Belver. » (Barcelo.)

Minorque : *Garigue de Perelleta dans le termino de Ciudadela.* — Iviça : *Terrains sablonneux ; chemin d'Iviça à Santa-Eulalia.* — Avril-mai.

2. **E. Centaurium** Pers. *Syn.* I, p. 283 ; Gren. et Godr. *Fl. de Fr.* II, p. 483 ; Guss. *Fl. Sic. Syn.* I, p. 281, n. 2 ; Bertol. *Fl. Ital.* II, p. 642, n. 1 ; Rodrig. *Catal. pl. Menorca*, p. 54, n. 373 ; Barcelo, *Apuntes pl. Balear.* p. 32, n. 251. — *Gentiana Centaurium* Desf. *Fl. Atlant.* I, p. 222. — ②. Juin-juillet.

« Favarel ; camino de la Albufera ; marina de son Gornès en Ferrerias. — Mayo-Jul. » (Rodrig.)

« Comun en los praderos y sitios húmedos del litoral. Ibiza. — Jun. » (Barcelo.)

MAJORQUE : *Près de la torre de Cañamel, aux environs d'Arta; barranco de Soller.* — Mai-juin.

3. **E. spicata** Pers. *Syn.* I, p. 283; Gren. et Godr. *Fl. de Fr.* II, p. 485; Guss. *Fl. Sic. Syn.* I, p. 283, n. 6; Bertol. *Fl. Ital.* II, p. 648, n. 3; Rodrig. *Catal. pl. Menorca*, p. 54, n. 374; Barcelo, *Apuntes pl. Balear.* p. 32. — *Chironia spicata* Willd. *Spec.* I, p. 1069; Camb. *Enum. pl. Balear.* n. 374. — *Gentiana spicata* L. *Sp.* p. 333, n. 18; Desf. *Fl. Atlant.* I, p. 222. — ① ②. Juin-juillet.

« In maritimis insulæ Minoris (Hern.). » (Camb.)

« Hab. en la costa (Hern.); camino de la Albufera; inmediaciones de la cala Mezquita. — Jul. » (Rodrig.)

« En los mismos lugares que la especie anterior, aunque no tan abundante. Ibiza. — Jun. » (Barcelo.)

MAJORQUE : *Port de Soller.* — Juin.

4. **E. maritima** Pers. *Syn.* I, p. 283; Gren. et Godr. *Fl. de Fr.* II, p. 486; Guss. *Fl. Sic. Syn.* I, p. 282, n. 5; Bertol. *Fl. Ital.* II, p. 646, n. 2; Rodrig. *Catal. pl. Menorca*, p. 54, n. 375; Barcelo, *Apuntes pl. Balear.* p. 32, n. 252. — *Gentiana maritima* L. *Mant.* p. 55, n. 30; Desf. *Fl. Atlant.* I, p. 222. — ①. Avril-mai.

« Hab. marina de son Gornès; monte Santa-Agueda; entre la torre del Ram y el puerto de Ciudadela; c. la cuesta nueva en tierras de Se Montaña, a. — Abr., Mayo. » (Rodrig.)

« Praderos de la Puebla y de Alcudia. — May. » (Barcelo.)

MAJORQUE : *Près de la tour de Cañamel, aux environs d'Arta; Alcudia, autour de la ville, vers la montagne.* — Mai.

2. CICENDIA

(Adans. *Fam.* II, p. 503).

1. **C. filiformis** Delarbre, *Fl. Auv.* I, p. 20; Rodrig. *Catal. pl. Menorca*, p. 54, n. 376; Barcelo, *Apuntes pl. Balear.* p. 32, n. 253. — ①. Avril-mai.

« Hab. marina de son Gornès. — Abr.-Mayo. » (Rodrig.)

« Menorca (Rodr.). » (Barcelo.)

3. CHLORA

(L. *Mant.* p. 10, n. 1258).

1. **C. perfoliata** Willd. *Sp.* pl. 2, p. 340; Gren. et Godr. *Fl. de Fr.* II, p. 487; Bertol. *Fl. Ital.* IV, p. 309, n. 1; Desf. *Fl. Atlant.* I,

p. 327; Camb. *Enum. pl. Balear.* n. 373; Rodrig. *Catal. pl. Menorca*, p. 55, n. 377; Barcelo, *Apuntes pl. Balear.* p. 32. — ①. Avril-juin.

« In insulâ Minore (Hern.). » (Camb.)

« Sitios húmedos, camino de la fuente den Simon; S. O. del puerto de Mah.; inmediaciones de cala Mezquita; Alcaufar; barranco de Algendar. — Mayo-Jun. » (Rodrig.)

« Comun in Mallorca desde el litoral á la region montuosa. — Abr. » (Barcelo.)

MAJORQUE : *Torrent du chemin de Palma à Soller.* — IVIÇA : *Environs de la ville.* — Avril-mai.

Var. γ. *sessilifolia* Griseb. in *Prodr.* DC. IX, p. 69; Rodrig. *Suppl.* p. 39.

« Binisarmeña en sitios incultos. — Mayo. » (Rodrig.)

MAJORQUE : *Environs d'Arta.* — Mai.

2. **C. grandiflora** Viv. *App. alt. Corsic.* p. 4. — *C. perfoliata*, δ. *grandiflora*, etc. Griseb. in *Prodr.* DC.— *C. grandiflora* Pourr. herb.; Rodr. *Suppl.* p. 39.

« Mahon (Pourr.); barranco de San-Juan. — Mayo. » (Rodrig.)

MAJORQUE : *Montée de Pradoncellas en allant à Ariant.* — Juin.

LXVII. CONVOLVULACÉES

(CONVOLVULACEÆ Vent. tabl. 2, p. 394).

1. CALYSTEGIA

(R. Br. *Prodr. Nov.-Holl.* p. 483).

1. **C. sepium** R. Br. *loc. cit.* n. 1; Camb. *Enum. pl. Balear.* n. 380. — *Convolvulus sepium* L. *Sp.* p. 218, n. 2; Rodrig. *Catal. pl. Menorca*, p. 55, n. 378. — ♃. Mai-juin.

« Ad sepes in Balearibus vulgatissima. » (Camb.)

« Comun en sitios húmedos. — Mayo-Junio. » (Rodrig.)

2. **C. Soldanella** R. Br. *Prodr. Nov.-Holl.* p. 484; Camb. *Enum. pl. Balear.* n. 381. — *Convolvulus Soldanella* L. *Sp.* p. 226, n. 39; Gren. et Godr. *Fl. de Fr.* II, p. 500; Guss. *Fl. Sic. Syn.* I, p. 243,

n. 7; Bertol. *Fl. Ital.* II, p. 451, n. 16; Desf. *Fl. Atlant.* I, p. 176; Rodrig. *Suppl.* p. 39. — ♃. Mai-juin.

« In arenosis maritimis insulæ Majoris et Ebusi. — Florebat Maio. » (Camb.)

« Arenas maritimas de la Canasía. — Mayo. » (Rodrig.)

MAJORQUE : *Plage de la cueva d'Arta.* — IVIÇA : *Plage entre les salines et la ville.* — Mai.

2. CONVOLVULUS

(L. *Gen.* p. 86, n. 215).

1. **C. arvensis** L. *Sp.* p. 218, n. 1; Camb. *Enum. pl. Balear.* n. 376; Rodrig. *Catal. pl. Menorca,* p. 55, n. 380. — ♃. Avril-juin.

« In agris Balearium frequens. » (Camb.)

« Ab. en los campós. — Mayo-Jun. » (Rodrig.)

2. **C. althæoides** L. *Sp.* p. 222, n. 19; Gren. et Godr. *Fl. de Fr.* II, p. 501; Guss. *Fl. Sic. Syn.* I, p. 242, n. 5; Bertol. *Fl. Ital.* II, p. 439, n. 4; Desf. *Fl. Atlant.* I, p. 173; Camb. *Enum. pl. Balear.* n. 377; Rodrig. *Catal. pl. Menorca,* p. 55, n. 381. — ♃. Mars-juin.

« Ubique in Balearibus. — Floret Martio, Aprili. » (Camb.)

« Comun en los caminos. — Mayo, Jun. » (Rodrig.)

MAJORQUE : *Palma, côté de Belver; champs près Soller.* — Avril-mai.

3. **C. siculus** L. *Sp.* p. 223, n. 26; Gren. et Godr. *Fl. de Fr.* II, p. 503; Guss. *Fl. Sic. Syn.* I, p. 244, n. 10; Bertol. *Fl. Ital.* II, p. 443, n. 7; Desf. *Fl. Atlant.* I, p. 174; Rodrig. *Catal. pl. Menorca,* p. 55, n. 382; Barcelo, *Apuntes pl. Balear.* p. 32, n. 255. — ①. Avril-mai.

« R. Hab. Subervey en Ferr. — Abr.-Mayo. » (Rodrig.)

« Colinas áridas; Génova, Deyá, Andraitx, Menorca (Rodr.).— May. » (Barcelo.)

MAJORQUE : *Rochers du Fabi entre Palma et Soller.* — IVIÇA : *Sommet du puig d'Enserra.*

4. **C. pentapetaloides** L. *Syst.* ed. 12, tom. III, p. 229; Guss. *Fl. Sic. Syn.* I, p. 244, n. 1; Bertol. *Fl. Ital.* II, p. 447, n. 11; Camb. *Enum. pl. Balear.* n. 378. — ①. Avril-mai.

« In agris insulæ Majoris prope Artam. — Florebat Aprili. » (Camb.)

MAJORQUE : *Champs d'oliviers entre Valdemosa et Bañalbufar.*

5. **C. cantabricus** L. *Sp.* p. 225, n. 31 ; Rodrig. *Suppl.* p 39, n. 131 ; Barcelo, *Apuntes pl. Balear.* p. 32, n. 254. — ♃. Mai-juin.

« Raro : son Ensina en Mercadal. — Mayo-Junio. » (Rodrig.)
« Borguña de Artá. — Jun. » (Barcelo.)

6. **C. lineatus** L. *Sp.* p. 224, n. 29 ; Camb. *Enum. pl. Balear.* n. 379. — ♃. Mai.

« Ad vias in insulâ Majore prope Incam, Campos. — Florebat Maio. » (Camb.)

3. CUSCUTA

(Tournef. *Inst.* p. 652, tab. 422).

1. **C. europæa** L. *Sp.* p. 180, n. 1 (excl. var. β.) ; Barcelo, *Apuntes pl. Balear.* p. 32, n. 257. — ①.

« En 1863, la ví parásita sobre el *Capsicum annuum* en los huertos de Andraitx. » (Barcelo.)

2. **C. Epithymum** L. *Syst. Murr.* 140 ; Gren. et Godr. *Fl. de Fr.* II, p. 503 ; Guss. *Fl. Sic. Syn.* I, p. 290, n. 2 ; Bertol. *Fl. Ital.* III, p. 69, n. 2 ; Rodrig. *Catal. pl. Menorca*, p. 55, n. 384, et *Suppl.* p. 39 ; Barcelo, *Apuntes pl. Balear.* p. 33, n. 258. — ①. Avril-juin.

« En las covas novas del término de Mer., encontré una especie parasita sobre un *Teucrium* ; Binisarmeña sobre un *Œnanthe* (Rodr.) ; Campsiquiat sobre el *Rosmarinus officinalis* y el *Teucrium Marum* (Casall.!). — Abril-Mayo. » (Rodrig.)
« Parásita sobre el *Thymus capitatus*. — Jun. » (Barcelo.)

MAJORQUE : *Castillo del Rey près Pollenza*. — Juin.

Var. *Kotschyi* Engelm. ; Rodrig. *Suppl.* p. 39.

« Son Ensina en Mercadal sobre la *Thymelæa velutina*. — Mayo. » (Rodrig.)

3. **C. planiflorus** Ten. *Fl. Neap.* III, p. 250 ; Bertol. *Fl. Ital.* III, p. 71, n. 4. — ①. Juin.

MAJORQUE : *Barranco de Soller*. — Juin.

LXVIII. BORRAGINÉES

(BORRAGINEÆ Juss. *Gen.* 128, ex parte).

—

1. BORRAGO

(Tournef. *Inst.* p. 133, tab. 53).

1. **B. officinalis** L. *Sp.* p. 197, n. 1; Gren. et Godr. *Fl. de Fr.* II, p. 510; Guss. *Fl. Sic. Syn.* I, p. 229, n. 1; Bertol. *Fl. Ital.* II, p. 330, n. 1; Desf. *Fl. Atlant.* I, p. 162; Camb. *Enum. pl. Balear.* n. 396; Rodrig. *Catal. pl. Menorca*, p. 55, n. 385.— ①. Mars-mai.

« Frequens ad vias et margines agrorum in Balearibus. » (Camb.)
« Comun en toda la isla. — Marz.-Mayo. » (Rodrig.)

MAJORQUE : *Au pied des murailles près d'Arta.* — Mai.

2. ANCHUSA

(L. *Gen.* p. 74, n. 182).

1. **A. italica** Retz. *Obs.* I, p. 12; Gren. et Godr. *Fl. de Fr.* II, p. 514; Guss. *Fl. Sic. Syn.* I, p. 220, n. 3; Bertol. *Fl. Ital.* II, p. 289, n. 3; Desf. *Fl. Atlant.* I, p. 157; Camb. *Enum. pl. Balear.* n. 392; Rodrig. *Catal. pl. Menorca*, p. 56, n. 386; Barcelo, *Apuntes pl. Balear.* p. 33. — ②. Avril-mai.

« Ad vias in insulâ Minore (Hern.). » (Camb.)
« Hab. en los caminos (Hern.). Funduco. — Abr. » (Rodrig.)
« Comun en los campós de Mallorca. — Abr. » (Barcelo.)

MAJORQUE : *Champs près Soller.* — MINORQUE : *Plage de Santa-Ana au sud du termino de Ciudadela.* — Mai et juin.

2. **A. angustifolia** L. *Sp.* p. 191, n. 2; Camb. *Enum. pl. Balear.* n. 393. — ②. Avril-mai.

« Ad vias in insulâ Majore circa Artam. — Florebat Aprili. » (Camb.)

MAJORQUE : *Palma, côté de Belver.* — Avril.

3. **A. undulata** L. *Sp.* p. 191, n. 3; Barcelo, *Apuntes pl. Balear.* p. 33, n. 259. — ②. Mars.

« En los campós, Palma. — Marz. » (Barcelo.)

3. LYCOPSIS

(L. *Gen.* p. 78, n. 190).

1. **L. arvensis** L. *Sp.* p. 199, n. 4. — *Anchusa arvensis* Bieb.

Taur.-cauc. I, p. 123; Barcelo, *Apuntes pl. Balear.* p. 33, n. 260. — ①. Mai.

« Rara cerca de Palma, Randa. — Mayo. » (Barcelo.)

4. SYMPHYTUM

(Tournef. *Inst.* p. 138, tab. 56).

1. **S. officinale** L. *Sp.* p. 195, n. 1; Rodrig. *Suppl.* p. 39, n. 132. — ♃.

« Menorca (Bart. Ramis segun Texidor). » (Rodrig.)

2. **S. tuberosum** L. *Sp.* p. 195, n. 2; Camb. *Enum. pl. Balear.* n. 391; Rodrig. *Suppl.* p. 40, n. 133. — ♃. Avril.

« In montibus insulæ Majoris prope Lluch. — Florebat Aprili. » (Camb.)

« Menorca (Bart. Ramis segun Texidor). » (Rodrig.)

5. ALKANNA

(Tausch, in *Fl. od. bot. Zeit.* 1824, p. 234).

1. **A. tinctoria** Tausch, *loc. cit.* (excl. syn. L.); Gren. et Godr. *Fl. de Fr.* II, p. 516; Rodrig. *Suppl.* p. 40, n. 134. — *Lithospermum tinctorium* DC. *Fl. fr.* III, p. 624, n. 2716; Guss. *Fl. Sic. Syn.* I, p. 218, n. 6; Bertol. *Fl. Ital.* II, p. 282, n. 10. — ♃. Mai.

« Alayor cerca del molino de Febrer. (Casall. segun Texidor). » (Rodrig.)

MAJORQUE : *Majorque, lieux arides et stériles.* — Mai.

2. **A. lutea** DC. *Prodr.* X, p. 102, n. 21. — *Nonea lutea* DC. *Fl. fr.* suppl. p. 420, n. 2718ª (excl. synon. Lam.); Camb. *Enum. pl. Balear.* n. 390. — ①. Avril-juin.

« In sterilibus prope Cauviam in insulà Majore. — Florebat Maio. » (Camb.)

MAJORQUE : *Dans les bois en arrivant à Lluch.* — IVIÇA : *Champs incultes autour de la ville d'Iviça.* — Avril-mai.

6. LITHOSPERMUM

(Tournef. *Inst.* p. 137, tab. 55).

1. **L. officinale** L. *Sp.* p. 189, n. 1; Gren. et Godr. *Fl. de Fr.* II, p. 520; Guss. *Fl. Sic. Syn.* I, p. 216, n. 2; Bertol. *Fl. Ital.* II, p. 271, n. 1; Camb. *Enum. pl. Balear.* n. 387. — ♃. Mars-mai.

« In insulâ Majore prope Esporlas. — Florebat Majo. » (Camb.)

MAJORQUE : *Arta, torre de Cañamel; chemin de la ermita d'Arta.* — Mai.

2. **L. arvense** L. *Sp.* p. 190, n. 2; Gren. et Godr. *Fl. de Fr.* II, p. 520; Guss. *Fl. Sic. Syn.* I, p. 217, n. 4; Bertol. *Fl. Ital.* II, p. 278, n. 6; Desf. *Fl. Atlant.* I, p. 154; Camb. *Enum. pl. Balear.* n. 388; Rodrig. *Catal. pl. Menorca*, p. 56, n. 388. — ①. Mars-mai.

« Ubique in agris insulæ Majoris. — Florebat Martio. » (Camb.)

« R. Hab. tierras cultivadas; Subervey en Ferrerias. — Abr., Mayo. » (Rodrig.)

MAJORQUE : *Chemin de Lluchmayor à Palma.* — Mars.

3. **L. incrassatum** Guss. *Prodr.* I, p. 211, et *Syn.* I, p. 217, n. 7; Gren. et Godr. *Fl. de Fr.* II, p. 520; Bertol. *Fl. Ital.* II, p. 279, n. 7. — ①. Avril.

MAJORQUE : *Champs de blé du sommet du Castillo de Alaro.* — Avril.

4. **L. apulum** Vahl, *Symb.* II, p. 52; Gren. et Godr. *Fl. de Fr.* II, p. 521; Bertol. *Fl. Ital.* II, p. 281, n. 9; Camb. *Enum. pl. Balear.* n. 388. — *Myosotis apula* L. *Sp.* p. 189, n. 4; Guss. *Fl. Sic. Syn.* I, p. 215, n. 7. — ①.

« In aridis insulæ Majoris prope Petram, Artam. — Florebat Aprili. » (Camb.)

MAJORQUE : *Garigues après le Prat, le long du chemin de Palma à Lluchmayor.* — Mars.

7. ECHIUM

(Tournef. *Inst.* p. 135, tab. 54).

1. **E. italicum** L. *Sp.* p. 200, n. 3; Gren. et Godr. *Fl. de Fr.* II, p. 521; Guss. *Fl. Sic. Syn.* I, p. 230, n. 2; Bertol. *Fl. Ital.* II, p. 342, n. 2; Camb. *Enum. pl. Balear.* n. 383; Rodrig. *Suppl.* p. 40. — ②. Mai-juin.

« Ad margines viarum in insulâ Majore frequens. — Florebat Majo. » (Camb.)

« Mahon y Alayor (Casall, segun Texidor). » (Rodrig.)

MAJORQUE : *Barranco de Soller.* — MINORQUE : *Champs de Perelleta dans le termino de Ciudadela.* — IVIÇA : *Chemin des salines.* — Avril-juin.

2. **E. maritimum** Willd. *Sp.* I, p. 788, n. 23; Gren. et Godr. *Fl. de Fr.* II, p. 523; Guss. *Fl. Sic. Syn.* I, p. 230, n. 3; Bertol. *Fl. Ital.* II, p. 351, n. 6; Rodrig. *Exsicc.*; Barcelo, *Apuntes pl. Balear.* p. 23, n. 261. — ②. Mai-juillet.

« Canasía (Alayor). » (Rodrig.)

« Arenales maritimos, San-Juan de Campós, Andraitx. — May. » (Barcelo.)

Majorque : *Terrains sablonneux près le port de Soller.* — Juin.

3. **E. plantagineum** L. *Mant.* p. 202; Gren. et Godr. *Fl. de Fr.* II, p. 524; Guss. *Fl. Sic. Syn.* I, p. 231, n. 4; Bertol. *Fl. Ital.* II, p. 344, n. 3; Rodrig. *Suppl.* p. 40, n. 135. — ②. Avril.

« Menorca, sin expressar localidad (Casall.); Binisarmeña (Rodr.). — Abril. » (Rodrig.)

Majorque : *Bords des chemins près Andraitx.* — Avril.

4. **E. violaceum** L.; Camb. *Enum. pl. Balear.* n. 384. — ②. Avril.

« In collibus maritimis prope Artam, in insulà Majore. — Florebat Aprili. » (Camb.)

5. **E. calycinum** Viv. *Ann. bot.* I, pars 2, p. 164; Gren. et Godr. *Fl. de Fr.* II, p. 525; Guss. *Fl. Sic. Syn.* I, p. 232, n. 7; Bertol. *Fl. Ital.* II, p. 353, n. 8; Camb. *Enum. pl. Balear.* n. 386; Rodrig. *Suppl.* p. 40. — ①. Mars-mai.

« In incultis et ad margines viarum in insulà Majore frequens. — Florebat Aprili. » (Camb.)

« Caminos inmediatos á Mahon, Santa-Ponsa en Alayor. — Marzo á Mayo. » (Rodrig.)

Majorque : *Son Rapiña, autour de Palma.* — Mars.

6. **E. arenarium** Guss. *Ind. sem. hort. Boccad.* 1825, p. 5, et *Pl. rar.* p. 88, tab. 17; Gren. et Godr. *Fl. de Fr.* II, p. 525; Bertol. *Fl. Ital.* II, p. 352, n. 7; Barcelo, *Apuntes pl. Balear.* p. 33, n. 262. — ①. Avril-mai.

« Orillas de los caminos, Palma, Soller. — Marz., Abr. » (Barcelo.)

Majorque : *Arta, chemin de la Cueva.* — Mai.

7. **E. prostratum** Desf. *Catal. hort. Par.* edit. 1, p. 72; Camb. *Enum. pl. Balear.* n. 385. — ②. Avril.

« Ad viam inter Palmam et Soller in insulà Majore. — Florebat Aprili. » (Camb.)

8. MYOSOTIS

(L. *Gen.* p. 73, n. 180).

1. **M. gracillima** Losc. *Pard. ser. inconf.* p. 72; Willk. et Lang. *Prodr. Fl. Hisp.* II, p. 504, n. 2510. — ①. Avril-juin.

MAJORQUE : *Casa de neou ruinée au sommet du col de puig Mayor de Massanellas; sommet d'Escrop (puig Galatzo).* — Avril-juin.

2. **M. hispida** Schlecht. *Mag. nat. Berl.* VIII, p. 229; Gren. et Godr. *Fl. de Fr.* II, p. 531; Moris, *Fl. Ital.* III, p. 117, n. 852; Rodrig. *Catal. pl. Menorca*, p. 56, n. 393; Barcelo, *Apuntes pl. Balear.* p. 33, n. 263. — ①. Mai.

« R. Hab. barranco de Algendar. — Abr., Mayo. » (Rodrig.)
« Menorca (Rodr.). » (Barcelo.)

MAJORQUE : *Rochers de la ermita d'Arta; rochers éboulés du versant N. du puig de Ternellas près Pollenza; sommet du puig Mayor de Torellas.* — Mai-juin.

3. **M. intermedia** Link, *Enum. hort. Berol.* I, 164. — Willk. *Index*, n. 398.

« Mallorca, in glareosis regionis montanæ tractus Sierra satis frequens (v. c. puig Gros de Ternellas in latere boreali). — Apr. c. flor. ♂. » (Willk.)

9. ECHINOSPERMUM

(Swart. ex Lehm. *Asp.* p. 113).

1. **E. Lappula** Lehm. *Asp.* p. 121; Barcelo, *Apuntes pl. Balear.* p. 33, n. 264. — ②. Mai.

« En Lloseta. — May. » (Barcelo.)

10. CYNOGLOSSUM

(Tournef. *Inst.* p. 139, tab. 57).

1. **C. cheirifolium** L. *Sp.* p. 193, n. 3; Gren. et Godr. *Fl. de Fr.* II, p. 535; Moris, *Fl. Sard.* III, p. 110, n. 845; Guss. *Fl. Sic. Syn.* I, p. 225, n. 7; Bertol. *Fl. Ital.* II, p. 302, n. 4; Camb. *Enum. pl. Balear.* n. 395; Rodrig. *Suppl.* p. 40, n. 137. — ②. Mars-mai.

« Frequens in aridis et montosis insulæ Majoris. — Florebat Martio. » (Camb.)

« Menorca (Bart. Ramis segun Texidor). » (Rodrig.)

Majorque : *Riera de Fuente-Santa près de Palma.* — Mars.

2. **C. pictum** Ait. *Hort. Kew.* edit. 2, I, p. 291, n. 3; Gren. et Godr. *Fl. de Fr.* II, p. 536; Moris, *Fl. Sard.* II, p. 112, n. 847; Guss. *Fl. Sic. Syn.* I, p. 222, n. 2; Bertol. *Fl. Ital.* II, p. 300, n. 2; Camb. *Enum. pl. Balear.* n. 394; Rodrig. *Catal. pl. Menorca*, p. 56, n. 394. — ①. Février-mai.

« In incultis insulæ Majoris prope Artam; etiam in insulâ Minore (Hern.). — Florebat Aprili. » (Camb.).

« Ab. en toda la isla. — Febr.-Mayo. » (Rodrig.)

Majorque : *Lieux incultes.* — Iviça : *Environs de la ville.* — Mai.

11. ASPERUGO

(Tournef. *Inst.* p. 135, tab. 54).

1. **A. procumbens** L. *Sp.* p. 198, n. 1; Rodrig. *Catal. pl. Menorca*, p. 33, n. 265. — ①. Mars.

« Palma, campós inmediatos á Santa-Catalina. — Marz. » Barcelo.)

12. HELIOTROPIUM

(L. *Gen.* p. 73, n. 179).

1. **H. europæum** L. *Sp.* p. 187, n. 3; Camb. *Enum. pl. Balear.* n. 382; Rodrig. *Catal. pl. Menorca,* p. 56, n. 395. — ①. Avril-octobre.

« In agris Balearium frequens. — Florebat Aprili. » (Camb.)
« Ab. en terrenos cultivados. — Jul.-Oct. » (Rodrig.)

2. **H. curassavicum** L. *Sp.* p. 188, n. 6; Gren. et Godr. *Fl. de Fr.* II, p. 540; Desf. *Fl. Atlant.* I, p. 153; Rodrig. *Catal. pl. Menorca*, p. 56, n. 396, et *Suppl.* p. 40. — ① ou ②. Juin-août.

« Naturalizado en la orilla de los puertos de Mahon y Ciudadela. — Junio á Agosto. » (Rodrig.)

Minorque : *Mahon.* — Juin.

LXIX. SOLANÉES

(SOLANEÆ Juss. *Gen.* 124).

—

1. LYCIUM

(L. *Gen* p. 103, n. 262).

1. **L. mediterraneum** Dunal, in DC. *Prodr.* XIII, pars 1, p. 523; Barcelo, *Apuntes pl. Balear.* p. 33, n. 267. — ♄. Mars-novembre.

« Andraitx, Moncayre. — Marz., Nov. » (Barcelo.)

2. SOLANUM

(L. *Gen.* p. 100, n. 251).

1. **S. villosum** Lamk, *Dict.* IV, p. 289; Barcelo, *Apuntes pl. Balear.* p. 33, n. 268. — ①. Juin-septembre.

« Campós cultivados, Palma. — Jun., Set. » (Barcelo.)

2. **S. nigrum** L. *Sp.* p. 266, n. 15 (excl. var. plur.); Gren. et Godr. *Fl. de Fr.* II, p. 543; DC. *Fl. fr.* III, p. 613, n. 2693; Camb. *Enum. pl. Balear.* n. 403. — ①. Mars-mai.

« Ubique in agris Balearium. — Florebat Martio. » (Camb.)

Var. β. *chlorocarpum* Spenn. *Fl. Frib.* p. 1074; Gren. et Godr. *Fl. de Fr.* II, p. 543.

MAJORQUE : *Barranco de Soller; Santañy; Palma, côté de Belver.* — MINORQUE : *Autour de Ciudadela.* — Mars à mai.

3. **S. tuberosum** L. *Sp.* p. 265, n. 10; Camb. *Enum. pl. Balear.* n. 404; Rodrig. *Catal. pl. Menorca*, p. 57, n. 399. — ♃.

« Colitur in agris et hortis Balearium. » (Camb.)
« Cultivado. » (Rodrig.)

4. **S. sodomæum** L. *Sp.* p. 268, n. 25; Gren. et Godr. *Fl. de Fr.* II, p. 544; Moris, *Fl. Sard.* III, p. 152, n. 879; Guss. *Fl. Sic. Syn.* I, p. 271, n. 1; Bertol. *Fl. Ital.* II, p. 636, n. 4; Camb. *Enum. pl. Balear.* n. 407; Rodrig. *Catal. pl. Menorca*, p. 57, n. 400. — ♄. Février-août.

« Ubique ad vias et pagos Balearium. — Februario Martioque florebat. » (Camb.)

« Comun en los alrededores de Mahon. — Fl. casi todo el año. » (Rodrig.)

« Bord des chemins près Soller. » (Bourgeau, *Exsicc.* n. 2779.)

MAJORQUE : *Environs de Soller ; fossés d'Alcudia ; environs de Pollenza.* — Mai.

Le savant docteur F. Weyler, dans sa *Topografia fisico-medica de la islas Baleares* (Palma, 1854), en signalant l'introduction probable de plantes nouvelles dans les îles Baléares par les semences agricoles tirées du dehors, dit : « Et il n'y aurait pas lieu de s'étonner qu'il en fût ainsi pour certaines de celles qui aujourd'hui sont communes : c'est ainsi que quelques personnes âgées m'ont assuré qu'à Minorque on ne connaissait pas le *Solanum sodomæum* avant l'arrivée de certains bateaux grecs qui apportèrent du blé d'Orient ; et rien n'est plus commun aujourd'hui que cette plante dans cette île. »

5. **S. Dulcamara** L. *Sp.* p. 264, n. 5 ; Gren. et Godr. *Fl. de Fr.* II, p. 544 ; Moris, *Fl. Sard.* III, p. 150, n. 878 ; Guss. *Fl. Sic. Syn.* p. 271, n. 2 ; Bertol. *Fl. Ital.* II, p. 631, n. 1 ; Desf. *Fl. Atlant.* I, p. 193 ; Rodrig. *Catal. pl. Menorca*, p. 57, n. 401, et *Suppl.* p. 40 ; Barcelo, *Apuntes pl. Balear.* p. 33, n. 269. — ♄. Avril-juin.

« Subespontanea ; torrente de San-Juan, r. ; son Belloc, r.

« Parece espontáneo en el barranco de Algendar. — Abril á Junio. » (Rodrig.)

« Parajes húmedos, la Puebla. — Jun. » (Barcelo.)

MAJORQUE : *Chemins près Pollenza, en allant à los molinos de Ternellas.* — Juin.

3. WITHANIA

(Dun. ap. DC. *Prodr.* XIII, p. 453).

1. **W. somnifera** Dun. ap. DC. *Prodr.* XIII, p. 453, n. 1 ; Moris, *Fl. Sard.* III, p. 158, n. 880. — *Physalis somnifera* L. *Sp.* p. 261, n. 1 ; Guss. *Fl. Sic. Syn.* I, p. 269, n. 1 ; Bertol. *Fl. Ital.* II, p. 627, n. 1 ; Desf. *Fl. Atlant.* I, p. 192 ; Camb. *Enum. pl. Balear.* n. 402. — ♄. Mai.

« Ad vias in Balearibus haud rara. — Florebat Majo. » (Camb.)

MAJORQUE : *Murailles près d'Alcudia, Albufera.* — Mai-juin.

Nom vulgaire : *Orval* (qui vaut de l'or).

Des habitants m'assurent que les feuilles de cette plante, légèrement contondues et appliquées sur des ulcères ou de mauvaises plaies, en amènent rapidement la guérison.

4. DATURA.

(L. *Gen.* p. 98, n. 246).

1. **D. Stramonium** L. *Sp.* p. 255, n. 2 ; Rodrig. *Catal. pl. Menorca*, p. 58, n. 407 ; Barcelo, *Apuntes pl. Balear.* p. 33, n. 270. — ①. Juin.

« R. Como espontánea en algunos sitios. » (Rodrig.)
« Campós, huertas, Palma, Andraitx, etc. — Jun. » (Barcelo.)

MAJORQUE : *Environs immédiats de Pollenza.*

En 1852, le docteur Llobera, à Pollenza, me dit qu'il avait semé cette plante vers 1849 dans un des jardins de la ville, et que depuis lors elle s'est montrée spontanée dans les champs voisins, où elle s'étend de plus en plus chaque année.

2. **D. Metel** L. *Sp.* p. 256, n. 4 ; Barcelo, *Apuntes pl. Balear.* p. 33, n. 271. — ①. Juin.

« Rara en algunos baluartes de Palma, Andraitx. — Jun. » (Barcelo.)

5. HYOSCYAMUS

(L. *Gen.* p. 98, n. 247).

1. **H. niger** L. *Sp.* p. 257, n. 1 ; Camb. *Enum. pl. Balear.* n. 399. — ① ou ②.

« Ad vias et pagos in insulis Majore et Minore. » (Camb.)

2. **H. albus** L. *Sp.* p. 257, n. 3 (excl. var. β.) ; Gren. et Godr. *Fl. de Fr.* II, p. 546 ; Moris, *Fl. Sard.* III, p. 167, n. 887 ; Guss. *Fl. Sic. Syn.* I, p. 267, n. 3 ; Bertol. *Fl. Ital.* II, p. 613, n. 2 ; Desf. *Fl. Atlant.* I, p. 188 ; Camb. *Enum. pl. Balear.* n. 398 ; Rodrig. *Catal. pl. Menorca*, p. 58, n. 408 ; Barcelo, *Apuntes pl. Balear.* p. 34. — ①. Mars-mai.

« In insulâ Minore (Hern.). » (Camb.)
« Comun en muros, escombros, bordes de los caminos. — Abr.-Mayo. » (Rodrig.)
« Como el anterior, aunque no tan comun. — Marz. » (Barcelo.)

MAJORQUE : *Contre les murs de Fuente-Santa ; can Canal près Arta ; chemin de la ermita d'Arta ; casa d'Elbercoutx entre Pollenza et le cap Formentor.* — Mars à mai.

3. **H. major** Mill. *Dict.* n. 2 ; Gren. et Godr. *Fl. de Fr.* II, p. 547 ; Dun. in DC. *Prodr.* XIII, pars I, p. 548, n. 7 ; Rodrig. *Catal. pl. Menorca*, p. 58, n. 409 ; Barcelo, *Apuntes pl. Balear.* p. 33, n. 272. — ♃. Avril-août.

« R. Hab. Subervey en Ferr. — Abr.-Mayo. » (Rodrig.)
« Comun en los montes, campós, Ibiza, etc. — Marz., Nov. » (Barcelo.)

MAJORQUE : *Chemin de Palma à Lluchmayor ; son Dureta près Palma ; murs près de Palma ; chemin de Lluchmayor à Campos ; Sollerich.* — Mars-avril.

6. NICOTIANA

(L. *Gen.* p. 99, n. 248).

1. **N. Tabacum** L. *Sp.* p. 258, n. 3; Camb. *Enum. pl. Balear.* n. 400; Rodrig. *Catal. pl. Menorca*, p. 58, n. 410. — ①.

« Colitur in Balearibus. » (Camb.)
« Cultivado. » (Rodrig.)

2. **N. rustica** L. *Sp.* p. 258, n. 4; Camb. *Enum. pl. Balear.* n. 401; Rodrig. *Catal. pl. Menorca*, p. 58, n. 410. — ①. Mai.

« Colitur in Balearibus, præsertim in Ebuso. » (Camb.)
« Cultivada y subespontánea. » (Rodrig.)

Nom vulgaire : *Tabac pelut.*
Les habitants de la campagne fument communément ce tabac, dont l'odeur est particulière et très-différente de celle de l'espèce *Tabacum.*

Cultivé à Majorque et à Minorque. — Mai.

LXX. VERBASCÉES

(VERBASCEÆ Bartl. *Ord. nat.* p. 170).

—

1. VERBASCUM

(L. *Gen.* p. 97, n. 245).

1. **V. Thapsus** L. *Sp.* p. 252, n. 1; Barcelo, *Apuntes pl. Balear.* p. 34, n. 273. — ②. Juin.

« Valdemosa, Lluch. — Jun. » (Barcelo.)

2. **V. sinuatum** L. *Sp.* p. 254, n. 9; Gren. et Godr. *Fl. de Fr.* II, p. 550; Moris, *Fl. Sard.* III, p. 182, n. 895; Guss. *Fl. Sic. Syn.* I, p. 263, n. 4; Bertol. *Fl. Ital.* II, p. 583, n. 12; Desf. *Fl. Atlant.* p. 186; Camb. *Enum. pl. Balear.* n. 397; Rodrig. *Catal. pl. Menorca*, p. 58, n. 412. — ②. Mai-septembre.

« Ad vias in Balearibus vulgatissimum. — Florebat Majo. » (Camb.)
« Ab. en los caminos. — Mayo-Set. » (Rodrig.)

MAJORQUE : *Port de Soller.* — Avril.

3. **V. Boerhaavi** L. *Mant.* p. 45, n. 13; Barcelo, *Apuntes pl. Balear.* p. 34, n. 274. — ②. Juin.

« Col de Soller, Lluch. — Jun. » (Barcelo.)

4. **V. virgatum** With. *Arrang.* II, p. 250; Barcelo, *Apuntes pl. Balear.* p. 34, n. 275. — ②. Juin.

« Alrededores de Lluch. — Jun. (Barcelo.)

5. **V. nigrum** Willk. *Index*, n. 416.

« Mallorca ad agrorum margines prope Lluch.— D. 1 Maj. c. flor. ♂. » (Willk.)

2. CELSIA

(L *Gen.* p. 312, n. 757).

1. **C. cretica** L. fil. *Suppl.* p. 281; Moris, *Fl. Sard.* III, p. 184, n. 896; Bertol. *Fl. Ital.* VI, p. 401, n. 1; Desf. *Fl. Atlant.* II, p. 57; Rodrig. *Suppl.* p. 40, n. 138. — ②. Avril-mai.

« Sitios algo frescos : Binisafulla, Binisarmeña, barranco de Calamporter, valles de son Blanc, Terrarotja, Paisas, barranco de Algendar y sus ramificaciones. — Abril-Mayo. » (Rodrig.)

MAJORQUE : *Champs de son Vivot près d'Inca; puig Badey près Arta.* — IVIÇA : *Butte des moulins.* — Mars à mai.

LXXI. SCROFULARIACÉES

(SCROFULARIACEÆ Benth. in DC. *Prodr.* X, p. 186).

1. SCROFULARIA

(Tournef. *Inst.* p. 166, tab. 74).

1. **S. vernalis** L. *Sp.* p. 864, n. 7; Gren. et Godr. *Fl. de Fr.* II, p. 563; Guss. *Fl. Sic. Syn.* II, p. 128, n. 5; Bertol. *Fl. Ital.* VI, p. 388, n. 5. — ②. Mai.

MAJORQUE : *Près Selva.* — Mars.

2. **S. peregrina** L. *Sp.* p. 866, n. 12; Gren. et Godr. *Fl. de Fr.* II, p. 564; Moris, *Fl. Sard.* III, p. 186, n. 897; Guss. *Fl. Sic. Syn.* II, p. 126, n. 1; Bertol. *Fl. Ital.* VI, p. 389, n. 6; Camb. *Enum. pl. Balear.* n. 409; Rodrig. *Catal. pl. Menorca,* p. 59, n. 413. — ①. Mars-mai.

« Ad sepes in insulâ Majore circa Palmam, Pollentiam; necnon in insulâ Minore (Hern.). — Florebat Aprili. » (Camb.)
« Ab. en toda la isla. — Marz.-Mayo. » (Rodrig.)

MAJORQUE : *Garigue de la colline de Belver et son Dureta près de Palma.* — Mars.

3. **S. aquatica** L. *Sp.* p. 864, n. 3; Rodrig. *Catal. pl. Menorca*, p. 59, n. 414; Barcelo, *Apuntes pl. Balear.* p. 34, n. 276. — ♃. Avril-mai.

« R. Camino viejo c. el barranco de Algendar en Ferr., r. — Abr.-Mayo. » (Rodrig.)

« Sitios húmedos, Palma, Andraitx, Soller, Valdemosa, Artá, Deyá. — May. » (Barcelo.)

4. **S. canina** L. *Sp.* p. 865, n. 10; Gren. et Godr. *Fl. de Fr.* II, p. 568; Moris, *Fl. Sard.* III, p. 191, n. 901; Guss. *Fl. Sic. Syn.* II, p. 129, n. 7; Bertol. *Fl. Ital.* VI, p. 393, n. 10; Desf. *Fl. Atlant.* II, p. 53; Camb. *Enum. pl. Balear.* n. 410; Rodrig. *Catal. pl. Menorca*, p. 59, n. 415. — ♃. Mai-juin.

« Ad torrentes in montibus insulæ Majoris frequens. — Florebat Martio. » (Camb.)

« R. Hab. : arenas, en las inmediaciones de cala Mezquita. — Abr.-Mayo. » (Rodrig.)

MAJORQUE : *Sommet du puig de Massanellas ; Aumalluch ; descente de puig Mayor de Torellas en allant à Lluch.* — IVIÇA. — Avril-juin.

Var. *pinnatifida* Boiss. *Voy.* p. 446; Rodrig. *Exsicc.*

« Mezquita, Mahon. » (Rodrig.)

MAJORQUE : *Aumalluch.* — IVIÇA : *Chemin des salines près San-George.*

5. **S. ramosissima** Lois. *Gall.* edit. 1, p. 381, et edit. 2, vol. II, p. 36; Gren. et Godr. *Fl. de Fr.* II, p. 568; Moris, *Fl. Sard.* III, p. 192, n. 902; Bertol. *Fl. Ital.* VI, p. 399, n. 13. — ♃. Mai-juin.

MAJORQUE : *Garigue de cabo Formentor ; puig Mayor de Massanellas.* — Mai-juin.

6. **S. auriculata** Willk. *Index*, n. 420.

« Mallorca, ad aquæductus pr. Soller, sed Majo nondum florens. — ♃. » (Willk.)

2. ANTIRRHINUM

(Tournef. *Inst.* p. 167, tab. 75).

1. **A. Orontium** L. *Sp.* p. 860, n. 36; Gren. et Godr. *Fl. de Fr.* II, p. 569; Moris, *Fl. Sard.* III, p. 194, n. 903; Guss. *Fl. Sic. Syn.*

II, p. 126, n. 4; Bertol. *Fl. Ital.* VI, p. 376, n. 31; Desf. *Fl. Atlant.* II, p. 50; Camb. *Enum. pl. Balear.* n. 414; Rodrig. *Catal. pl. Menorca*, p. 59, n. 416. — ①. Mars-juin.

« Inter segetes Balearium frequens. — Florebat Aprili. » (Camb.)
« Ab. en caminos y terrenos cultivados. — Marz.-Jun. » (Rodrig.)

MAJORQUE : *Palma, côté de Belver ; champs autour de Palma ; chemin de la cala San-Vincent, près Pollenza ;* — Mars-juin.

Var. β. *calycinum* Willk. et Lang. *Prodr. Fl. Hispan.* II, p. 582. — *A. calycinum* Lamk, *Dict.* IV, p. 365; Brot. *Phyt. lusit.* tab. 127, et *Fl. Lusit.* pars 1, p. 200.

MAJORQUE : *Champs près du Prat.* — Mars.

Var. γ. *parviflorum* Willk. et Lang. *Prodr. Fl. Hispan.* II, p. 582.

MAJORQUE : *Champs près du Prat.* — Mars.

2. **A. majus** L. *Sp.* p. 859, n. 35; Gren. et Godr. *Fl. de Fr.* II, p. 569; Moris, *Fl. Sard.* III, p. 196, n. 904; Guss. *Fl. Sic. Syn.* II, p. 124, n. 1; Bertol. *Fl. Ital.* VI, p. 371, n. 28; Desf. *Fl. Atlant.* II, p. 49; Barcelo, *Apuntes pl. Balear.* p. 34, n. 277. — ♃. Avril-octobre.

« Mallorca : Muros viéjos, gorch Blaou Cultivado. — Abr., Oct. » (Barcelo.)

MAJORQUE : *Soller.* — Mai.

3. LINARIA

(Tournef. *Inst.* p. 168, tab. 76).

1. **L. Cymbalaria** Mill. *Dict.* n. 17; Barcelo, *Apuntes pl. Balear.* p. 34, n. 278. — ♃. Mars-octobre.

« Peñales húmedos, muros, etc., en Mallorca.—Marz.-Oct. » (Barcelo.)

2. **L. æquitriloba** Dub. *Bot.* p. 344; Gren. et Godr. *Fl. de Fr.* II, p. 573; Rodrig. *Catal. pl. Menorca*, p. 103, n. 417. — *Antirrhinum æquitrilobum* Viv. *Cors.* p. 10; Bertol. *Fl. Ital.* VI, p. 341, n. 5. — ♃. Mai-juillet.

« R. Hab. : peñas sombrias en el pas den Revull c. el barranco de Algendar (Carr. !). — Mayo-Junio. » (Rodrig.)

MAJORQUE : *Rochers du versant nord de Ternellas ; rochers d'Ariant, près Pollenza ; rochers des environs de Lluch.* — Juin.

3. **L. commutata** Bernh. in Rchb. *Ic. crit.* IX, tab. 815 (1831); Rodrig. *Suppl.* p. 41, n. 139; Lloyd, *Fl. Ouest*, edit. 1, p. 320. —

L. caulirrhiza Delille, cult. in hort. bot. Monsp. 1842. — *L. radicans* Le Gall, *Flore du Morb.* — *L. Græca* Gren. et Godr. *Fl. de Fr.* II, p. 575. — ♃. Mai-septembre.

« Cuesta del Favaret, camino de la fuente den Simon, Binidalíns, Mezquita (Rodr.); Lluquelquelba en Alayor (Casall.!); caminos del Campás y de Medina; predios Binisequí y Granada en San-Cristóbal; Mezquita, Mahon. — Mayo, Junio. (Rodrig.)

MAJORQUE : *La serra de Soller; la rota de can Tetx; champs de la Curia veya près d'Arta; versant nord du puig de Faroutx.* — MINORQUE : *Environs de Mahon.* — Mai-juin.

4. **L. spuria** Mill. *Dict.* n. 15; Gren. et Godr. *Fl. de Fr.* II, p. 574; Moris, *Fl. Sard.* III, p. 201, n. 907; Guss. *Fl. Sic. Syn.* II, p. 119, n. 5; Camb. *Enum. pl. Balear.* n. 412; Rodrig. *Catal. pl. Menorca*, p. 59, n. 418, et *Suppl.* p. 41. — *Antirrhinum spurium* L. *Sp.* p. 851, n. 3; Bertol. *Fl. Ital.* VI, p. 344, n. 7. — ①. Avril-septembre.

« In agris insulæ Majoris et Ebusi. — Florebat Aprili-Majo. » (Camb.)

« Hab. Favaret; torrente de Llibertó. — Mayo-Ag. — Rara en el camino del campás en Alayor. — Junio. » (Rodrig.)

MAJORQUE : *Torrent de Pollenza; collines au-dessus de Soller.* — Mai-juin.

5. **L. Elatine** Desf. *Fl. Atlant.* II, p. 37; Camb. *Enum. pl. Balear.* n. 411; Rodrig. *Suppl.* p. 41; Barcelo, *Apuntes pl. Balear.* p. 34, n. 278. — ①. Juin-septembre.

« In insulâ Minore (Hern.). » (Camb.)

« Alayor (Casall. segun Texidor). — Setiembre. » (Rodrig.)

« En los campós, Palma, Andraitx, Manacor, Artá, y en Ibiza. — Jun.-Set. » (Barcelo.)

6. **L. cirrosa** Willd. *Enum. hort. Berol.* p. 639, n. 3; DC. *Prodr.* X, p. 269, n. 14; Rodrig. *Suppl.* p. 41, n. 140; Barcelo, *Apuntes pl. Balear.* p. 34, n. 280. — ①. Mai-juin.

« Terrenos arenosos, tanto cultivados como incultos; predios Binifailla y Granada en San-Cristóbal, son Gurnès en Ferrerias. — Mayo, Junio. » (Rodrig.)

« Baleares (DC. *Prodr.* t. X, p. 269). » (Barcelo.)

7. **L. Pelisseriana** DC. *Fl. fr.* III, p. 589, n. 2648; Rodrig. *Catal. pl. Menorca*, p. 60, n. 421. — ①. Avril-mai.

« Hab. camino de cala Mezquita; marina de son Gurnès. — Abr.-Mayo. » (Rodrig.)

8. **L. chalepensis** Mill. *Dict.* n. 12; Rodrig. *Catal. pl. Menorca*, p. 60, n. 422; Barcelo, *Apuntes pl. Balear.* p. 34, n. 282. — ①. Avril.

« R. Hab. estancia Barrancó c. Mah. (Carr.!). — Abr. » (Rodrig.)

« Rara entre las mieses, Palma, Andraitx, Menorca (Rodr.). — Abr. » (Barcelo.)

9. **L. triphylla** Mill. *Dict.* n. 2; Gren. et Godr. *Fl. de Fr.* II, p. 579; DC. *Fl. fr.* III, p. 585, n. 2639; Moris, *Fl. Sard.* III, p. 210, n. 915; Guss. *Fl. Sic. Syn.* II, p. 119, n. 6; Desf. *Fl. Atlant.* II, p. 40; Camb. *Enum. pl. Balear.* n. 413; Rodrig. *Catal. pl. Menorca*, p. 60, n. 423. — *Antirrhinum triphyllum* L. *Sp.* p. 852, n. 8; Bertol. *Fl. Ital.* VI, p. 350, n. 12. — ①. Mars-juin.

« In agris prope Palmam, Artam, in insulâ Majore. — Floret Aprili. » (Camb.)

« Ab. en terrenos cultivados. — Marz.-Mayo. » (Rodrig.)

MAJORQUE : *Champs entre Biñi et le chemin de las cinglas de Biñi près Soller; Palma, côté de Belver.* — Mars-juin.

10. **L. striata** DC. *Fl. fr.* III, p. 586, n. 2641; Barcelo, *Apuntes pl. Balear.* p. 34, n. 283. — ♃. Mai.

« Puig Mayor de Torellas, Teix. — May. » (Barcelo.)

11. **L. supina** Desf. *Fl. Atlant.* II, p. 44; Gren. et Godr. *Fl. de Fr.* II, p. 581; DC. *Fl. fr.* III, p. 588, n. 2644. — ①. Juillet.

MAJORQUE : *Collines de Soller.* — Juin.

12. **L. tristis** Mill. DC. *Prodr.* X, p. 281, n. 77, *var.* — ♃. Avril-juin.

MAJORQUE : *Terrains rocheux, calcaires, généralement assez élevés; puig des Tetch près Soller; puig Mayor de Massanellas* (1340 mètres); *couma de Arbona* (880 m.); *puig Mayor de Torellas* (1400 m.); *rochers du puig des Can près Pollenza; sommet d'Escrop près du puig Galatzo; montagne de se Mola près Lluch; sommet del castillo de Alaro.* — Mai à juin.

La fleur de cette plante a une délicieuse odeur de fraise.

Willkomm, dans son *Index*, ne cite que le *L. melanantha* Boiss. et Reut. (n. 423) dans la section des *supinæ*. Nous ne pouvons douter que ce ne soit notre *L. tristis* Mill. *var.*, car Willkomm l'indique au puig Galatzo, où nous avons trouvé aussi d'assez nombreux échantillons de notre plante. Les tiges, qui ne dépassent guère 12 à 15 centimètres de longueur, ses grosses fleurs, d'une couleur difficile à indiquer, où le gris ferrugineux se mêle à des teintes jaunâtres et violacées, lui donnent un aspect général qui fait qu'à première vue on ne peut la confondre avec aucune autre espèce. Nous n'avons pas trouvé dans les *L. tristis* et *L. melanantha* des caractères qui nous aient permis d'en faire deux espèces distinctes ; les caractères donnés pour établir une séparation entre le *L. tristis* et le *L. supina* n'ont même peut-être pas une valeur réellement suffisante. Dans ce cas, il se pourrait que le *L. tristis* ne fût qu'une variété méridionale remarquable du *L. supina*. Nous nous trouvons porté vers cette manière de voir, non-seulement par l'étude des diverses diagnoses des auteurs, mais aussi par l'examen des nombreux échantillons de *L. tristis*, *L. melanantha* et *L. supina* contenus dans l'herbier de M. Cosson. Nous n'avons vu dans cette riche collection que deux ou trois échantillons complétement identiques d'aspect aux nôtres : ils proviennent des récoltes de M. Bourgeau aux Baléares (puig Mayor de Torellas) et sont simplement classés provisoirement dans la section des *supinæ*.

13. **L. rubrifolia** DC. *Fl. fr.* suppl. p. 410, n. 2651ª; Barcelo, *Apuntes pl. Balear.* p. 34, n. 284. — ①. Mai.

« Sierra del Teix. — May. » (Barcelo.)

14. **L. origanifolia** DC. *Fl. fr.* III, p. 591, n. 2651 ; Gren. et Godr. *Fl. de Fr.* II, p. 583. — ♃. Avril-juin.

MAJORQUE : *Sommet de la couma des Prat de Massanellas.* — Avril-juin. — IVIÇA : *Pied de la colline près de la ville.* — FORMENTERA : *Les champs.*

4. VERONICA

(Tournef. *Inst.* p. 143, tab. 60).

1. **V. Beccabunga** L. *Sp.* p. 16, n. 15 ; Camb. *Enum. pl. Balear.* n. 417 ; Rodrig. *Catal. pl. Menorca*, p. 60, n. 424. — ♃. Février-juin.

« In insulà Minore (Hern.). » (Camb.)

« R. Torrente que bordea el camino de la fuente den Simon.— Febr.-Jun. » (Rodrig.)

2. **V. Anagallis** L. *Sp.* p. 16, n. 16 ; Gren. et Godr, *Fl. de Fr.* II, p. 589 ; Moris, *Fl. Sard.* III, p. 223, n. 925 ; Guss. *Fl. Sic. Syn.* I, p. 16, n. 5 ; Bertol. *Fl. Ital.* I, p. 70, n. 7 ; Desf. *Fl. Atlant.* I, p. 11 ; Camb. *Enum. pl. Balear.* n. 416 ; Rodrig. *Catal. pl. Menorca*, p. 60, n. 425. — ♃. Avril-juin.

« In fossis Balearium frequens. — Florebat Majo. » (Camb.)

« Torrente que bordea el camino de la fuente den Simon. — Abr.-Jun. » (Rodrig.)

MAJORQUE : *Fossés remplis d'eau près d'Alcudia.* — IVIÇA : *Rio de San-Jose.* — Avril-mai.

3. **V. anagalloides** Guss. *Icon. rar.* p. 5, tab. 3, et Guss. *Fl. Sic. Syn.* I, p. 16, n. 6 ; Gren. et Godr. *Fl. de Fr.* II, p. 589 ; Willk. et Lang. *Prodr. Fl. Hispan.* II, p. 604 ; Barcelo, *Apuntes pl. Balear.* p. 34, n. 286. — ① ou ②. Avril-mai.

« Menorca (Rodrig.). » (Barcelo.)

Croît dans les mêmes localités que l'espèce précédente.

4. **V. arvensis** L. *Sp.* p. 18, n. 27 ; Gren. et Godr. *Fl. de Fr.* II, p. 595 ; Moris, *Fl. Sard.* III, p. 227, n. 929 ; Guss. *Fl. Sic. Syn.* I, p. 15, n. 3 ; Bertol. *Fl. Ital.* I, p. 92, n. 23 ; Desf. *Fl. Atlant.* I, p. 14 ; Rodrig. *Catal. pl. Menorca*, p. 60, n. 426 ; Barcelo, *Apuntes pl. Balear.* p. 34, n. 287. — ①. Mars-juin.

« Hab. camino de la fuente den Simon ; inmediaciones de la sierra Morena ; barranco de Algendar. — Marz.-Abr. » (Rodrig.)

« En los campós, Palma, Inca. — Abr. » (Barcelo.)

MAJORQUE : *Champs de Soller ; garigues d'Alcudia.* — Avril-mai.

5. **V. verna** L. *Sp.* p. 19, n. 30 ; Barcelo, *Apuntes pl. Balear.* p. 34, n. 288. — ①. Avril.

« Fosos de la muralla de Palma. — Abr. » (Barcelo.)

6. **V. acinifolia** L. *Sp.* p. 19, n. 32 ; Barcelo, *Apuntes pl. Balear.* p. 34, n. 289. — ①. Avril.

« Fosos de Palma, campós cercanos á la Bona. — Nov.-Abr. » (Barcelo.)

7. **V. agrestis** L. *Sp.* p. 18, n. 26 ; Camb. *Enum. pl. Balear.* n. 418. — ①. Avril.

« In umbrosis montium insulæ Majoris prope Artam. — Florebat Aprili. » (Camb.)

8. **V. didyma** Ten. *Prodr.* p. 6 (1811-13) ; Guss. *Fl. Sic. Syn.* I, p. 18, n. 12 ; Bertol. *Fl. Ital.* I, p. 101, n. 30 ; Rodrig. *Catal. pl. Menorca*, p. 60, n. 427. — ①. Mars-avril.

« Caminos de la fuente den Simon, y el que desde esta empalma con el viejo de Alayor ; barranco de Algendar. — Marz.-Abr. » (Rodrig.)

9. **V. hederæfolia** L. *Sp.* p. 19, n. 28 ; Rodrig. *Suppl.* p. 41, n. 142. — ①. Mars.

« Terrenos cultivados : Subervey. — Marzo. » (Rodrig.)

10. **V. Cymbalaria** Bodard, Diss. (1798); Moris, *Fl. Sard.* III, p. 230, n. 932; Guss. *Fl. Sic. Syn.* I, p. 18, n. 11; Bertol. *Fl. Ital.* I, p. 104, n. 32; Camb. *Enum. pl. Balear.* n. 419; Rodrig. *Catal. pl. Menorca*, p. 60, n. 428. — ①. Mars-mai.

« In umbrosis Balearium vulgatissima. — Florebat Aprili. » (Camb.)
« Ab. en sitios húmedos y sombrios. — Ene.-Mayo. » (Rodrig.)

MAJORQUE : *Chemin de Lluchmayor à Randa*; *Binaratx près Soller; environs de Palma.* — Mars.

5. SIBTHORPIA

(L. *Gen.* p. 320, n. 775).

1. **S. africana** L. *Sp.* p. 880, n. 2; DC. *Prodr.* X, p. 428, n. 2; Rodrig. *Catal. pl. Menorca*, p. 60, n. 429. — *Disandra africana* Camb. *Enum. pl. Balear.* n. 420, tab. 9. — ♃. Avril-juin.

« Ubique in montibus insulæ Majoris et Ebusi; ad rupes umbrosas aut excavatas. — Floret Majo. » (Camb.)
« R. Hab.: monte Toro Salr.; grietas y agujeros de las peñas en el camino viejo junto al barranco de Algendar. — Mayo. » (Rodrig.)

MAJORQUE : *Rochers du puig de Gironellas à Ariant près Pollenza; rochers d'Aumalluch; rochers au bas de la fon de la serra de Soller; barranco de Soller; murs humides à Deya près Valdemosa; rochers de la ermita d'Arta.* — Avril-juin.

6. ERINUS

(L. *Gen.* p. 318, n. 771 part.).

1. **E. alpinus** L. *Sp.* p. 878, n. 1; Gren. et Godr. *Fl. de Fr.* II, p. 601; Moris, *Fl. Sard.* III, p. 220, n. 923; Bertol. *Fl. Ital.* VI, p. 412, n. 1; Barcelo, *Apuntes pl. Balear.* p. 34, n. 291. — ♃. Mai-juin.

« Puig Mayor. — May. » (Barcelo.)

MAJORQUE : *Rochers au sommet du col de puig Mayor de Massanellas* (19 juin 1852, à 1200 mètr. environ).

7. DIGITALIS

(Tournef. *Inst.* p. 165, tab. 73).

1. **D. dubia** Rodrig. *Suppl.* p. 41, n. 143; Willk. *Index*, n. 426. — *D. Thapsi* Camb. *Enum. pl. Balear.* n. 415; Rodrig. *Catal. pl. Menorca*, p. 61, n. 430, non L. — ♃. Mai-août.

« Grietas de los peñascos y al pié de las rocas siempre con exposicion al norte : Mezquita, San-Antonio, Calafiguera, barranco del Favaret, Forma-nou y Capifort en Mahon ; barranco de se Mola, Santa-Ponsa, Lluquelquelba y son Blanc en Alayor ; monte Torro, son Vidal en San-Cristóbal ; camino del barranco de Algendar en Ferrerias ; Calaforcada en Ciudadela. — Mayo, Junio. » (Rodrig.)

« In montibus insulæ Majoris, prope Lluch ; ad rupes in monte puig de Torellas ; necnon in insulâ Minore (Hern.). — Floret Junio. » (Camb.)

MAJORQUE : *Rochers d'Ariant près Pollenza ; le Tetx, au pied des rochers près Soller ; pentes rocailleuses près le port de Soller ; sommet du puig Mayor de Torellas ; couma de Arbona ; molinos de Ternellas près Pollenza.* — Juin.

8. TRIXAGO

(Stev. *Mem. mosq.* 6, p. 4).

1. **T. apula** Stev. *l. c.*; Gren. et Godr. *Fl. de Fr.* II, p. 610 ; Rodrig. *Catal. pl. Menorca*, p. 62, n. 431, et *Suppl.* p. 44 ; Barcelo, *Apuntes pl. Balear.* p. 35. — *Bartsia Trixago* L. *Sp.* edit. 1, p. 602, n. 5 ; Moris, *Fl. Sard.* III, p. 234, n. 935 ; Guss. *Fl. Sic. Syn.* II, p. 113, n. 1 ; Bertol. *Fl. Ital.* VI, p. 270, n. 3 ; Camb. *Enum. pl. Balear.* n. 421. — *Rhinanthus Trixago* L. *Sp.* p. 840. — ①. Avril-mai.

« In maritimis insulæ Minoris (Hern.). » (Camb.)

« Hab. en la costa (Hern.) ; cala de San-Estéban. — Calamporter, son Bou, se Mola, Santa-Ponsa en Alayor, Subervey en Ferrerias. — Abr.-Mayo. » (Rodrig.)

« Comun entre las mieses, colinas áridas del litoral, etc. — Abr. » (Barcelo.)

MAJORQUE : *Palma, côté de Belver ; Calvia, bord de la route.* — Avril.

9. EUFRAGIA

(Griseb. *Spicil. Rum.* II, p. 13).

1. **E. viscosa** Benth. in DC. *Prodr.* X, p. 543, n. 2 ; Barcelo, *Apuntes pl. Balear.* p. 35, n. 292. — *Bartsia viscosa* L. *Sp.* p. 839, n. 3 ; Guss., *Fl. Sic. Syn.* II, p. 114, n. 2 ; Bertol. *Fl. Ital.* VI, p. 269, n. 2. — ①. Avril-mai.

« Campós y sitios húmedos, Establismens, Selva, Inca, Lluchmayor. — May. » (Barcelo.)

MAJORQUE : *Les champs entre Alcudia et Pollenza ; champs autour de la tour Cañamel près d'Arta ; bord des champs près Calvia ; Ariant près Pollenza.* — MINORQUE : *Champs autour de Ciudadela.* — Avril-juin.

2. **E. latifolia** Griseb. *Spicil. Rum.* II, p. 14 ; Benth. in DC. *Prodr.* X, p. 542, n. 1 ; Rodrig. *Catal. pl. Menorca*, p. 62, n. 432 ; Barcelo, *Apuntes pl. Balear.* p. 35, n. 293. — *Bartsia latifolia* Guss. *Fl. Sic. Syn.* II, p. 114, n. 3 ; Bertol. *Fl. Ital.* VI, p. 276, n. 7. — ①. Février-avril.

« Hab. : Alcaufar ; c. los Canutells ; Santa-Ponsa, Alayor. — Abr. » (Rodrig.)

« Fosos de Palma y glasis del Ornabeque, Portapi y glasis de San-Carlos. — Febr. » (Barcelo.)

MAJORQUE : *Collines de Belver.* — Avril.

LXXII. OROBANCHÉES

(OROBANCHACEÆ Lindl. *Intr.* edit. 2, p. 287. — OROBANCHEÆ Juss. *Ann. Mus.* XII, p. 443).

1. PHELIPÆA

(C. A. Meyer in Ledeb. *Alt.* II, p. 459).

1. **P. cærulea** C. A. Meyer, *Enum. pl. Cauc.* 104 ; Gren. et Godr. *Fl. de Fr.* II, p. 624 ; Rodrig. *Catal. pl. Menorca*, p. 63, n. 433. — *Orobanche cærulea* Vill. *Fl. Dauph.* II, p. 406, n. 1 ; Bertol. *Fl. Ital.* VI, p. 449, n. 27 ; Camb. *Enum. pl. Balear.* n. 423. — ♃. Avril-juin.

« In agris insulæ Majoris prope Artam, necnon in Ebuso. — Florebat Aprili-Majo. » (Camb.)

« Comun en terrenos cultivados. — Abr.-Mayo. » (Rodrig.)

MAJORQUE : *Autour de Lluch ; la serra de Soller.* — Juin.

2. **P. cæsia** Reut. in DC. *Prodr.* XI, p. 6, n. 6 ; Rodrig. *Suppl.* p. 44, n. 144. — ♃. Avril-mai.

« Comun en terrenos cultivados. — Abril-Mayo. » (Rodrig.)

3. **P. ramosa** C. A. Meyer, *Enum. pl. Cauc.* 104 ; Coss. et Germ. *Fl. Par.* 307, t. 19. — Barcelo, *Apuntes pl. Balear.* p. 35, n. 294. — *Orobanche ramosa* L. *Sp.* p. 882, n. 4 ; Guss. *Fl. Sic. Syn.* II, p. 137, n. 13 ; Bertol. *Fl. Ital.* VI, p. 452, n. 30. — ①. Avril.

« La Puebla. Verano. » (Barcelo.)

MAJORQUE : *Palma, du côté de Belver.* — Avril.

2. OROBANCHE

(L. *Gen.* p. 321, n. 779 part.).

1. **O. Rapum** Thuill. *Fl. Par.* edit. 2, p. 317; Moris, *Fl. Sard.* III, p. 246, n. 943. — ♃. Mai.

MINORQUE : *Fort Saint-Philippe.* — Juillet.

2. **O. fœtida** Desf. *Fl. Atlant.* II, p. 59; Rodrig. *Suppl.* p. 44. — ♃. Avril-mai.

« Comun en terrenos cultivados. — Abril-Mayo. » (Rodrig.)

3. **O. major** L. *Sp.* p. 882, n. 2; Camb. *Enum. pl. Balear.* n. 422. — ♃. Mai.

« In agris prope Esporlas, in insulà Majore, necnon in Ebuso. — Florebat Majo. » (Camb.)

4. **O. amethystea** Thuill. *Fl. Par.* p. 317; Moris, *Fl. Sard.* III, p. 254, n. 952; Guss. *Fl. Sic. Syn.* II, p. 135, n. 6. — ♃. ①. Mai-juin.

MAJORQUE : *Son Soureda près Arta; chemin de las Singlas de Bini.* — Mai-juin.

5. **O. minor** Sutt. *β. flavescens* Reut. (?) forma *glabrescens* Willk. *Index*, n. 436. — ♃.

« Mallorca, ad portum oppidi Soller, in radic. *Loti cretici.* Die 3 Maji c. flor. — ♃. » (Willk.)

LXXIII. LABIÉES

(LABIATEÆ Juss. *Gen.* p. 110).

1. LAVANDULA

(L. *Gen.* p. 290, n. 711).

1. **L. Stœchas** L. *Sp.* p. 800, n. 4 (excl. var. *β.*); Camb. *Enum. pl. Balear.* n. 439; Rodr. *Catal. pl. Menorca*, p. 63, n. 436. — ♄. Mars-mai.

« In insulâ Minore (Hern.). » (Camb.)
« Serra Morena; marina de son Gornes. — Marz., Mayo. » (Rodrig.)

2. **L. Spica** L. *Sp.* p. 800, n. 1 (excl. var. β.); Camb. *Enum. pl. Balear.* n. 438. — ♄.

« In montibus circa Esporlas, in insulâ Majore. » (Camb.)

3. **L. dentata** L. *Sp.* p. 800, n. 3; Desf. *Fl. Atlant.* II, p. 14; Camb. *Enum. pl. Balear.* n. 440; Rodrig. *Catal. pl. Menorca*, p. 104, n. 436 *bis*. — Avril-mai.

« In aridis insulæ Majoris, circa Belver, Cauviam. — Florebat Majo. » (Camb.)

« Crece en Mallorca pero la hemos vista en Menorca; hab. hácia Mah. seg. Pourr. herb. » (Rodrig.)

MAJORQUE : *Garigues d'Andraitx; garigues de la colline de Belver près Palma.* — IVIÇA : *Isla Llana, à l'entrée du port d'Iviça.* — Mars-mai.

Les habitants d'Iviça emploient en bains la décoction de cette plante mêlée au Romarin contre les douleurs rhumatismales chroniques. Cette médication est souvent efficace.

2. MENTHA

(L. *Gen.* p. 291, n. 713).

1. **M. rotundifolia** L. *Sp.* p. 805, n. 3; Rodrig. *Catal. pl. Menorca*, p. 64, n. 437; Barcelo, *Apuntes pl. Balear.* p. 35. — ♃. Juin-octobre.

« Ab. en sitios húmedos. — Jun.-Oct. » (Rodrig.)

« Mall. : comunísima en parajes húmedos. — Jun. » (Barcelo.) (1).

2. **M. insularis** Requien var. *Balearica* Willk. *Index*, n. 359.

« Menorca, in locis humidis pr. Mahon (Rodriguez !). — Sept. 1873. » (Willk.)

3. **M. sylvestris** L. *Sp.* p. 804, n. 1; Barcelo, *Apuntes pl. Balear.* p. 35, n. 295. — ♃ Juin.

« Mallorca, como otras especies. Espontánea y cultivada. — Jun. » (Barcelo.)

4. **M. viridis** L. *Sp.* p. 804, n. 2; Barcelo, *Apuntes pl. Balear.* p. 35, n. 296. — ♃. Juin.

« En el torrente d'en Salas, cerca de Soller, y cultivada. — Jun. » (Barcelo.)

(1) Camb. signale, dans son *Enum. pl. Balear.* n. 442, une var. *crispa* du *M. rotundifolia*, qui, d'après M. Malinvaud, doit se rapporter au *M. silvestris*, en raison des caractères de l'épi. Quant au *M. crispa* L., il appartient à la section des *capitatæ* (voyez L. *Sp.* p. 805).

5. **M. aquatica** L. *Sp.* p. 805, n. 5; Barcelo, *Apuntes pl. Balear.* p. 35, n. 297. — ♃. Avril.

« En las corrientes, Andraitx, Manacor, la Puebla. — Ag. » (Barcelo.)

6. **M. citrata** Ehrh. *Beitr.* VII, p. 150; Barcelo, *Apuntes pl. Balear.* p. 35, n. 298.

« Mall. Abunda en el torrente de Coma-Calenta, cerca de Andraitx, y en el torrente d'en Salas, cerca de Soller. » (Barcelo.)

7. **M. Pulegium** L. *Sp.* p. 807, n. 12; Gren. et Godr. *Fl. de Fr.* II, p. 654; Moris, *Fl. Sard.* III, p. 270, n. 958; Guss. *Fl. Sic. Syn.* II, p. 70, n. 5; Bertol. *Fl. Ital.* VI, p. 102, n. 6; Desf. *Fl. Atlant.* II, p. 17; Rodrig. *Catal. pl. Menorca*, p. 64, n. 441; Barcelo, *Apuntes pl. Balear.* p. 35. — ♃. Mai-août.

« In insulâ Minore (Hern.). » (Camb.)
« Ab. especialmente en sitios húmedos. — Mayo-Ag. » (Rodrig.)
« Mall. : comun en parajes húmedos. — May. » (Barcelo.)

Var. β. *eriantha* DC. *Fl. fr.* suppl. p. 400; Camb. *Enum. pl. Balear.* n. 443.

MAJORQUE : *Bord des fossés, route de Palma.* — Avril.

3. ORIGANUM

(Mœnch, *Meth.* suppl. p. 137).

1. **O. majoricum** Camb. *Enum. pl. Balear.* n. 452. — ♃. Mai.

« In aridis insulæ Majoris prope Incam. — Florebat Majo. » (Camb.)

2. **O. virens** Hffgg et Lk, Willk. *Index*, n. 361.

« Mallorca, torrente de Llegets (?) (Barceló !). — Jun. 1874. ♃. » (Willk.)

4. THYMUS

(Benth. *Lab.* p. 340).

1. **T. vulgaris** L. *Sp.* p. 825, n. 2; Gren. et Godr. *Fl. de Fr.* II, p. 657; Moris, *Fl. Sard.* III, p. 278; Bertol. *Fl. Ital.* VI, p. 210, n. 6; Camb. *Enum. pl. Balear.* n. 453. — ♄. Mai-juin.

« In sterilibus lapidosis Balearium frequens.— Florebat Majo-Junio. » (Camb.).

IVIÇA : *Sur le chemin de Sainte-Eulalie.* — Avril.

2. **T. Richardii** Pers. *Syn.* II, p. 130, n. 16; Barcelo, *Apuntes pl. Balear.* p. 35, n. 301. — ♄. Mai-juillet.

« In fissuris rupium montis dicti coma d'en Arbona, 1863. » (Barcelo.)

MAJORQUE : *Couma de Arbona à puig Mayor de Torellas* (12 juin 1852) *; fentes des rochers du puig Mayor de Torellas ; rochers d'Ariant près Pollenza* (5 juin 1852).

3. **T. capitatus** Hoffm. et Link, *Fl. Port.* I, p. 123 ; Moris, *Fl. Sard.* III, p. 279, n. 963 ; Guss. *Fl. Sic. Syn.* II, p. 94, n. 1 ; Barcelo, *Apuntes pl. Balear.* p. 35, n. 300. — ♄. Juin.

« Mallorca, colinas aridas, Palma, Algaida, Montuiri, Andraitx, etc., é Ibiza. — Jun. » (Barcelo.)

MAJORQUE : *Palma : lieux stériles près de la mer.* — Avril.

5. HYSSOPUS

(L. *Gen.* p. 289, n. 709).

1. **H. officinalis** L. *Sp.* p. 796, n. 1 ; Barcelo, *Apuntes pl. Balear.* p. 36, n. 302. — ♄. Juin.

« En planicie. — Jun. » (Barcelo.)

6. MICROMERIA

(Benth. *Lab.* p. 368).

1. **M. filiformis** Benth. *Lab.* p. 378, n. 20 ; Gren. et Godr. *Fl. de Fr.* II, p. 662 ; Rodrig. *Catal. pl. Menorca*, p. 65, n. 446. — *Thymus filiformis* Camb. *Enum. pl. Balear.* n. 454. — ♄. Avril-août.

« Ad rupes et muros insularum Balearium vulgatissimus. — Aprili floret. » (Camb.)

« Ab. en los muros y rocas calizas Santa-Ponsa, Alayor. » (Rodrig.)

MAJORQUE : *Garigues de la torre d'Alcudia; Lluch ; au pied des murailles de rochers du puig d'Alaro ; serra de Soller ; au pied des rochers d'Aumalluch ; puig Mayor de Massanellas.* — Avril-juin.

2. **M. microphylla** Benth. *Lab.* p. 377, n. 18 ; DC. *Prodr.* XII, p. 219, n. 29. — ♄. Mai.

MAJORQUE : *Collines arides près Palma.* — MINORQUE : *Autour de Ciudadela.* — Avril-mai.

3. **M. Barceloi** Willk. *Diagn. pl. nov. insul. Bal.* in *Œsterr. botan. Zeitschr.* n. 4, April 1875, et Willk. *Index*, n. 369, *cum descr.* — *M. approximata* Barcelo, *Apuntes pl. Balear.* p. 36, n. 303, nec Reichb. — ♄. Décembre.

« Colinas aridas cerca de la ciudad de Ibiza, cala Rotja, cerca de las salinas de dicha isla, Palma, cerca de son Español. — Dic. » (Barcelo.)

4. **M. nervosa** Benth. *Lab.* p. 376, n. 17; Rodrig. *Suppl.* p. 45, n. 148; Barcelo, *Apuntes pl. Balear.* p. 36. — *Satureia nervosa* Desf. *Fl. Atlant.* II, p. 9, tab. 121, fig. 2; Guss. *Fl. Sic. Syn.* II, p. 90, n. 6; Bertol. *Fl. Ital.* VI, p. 49, n. 4; Camb. *Enum. pl. Balear.* n. 437. — ♄. Avril-mai.

« In aridis Ebusi frequens. — Florebat Majo. » (Camb.)

« Belver, Palma. » (Rodrig.)

« Colinas aridas, caminos, muros. Comunisima en Mallorca. — Abr. » (Barcelo.)

MAJORQUE : *Collines de Palma, côté de Belver.* — Avril.

5. **M. Rodriguezii** Freyn. et Janka *Œsterr. bot. Zeit.* XXIV, n. 1, p. 16; Rodrig. *Suppl.* p. 45, n. 149. — Willk. *Index*, n. 367, *cum descr.* — ♄. Avril-mai.

« Barranco de San-Juan, Binisarmeña, son Blanc (Rodr.); caminos inmediatios á Mahon (Casall.). — Abril-Mayo. » (Rodrig.)

« In fissuris rupium calcarear. glareosisque calcar., rarius ad muros; Menorca, in valleculis pr. Mahon (v. c. barranco del Favaret, Rodr., Willk., Hegelmaier), in vallibus barr. de Algendar (Hegelm.) et barranco de son Blanc (Willk., Hegelm.); Mallorca, pr. cast. Belver (Hegelm.), in muris urbis Palma (Barceló, Willk., Hegelmaier). — Jam d. 29 Mart. c. flor. ♃ ♄. » (Willk.)

6. **M. inodora** Benth. *Lab.* p. 375, n. 13. — *Thymus inodorus* Desf. *Fl. Atlant.* II, p. 30, tab. 129. — ♄. Mai.

MAJORQUE : *Lieux stériles près Palma.* — Avril.

7. CALAMINTHA

(Mœnch, *Meth.* 408).

1. **C. menthæfolia** Host, *Austr.* II, p. 129; Rodrig. *Catal. pl. Menorca*, p. 65, n. 447. — *Thymus Calamintha* Smith, *Flor. Brit.* p. 641; Camb. *Enum. pl. Balear.* n. 455. — ♄. Juin-octobre.

« In fissuris rupium montis puig de Torella in insulâ Majore. » (Camb.)

« Hab. camino bajo de la fuente den Simon; Subervey. — Jul.-Oct. » (Rodrig.)

2. **C. Nepeta** Link et Hoffm. *Fl. Port.* p. 141; Gren. et Godr. *Fl. de Fr.* II, p. 664; Moris, *Fl. Sard.* III, p. 287, n. 967. — *Thymus*

Nepeta Smith. *Flor. Brit.* p. 642 ; Camb. *Enum. pl. Balear.* n. 456. — ♃. Mai-juin.

« In insulà Majore (Trias). » (Camb.)

MAJORQUE : *Ariant près Pollenza.* — Juin.

3. **C. glandulosa** Benth. in DC. *Prodr.* XII, p. 227, n. 7 ; Barcelo, *Apuntes pl. Balear.* p. 36, n. 305. — *Melissa glandulosa* Benth. *Lab.* p. 387, n. 4. — *Thymus glandulosus* Requien, in *Ann. sc. nat.* sér. 1, V, p. 386. — ♄. Juin.

« Puig de Torella, coma d'en Arbona. — Jun. » (Barcelo.)

4. **C. Acinos** Bth., Willk. *Index*, n. 371.

« Mallorca, in solo calcareo arido (in pinetis p. Belver, in rupestribus puig de Randa, P. de Salvador de Felanitz, et alibi in regione inferiore). — Apr.-Majo c. flor. ⊙. » (Willk.)

8. MELISSA

(L. *Gen.* p. 298, n. 728).

1. **M. officinalis** L. *Sp.* p. 827, n. 1 ; Moris, *Fl. Sard.* III, p. 292, n. 970 ; Guss. *Fl. Sic. Syn.* II, p. 100, n. 1 ; Bertol. *Fl. Ital.* VI, p. 229, n. 1 ; Barcelo, *Apuntes pl. Balear.* p. 36, n. 306. — ♃. Mai-juin.

« Mall. Abunda en los setos cerca de son Moner en Andraitx, y cultivada. — May. » (Barcelo.)

MAJORQUE : *Environs de Soller.* — Mai.

9. ROSMARINUS

(L. *Gen.* p. 16, n. 38).

1. **R. officinalis** L. *Sp.* p. 33, n. 1 ; Gren. et Godr. *Fl. de Fr.* II, p. 669 ; Moris *Fl. Sard.* III, p. 299, n. 974 ; Guss. *Fl. Sic. Syn.* I, p. 20, n. 1 ; Bertol. *Fl. Ital.* I, p. 134, n. 1 ; Desf. *Fl. Atlant.* I, p. 19 ; Camb. *Enum. pl. Balear.* n. 424 ; Rodrig. *Catal. pl. Menorca*, p. 64, n. 448. — ♄. Septembre-mai.

« Ubique in Balearibus. » (Camb.)
« Ab. en terrenos incultos calizos. — Set.-Marz. » (Rodrig.)

MAJORQUE : *Barranco de Soller ; puig Mayor de Torellas* (juin). — IVIÇA : *Garigues autour de la ville d'Iviça.* — FORMENTERA : *Plages sablonneuses de l'île* (30 avril).

10. SALVIA

(L. *Gen.* p. 17, n. 39).

1. **S. officinalis** L. *Sp.* p. 34, n. 4; Barcelo, *Apuntes pl. Balear.* p. 36, n. 307. — ♃. Mai.

« Abunda en los setos cerca de son Moner en Andraitx y cultivada. — May. » (Barcelo.)

2. **S. Sclarea** L. *Sp.* p. 38, n. 27; Barcelo, *Apuntes pl. Balear.* p. 36, n. 308. — ♃. Juin.

« Esporlas, Lluch, Felanitx. — Jun. » (Barcelo.)

3. **S. Verbenaca** L. *Sp.* p. 35, n. 14; Gren. et Godr. *Fl. de Fr.* II, p. 672; Moris, *Fl. Sard.* III, p. 296, n. 973; Guss. *Fl. Sic. Syn.* I, p. 23, n. 5; Bertol. *Fl. Ital.* I, p. 146, n. 10; Desf. *Fl. Atlant.* I, p. 21; Camb. *Enum. pl. Balear.* n. 426. — ♃. Mars-mai.

« Ad margines agrorum prope Esporlas, in insulâ Majore. — Florebat Martio. » (Camb.)

MAJORQUE : *Bord des champs de Lazareil près Pollenza; barranco de Soller.* — Mai.

4. **S. clandestina** L. *Sp.* p. 36, n. 15; Camb. *Enum. pl. Balear.* n. 425; Rodrig. *Catal. pl. Menorca*, p. 65, n. 450. — ♃. Mars-mai.

« Ad vias in Balearibus vulgatissima. — Florebat Martio. » (Camb.)
« Ab. en los caminos. — Marz.-Mayo. » (Rodrig.)

11. NEPETA

(L. *Gen.* p. 289, n. 710).

1. **N. Nepetella** L. *Sp.* p. 797, n. 4; Barcelo, *Apuntes pl. Balear.* p. 36, n. 309. — ♃. Juin.

« Montes de Lluch. — Jun. » (Rodrig.)

12. LAMIUM

(L. *Gen.* p. 292, n. 716).

1. **L. amplexicaule** L. *Sp.* p. 809, n. 7; Camb. *Enum. pl. Balear.* n. 444; Rodrig. *Catal. pl. Menorca*, p. 65, n. 451.— ①. Mars-mai.

« In agris Balearium vulgatissimum. — Martio floret. » (Camb.)
« Ab. en terrenos cultivados. — Marz.-Abr. » (Rodrig.)

13. GLECHOMA

(L. *Gen.* p. 291, n. 714).

1. **G. hederacea** L. *Sp.* p. 807, n. 1; Barcelo, *Apuntes pl. Balear.* p. 36, n. 310. — ♃.

« Planicie. — Marz. » (Barcelo.)

14. STACHYS

(L. *Gen.* p. 293, n. 719).

1. **S. germanica** L. *Sp.* p. 812, n. 4; Gren. et Godr. *Fl. de Fr.* II, p. 687; Moris, *Fl. Sard.* III, p. 304, n. 977; Bertol. *Fl. Ital.* VI, p. 148, n. 4; Camb. *Enum pl. Balear.* n. 445. — ♃. Mai-août.

« Ad margines viarum prope Esporlas, in insulà Majore. — Majo floret. » (Camb.)

MAJORQUE : *Barranco de Soller; chemin d'Alaro à Sollerich.* — Avril-juin.

2. **S. arvensis** L. *Sp.* p. 814, n. 11; Camb. *Enum. pl. Balear.* n. 447. — ①. Avril.

« In agris insulæ Majoris circa Artam. — Florebat Aprili. » (Camb.)
« Ferme de Eranathe, San-Cristóbal. » (Com. cl. Rodrig.)

β. *forma nana alpestris* Willk. *Index*, n. 377. Mallorca in arenosis glareosisque calcar. regionis montanæ superioris passim (puig Galatzo, in parte superiore). — April c. flor. ⊙.

3. **S. hirta** L. *Sp.* p. 813, n. 10; Gren. et Godr. *Fl. de Fr.* II, p. 691; Moris, *Fl. Sard.* III, p. 307, n. 980; Guss. *Fl. Sic. Syn.* II, p. 78, n. 6; Bertol. *Fl. Ital.* VI, p. 156, n. 9; Desf. *Fl. Atlant.* p. 20; Camb. *Enum. pl. Balear.* n. 446; Rodrig. *Catal. pl. Menorca*, p. 65, n. 452, et *Suppl.* p. 45. — Avril-juillet.

« Frequens ad vias et in montosis insulæ Majoris. — Florebat Aprili. » (Camb.)
« Ab. en los campós (Abr.-Jul.); Campsiquiat, Santa-Ponsa en Alayor, camino de Santa-Eulalia al Toro; predios Algendar, Subervey y San-Juan en Ferrerias. — Abril-Mayo. » (Rodrig.)

MAJORQUE : *Vallée de Sollerich près Selva : champs cultivés; bord du chemin dans le Prat près Palma; Belver près Palma : bord des champs près Soller.* — IVIÇA : *Chemin des salines.* — ①. Avril-mai.

15. BALLOTA

(L. *Gen.* p. 294, n. 720).

1. **B. fœtida** Lamk, *Fl. fr.* II, p. 381; Gren. et Godr. *Fl. de Fr.* II, p. 695; Moris, *Fl. Sard.* III, p. 313, n. 985; Guss. *Fl. Sic. Syn.* II, p. 81, n. 1. — β. *nigra* L. *Sp.* p. 814, n. 1; Bertol. *Fl. Ital.* VI, p. 170, n. 1; Desf. *Fl. Atlant.* II, p. 22; Rodrig. *Catal. pl. Menorca*, p. 66, n. 454; Barcelo, *Apuntes pl. Balear.* p. 37. — ♃. Mai-octobre.

« Ab. en los caminos. — Mayo-Set. » (Rodrig.)
« Comunisima en Mallorca. — May. » (Barcelo.)

Majorque : *Chemins près d'Arta; chemins près d'Alcudia; collines de Palma.* — Avril-juin.

Var. β. *alba* Seb. et Maur. *Flor. Rom. Prodr.* 196; Camb. *Enum. pl. Balear.* n. 448; Barcelo, *Apuntes pl. Balear.* p. 37. — *B. alba* L. *Sp.* p. 814, n. 2.

« In insulâ Minore (Hern.). » (Camb.)
« Rara cerca de Palma. » (Barcelo.)

2. **B. hispanica** Benth. *Lab.* p. 597, n. 12; Barcelo, *Apuntes pl. Balear.* p. 36, n. 315. — *B. saxatilis* Guss. *Fl. Sic. Syn.* II, p. 82, n. 2. — *Marrubium hispanicum* L. *Sp.* p. 816, n. 7; Desf. *Fl. Atlant.* II, p. 23; Camb. *Enum. pl. Balear.* n. 449. — ♃. Mai-juin.

« In insulâ Majore prope Esporlas. » (Camb.)
« Comun en las colinas y caminos, cerca de la ciudad de Ibiza, rara cerca de Esporlas. — Jun. » (Barcelo.)

Iviça : *Chemins des salines.* — Avril.

16. MOLUCELLA

(Benth. *Lab.* p. 639).

1. **M. spinosa** L. *Sp.* p. 821, n. 2; Barcelo, *Apuntes pl. Balear.* p. 36, n. 313. — ♄. Jun.

« En el coll de Esporlas. — Jun. » (Barcelo.)

17. PHLOMIS

(L. *Gen.* p. 295, n. 723).

1. **P. italica** Smith, *Spicil.* I, p. 6; DC. *Prodr.* XII, p. 539, n. 9; Camb. *Enum. pl. Balear.* n. 451; Rodrig. *Catal. pl. Menorca*, p. 66, n. 455. — ♄. Mai-juin.

« In montibus insulæ Majoris prope Lluch haud rara, etiam in insulâ Minore (Hern.). — Floret Majo. » (Camb.)

« Pou den Carles en Capifort ; Binifabini ; monte Toro, ab. ; son Mercers en Ferrerias ; camino viejo c. el Torretó. — Mayo. » (Rodrig.)

MAJORQUE : *Aumalluch ; Ariant près Pollenza ; la serra de Soller ; puig Mayor de Torellas.* — Juin.

18. SIDERITIS

(L. *Gen.* p. 290, n. 712).

1. **S. romana** L. *Sp.* p. 802, n. 6 ; Gren. et Godr. *Fl. de Fr.* II, p. 697; Moris, *Fl. Sard.* III, p. 319, n. 989 ; Guss. *Fl. Sic. Syn.* II, p. 66, n. 1 ; Bertol. *Fl. Ital.* VI, p. 84, n. 3 ; Desf. *Fl. Atlant.* II, p. 15 ; Camb. *Enum. pl. Balear.* n. 441 ; Rodrig. *Catal. pl. Menorca*, p. 66, n. 456, et *Suppl.* p. 45. — ①. Mars-juin.

« Ubique in insulis Balearibus. — Martio Aprilique floret. » (Camb.)

« Camino llamado del Diablo (Marz.-Abr.) ; comun asi en terrenos cultivados como incultos. — Mayo-Junio. » (Rodrig.)

MAJORQUE : *Garigues de Belver près Palma ; la ermita d'Arta ; champs près Soller.* — Avril-mai.

19. MARRUBIUM

(L. *Gen.* p. 294, n. 721).

1. **M. vulgare** L. *Sp.* p. 816, n. 5 ; DC. *Prodr.* XII, p. 453, n. 27 ; Gren. et Godr. *Fl. de Fr.* II, p. 699 ; Moris, *Fl. Sard.* III, p. 316, n. 987 ; Guss. *Fl. Sic. Syn.* II, p. 80, n. 1 ; Bertol. *Fl. Ital.* VI, p. 179, n. 3 ; Desf. *Fl. Atlant.* II, p. 22 ; Camb. *Enum. pl. Balear.* n. 450 ; Rodrig. *Catal. pl. Menorca*, p. 66, n. 456. — ♃. Avril-mai.

« Ubique ad vias et circa pagos Balearium. — Floret Aprili. » (Camb.)

« Ab. en los caminos. — Abr., etc. » (Rodrig.)

MAJORQUE : *Bords des champs près Palma.* — IVIÇA : *Au pied de la butte des moulins.* — Avril.

20. SCUTELLARIA

(L. *Gen.*, p. 301, n. 734).

1. **S. Viginеixii** Marès, sp. nov. (sect. *Galericulata*, § 1, *Genuinæ* DC. *Prodr.* XII, p. 424).

Tige décombante, rameuse, diffuse à la base, hérissée de poils blancs, glanduleux, entremêlés de poils plus longs non glanduleux. — *Feuilles* toutes longuement pétiolées et cordiformes, les inférieures ovales, les supérieures ovales-lancéolées, couvertes sur les deux faces de poils apprimés, fortement crénelées de dents très-obtuses, ciliées. — *Fleurs* toutes axillaires, petites, violacées ou rougeâtres, dépassées par les feuilles, à pédicelle environ de la longueur du calice, à tube droit; calice très-fortement hérissé de longs poils inégaux. — Plante de 5-20 centimètres, vivace, rappelant un peu le facies du *Glechoma hederacea*, à feuilles petites et plus allongées.

Majorque : *Rochers du torrent de la couma au bas de la Mamaliouda, au pied nord de la serra de Soller* (15 juin 1852). — *Rochers d'Ariant près Pollenza* (5 juin 1852).

21. BRUNELLA

(Tournef. *Inst.* I, p. 182, tab. 84).

1. **B. vulgaris** Mœnch, *Meth.* p. 414; Gren. et Godr. *Fl. de Fr.* II, p. 703; Barcelo, *Apuntes pl. Balear.* p. 37, n. 316. — *Prunella vulgaris* L. *Sp.* p. 837, n. 1; Moris, *Fl. Sard.* III, p. 323, n. 991; Guss. *Fl. Sic. Syn.* II, p. 103, n. 1; Bertol. *Fl. Ital.* VI, p. 250, n. 1; Desf. *Fl. Atlant.* II, p. 31. — ♃. Juin.

« Valle de Lluch, Borguña de Arta. — Jun. » (Barcelo.)

Majorque : *Le long du torrent sur le chemin de Pollenza à Lluch.* — Juin.

2. **B. alba** Pall., Barcelo, *Apuntes pl. Balear.* p. 37, n. 317. — ♃. Juin.

« Valle de Lluch. — Jun. » (Barcelo.)

22. PRASIUM

(L. *Gen.* p. 302, n. 537).

1. **P. majus** L. *Sp.* p. 838, n. 1; Gren. et Godr. *Fl. de Fr.* II, p. 705; Moris, *Fl. Sard.* III, p. 326, n. 993; Guss. *Fl. Sic. Syn.* II, p. 107, n. 1; Bertol. *Fl. Ital.* VI, p. 258, n. 1; Desf. *Fl. Atlant.* II, p. 33; Camb. *Enum. pl. Balear.* n. 457; Rodrig. *Catal. pl. Menorca*, p. 66, n. 458. — ♄. Mars-juin.

« In montibus insulæ Majoris prope Esporlas, necnon in insulâ Minore (Hern.). » (Camb.)

« Hab. : hácia los verjeles de Mah. (Salv.); ab. en los muros y entrelazado con los Lentiscos; barranco de Algendar, Ferrerias. — Marz.-Mayo. » (Rodrig.)

Majorque : *Rochers près le port de Soller.* — Minorque : *Rochers du port de Ciudadela.*

23. AJUGA

(L. *Gen.* p. 287, n. 705).

1. **A. Iva** Schreb. *Unilab.* p. 25; Gren. et Godr. *Fl. de Fr.* II, p. 707; Moris, *Fl. Sard.* III, p. 329, n. 995; Guss. *Fl. Sic. Syn.* II, p. 53, n. 4; Bertol. *Fl. Ital.* VI, p. 14, n. 7; Camb. *Enum. pl. Balear.* n. 427. — *Teucrium Iva* L. *Sp.* p. 787, n. 7; Desf. *Fl. Atlant.* II, p. 3. — ♃. Mai.

« In aridis insulæ Majoris haud rara, etiam in insulà Minore (Hern.). — Florebat Majo. » (Camb.)

Majorque : *Chemin de la ermita d'Arta.* — Iviça : *Environs de la ville.* — Mai.

A Iviça, on considère comme un très-bon fébrifuge le vin blanc dans lequel on a fait infuser de l'*Ajuga Iva.*

Var. *pseudo-Iva* Rob. et Cast.; Rodrig. *Catal. pl. Menorca*, p. 67, n. 459. — Mai-juin.

« Hab. : frequente en Men. (Salv.); Funduco; Matxani; Subervey. — Mayo, Jun. » (Rodrig.)

24. TEUCRIUM

(L. *Gen.* p. 287, n. 706).

1. **T. Botrys** L. *Sp.* p. 786, n. 3; Gren. et Godr. *Fl. de Fr.* II, p. 709; Guss. *Fl. Sic. Syn.* II, p. 62, n. 14; Bertol. *Fl. Ital.* VI, p. 17, n. 2; Desf. *Fl. Atlant.* II, p. 1; Camb. *Enum. pl. Balear.* n. 429. — ①. Mai.

« In insulà Majore (Trias). » (Camb.)

Majorque : *Garigues de la torre d'Alcudia.* — Mai.

2. **T. Scordium** L. *Sp.* p. 790, n. 20; Camb. *Enum. pl. Balear.* n. 431; Rodrig. *Catal. pl. Menorca*, p. 67, n. 460. — ♃.

« In insulà Majore (Trias). » (Camb.)
« Hácia San-Juan de Carbonell (Sint.). » (Rodrig.)

3. **T. Chamædrys** L. *Sp.* p. 790, n. 22; Gren. et Godr. *Fl. de Fr.* II, p. 711; Moris, *Fl. Sard.* III, p. 335, n. 1000; Guss. *Fl. Sic. Syn.* II, p. 58, n. 6; Bertol., *Fl. Ital.* VI, p. 29, n. 11; Camb. *Enum. pl. Balear.* n. 432; Rodrig. *Catal. pl. Menorca*, p. 67, n. 461. — ♄. Mai.

« In aridis insulæ Majoris circa Esporlas, Incam; necnon in insulà Minore (Hern.). — Florebat Majo. » (Camb.)

« Alcaufar ; Biniaixa. — Mayo. » (Rodrig.)

MAJORQUE : *La route de can Tetx près Soller.* — Juin.

4. **T. flavum** L. *Sp.* p. 791, n. 23 ; Gren. et Godr. *Fl. de Fr.* II, p. 711 ; Moris, *Fl. Sard.* IV, p. 334, n. 999 ; Guss. *Fl. Sic. Syn.* II, p. 56, n. 3 ; Bertol. *Fl. Ital.* VI, p. 31, n. 12 ; Desf. *Fl. Atlant.* II, p. 6 ; Camb. *Enum. pl. Balear.* n. 433. — ♄. Mai.

« In montibus insulæ Majoris prope Esporlas. » (Camb.)

MAJORQUE : *Rochers du pas de los Couloums, entre Pollenza et puig Ternellas ; la ermita d'Arta.* — Mai.

5. **T. Marum** L. *Sp.* p. 788, n. 12 ; Camb. *Enum. pl. Balear.* n. 430 ; Rodrig. *Catal. pl. Menorca*, p. 67, n. 462. — ♄. Mai-juin.

« In insulâ Minore (Hern.). » (Camb.)
« Ab. en terrenos aridos. — Mayo-Jun. » (Rodrig.)

6. **T. Polium** L. *Sp.* p. 792, n. 27.

Var. α. *flavescens* Benth. *Lab.* p. 685, n. 58. — ♃. Mai-juin.

MAJORQUE : *Albufera d'Alcudia, serra de Soller.* — Juin.

Var. γ. *vulgare* Benth. *Lab.* p. 685, n. 58 (*T. Polium* α. *latifolium* et β. *angustifolium* Camb. *Enum. pl. Balear.* n. 435). — *T. Polium* Rodrig. *Catal. pl. Menorca*, p. 67, n. 463.

« In petrosis Balearium frequens, florebat Majo, in insulâ Majore prope Artam. » (Camb.)
« Ab. en terrenos incultos. — May.-Jul. » (Rodrig.)

MAJORQUE : *Collines arides près Palma ; serra de Soller.* — Avril-juin.

Var. ε. *purpurascens* Benth. *Lab.* p. 686 ; Rodrig. *Suppl.* p. 46.

« Menorca (Salv. herb.), Alayor (Casall.) ; en los peñascos calcáreos de Santa-Ponsa (Rodr.). — Junio-Julio. » (Rodrig.)
« Fentes des rochers de puig de Torella. » (Bourgeau, *Exsicc.*)

MAJORQUE : *A la peña vermeya d'Enzoulous près Arta.* — Mai.

Var. ζ. *angustifolium* Benth. *Lab.* p. 686. — *T. capitatum pycnophyllum* Gay ; Camb. *Enum. pl. Balear.* n. 436. — *T. capitatum* Rodrig. *Suppl.* p. 46 ; Barcelo, *Apuntes pl. Balear.* p. 37.

« In sterilibus Ebusi florebat Majo. » (Camb.)
« Menorca (Salv.) ; hácia Calamporter ? — Junio-Julio. » (Rodrig.)
« Comun en las colinas áridas. » (Barcelo.)

Le *T. pulverulentum* Coss. in Bourgeau *Exsicc.* n'est autre qu'une var. remarquable du *T. Polium*, dont elle se distingue surtout par le calice très-développé : on doit lui rapporter la var. *calycinum* Willk. du *T. capitatum*, « *calyce tubuloso elongato* », etc. Cette variété est complétement reliée au type *Polium* par des formes intermédiaires à calices plus ou moins développés.

Le magnifique herbier de M. Cosson contient de nombreux et beaux exemplaires de toutes ces diverses formes du *T. Polium*. Il est facile, avec de tels matériaux, d'établir la synonymie ci-dessus, dont nous pouvons affirmer l'exactitude.

7. **T. Majorana** P. *Syn.* II, p. 112; Willk. *Index*, n. 389.

Var. *procumbens cum nota descriptiva*, in collibus calcareis aridis Balearium, præcipue insulæ Majoris (in regione inferiore) passim. (Willk.)

Willk. considère cette espèce comme excessivement rapprochée du *T. capitatum*, et pense qu'elle n'est probablement qu'une forme précoce insulaire de la variété *purpurascens*.

Nous n'avons pu en voir des échantillons.

L'herbier de M. Cosson n'en contient pas.

8. **T. lusitanicum** Lamk, *Dict.* II, p. 692; DC. *Prodr.* XII, p. 585, n. 50; Rodrig. *Catal. pl. Menorca*, p. 104, n. 460 *bis;* Barcelo, *Apuntes pl. Balear.* p. 37. — *T. asiaticum* L. *Mant.* p. 80, n. 33; Camb. *Enum. pl. Balear.* n. 434. — ♄. Mai-juillet.

« In fissuris rupium montis puig Mayor, in insulà Majore, 21 Aprilis nondùm floruerat. » (Camb.)

« Grietas de las peñas; predio Subervey; pas den Revull. c. el barranco de Algendar. — Mayo-Jun. » (Rodrig.)

« Puig de Torella, torrente de Paseys, puig Mayor. — Junio. » (Barcelo.)

MAJORQUE : *La couma de Arbona au puig Mayor de Torellas; sommet du puig Mayor de Massanellas.* — Juin.

9. **T. subspinosum** Pourr. in Willd. *Enum. pl. hort. Berol.* p. 596 *ad calc.*; Barcelo, *Apuntes pl. Balear.* p. 37, n. 319; Willk. *Index*, n. 386. — *T. balearicum* Coss. apud Bourgeau, *Exsicc.* n. 2785. — ♄. Mai-juillet.

Pour appeler l'attention des botanistes sur cette plante rare et dans l'intérêt de son histoire, nous croyons devoir citer la fin d'une communication faite par l'un de nous à la Société botanique de France, séance du 21 avril 1865 :

« Enfin, je terminerai cette communication par quelques mots sur une plante curieuse, le *Teucrium subspinosum* de Pourret. Cet auteur en avait envoyé une description à Willdenow, qui l'a consignée dans son *Enumeratio plantarum horti Berolinensis*, p. 596, comme habitant les Baléares.

» Depuis lors on n'avait plus revu cette espèce. En 1836, M. Bentham, dans son *Labiatarum Genera et Species*, pp. 683 et 684, dit : « *Teucrium* » *subspinosum* (Pourr. ex Willd. *Enum. hort. Berol.* p. 595) habitat in » insulis Balearicis (Pourret, Willd.). — T. foliis integerrimis, ovatis- » acutis petiolatis, margine revolutis pubescentibus subtus tomentosis; » floribus racemosis; ramis spinescentibus. Perenne (Willd. *loc. cit.*). » Simile *T. maro* sec. Willd. De hâc plantâ silet cl. Cambessèdes in » *Flora insularum Balearium.* »

» Il est évident, par cette citation, que M. Bentham ne l'avait pas vue ; aussi, dans le *Prodromus* (t. XII, p. 589), cet auteur fait simplement du nom de notre plante le synonyme du *T. Marum*, sans ajouter aucune réflexion.

» Il faut supposer, d'après cela, que le vrai *T. subspinosum* de Pourret n'avait jamais été retrouvé jusqu'ici, et que M. Bentham, n'ayant pu le voir, l'aura considéré comme une espèce faite aux dépens du *T. Marum*.

» Nous pouvons aujourd'hui faire revivre la plante de Pourret... » Etc.

« Abunda al pie del estrecho de Valdemosa, donde la encontré por primera vez en Mayo de 1848. Molino de Deyá, monte Teix, cerca de Caymari, montes de Fornalutx, puig Mayor; Menorca, hácia Santa-Eulalia, monte Toro (Salvador). » (Barcelo.)

« Pentes arides du puig de Torellas. — 18 juin 1869. » (Bourgeau.)

MAJORQUE : *Couma de Arbona* (7 juillet 1852); *la serra de Soller* 1er juillet); *castillo del Rey* (3 juin). — Ilot de CABRERA (27 mai 1855): *A toutes les altitudes.*

La comparaison des échantillons du *T. subspinosum* Pourr. avec ceux du *T. Balearium* Coss. ne laisse aucun doute sur la parfaite identité des deux espèces.

10. **T. campanulatum** L. *Sp.* p. 786, n. 1; Camb. *Enum. pl. Balear.* n. 428. — ♃. Mai.

« In insulâ Majore, ad viam inter vicum Campós et fontem Sanctum florebat Majo. » (Camb.)

LXXIV. ACANTHACÉES

(Acanthaceæ R. Br. *Prodr.* p. 472).

—

1. ACANTHUS

(Tournef. *Inst.* p. 80).

1. **A. mollis** L. *Sp.* p. 891, n. 1; Gren. et Godr. *Fl. de Fr.* II, p. 717; Moris, *Fl. Sard.* III, p. 173, n. 888; Guss. *Fl. Sic. Syn.* II, p. 131, n. 1; Bertol. *Fl. Ital.* VI, p. 458, n. 1; Desf. *Fl. Atlant.* II, p. 62; Camb. *Enum. pl. Balear.* n. 460; Rodrig. *Catal. pl. Menorca*, p. 67, n. 464. — ♃. Mai-juin.

« In insulâ Majore prope Incam. — Floret Majo. » (Camb.)

« Cultivada y como espontánea en algunas localidades : Matxani; camino de Llumesanas (Carr.!). — Mayo-Jun. » (Rodrig.)

Majorque : *Les Barques; puig de Pollenza, Lluch*, etc. — Mai-juin.

Nom vulgaire à Majorque : *Carnera*. Les habitants regardent la tisane d'*Acanthe* comme diurétique. — Les chèvres en recherchent beaucoup les feuilles. D'après M. Letourneux, « la plante est très-estimée comme fourrage vert » par les Kabyles (*la Kabylie*, par Hanoteau et Letourneux, Paris, 1872).

—

LXXV. VERBÉNACÉES

(Verbenaceæ Juss. *Ann. Mus.* VII, p. 63).

—

1. VERBENA

(Tournef. *Inst.* tab. 94).

1. **V. officinalis** L. *Sp.* p. 29, n. 15; Camb. *Enum. pl. Balear.* n. 459; Rodrig. *Catal. pl. Menorca*, p. 68, n. 465; Barcelo, *Apuntes pl. Balear.* p. 38. — ♃. Mai-octobre.

« Ad vias in insulâ Minore (Hern.). » (Camb.)

« Ab. en los caminos. — Mayo-Oct. » (Rodrig.)

« Comun en los caminos, paredes, escombros, etc., de Mallorca y de Ibiza. — Abr.-Set. » (Barcelo.)

2. LIPPIA

(L. *Gen.* p. 322, n. 781).

1. **L. nodiflora** Rich.

Var. β. *repens* Schauer; Rodrig. *Suppl.* p. 46, n. 153. — ♃. Août.

« Margenes de las acequias de son Bou en la Canasia (Casall.!). — Agosto. » (Rodrig.)

3. VITEX

(L. *Gen.* p. 326, n. 790).

1. **V. Agnus-Castus** L. *Sp.* p. 890, n. 1; Gren. et Godr. *Fl. de Fr.* II, p. 718; Moris, *Fl. Sard.* III, p. 343, n. 1006; Guss. *Fl. Sic. Syn.* II, p. 110, n. 1; Bertol. *Fl. Ital.* VI, p. 455, n. 1; Desf. *Fl. Atlant.* II, p. 61; Camb. *Enum. pl. Balear.* n. 458; Rodrig. *Catal. pl. Menorca*, p. 68, n. 466, et *Suppl.* p. 46. — ♄. Juillet.

« In humidis insularum Majoris (Trias) et Minoris (Hern.) haud rara. » (Camb.)

« Menorca (Cleghorn); cala dels Alocs en son Ermitá. — Julio. » (Rodrig.)

Majorque : *Port de Soller; bord de la baie d'Alcudia près Nuestra-Señora de la Vitoria.* — Mai-juin.

Cette plante est connue sous le nom de *Elcasiera* à Alcudia.

LXXVI. PLANTAGINÉES

(Plantagineæ Juss. *Gen.* 89).

1. PLANTAGO

(L. *Gen.* p. 57, n. 142).

1. **P. major** L. *Sp.* p. 163, n. 1; Rodrig. *Catal. pl. Menorca*, p. 68, n. 467; Barcelo, *Apuntes pl. Balear.* p. 38, n. 322. — ♃.

« Citado por Curs. y Ram. » (Rodrig.)

« Mall. : comun en parajes húmedos y orillas de los caminos en toda la isla. » (Barcelo.)

2. **P. Coronopus** L. *Sp.* p. 166, n. 14; Gren. et Godr. *Fl. de Fr.* II, p. 722; Moris, *Fl. Sard.* III, p. 55, n. 810; Guss., *Fl. Sic. Syn.* I, p. 200, n. 12; Bertol. *Fl. Ital.* II, p. 174, n. 15; Desf. *Fl. Atlant.* I, p. 139; Camb. *Enum. pl. Balear.* n. 478; Rodrig. *Catal. pl. Menorca*, p. 68, n. 468; Willk. *Index*, n. 344 *cum varietatibus.* — ♃. Avril-octobre.

« In arenosis maritimis insulæ Majoris prope Alcudiam, loco dicto Arenal, Aprili-Majo floret. » (Camb.)

« Ab. en los caminos. — Abr.-Mayo, Set. y Oct. » (Rodrig.)

MAJORQUE : *Soller ; Albufera d'Alcudia.* — MINORQUE : *Albufera de Mahon.* — IVIÇA : *Près de la ville.* — Avril-juin.

OBS. — A Iviça, cette plante se mange en salade ; on la regarde comme très-bonne pour guérir les morsures venimeuses, les feuilles étant pilées et appliquées sur la plaie.

3. **P. crassifolia** Forsk. ; Rodrig. *Catal. pl. Menorca*, p. 68, n. 469, et *Suppl.* p. 46. — ♃. Mars-mai.

« Llano de Turmaden, Canasía, inmediaciones de Mercadal. — Marzo á Mayo. » (Rodrig.)

4. **P. maritima** L. *Sp.* p. 165, n. 11 ; Camb. *Enum. pl. Balear.* n. 476. — ♃. Avril-mai.

« In arenosis maritimis Alcudiæ, loco dicto Arenal, in insulà Majore, Aprili-Majo floret. » (Camb.)

MAJORQUE : *Albufera d'Alcudia.* — Mai.

5. **P. Lagopus** L. *Sp.* p. 165, n. 7 ; Gren. et Godr. *Fl. de Fr.* II, p. 726 ; Moris, *Fl. Sard.* III, p. 60, n. 815 ; Guss. *Fl. Sic. Syn.* I, p. 196, n. 3 ; Bertol. *Fl. Ital.* II, p. 164, n. 9 ; Desf. *Fl. Atlant.* p. 135 ; Rodrig. *Catal. pl. Menorca*, p. 68, n. 470 ; Willk. *Index*, n. 340 *cum varietatibus.* — Var. β. Camb. *Enum. pl. Balear.* n. 473. — ♃. Mars-juin.

« In aridis et ad vias Balearium vulgatissima. — Floret Martio. » (Camb.)

« Ab. en los caminos. — Abr.-Mayo. » (Rodrig.)

MAJORQUE : *Palma, côté de Belver ; Soller ; sommet du puig d'Alaro.* — Mars-avril.

6. **P. lanceolata** L. *Sp.* p. 164, n. 6 ; Gren. et Godr. *Fl. de Fr.* II, p. 727 ; Camb. *Enum. pl. Balear.* n. 472 ; Barcelo, *Apuntes pl. Balear.* p. 68, n. 471. — ♃. Mars-juin.

« Ad vias in Balearibus frequens, floret Aprili ; ad vias in insulà Minore (Hern.). » (Camb.)

« Ab. en los caminos y sitios herbosos. — Marz.-Jun. » (Rodrig.)

MAJORQUE : *Environs de Soller.* — Juin.

7. **P. albicans** L. *Sp.* p. 165, n. 8 ; Gren. et Godr. *Fl. de Fr.* II, p. 728 ; Moris, *Fl. Sard.* III, p. 61, n. 816 ; Guss. *Fl. Sic. Syn.* I, p. 197, n. 4 ; Bertol. *Fl. Ital.* II, p. 166, n. 10 ; Desf. *Fl. Atlant.* I, p. 136 ; Camb. *Enum. pl. Balear.* n. 474. — ♃. Mai-juin.

« Ad vias in insulà Majore et Ebuso floret Majo. » (Camb.)

MAJORQUE : *Palma, côté de Belver ; Formentera.*

OBS.— On regarde à Iviça ce Plantain comme excellent pour les douleurs, les points de côté, soit en breuvage, soit en onctions en l'incorporant à du saindoux.

8. **P. Bellardi** All. *Ped.* I, p. 82, tab. 85 (1785); Gren. et Godr. *Fl. de Fr.* II, p. 728 ; Willk. et Lang. II, p. 355, n. 2131, et *Index*, n. 341 ; Moris, *Fl. Sard.* III, p. 62, n. 817; Guss. *Fl. Sic. Syn.* I, p. 197, n. 5; Bertol. *Fl. Ital.* II, p. 167, n. 11. — *P. Holostea* Desf. *Fl. Atlant.* I, p. 137. — *P. pilosa* Pourr. *Act. Toul.* III, p. 324 (1788). — ①. Avril-mai.

« Inter rupes maritimas insulæ Majoris prope Alcudiam Aprili floret. » (Camb.)

MAJORQUE : *Albufera d'Alcudia.* — Mai.

9. **P. Psyllium** L. *Sp.* p. 167, n. 17; Gren. et Godr. *Fl. de Fr.* II, p. 730; Camb. *Enum. pl. Balear.* n. 477 ; Rodrig. *Catal. pl. Menorca*, p. 68, n. 472; Moris, *Fl. Sard.* III, p. 63, n. 818 ; Guss. *Fl. Sic. Syn.* I, p. 201, n. 15 ; Bertol. *Fl. Ital.* II, p. 178, n. 17; Desf. *Fl. Atlant.* I, p. 140. — ①. Mars-mai.

« In agris insulæ Majoris prope Esporlas Martio floret. » (Camb.)

« Hab. en la isla (Cleg.) hacia cala Figuera ; Subervey.— Marz.-Mayo. » (Rodrig.)

MAJORQUE : *Champs autour de Palma.* — Avril.

10. **P. Cynops** L. *Sp.* p. 167, n. 19; Rodrig. *Suppl.* p. 46, n. 154. — ♄.

« Menorca (Bart. Ramis segun Texidor). » (Rodrig.)

11. **P. purpurascens** n. sp. Willk. *Index*, n. 343 (cum descr.). — ♃.

« Mallorca, in solo saxoso arido collium calcarium, ad portum oppidi Soller, juxta sanctuar. S.-Catalina, D. 3 Maji c. flor. »

D'après l'auteur lui-même, cette plante est très-proche, elle n'est peut-être même qu'une variété du *P. macrorrhiza* Poir., « a qua vero eximie differt radice tenui, foliorum..... colore et indumento, dentibus falcatis, scapis et spicis minime villosissimis. »

LXXVII. PLOMBAGINÉES

(PLUMBAGINEÆ Endl. *Gen.* p. 348).

—

1. STATICE

(Willd. *Enum. hort. Ber.* p. 333).

1. **S. ferulacea** L. *Sp.* p. 396, n. 12; Gren. et Godr. *Fl. de Fr.* II, p. 751; Guss. *Fl. Sic. Syn.* I, p. 374, n. 20; Bertol. *Fl. Ital.* III, p. 531, n. 21; Desf. *Fl. Atlant.* I, p. 276; Camb. *Enum. pl. Balear.* n. 470; Rodrig. *Catal. pl. Menorca*, p. 69, n. 481. — ♃. Juillet-septembre.

« In maritimis insulæ Minoris (Hern.). » (Camb.)
« Arenas de la Albufera; Adaya; camino de Fornells. — Jul.-Set. » (Rodrig.)

MAJORQUE : *Albufera de Mahon.* — Juillet.

2. **S. echioides** L. *Sp.* p. 394, n. 4; Gren. et Godr. *Fl. de Fr.* II, p. 750; Moris, *Fl. Sard.* III, p. 37, n. 797; Guss. *Fl. Sic. Syn.* I, p. 373, n. 17; Bertol. *Fl. Ital.* III, p. 524, n. 15; Desf. *Fl. Atlant.* I, p. 274; Rodrig. *Suppl.* p. 47, n. 158; Barcelo, *Apuntes pl. Balear.* p. 38, n. 328. — ①. Mai-juin.

« Hácia los Canutells. — Junio. » (Rodrig.)
« Puerto de Andraitx, salinas de Ibiza. — May. » (Barcelo.)

CABRERA (îlot de). — Mai.

3. **S. auriculæfolia** Vahl. *Symb.* I, p. 25; Camb. *Enum. pl. Balear.* n. 468; Rodrig. *Catal. pl. Menorca*, p. 69, n. 474. — ♃.

« In maritimis insulæ Minoris (Hern.). » (Camb.)
« Hab. c. el puerto de Mah. (Salv. ex Costa). » (Rodrig.)

4. **S. Limonium** L. *Sp.* p. 394, n. 2; Camb. *Enum. pl. Balear.* n. 467; Rodrig. *Catal. pl. Menorca*, p. 68, n. 473. — ♃.

« In paludosis maritimis Balearium haud rara. » (Camb.)
« Menorca. » (Rodrig.)

5. **S. lychnidifolia** Gir. *Ann. sc. nat.* sér. 2, t. XVII, p. 18, tab. 3, et Rodrig. *Suppl.* p. 46, n. 155. — ♃.

« Mahon (Pourr. segun Texidor). » (Rodrig.)

6. **S. densiflora** Guss. *Prodr. suppl.* p. 86 (1832), et *Syn.* I, p. 367, n. 4 (non Girard); Rodrig. *Catal. pl. Menorca*, p. 69, n. 475. — ♃.

« Hab. c. el puerto de Mah. (Salv. ex Costa). » (Rodrig.)

7. **S. Gougetiana** Gir. *Ann. sc. nat.* sér. 3, t. II, p. 328; DC. *Prodr.* XII, p. 649, n. 46; Munby, ed. 2, p. 28. — *S. minuta* Desf. *Fl. Atlant.* I, p. 275, non L. — ♃. Avril-mai.

MAJORQUE : *Curia veya près Arta.* — MINORQUE : *Autour du port de Ciudadela, bord de la mer.* — Mai.

8. **S. bellidifolia** Gouan, *Fl. Monsp.* p. 231; Rodrig. *Catal. pl. Menorca*, p. 69, n. 480; Barc. *Apuntes pl. Balear.* p. 38, n. 327. — ♃.

« Hab. puerto de Mah. y falda del monte Atalaya (Salv. ex Costa). » (Rodrig.)

« Puerto de Mahon y falda del Atalaya (Salvador). » (Barcelo.)

9. **S. duriuscula** Gir. *Ann. sc. nat.* sér. 3, t. II, p. 327; Gren. et Godr. *Fl. de Fr.* II, p. 745; Rodrig. *Catal. pl. Menorca*, p. 69, n. 476; Barcelo, *Apuntes pl. Balear.* p. 38, n. 325. — Var. β. *procera* Willk. *Prodr. Fl. Hisp.* II, p. 376 (Willk. *Index*, n. 351). — ♃. Juillet.

« Hab. inmediaciones de cala Mezquita. — Jul. » (Rodrig.)

« Comun á orillas del mar en estas islas. — Jul. » (Barcelo.)

MAJORQUE : *Montée au phare du port de Soller.* — Juin.

10. **S. minutiflora** Guss. *Fl. Sic.* suppl. p. 80; Rodrig. *Suppl.* p. 46, n. 157; Barcelo, *Apuntes pl. Balear.* p. 38, n. 329. — *Statice inarimensis* Guss. *Indr.* p. 267. — *S. minuta* Ten. *Pl. Neap.* ex parte. — *S. rupicola* Rodrig. *Catal. pl. Menorca*, p. 69, n. 478. — ♃. Juin-juillet.

« Entre la Mezquita y el cap Negre, Capifort, y probablemente en muchos otros puntos de nuestro litoral. Hab. : ab. en Mah. (Salv. ex Costa); isla de Colom (Hern.). — Jun., Jul. » (Rodrig.)

« Orillas del mar, Palma. » (Barcelo.)

« Pentes rocailleuses au bord de la mer près Soller. » (Bourgeau, *Exsicc.* n. 2789.)

MAJORQUE : *Port d'Estellencs.* — Avril.

11. **S. delicatula** Gir. *Ann. sc. nat.* sér. 3, t. II, p. 327; DC. *Prodr.* XII, p. 653, n. 55; Rodrig. *Catal. pl. Menorca*, p. 69, n. 477; Barcelo, *Apuntes pl. Balear.* p. 38, n. 330. — ♃.

« Hab. en Men. (Salv. ex Costa). » (Rodrig.)

« Menorca (Salvador, Fauché). » (Barcelo.)

12. **S. virgata** Willd. *Enum. hort. Berol.* I, p. 336; Gren. et Godr. *Fl. de Fr.* II, p. 746; Moris, *Fl. Sard.* III, p. 44, n. 804; Rodrig. *Catal. pl. Menorca*, p. 69, n. 479, et *Suppl.* p. 47. — *S. Smithii* Then. *Fl. Nap.* III, p. 350; Guss. *Fl. Sic. Syn.* I, p. 370, n. 9. — *S. oleæfolia* Pourr.; Camb. *Enum. pl. Balear.* n. 469. — *S. cordata* Desf. *Fl. Atlant.* I, p. 273 (non L.). — ♃. Juillet-octobre.

« In insulà Majore prope Bañalbufar, ad littora maris, etiam in insulà Minore (Hern.). — Floret Aprili. » (Camb.)

« Hab.: en la isla (Hern.); inmediaciones de la Mezquita y de la Albufera de Mahon. — Setiembre, Octubre. » (Rodrig.)

MINORQUE : *Albufera de Mahon.* — Juillet.

13. **S. minuta** L. *Mant.* p. 59, n. 15; Gren. et Godr. *Fl. de Fr.* II, p. 745; Desf. *Fl. Atlant.* p. 275; Camb. *Enum. pl. Balear.* n. 471; Rodrig. *Suppl.* p. 46, n. 156. — ♃. Mai.

« In insulà de Coulom prope insulam Minorem (Hern.). » (Camb.)

« Mahon (Casall. segun Texidor). » (Rodrig.)

MINORQUE : *Autour du port de Ciudadela.* — Juin.

14. **S. rupicola** Bad. Willk. *Index*, n. 350.

« Menorca, in rupibus schistosis circà sinum cala Pou den Carles, April. nondum florens. — ♃. »

LXXVIII. GLOBULARIÉES

(GLOBULARIEÆ DC. *Fl. fr.* III, p. 427).

1. GLOBULARIA

(L. *Gen.* p. 47, n. 112).

1. **G. vulgaris** L. α. *major* Willk. *Prodr. Flor. Hisp.* II, n. 384; Willk. *Index*, n. 353. — *G. spinosa* var. β. Camb. *Monogr. Glob.* in *Ann. sc. nat.* IX, p. 24, et *Enum. pl. Balear.* n. 278; Barcelo, *Apuntes pl. Balear.* p. 38. — ♃. Mars-juin.

« Ad rupes in montibus insulæ Majoris prope Esporlas, Lluch, etc. — Floret Majo. » (Camb.)

« Comun en las hendiduras de las peñas, monte S'Escrop, Deyá, grau de Soller, Caymari, Esporlas, Teix, montes de Fornalutx, Lluch. — May. » (Barcelo.)

MAJORQUE : *Rochers de la couma de Arbona; rochers de la serra de Soller, au-dessus de la cueva de Bon-Jésus; rochers à pic de la Langounisa près de Caymari; rochers de puig Mayor de Torellas.*— Mai-juin.

2. **G. Alypum** L. *Sp.* p. 139, n. 1; Gren. et Godr. *Fl. de Fr.* II, p. 756; Moris, *Fl. Sard.* III, p. 345, n. 1007; Guss. *Fl. Sic. Syn.* I, p. 168, n. 1; Bertol. *Fl. Ital.* II, p. 4, n. 1; Desf. *Fl. Atlant.* I, p. 117; Camb. *Enum. pl. Balear.* n. 279; Rodrig. *Càtal. pl. Menorca*, p. 70, n. 482. — ♄. Avril-novembre.

« In collibus petrosis insulæ Majoris et Ebusi frequens. — Floret Aprili, Majo. » (Camb.)

« Hab. : Mongofre-nou; c. cala Mitjana; son Planas y los Aljups en Ciu., ab. — Abr., Mayo, Oct., Nov. » (Rodrig.)

MAJORQUE : *Garigues des puig de son Not près d'Arta; can Canal, chemin de la ermita près Arta; Belver près Palma.* — Mars à mai

---

LXXIX. PHYTOLACCÉES

(PHYTOLACCEÆ R. Br. *Obs. herb. Cong.* p. 35).

1. PHYTOLACCA

(L. *Gen.* p. 233, n. 588).

1. **P. decandra** L. *Sp.* p. 631, n. 2; Camb. *Enum. pl. Balear.* n. 480; Rodrig. *Catal. pl. Menorca*, p. 70, n. 483. — ♃.

« In insulâ Majore prope Esporlas (Trias). » (Camb.)

« Naturalizada c. algunas habitaciones. » (Rodrig.)

LXXX. AMARANTACÉES

(AMARANTACEÆ R. Br. *Prodr.* p. 413).

1. AMARANTUS

(L. *Gen.* p. 490, n. 1060).

1. **A. deflexus** L. *Mant.* p. 295; Barcelo, *Apuntes pl. Balear.* p. 39. — *A. prostratus* Balb. *Misc.* p. 44, tab. 10; Camb. *Enum. pl. Balear.* n. 479. — ♃. Mai.

« In insulâ Minorc (Hern.). » (Camb.)

« Orillas de los caminos, Palma, Manacor, Algaida, Artá, Andraitx, Ibiza. — May. » (Barcelo.)

2. **A. Blitum** L. *Sp.* p. 1405, n. 11; Rodrig. *Catal. pl. Menorca*, p. 70, n. 485. — ①.

« Vergeles de San-Juan?. » (Rodrig.)

3. **A. sylvestris** Desf. *Cat.* p. 44; Rodrig. *Catal. pl. Menorca*, p. 70, n. 486; Barcelo, *Apuntes pl. Balear.* p. 39, n. 331. — ①. Mai-août.

« Hab. torrente de Llibertó. — Jul.-Ag. » (Rodrig.)

« Mall.: comun en los campós y huertas. — May. » (Barcelo.)

4. **A. retroflexus** L. *Sp.* p. 1407, n. 21; Rodrig. *Catal. pl. Menorca*, p. 70, n. 487; Barcelo, *Apuntes pl. Balear.* p. 39, n. 332. — ①. Juin-septembre.

« Hab.: acequias de los caminos; segundo kilometro de la carretera de Mah. á Ciu.; camino de Adaya. — Jul., Set. » (Rodrig.)

« Huertas y campós cultivados. — Jun. » (Barcelo.)

5. **A. albus** L. *Sp.* p. 1404, n. 9; Rodrig. *Catal. pl. Menorca*, p. 70, n. 488; Barcelo, *Apuntes pl. Balear.* p. 39, n. 333. — ①. Juillet-septembre.

« Hab.: torrente de Llibertó; inmediaciones de Mer. — Ag.-Set. » (Rodrig.)

« En los campós, Palma, Andraitx. — Jul. » (Barcelo.)

6. **A. cruentus** L. *Sp.* p. 1406, n. 17; Barcelo, *Apuntes pl. Balear.* p. 39, n. 334. — ①. Août.

« Frecuente en las huertas y campós cultivados. — Ag. » (Barcelo.)

LXXXI. SALSOLACÉES

(SALSOLEÆ [partim] B. Juss. *Cat.* [1759] et A. L. Juss. *Gen.* p. LXVIII. — SALSOLACEÆ Moq. in DC. *Prodr.* XIII, pars 2, p. 41. — CHENOPODEÆ Vent. tab. 2, p. 253. — ATRIPLICEÆ A. L. Juss. *Gen.* p. 83).

1. ATRIPLEX

(Tournef. *Inst* p. 506, tab. 288).

1. **A. rosea** L. *Sp.* p. 1493, n. 4 (excl. syn.); Camb. *Enum. pl. Ba-*

lear. n. 486; Rodrig. *Catal. pl. Menorca,* p. 70, n. 498; Barcelo, *Apuntes pl. Balear.* p. 39. — ①. Juillet-septembre.

« In insulâ Minore (Hern.). » (Camb.)
« Orilla del puerto de Mah. — Set. » (Rodrig.)
« Comun á orillas del mar, Palma, Ibiza. — Jul. » (Barcelo.)

2. **A. crassifolia** C. A. Mey. in Led. *Fl. Alt.* IV, p. 309; Barcelo, *Apuntes pl. Balear.* p. 39, n. 335. — ①. Juin.

« Arenales maritimos de Palma. — Jun. » (Barcelo.)

3. **A. Halimus** L. *Sp.* p. 1492, n. 1; Camb. *Enum. pl. Balear.* n. 484; Rodrig. *Suppl.* p. 47; Barcelo, *Apuntes pl. Balear.* p. 39. — ♄. Mai-juillet.

« In maritimis Ebusi. — Majo floret. » (Camb.)
« Raro : peñascos de la costa Sur cerca de son Bou. » (Rodrig.)
« Orillas del mar, Palma, Ibiza. — Jul. » (Barcelo.)

4. **A. hastata** L. *Sp.* p. 1494, n. 9; Barcelo, *Apuntes pl. Balear.* p. 39, n. 336. — ①. Mai.

« Sitios húmedos y orillas de los campós, Palma, Manacor, Andraitx, Ibiza. — May. » (Barcelo.)

Var. *c. sativa* Wallr.; Rodrig. *Catal pl. Menorca,* p. 71, n. 491.

« Hab. : hácia los vergeles de Mah., en los Cuatre-Ponts. — Set. » (Rodrig.)

5. **A. patula** L. *Sp.* p. 1494, n. 10; Barcelo, *Apuntes pl. Balear.* p. 39, n. 337. — ①. Juin-octobre.

« En los campós, Andraitx, Esporlas. — Jun.-Oct. » (Barcelo.)

2. OBIONE

(Gærtn. *Fruct.* II, p. 198, tab. 126).

1. **O. portulacoides** Moq. in DC. *Prodr.* XIII, pars 2, p. 112. — *A. portulacoides* L. *Sp.* p. 1493, n. 2; Camb. *Enum. pl. Balear.* n. 485. — ♄. Mai.

« In maritimis prope Alcudiam in insulâ Majore. — Floret Majo. » (Camb.)

3. BETA

(Tournef. *Inst.* p. 501, tab. 286).

1. **B. vulgaris** L. *Sp.* p. 322, n. 2; Camb. *Enum. pl. Balear.* n. 482; Rodrig. *Catal. pl. Menorca,* p. 71, n. 494. — ① et ②.

« Colitur in hortis. » (Camb.)

« Cultivada y subespontánea. » (Rodrig.)

2. **B. maritima** L. *Sp.* p. 322, n. 1; Gren. et Godr. *Fl. de Fr.* III, p. 16; Guss. *Fl. Sic. Syn.* I, p. 298, n. 2; Bertol. *Fl. Ital.* III, p. 45, n. 3; Desf. *Fl. Atlant.* I, p. 216; Camb. *Enum. pl. Balear.* n. 481; Rodrig. *Catal. pl. Menorca*, p. 71, n. 495, et *Suppl.* p. 47. — ♃. Mai.

« In maritimis Balearium vulgatissima. — Majo floret. » (Camb.)

« Orillas del puerto de Mahon, camino de Favaritx, Canasia.— Mayo. » (Rodrig.)

Majorque : *Environs de Palma.* — Avril.

4. CHENOPODIUM

(L. *Gen.* p. 121, n. 309).

1. **C. ambrosioides** L. *Sp.* p. 320, n. 10; Camb. *Enum. pl. Balear.* n. 489; Rodrig. *Catal. pl. Menorca*, p. 71, n. 496. — ①. Juin-octobre.

« In insulis Majore (Trias) et Minore (Hern.). » (Camb.)

« Junto à la carretera de Mah. à Villa-Carlos ; camino bajo de la fuente den Simon. — Jun.-Oct. » (Rodrig.)

2. **C. Vulvaria** L. *Sp.* p. 321, n. 14; Gren. et Godr. *Fl. de Fr.* III, p. 18; Moris, *Fl. Sard.* III, p. 380, n. 1026; Guss. *Fl. Sic. Syn.* I, p. 295, n. 7; Desf. *Fl. Atlant.* I, p. 215; Rodrig. *Catal. pl. Menorca*, p. 71, n. 497; Barcelo, *Apuntes pl. Balear.* p. 39, n. 338. — ①. Juin-octobre.

« Hab. : en la isla (Curs.); caminos. — Jun.-Oct. » (Rodrig.)

« Escombros, caminos, etc. Comun en Mallorca é Ibiza. — Jun. » (Barcelo.)

Majorque : *Pollenza.* — Juin.

3. **C. album** L. *Sp.* p. 319, n. 6; Rodrig. *Catal. pl. Menorca*, p. 71, n. 498. — *C. leiospermum* α. DC. *Fl. fr.* III, p. 390; Camb. *Enum. pl. Balear.* n. 488. — ①. Juin-septembre.

« In maritimis Balearium vulgatissima. — Majo floret. » (Camb.)

« Ab. en los campós y caminos. — Jun.-Set. » (Rodrig.)

4. **C. murale** L. *Sp.* p. 318, n. 4; Gren. et Godr *Fl. de Fr.* III, p. 21; Moris, *Fl. Sard.* III, p. 376, n. 1022; Guss. *Fl. Sic. Syn.* I, p. 294, n. 3; Bertol. *Fl. Ital.* III, p. 29, n. 5; Desf. *Fl. Atlant.* I,

p. 214; Camb. *Enum. pl. Balear.* n. 487; Rodrig. *Catal. pl. Menorca,* p. 71, n. 499, et *Suppl.* p. 47. — ①. Avril-mai.

« Ad vias in Balearibus frequens. — Aprili floret. » (Camb.)
« Inmediaciones de Mahon (Casall. segun Texidor). » (Rodrig.)

MINORQUE : *Murs de Ciudadela.* — Mai.

5. BLITUM

(Tournef. *Inst.* p. 507, tab. 288).

1. **B. Bonus-Henricus** Reichb. *Fl. exc.* 582, n. 3771. — *Chenopodium Bonus-Henricus* L. *Sp.* p. 318, n. 1; Gren. et Godr. *Fl. de Fr.* III, p. 22; Moris, *Fl. Sard.* III, p. 382, n. 1028; Guss. *Fl. Sic. Syn.* I, p. 293, n. 1; Bertol. *Fl. Ital.* III, p. 24, n. 1. — ♃. Mai.

MAJORQUE : *Autour de Palma.* — Avril.

6. SALICORNIA

(Tournef. *Inst.* coroll. 51, tab. 485).

1. **S. fruticosa** L. *Sp.* p. 5, n. 2; Gren. et Godr. *Fl. de Fr.* III, p. 28; Moris, *Fl. Sard.* III, p. 366, n. 1015; Guss. *Fl. Sic. Syn.* I, p. 6, n. 4; Bertol. *Fl. Ital.* I, p. 17, n. 2; Desf. *Fl. Atlant.* I, p. 2; Camb. *Enum. pl. Balear.* n. 492; Rodrig. *Catal. pl. Menorca,* p. 71, n. 501. — ♄. Août.

« In maritimis Balearium vulgaris. » (Camb.)
« Colársega del puerto de Mah. — Ag. » (Rodrig.)

MAJORQUE : *Plage de las salinas du port de Campos.* — Mars.

7. SUÆDA

(Forsk. *Fl. ægypt.* 69).

1. **S. fruticosa** Forsk. *Fl. ægypt.* p. 70; Rodrig. *Suppl.* p. 47, n. 159; Barcelo, *Apuntes pl. Balear.* p. 39. — *Chenopodium fruticosum* L. *Sp.* edit. 1, p. 221, n. 17; Camb. *Enum. pl. Balear.* n. 490.— *Salsola fruticosa* L. *Sp.* edit. 2, p. 324, n. 11.— ♄. Mai-octobre.

« In maritimis Ebusi. — Majo floret. » (Camb.)
« Orillas del puerto de Mahon. — Julio á Octubre. » (Rodrig.)
« Orillas del mar, Palma, Andraitx. — May. » (Barcelo.)

2. **S. maritima** Dumort. *Fl. Belg.* p. 22; Gren. et Godr. *Fl. de Fr.* III, p. 30; Barcelo, *Apuntes pl. Balear.* p. 39, n. 340; Moris,

Fl. Sard. III, p. 362, n. 1012. — *Chenopodium maritimum* L. *Sp.* p. 321, n. 17; Guss. *Fl. Sic. Syn.* I, p. 296, n. 11. — *Salsola maritima* Poir. *Dict.* VII, p. 291; Bertol. *Fl. Ital.* III, p. 59, n. 7. — ①. Mars-juillet.

« Orillas del mar, Palma, campós, salinas de Ibiza. — Jul. » (Barcelo.)

Iviça : *Pointe du port d'Iviça; plage des salines.* — Mai.

8. SALSOLA

(Gærtn. *Fruct.* I, p. 359, tab. 75).

1. **S. Kali** L. *Sp.* p. 322, n. 1; Camb. *Enum. pl. Balear.* n. 491; Rodrig. *Catal. pl. Menorca*, p. 72, n. 503; Barcelo, *Apuntes pl. Balear.* p. 39. — ①. Juillet-octobre.

« In maritimis insulæ Minoris (Hern.). » (Camb.)
« Orillas del puerto de Mah.; ruinas del castillo de San-Felipe; inmediaciones de Fornells; puerto de Ciu. — Jul.-Oct. » (Rodrig.)
« Mall. : comun à orillas del mar, Palma, Andraitx. » (Barcelo.)

2. **S. Soda** L. *Sp.* p. 323, n. 6; Barcelo, *Apuntes pl. Balear.* p. 39, n. 341. — ①. Juillet.

« Rara en el puerto de Andraitx. — Jul. » (Barcelo.)

LXXXII. POLYGONÉES

(Polygoneæ Juss. *Gen.* 82).

1. EMEX

(Neck. *Elem. bot.* II, p. 214, n. 948).

1. **E. spinosa** Campd. *Monogr. Rum.* p. 58, tab. 1, fig. 1; Camb. *Enum. pl. Balear.* n. 495; Rodrig. *Catal. pl. Menorca*, p. 73, n. 510; Barcelo, *Apuntes pl. Balear.* p. 40. — ♄. Mars.

« In insulâ Minore (Hern.). » (Camb.)
« Indicado por Hern. y Oleo. » (Rodrig.)
« Comun en los alrededores de Palma y del Molinar. — Marz. » (Barcelo.)

2. RUMEX

(L. *Gen.* p. 178, n. 451 part.).

1. **R. pulcher** L. *Sp.* p. 477, n. 6; Rodrig. *Suppl.* p. 47, n. 161; Barcelo, *Apuntes pl. Balear.* p. 40, n. 342. — ②. Avril-mai.

« Comun en las acequias y á los lados de los caminos. — Mayo. » (Rodrig.)

« Comun en sitios húmedos, caminos, etc. — Abr. » (Barcelo.)

« Soller. » (Bourgeau, *Exsicc.*)

2. **R. obtusifolius** L. *Sp.* p. 478, n. 12. — *R. Friesii* Gren. et Godr. *Fl. de Fr.* III, p. 36; Rodrig. *Catal. pl. Menorca*, p. 72, n. 504; Camb. *Enum. pl. Balear.* n. 496. — ♃. Mai-juillet.

« Ad sepes Ebusi, necnon in insulâ Minorc (Hern.). — Floret Majo. » (Camb.)

« Comun en las acequias de los caminos y sitios húmedos. — Mayo-Jul. » (Rodrig.)

3. **R. conglomeratus** Murr. *Prodr. Goët.* p. 52; Rodrig. *Suppl.* p. 47, n. 162; Barcelo, *Apuntes pl. Balear.* p. 40, n. 343. — ♃. Avril-mai.

« Acequias del camino de Favaritx, camino de Torresuli. — Mayo. » (Rodrig.)

« Comun en sitios húmedos. — Abr. » (Barcelo.)

4. **R. sanguineus** L. *Sp.* p. 476, n. 2; Rodrig. *Catal. pl. Menorca*, p. 73, n. 505. — ♃.

« Indicado por Oleo. » (Rodrig.)

5. **R. crispus** L. *Sp.* p. 476, n. 3; Rodrig. *Suppl.* p. 48, n. 163, Barcelo, *Apuntes pl. Balear.* p. 40, n. 344. — ♃. Avril.

« Camino de Santa-Catalina. — Abril. » (Rodrig.)

« Comun en sitios húmedos. — Abr. » (Barcelo.)

6. **R. bucephalophorus** L. *Sp.* p. 479, n. 13; Gren. et Godr. *Fl. de Fr.* III, p. 41; Moris, *Fl. Sard.* III, p. 406, n. 1046; Guss. *Fl. Sic. Syn.* I, p. 432, n. 6; Bertol. *Fl. Ital.* IV, p. 244, n. 9; Desf. *Fl. Atlant.* I, p. 319; Camb. *Enum. pl. Balear.* n. 497; Rodrig. *Suppl.* p. 48. — ♃. Avril-mai.

« Ubique in Balearibus. — Aprili floret. » (Camb.)

« Comun en terrenos cultivados. — Abril, Mayo. » (Rodrig.)

MAJORQUE : *Albufera d'Alcudia*, *chemin sablonneux de Muro à S.-Margarita.* — MINORQUE : *Albufera de Mahon.* — Mars à juillet.

7. **R. Acetosa** L. *Sp.* p. 481, n. 24; Camb. *Enum. pl. Balear.* n. 498; Rodrig. *Catal. pl. Menorca*, p. 73, n. 508. — ♃.

« Colitur in hortis. » (Camb.)

« Cultivado. » (Rodrig.)

8. **R. thyrsoides** Desf. *Fl. Atlant.* I, p. 321; Moris, *Fl. Sard.* III, p. 409, n. 1048; Guss. *Fl. Sic. Syn.* I, p. 434, n. 10; Bertol. *Fl. Ital.* IV, p. 257, n. 17; Barcelo, *Apuntes pl. Balear.* p. 40, n. 345. — ♃. Juin.

« Parajes sombrias y montuosas; Déya, Felanitx, monte Teix, Single Verd. — May. » (Barcelo.)

Majorque : *Serra de Soller; couma Negra de Soller.*

9. **R. intermedius** DC. *Fl. fr.* V, p. 369, n. 2231ª; Rodrig. *Suppl.* p. 48, n. 164. — ♃. Mai.

« Sitios incultos : Santa-Ponsa en Alayor, Subervey en Ferrerias. — Mayo. » (Rodrig.)
« Barranco de Soller. » (Bourgeau, *Exsicc.*)

Var. β. *heterophyllus* Wk. *Prodr.* I, 285, et *Index*, n. 212.

« Mallorca : puig de Teix, in declivitate boreali supra arborum limitem in glareosis, die 7 Maji c. flor. — ♃. »

10. **R. Acetosella** L. *Sp.* p. 481, n. 25 (excl. var δ.); Gren. et Godr. *Fl. de Fr.* III, p. 45; Moris, *Fl. Sard.* III, p. 409, n. 1049; Bertol. *Fl. Ital.* IV, p. 258, n. 18; Rodrig. *Catal. pl. Menorca*, p. 73, n. 509. — ♃. Mai-juin.

« Comun en terrenos cultivados llamados de Tramontana. — Mayo. » (Rodrig.)
Majorque : *Puig de la serra de Soller.* — Juin.

3. POLYGONUM

(L. *Gen.* p. 195, n. 495 part.).

1. **P. lapathifolium** L. *Sp.* p. 517, n. 5; Barcelo, *Apuntes pl. Balear.* p. 40, n. 347. — ①. Juillet.

« Terrenos pantanosos de la Puebla y de Alcudia. — Jul. » (Barcelo.)

2. **P. Persicaria** L. *Sp.* p. 518, n. 10; Barcelo, *Apuntes pl. Balear.* p. 40, n. 348. — ①. Juillet.

« Parajes húmedos, Biniaraix, cerca de son Ripoll en Palma. — Jul. » (Barcelo.)

3. **P. maritimum** L. *Sp.* p. 519, n. 14; Gren. et Godr. *Fl. de Fr.* III, p. 51; Moris, *Fl. Sard.* III, p. 414, n. 1051; Guss. *Fl. Sic. Syn.* I, p. 452, n. 1; Bertol. *Fl. Ital.* IV, p. 385, n. 18; Desf. *Fl. Atlant.* I, p. 332; Rodrig. *Catal. pl. Menorca*, p. 73, n. 511; Barcelo, *Apuntes pl. Balear.* p. 40, n. 349. — ♃. Avril-octobre.

« Hab. arenas inmediatas á cala Mezquita. — Set., Oct. » (Rodrig.)
« Arenales maritimas, Palma. — Abr. » (Barcelo.)

MAJORQUE : *Cueva de la ermita d'Arta; sables maritimes.* — Mai.

4. **P. flagellare** Spreng. *Syst.* II, p. 255; Barcelo, *Apuntes pl. Balear.* p. 40, n. 350. — ♃. Juillet.

« En los campós, Soller, Andraitx. — Jul. » (Barcelo.)

5. **P. aviculare** L. *Sp.* p. 519, n. 15; Gren. et Godr. *Fl. de Fr.* III, p. 53; Moris, *Fl. Sard.* III, p. 417, n. 1055; Guss. *Fl. Sic. Syn.* I, p. 453, n. 3; Bertol. *Fl. Ital.* IV, p. 378, n. 12; Desf. *Fl. Atlant.* I, p. 333; Camb. *Enum. pl. Balear.* n. 494; Rodrig. *Catal. pl. Menorca*, p. 73, n. 512. — ①. Avril-mai.

« In insulâ Minore (Hern.). » (Camb.)
« Ab. en caminos y terrenos incúltos. — Mayo, etc. » (Rodrig.)

MAJORQUE : *Bords des chemins.*

6. **P. Bellardi** All. *Ped.* II, p. 207, tab. 90, fig. 2, et auct. p. 36; Gren. et Godr. *Fl. de Fr.* III, p. 5; Moris, *Fl. Sard.* III, p. 418, n. 1056; Guss. *Fl. Sic. Syn.* I, p. 453, n. 4. — ①. Avril.

MAJORQUE : *Dans les champs.*

7. **P. Convolvulus** L. *Sp.* p. 522, n. 25; Barcelo, *Apuntes pl. Balear.* p. 40, n. 351. — ①. Mai.

« Huertas; campós cultivados, Palma, Soller. — May. » (Barcelo.)

LXXXIII. LAURINÉES

(LAURINEÆ DC. *Fl. fr.* III, p. 361).

1. LAURUS

(Tournef. *Inst.* p. 597, tab. 367).

1. **L. nobilis** L. *Sp.* p. 529, n. 5; Gren. et Godr. *Fl. de Fr.* III, p. 64; Moris, *Fl. Sard.* III, p. 432, n. 1067; Guss. *Fl. Sic. Syn.* I, p. 459, n. 1; Bertol. *Fl. Ital.* IV, p. 399, n. 1; Desf. *Fl. Atlant.* I, p. 334; Camb. *Enum. pl. Balear.* n. 499. — ♄. Avril-juin.

« In montibus insulæ Majoris inter Pollentiam et Lluch. — Aprili floret. » (Camb.)

MAJORQUE : *Rochers de gorg Blaou d'Aumalluch; rochers de l'Estretx d'Aumalluch.* — Juin.

LXXXIV. SANTALACÉES

(SANTALACEÆ R. Br. *Prodr. Nov.-Holl.* p. 350).

—

1. OSYRIS

(L. *Gen.* p. 515, n. 1101).

1. **O. alba** L. *Sp.* p. 1450, n. 1; Gren. et Godr. *Fl. de Fr.* III, p. 68; Moris, *Fl. Sard.* III, p. 436, n. 1070; Guss. *Fl. Sic. Syn.* II, p. 625, n. 1; Bertol. *Fl. Ital.* X, p. 340, n. 1; Desf. *Fl. Atlant.* II, p. 363; Camb. *Enum. pl. Balear.* n. 504. — ♄. Mars.

« In montibus insulæ Majoris prope Esporlas.— Floret Martio. » (Camb.)

MAJORQUE : *Chemins autour d'Alaro, terrains marneux blancs.* — Avril.

2. THESIUM

(L. *Gen.* p. 114, n. 292).

1. **T. humile** Vahl, *Symb.* III, p. 43; Moris, *Fl. Sard.* III, p. 435; Guss. *Fl. Sic. Syn.* I, p. 258, n. 1; Bertol. *Fl. Ital.* II, p. 744, n. 3. — ①. Avril.

IVIÇA : *Blés près de la ville.* — Mai.

2. **T. divaricatum** Jan. ap. M. K. *Deutschl. Fl.* II, p. 285; Barcelo, *Apuntes pl. Balear.* p. 40, n. 352. — ♃.

« Comunisimo en los alrededores de Palma. » (Barcelo.)

LXXXV. DAPHNOIDÉES

(DAPHNOIDEÆ Vent. tab. 2, p. 235).

—

1. DAPHNE

(L. *Gen.* p. 192, n. 485).

1. **D. vellæoides** Rodrig. *Bull. Soc. bot. Fr.* 1869, et *Catal. pl. Menorca,* p. 73, n. 513, et *Suppl.* p. 48; Willk. *Index,* n. 218. — *D. Rodriguezii* Texid. *Apunt. Fl. Esp.* p. 64! — ♄. Mars-avril.

« Raro en Mongofre-nou (Rodr.); abundante en el islote de Colom al norte de Menorca (Carreras!). — Marzo, Abril. — Hab. en una pequeña altura inmediata á cala Mezquita, donde he encontrado solamente dos matas. — Marz. » (Rodrig.)

Willkomm décrit cette plante dans son *Index* et donne l'observation suivante : « Planta Minoricensis propriam sine dubio constituit speciem ex affinitate *D. Cneorum*, *petrææ* et *striatæ* a quibus omnibus satis differt; sed inquirendum est num revera sit species nova nondum observata ad *D. myrtifoliam* Poir. pertineat. Quæ species parum nota a cl. Poiret in *Dict.* suppl. III, p. 315, enumerata, quamvis a cl. Meisnero licet dubitanter ad *Thymelæam velutinam* dicta sit, propter nomen in stirpem Minoricensem eximie quadrans cum hac facile identica esse potest. »

2. **D. Gnidium** L. *Sp.* p. 511, n. 10; Gren. et Godr. *Fl. de Fr.* III, p. 60; Moris, *Fl. Sard.* III, p. 424, n. 1062; Guss. *Fl. Sic. Syn.* I, p. 449, n. 3; Bertol. *Fl. Ital.* IV, p. 341, n. 7; Desf. *Fl. Atlant.* I, p. 329; Camb. *Enum. pl. Balear.* n. 500; Rodrig. *Catal pl. Menorca*, p. 74, n. 514. — ♄. Juin-novembre.

« In collibus petrosis insulæ Majoris. — Junio floret. » (Camb.)

« Son Gornès; Montañeta; son Planas en Ciudadela. — Set.-Nov. » (Rodrig.)

MAJORQUE : *Coteaux de Fornalutx; Soller.* — Juin.

2. THYMELÆA

(Meisn. in DC. *Prodr.* XIV, p. 551).

1. **T. velutina** Meisn. in DC. *Prodr.* XIV, p. 555, n. 15. — *Passerina velutina* Pourr.; Camb. *Enum. pl. Balear.* n. 501; Rodrig. *Catal. pl. Menorca*, p. 74, n. 515. — ♄. Avril-juillet.

« In arenosis maritimis insulæ Majoris prope Palmam vulgatissima, in montibus rara. — Floret Martio, Aprili. » (Camb.)

« Hab. c. los Canutells en Mahon; puerto de Adaya en Mongofrenou, r.; arenal den Castell en Mercadal. — Abr., Mayo. » (Rodrig.)

Var. *angustifolia* Willk. *Index*, n. 220.

MAJORQUE : *Sommet de la serra de Soller, puig Mayor de Torellas.* — Juin.

2. **T. hirsuta** Endl. *Gen.* suppl. IV, 2, p. 65; Moris, *Fl. Sard.* III, p. 428, n. 1065. — *Passerina hirsuta* L. *Sp.* p. 513, n. 2; Gren. et Godr. *Fl. de Fr.* III, p. 63; Guss. *Fl. Sic. Syn.* I, p. 450, n. 1; Bertol. *Fl. Ital.* IV, p. 344, n. 1; Desf. *Fl. Atlant.* I, p. 330; Camb. *Enum. pl. Balear.* n. 502; Rodrig. *Catal. pl. Menorca*, p. 74, n. 516. — ♄. Mars.

« In collibus petrosis et ad vias Balearium vulgatissima, Martio floret. » (Camb.)

« Ab. en la costa Sur de la isla. — Primavera y otoño. » (Rodrig.)

MAJORQUE : *Terrains d'alluvion ferrugineux à moitié chemin de Palma à Soller.* — Avril.

LXXXVI. ÉLÉAGNÉES

(ELÆAGNEÆ R. Br. *Prodr. Nov.-Holl.* p. 350).

1. ELÆAGNUS

(L. *Gen.* 159).

1. **E. angustifolia** L.; Willk. *Index*, n. 222. — ♄.

« Mallorca, in hortis culta et hinc indè subspontanea. — Majo florens. » (Willk.)

LXXXVII. CYTINÉES

(CYTINEÆ Ad. Brongn. *Ann. sc. nat.* I, p. 29).

1. CYTINUS

(L. *Gen.* p. 566, n. 1232).

1. **C. Hypocistis** L. *Syst. veg.* edit. Murr. p. 688, n. 1; Gren. et Godr. *Fl. de Fr.* III, p. 71; Moris, *Fl. Sard.* III, p. 443, n. 1074; Guss. *Fl. Sic. Syn.* II, p. 619, n. 1; Bertol. *Fl. Ital.* X, p. 281, n. 1; Desf. *Fl. Atlant.* II, p. 326; Camb. *Enum. pl. Balear.* n. 503; Rodrig. *Catal. pl. Menorca*, p. 75, n. 518. — ♃. Avril-mai.

« In montibus insulæ Majoris circa Esporlas, ad radices *Cisti salvifolii.* — Majo floret. » (Camb.)

« Comun sobre las raices de los *Cistus.* — Abr.-May. » (Rodrig.)

MAJORQUE : *Garigues d'Alcudia, serra de Soller, sur les racines du* Cistus albidus. — Mai-juin.

Cette plante est nommée *Margalida* à Soller. Les habitants en mangent les ovaires, remplis d'une substance gommeuse transparente et sans saveur.

LXXXVIII. BALANOPHORÉES

(BALANOPHORACEÆ Lindl. *Veget. Kingd.* p. 89).

—

1. CYNOMORIUM

(Micheli, *Gen.* p. 17, tab. 12).

1. **C. coccineum** L. *Sp.* p. 1375, n. 1; Moris, *Fl. Sard.* III, p. 447, n. 1075; Guss. *Fl. Sic. Syn.* II, p. 561, n. 1; Bertol. *Fl. Ital.* X, p. 4, n. 1; Desf. *Fl. Atlant.* II, p. 330. — ♃.? Mai.

IVIÇA : *Isleta del Boute-foc, dans le port.* — Mai.

LXXXIX. ARISTOLOCHIÉES

(ARISTOLOCHIEÆ Juss. *Gen.* p. 72).

—

1. ARISTOLOCHIA

(Tournef. *Inst.* p. 162, tab. 71).

1. **A. Clematitis** L. *Sp.* p. 1364, n. 20; Barcelo, *Apuntes pl. Balear.* p. 41, n. 354. — ♃. Mai.

« Rara cerca de son Bibiloni en Palma. — May. » (Barcelo.)

2. **A. longa** L. *Sp.* p. 1364, n. 19; Gren. et Godr. *Fl. de Fr.* III, p. 73; Moris, *Fl. Sard.* III, p. 440, n. 1072; Guss. *Fl. Sic. Syn.* II, p. 560, n. 3; Bertol. *Fl. Ital.* IX, p. 646, n. 5; Desf. *Fl. Atlant.* II, p. 325; Barcelo, *Apuntes pl. Balear.* p. 41, n. 355. — ♃. Mai.

« En los campós : Palma, Andraitx, Establiments. — May. » (Barcelo.)

MAJORQUE : *Garigues de la torre d'Alcudia ; sommet de la peña Roya d'Alcudia ; champs incultes près Soller.* — Mai-juin.

3. **A. rotunda** L. *Sp.* p. 1364, n. 18; Barcelo, *Apuntes pl. Balear.* p. 41, n. 356. — ♃.

« Menorca (Cursach). » (Barcelo.)

XC. EUPHORBIACÉES

(Euphorbiaceæ Juss. *Gen.* p. 384).

---

1. EUPHORBIA

(L. *Gen.* p. 243, n. 609).

1. **E. Chamæsyce** L. *Sp.* p. 652, n. 25; Camb. *Enum. pl. Balear.* n. 508; Rodrig. *Catal. pl. Menorca*, p. 75, n. 521. — ①.

« In insulâ Majore (Trias). » (Camb.)
« Encuentrase en la isla, hácia Mah. (Pourr. herb.). » (Rodrig.)

2. **E. Peplis** L. *Sp.* p. 652, n. 26; Rodrig. *Catal. pl. Menorca*, p. 75, n. 522; Barcelo, *Apuntes pl. Balear.* p. 41, n. 357. — ①. Juin-juillet.

« Arenas de la cala Mezquita; arenas de cala-en-Brut en Ciu., r. — Jul. » (Rodrig.)

« Mall. como las demás especies. Arenales maritimos de Palma. — Jun. » (Barcelo.)

3. **E. helioscopia** L. *Sp.* p. 658, n. 46; Camb. *Enum. pl. Balear.* n. 514; Rodrig. *Catal. pl. Menorca*, p. 75, n. 523. — ①. Février-mai.

« Ad pagos in Balearibus frequens. — Floret Majo. » (Camb.)
« Ab. en los sitios herbosos y terrenos cultivados. — Febr., etc. » (Rodrig.)

4. **E. pterococca** Brot. *Lus.* II, p. 312, tab. 76; Rodrig. *Catal. Suppl.* p. 49, n. 166. — ①. Avril-mai.

« Matorrales : Binisarmeña en Mahon, barranco de se Mola, Calamporter, Santa-Ponsa en Alayor; Subervey y Sant-Juan en Ferrerias. — Abril-Mayo. » (Rodrig.)

5. **E. platyphylla** L. *Sp.* p. 660, n. 53; Rodrig. *Catal. pl. Menorca*, p. 75, n. 524, et *Suppl.* p. 49; Barcelo, *Apuntes pl. Balear.* p. 41, n. 358. — ①. Avril-octobre.

« R. Hab. c. la Albufera. — Set., Oct. » (Rodrig.)
« Abunda en parajes húmedos. — Abr. » (Barcelo.)

6. **E. pubescens** Desf. *Fl. Atlant.* I, p. 386; Gren. et Godr. *Fl. de Fr.* III, p. 79; Moris, *Fl. Sard.* III, p. 457, n. 1082; Guss. *Fl.*

Sic. Syn. I, p. 541, n. 20; Barcelo, *Apuntes pl. Balear.* p. 41, n. 359. — ♃. Avril-juin.

« En el puerto de Andraitx y en el de Soller. — Abr. » (Barcelo.)

MAJORQUE : *Port de Soller.* — MINORQUE : *Albufera de Mahon.* — Juin-juillet.

7. **E. flavo-purpurea** M. Willk. in *Botan. Zeitschrift Wien*, 25 Jahrgang, n. 4, April 1875, et Willk. *Index*, n. 635 (*dulcis* Texidor apud Rodr. *Suppl.* p. 48, *cum descr.*).

« Menorca, ad fossas in solo pingui in ditione oppidi Alayor, versus oram insulæ occidentalem, die 3 April. c. flor. et fruct. mat. » (M. Willk.)
« Barranco de se Wall en el término de San-Cristóbal (Casall. segun Texidor). » (Rodrig.)

8. **E. Myrsinites** L. *Sp.* p. 661, n. 56; Gren. et Godr. *Fl. de Fr.* III, p. 85; Guss. *Fl. Sic. Syn.* I, p. 545, n. 28; Bertol. *Fl. Ital.* V, p. 71, n. 26; Barcelo, *Apuntes pl. Balear.* p. 41, n. 360. — ♃. Mai-juin.

« Sierra de Alfabia; puig Puñent. — May. » (Barcelo.)

MAJORQUE : *Sommet de la couma des prat de Massanellas.* — Juin.

9. **E. Pithyusa** L. *Sp.* p. 656, n. 41; Camb. *Enum. pl. Balear.* n. 510; Rodrig. *Catal. Suppl.* p. 49, n. 167. — ♄. Mai.

« In sterilibus inter Cauviam et montem Galatzo, in insulâ Majore. — Majo floret. » (Camb.)
« Menorca (Pourr. herb. segun Lge; Pug. y Amo, *Fl. Iber.*). » (Rodrig.)

10. **E. Paralias** L. *Sp.* p. 657, n. 43; Gren. et Godr. *Fl. de Fr.* III, p. 86; Moris, *Fl. Sard.* III, p. 463, n. 1088; Guss. *Fl. Sic. Syn.* I, p. 537, n. 14; Bertol. *Fl. Ital.* V, p. 68, n. 24; Desf. *Fl. Atlant.* I, p. 381; Camb. *Enum. pl. Balear.* n. 511; Rodrig. *Catal. pl. Menorca*, p. 76, n. 526. — ♃. Mai-juillet.

« Ubique in arenosis maritimis Balearium. — Floret Majo. » (Camb.)
« Arenas c. cala Mezquita. — Mayo, etc. » (Rodrig.)
« Port de Soller. » (Bourgeau, *Exsicc.*)

MINORQUE : *Albufera du port de Mahon.* — Juillet.

11. **E. dendroides** L. *Sp.* p. 662, n. 59; Gren. et Godr. *Fl. de Fr.* III, p. 86; Moris, *Fl. Sard.* III, p. 464, n. 1089; Guss. *Fl. Sic. Syn.* I, p. 536, n. 11; Bertol. *Fl. Ital.* V, p. 73, n. 28; Desf. *Fl.*

Atlant. I, p. 377; Camb. *Enum. pl. Balear.* n. 516; Rodrig. *Catal. pl. Menorca*, p. 76, n. 527. — ♄. Mars-avril.

« In maritimis insulæ Majoris, prope Alcudiam, Pollentiam, Lluch, Sò Valenti. — Florebat Aprili. » (Camb.)

« Ab. en los alrededores de Mah. — Marz.-Abr. » (Rodrig.)

MAJORQUE : *Autour de Lluch; barranco de Soller; couma Negra près Soller.* — Juin.

Nom vulgaire : *Lietrera*, à Soller.

12. **E. nicæensis** All. *Ped.* I, p. 285, tab. 69, fig. 1; Gren. et Godr. *Fl. de Fr.* III, p. 87; Bertol. *Fl. Ital.* V, p. 76, n. 31; Rodrig. *Catal. Suppl.* p. 51, n. 170. — ♃. Mars.

« Mahon (Pourr. herb. segun Lange; Pug.). » (Rodrig.)

MAJORQUE : *Champs sablonneux des bords de la mer près Palma.* — Avril.

13. **E. Esula** L. *Sp.* p. 660, n. 54; Rodrig. *Catal. Suppl.* p. 50. — ♃.

« Menorca (Bart. Ramis); Mahon (Pourr. segun Texid.); hácia (Casall. segun Texid.). » (Rodrig.)

14. **E. Terracina** L. *Sp.* p. 654, n. 33; Rodrig. *Catal. Suppl.* p. 50, n. 169. — ♃. Mars-mai.

« Hácia Curniola, camino de Torresuli. — Marzo á Mayo. » (Rodrig.)

15. **E. serrata** L. *Sp.* p. 658, n. 47; Gren. et Godr. *Fl. de Fr.* III, p. 89; Moris, *Fl. Sard.* III, p. 460, n. 1085; Bertol. *Fl. Ital.* V, p. 85, n. 38; Desf. *Fl. Atlant.* I, p. 383; Camb. *Enum. pl. Balear.* n. 515. — ♃. Mars.

« Ad margines agrorum prope Esporlas, in insulâ Majore. — Florebat Martio. » (Camb.)

MAJORQUE : *Bord des champs près du col de Soller.* — Avril.

16. **E. Cyparissias** L. *Sp.* p. 661, n. 55; Barcelo, *Apuntes pl. Balear.* p. 41, n. 362. — ♃. Mars.

« En los campós. — Marz. » (Barcelo.)

17. **E. Gayi** Salis, *Flora od. bot. Zeit.* 1834, p. 6 (excl. var. γ.); Gren. et Godr. *Fl. de Fr.* III, p. 91; Bertol. *Fl. Ital.* V, p. 53, n. 13. — ♃. Mai.

MAJORQUE : *Rochers de la ermita d'Arta en allant à la Curia veya.* — Mai.

18. **E. exigua** L. *Sp.* p. 654, n. 34 ; Gren. et Godr. *Fl. de Fr.* III, p. 91 ; Moris, *Fl. Sard.* III, p. 471, n. 1095 ; Guss. *Fl. Sic. Syn.* I, p. 534, n. 9 ; Bertol. *Fl. Ital.* V, p. 54, n. 14 ; Desf. *Fl. Atlant.* p. 379 ; Rodrig. *Catal. pl. Menorca*, p. 76, n. 529, et *Suppl.* p. 49 ; Barcelo, *Apuntes pl. Balear.* p. 41, n. 363. — ①. Mars-mai.

« Hab. : terrenos cultivados é incultos ; Mongofre-nou, Santa-Ponsa en Alayor (Rodr.) ; camino del Toro, Covas novas en Mercadal (Casall.). — Abril-May. » (Rodrig.)

« Rara en campós pedregosos cerca de Palma. — Abr. — Menorca (Rodr.). » (Barcelo.)

MAJORQUE : *Garigues près du Prat.* — Mars.

19. **E. falcata** L. *Sp.* p. 654, n. 32 ; Barcelo, *Apuntes pl. Balear.* p. 41, n. 364. — ①. Avril.

« Campós incultos. — Abr. » (Barcelo.)

20. **E. Peplus** L. *Sp.* p. 653, n. 31 ; Gren. et Godr. *Fl. de Fr.* III, p. 93 ; Moris, *Fl. Sard.* III, p. 470, n. 1094 ; Guss. *Fl. Sic. Syn.* I, p. 532, n. 5 ; Bertol. *Fl. Ital.* p. 42, n. 4 ; Desf. *Fl. Atlant.* I, p. 378 ; Camb. *Enum. pl. Balear.* n. 509. — ①. Mars-juin.

« Ad vias prope Esporlas, in insulâ Majore, Martio floret. » (Camb.)

MAJORQUE : *Environs de Soller.* — Mai.

21. **E. peploides** Gouan, *Fl. Monsp.* p. 174, n. 3 ; Rodrig. *Catal. pl. Menorca*, p. 76, n. 530. — ①. Février.

« Comun en los campós. — Ene. Febr. » (Rodrig.)

22. **E. biumbellata** Poir. *Voy. Barb.* II, p. 174, ic. ; Gren. et Godr. *Fl. de Fr.* III, p. 94 ; Guss. *Fl. Sic. Syn.* I, p. 539, n. 17 ; Desf. *Fl. Atlant.* I, p. 387 ; Camb. *Enum. pl. Balear.* n. 512. — ♃. Avril-juin.

« Inter segetes prope Artam, in insulâ Majore. — Aprili floret. » (Camb.)

MAJORQUE : *Arta, sur le chemin de la silla des Port. — Port de Pollenza.* — Mai.

23. **E. segetalis** L. *Sp.* p. 657, n. 45 ; Gren. et Godr. *Fl. de Fr.* III, p. 94 ; Bertol. *Fl. Ital.* V, p. 66, n. 22 ; Desf. *Fl. Atlant.* I, p. 384 ; Willk. *Index*, n. 646. — ①. Mai-juin.

MAJORQUE : *Champs autour de Soller.* — Mai.

24. **E. pinea** L. *Syst. nat.* II, p. 333, n. 64; Barcelo, *Apuntes pl. Balear.* p. 41, n. 365. — ♃. Avril.

« Comun en los campós. — Abr. » (Barcelo.)

25. **E. Characias** L. *Sp.* p. 662, n. 61; Gren. et Godr. *Fl. de Fr.* III, p. 97; Moris, *Fl. Sard.* III, p. 466, n. 1090; Guss. *Fl. Sic. Syn.* I, p. 544, n. 26; Bertol. *Fl. Ital.* V, p. 100, n. 49; Camb. *Enum. pl. Balear.* n. 517; Rodrig. *Catal. pl. Menorca*, p. 76, n. 531. — ♄. Mars-juin.

« Ad vias in Balearibus frequens. » (Camb.)

« Hab. barranco del Favaret, barranco de Algendar. — Marz., Abr. » (Rodrig.)

Majorque : *Rochers du gorg Blaou à l'Estretx d'Aumallùch; rochers à pic du puig Mayor de Torellas; collines au-dessus de Soller.* — Mai-juin.

26. **E. imbricata** Vahl, *Symb.* II, p. 54; Rodrig. *Catal. Suppl.* p. 49, n. 168; DC. *Prodr.* XV, sect. post. p. 149, n. 589. — *E. balearica* Willd.; Barcelo, *Apuntes pl. Balear.* p. 41, n. 361. — ♃.

« Hab. sitios arenosos del litoral, Mezquita, Binidalins. — Julio á Octubre. » (Rodrig.)

« En las Baleares (DC. *Prodr.* XV, p. 149). » (Barcelo.)

Majorque : *La vallée de Soller.* — Juin.

2. MERCURIALIS

(Tournef. *Inst.* tab. 308).

1. **M. annua** L. *Sp.* p. 1465, n. 3'; Gren. et Godr. *Fl. de Fr.* III, p. 99; Camb. *Enum. pl. Balear.* n. 505; Rodrig. *Catal. pl. Menorca*, p. 76, n. 532. — ①. Mars-avril.

« In insulâ Minore (Hern.). » (Camb.)

« Hab. caminos. — Marz., Abr. » (Rodrig.)

Majorque : *Autour de Fuente-Santa, terrains rapportés.* — Avril.

2. **M. ambigua** L. fil. *Dec.* I, tab. 8; Camb. *Enum. pl. Balear.* n. 506; Rodrig. *Catal. pl. Menorca*, p. 76, n. 533. — ①. Mars-avril.

« Ad margines viarum in Balearibus haud rara. — Aprili floret. » (Camb.)

« Hab. camino de la Albufera. — Marz.-Abr. » (Rodrig.)

3. **M. tomentosa** L. *Sp.* p. 1465, n. 4; Gren. et Godr. *Fl. de Fr.* III, p. 100; Camb. *Enum. pl. Balear.* n. 507; Rodrig. *Catal pl. Menorca*, p. 76, n. 534. — ♄. Avril-mai.

« In collibus petrosis Ebusi prope urbem. — Majo floret. » (Camb.)
« Menorca. » (Rodrig.)

Iviça : *Bord des chemins.*

3. CROZOPHORA

(Neck. *Elem.* n. 1127).

1. **C. tinctoria** Juss. in Spreng. *Syst.* III, p. 850; Moris, *Fl. Sard.* III, p. 475, n. 1098; Bertol. *Fl. Ital.* X, p. 278, n. 1; Rodrig. *Catal. pl. Menorca*, p. 76, n. 535; Barcelo, *Apuntes pl. Balear.* p. 41, n. 366. — *Croton tinctorium* L. *Sp.* p. 1425, n. 6; Guss. *Fl. Sic. Syn.* II, p. 617, n. 1; Desf. *Fl. Atlant.* II, p. 354. — ①. Juin-septembre.

« Hab. c. el torrente de Llibetó; camino del barranco en Mah.; Binibundó en Merc. — Ag., Set. » (Rodrig.)
« Comun en los campós. — Jun. » (Barcelo.)

Majorque : *Palma: bord des chemins et les champs incultes; très-commun.* — Avril

4. BUXUS

(Tournef. *Inst.* tab. 345).

1. **B. balearica** Lamk, *Dict.* I, p. 511; Pers. *Enchir. bot.* II, p. 551, n. 2; Camb. *Enum. pl. Balear.* n. 518. — ♄. Avril-mai.

« In montibus insulæ Majoris prope Lluch, Soller, necnon in monte Galatzo. — Aprili floret. » (Camb.)

Majorque : *Rochers du Tetx; versant N. du puig Gros de Ternellas près Pollenza; rochers du barranco de Soller près du puig de Loffre.* — Juin.

Ce bel arbuste, toujours vert, d'un port élégant et gracieux, occupait dans les montagnes de Majorque quelques points assez étendus. En 1850, il couvrait encore toute la montagne du *Tetx* près Soller, et le *puig Gros de Ternellas* près Pollenza. Sur le versant nord et le sommet de ces deux montagnes, qui atteignent 800 et 1000 mètres d'altitude, s'étendait une véritable forêt de ces Buis, dont certains, à Ternellas, atteignaient, me dit-on, la grosseur du corps d'un homme. Cette végétation, si purement baléarique, existait encore en 1851 au puig de Ternellas; ce bois était si beau, les troncs si bien développés, que les ébénistes de Pollenza s'en servaient pour faire des meubles. Depuis, on a tout coupé et même déraciné pour faire du charbon. Quand j'y passai en 1852, les charbonnières fumaient encore, et sur l'emplacement de cette petite forêt je ne pus récolter dix échantillons de *Buxus balearica*. On le trouve disséminé en divers points, dans les ravins, sur des rochers inaccessibles, où l'homme ne peut aller le détruire; il est toujours entre 400 et 800 mètres d'altitude, dans les rochers calcaires. Je ne l'ai jamais vu à Minorque.

5. RICINUS

(L. *Gen.* p. 503, n. 1085).

1. **R. communis** L. *Sp.* p. 1430, n. 1; Camb. *Enum. pl. Balear.* n. 519. — ②. Mai.

« In insulâ Majore prope Esporlas, Artam, Majo florebat. An spontaneus? » (Camb.)

XCI. MORÉES

(Moreæ Endl. *Prodr. Fl. Norf.* 40).

1. MORUS

(Tournef. *Inst.* p. 589, tab. 362).

1. **M. alba** L. *Sp.* p. 1398, n. 1; Rodrig. *Catal. pl. Menorca*, p. 76, n. 536; Barcelo, *Apuntes pl. Balear.* p. 41, n. 367. — ♄.

« Cultivado. » (Rodrig.)
« Se cultiva el tipo y algunas de sus variedades, particularmente la *multicaulis.* » (Barcelo.)

2. **M. nigra** L. *Sp.* p. 1398, n. 2; Camb. *Enum. pl. Balear.* n. 521; Rodrig. *Catal. pl. Menorca*, p. 76, n. 537. — ♄.

« Colitur in Balearibus. » (Camb.)
« Cultivado. » (Rodrig.)

2. BROUSSONETIA

(Vent. Spreng. *Gen.* p. 705, n. 3556).

1. **B. papyrifera** Vent.; Barcelo, *Apuntes pl. Balear.* p. 41, n. 368. — ♄.

« Cultivado y subespontáneo en los paseos de Palma y en los alrededores de Manacor. — Marz. » (Barcelo.)

3. FICUS

(Tournef. *Inst.* p. 662, tab. 420).

1. **F. Carica** L. *Sp.* p. 1513, n. 1; Gren. et Godr. *Fl. de Fr.* III, p. 103; Camb. *Enum. pl. Balear.* n. 520; Rodrig. *Catal. pl. Menorca*, p. 77, n. 538. — ♄. Mai, etc. — Fr. Juin-octobre.

« Frequens inter rupes maritimas Balearium. » (Camb.)

« Comun en las grietas de las peñas calizas. Se cultivan muchas variedades con sus respectivos nombres vulgares. — Mayo, etc. — Fr. Jun-Oct. » (Rodrig.)

« Fentes des rochers du barranco de Soller. » (Bourgeau, *Exsicc.*)

Très-commun aux Baléares, dans les fentes des rochers et sur les vieilles constructions ruinées.

Les Baléares sont un lieu de prédilection pour le Figuier : il y croît spontanément avec la plus grande vigueur et y donne en abondance de nombreuses variétés d'excellents fruits. La rusticité de cet arbre et la facilité avec laquelle il pousse dans les terrains calcaires l'ont fait utiliser avec sagacité par les Majorquins pour mettre en valeur, dans le centre de leur île, de grands espaces couverts d'un tuf tertiaire peu résistant, mais qui forme des terrains très-maigres et impropres à toutes les autres cultures. Les Figuiers des Baléares sont d'une remarquable vigueur : leur épais feuillage forme un dôme surbaissé disposé, peut-être plus qu'ailleurs, à s'étendre en surface par suite de la tendance qu'ont ces arbres à produire de fortes branches horizontales complétement parallèles au sol ; les cultivateurs sont obligés de les soutenir avec des étançons jusqu'à une distance de plusieurs mètres du tronc. Beaucoup de Figuiers peuvent produire annuellement de 200 à 250 kilogrammes de Figues sèches et fournir en même temps à la nourriture de cinq ou six porcs.

Les Figues sèches forment une branche importante du commerce des Baléares.

XCII. URTICÉES

(URTICEÆ DC. *Fl. fr.* III, p. 317).

1. URTICA

(Tournef. *Inst.* p. 514, tab. 308).

1. **U. urens** L. *Sp.* p. 1396, n. 5; Rodrig. *Catal. pl. Menorca*, p. 77, n. 539. — ①. Avril.

« Ab. en los caminos y terrenos cultivados. — Abr., etc. » Rodrig.)

2. **U. membranacea** Poir. *Dict.* IV, p. 638; Gren. et Godr. *Fl. de Fr.* III, p. 107; Moris, *Fl. Sard.* III, p. 497, n. 1110; Guss. *Fl. Sic. Syn.* II, p. 579, n. 3; Bertol. *Fl. Ital.* X, p. 172, n. 5; Desf. *Fl. Atlant.* II, p. 340; Camb. *Enum. pl. Balear.* n. 522; Rodrig. *Catal. pl. Menorca*, p. 77, n. 540. — ①. Avril-mai.

« Ad margines viarum prope Sô Ferendell, in parte occidentali insulæ Majoris; etiam in insulâ Minore (Hern.). — Florebat Aprili. » (Camb.)

« Indicado por Hern. » (Rodrig.)

MAJORQUE : *Assez commun dans les champs de Soller.* — Mai.

3. **U. dioica** L. *Sp.* p. 1396, n. 6; Rodrig. *Catal. pl. Menorca*, p. 77, n. 541. — ♃.

« Citado por Curs. s.-esp. loc. » (Rodrig.)

4. **U. pilulifera** L. *Sp.* p. 1395, n. 1; Camb. *Enum. pl. Balear.* n. 524. — Var. β. *balearica* Rodrig. *Catal. Suppl.* p. 51. — ② ou ♃. Avril-mai.

« In Balearibus circa pagos et domos vulgatissima. » (Camb.)
« Favaret, son Blanc-nou (Casall.), Torreveya y son Esquella en Alayor, Paisas y Subervey en Ferrerias (Rodr.). — Ab. » (Rodrig.)

Majorque : *Rochers de la couma de Arbona ; col de Soller.* — Iviça : *Très-commun autour de la ville.* — Avril à juin.

2. PARIETARIA

(Tournef. *Inst.* p. 509, tab. 289).

1. **P. officinalis** L. *Sp.* p. 1492, n. 1; Camb. *Enum. pl. Balear.* n. 525.

« In Balearibus frequens. » (Camb.)

Var. α. *diffusa* Wedd. in DC. *Prodr.* XVI, pars prior, p. 235[42]. — *P. diffusa* M. K. *Deutsch. Fl.* I, p. 827; Rodrig. *Catal. pl. Menorca*, p. 77, n. 544; Willk. *Index*, n. 194; Gren. et Godr. *Fl. de Fr.* III, p. 109. — *P. judaica* Camb. non Linn. *Enum. pl. Balear.* n. 526. — ♃. Mai.

« Ab. al pié de los muros, y en sitios húmedos. — Mayo. » (Rodrig.)

« Ad muros, in ruderatis rupiumque fissuris umbrosis Balearium abundat. — Martio exeunte et April. c. flor. » (Willk.)
« Inter rupes maritimas prope Artam in insulâ Majore. — Aprili. » (Camb.)

Majorque : *Rochers de la ermita d'Arta ; rochers du port de Soller.* — Mai.

« β. *fallax* Gr. *Fl. de Fr.* III, p. 110. — In consortio præcedentis. » (Willk.)

Var. δ. *erecta* Wedd. in DC. *Prodr.* XVI, pars prior, p. 235[43]. — *P. erecta* M. K. *Deutsch. Fl.* I, p. 285; Gren. et Godr. *Fl. de Fr.* III, p. 109.

Iviça : *Isla, Llana, pointe du port d'Iviça.* — Mai.

2. **P. lusitanica** L. *Sp.* p. 1492, n. 3; Rodrig. *Catal. Suppl.* p. 51; n. 171. — ①. Mars-avril.

« Camino de la fuente den Simon (Rodr.); Favaret (Casall.). — Marzo, Abril. » (Rodrig.)

3. THELYGONUM

(L. *Gen.* p. 494, n. 1068).

1. **T. Cynocrambe** L. *Sp.* p. 1411, n. 1; Rodrig. *Catal. Suppl.* p. 51, n. 172. — ①. Mars-mai.

« Al pié de las paredes y de las rocas, matorrales : Favaret, barranco de se Vall (Casall.); Mezquita, camino de Torresulí en Alayor, Sant-Juan y Subervey en Ferrerias (Rodrig.). — Marzo á Mayo. » (Rodrig.)

« Barranco de Soller. » (Bourgeau, *Exsicc.*)

MAJORQUE : *Les murs autour de Palma. — Sur les murs de la serra de Soller.— Alcudia.*

XCIII. CANNABINÉES

(CANNABINEÆ Endl. *Gen.* 286).

1. CANNABIS

(Tournef. *Inst.* p. 535, tab. 309).

1. **C. sativa** L. *Sp.* p. 1457, n. 1; Camb. *Enum. pl. Balear.* n. 527; Rodrig. *Catal. pl. Menorca*, p. 77, n. 545. — ①.

« Colitur in Balearibus. » (Camb.)

« Cultivado. » (Rodrig.)

MINORQUE : *Jardins autour de Ciudadela.*

XCIV. JUGLANDÉES

(JUGLANDEÆ DC. *Th. élém.* p. 215.

1. JUGLANS

(L. *Gen.* p. 496, n. 1071).

1. **J. regia** L. *Sp.* p. 1415, n. 1; Rodrig. *Catal. pl. Menorca*, p. 77, n. 546. — ♄. Avril.

« Cultivado. » (Rodrig.)

MAJORQUE : *Près de Deya.*

XCV. CELTIDÉES

(CELTIDEÆ Endl. *Gen.* 276).

—

1. CELTIS

(Tournef. *Inst.* p. 612, tab. 383).

1. **C. australis** L. *Sp.* p. 1478, n. 1; Camb. *Enum. pl. Balear.* n. 531; Barcelo, *Apuntes pl. Balear.* p. 42. — ♄. Mars.

« Colitur in Ebuso. » (Camb.)
« Cultivado y subespontáneo. — Marz. » (Barcelo.)

MAJORQUE : *Casa de Mouncaïre près du puig Mayor de Torellas, à* 800 *mètres environ.*

XCVI. ULMACÉES

(ULMACEÆ Mirbel, *Élém.* 905).

—

1. ULMUS

(L. *Gen.* p. 123, n. 316).

1. **U. campestris** Smith, *Engl. Fl.* II, p. 20; Camb. *Enum. pl. Balear.* n. 532; Willk. n. 185. — ♄.

« Colitur in Balearibus. » (Camb.)
« Spontanea hinc inde (v. c. in ins. Majore ad rivos valleculorum inter Soller et Deya, in ins. Minore in valle barranco de Algendar); undique culta in pomeriis hortisque. — Martio exeunte jam deflorata. » (Willk.)

XCVII. CUPULIFÉRÉES

(CUPULIFEREÆ A. Rich. *Annal. p.* 32 et 92).

—

1. QUERCUS

(Tournef. *Inst.* p. 582, tab. 349).

1. **Q. pubescens** Willd. *Sp.* IV, p. 450, n. 66; Barcelo, *Apuntes pl. Balear.* p. 42, n. 369. — ♄.

« Montes de puig Puñent, aunque poco estendido. » (Barcelo.)

2. **Q. Suber** L. *Sp.* p. 1413, n. 5; Rodrig. *Catal. pl. Menorca*, p. 78, n. 547. — ♄.

« Cultivado. » (Rodrig.)

3. **Q. Ilex** L. *Sp.* p. 1412, n. 3; Gren. et Godr. *Fl. de Fr.* III, p. 118; Moris, *Fl. Sard.* III, p. 514, n. 1119; Guss. *Fl. Sic. Syn.* II, p. 603, n. 1; Bertol. *Fl. Ital.* X, p. 206, n. 1; Desf. *Fl. Atlant.* II, p. 349; Camb. *Enum. pl. Balear.* n. 530; Rodrig. *Catal. pl. Menorca*, p. 78, n. 548. — ♄. Mars-avril.

« In montibus Balearium frequens. » (Camb.)
« Ab. en toda la isla. — Marz.-Abr. » (Rodrig.)

Majorque : *Col de Soller; Lluch, etc. Disparaît vers* 700 *mètres.*

Var. γ. *Ballota* DC. *Prodr.* XVI, sect. post. p. 39. — *Q. Ballota* Desf. *Fl. Atlant.* II, p. 350. — ♄. Mai.

Majorque : *Arta, Lluch.*

Var. (?) *frutescens*, foliis valde spinoso-dentatis, subtus tenuiter canescentibus aut omnino glabris. Sterilis. » (Willk. *Index*, n. 182.) — « In quercetis dumetisque prope Lluch. » (Willk.)

4. **Q. coccifera** L. *Sp.* p. 1413, n. 6; Barcelo, *Apuntes pl. Balear.* p. 42, n. 370. — ♄.

« Andraitx, puig Puñent, Esporlas, etc. » (Barcelo.)

2. CORYLUS

(Tournef. *Inst.* p. 581, tab. 347).

1. **C. Avellana** L. *Sp.* p. 1417, n. 1; Barcelo, *Apuntes pl. Balear.* p. 42, n. 371. — ♄. Novembre.

« Cultivado y subespontáneo. — Nov. » (Barcelo.)

XCVIII. SALICINÉES

(Salicineæ Anderss. in DC. *Prodr.* XVI, sect. post. p. 190).

1. SALIX

(Tournef. *Inst.* p. 590, tab. 364).

1. **S. pentandra** L. *Sp.* p. 1442, n. 3; Barcelo, *Apuntes pl. Balear* p. 42, n. 372. — ♄.

« Lluch y Pollenza (Richard). » (Barcelo.)

2. **S. fragilis** L. *Sp.* p. 1443, n. 8; Barcelo, *Apuntes pl. Balear.* p. 42, n. 374. — ♄. Avril.

« En los torrentes de Andraitx. — Abr. » (Barcelo.)

3. **S. alba** L. *Sp.* p. 1449, n. 31; Rodrig. *Catal. pl. Menorca*, p. 78, n. 549; Barcelo, *Apuntes pl. Balear.* p. 42, n. 373. — ♄. Avril.

« Indicado s.-esp. loc. por. Curs. » (Rodrig.)
« Cultivado en Mallorca desde hace algunos años. — Abr. » (Barcelo.)

4. **S. babylonica** L. *Sp.* p. 1443, n. 9; Camb. *Enum. pl. Balear.* n. 528. — ♄.

« Colitur in insulâ Majore prope Artam. » (Camb.)

5. **S. amygdalina** L. *Sp.* p. 1443, n. 6; Rodrig. *Catal. pl. Menorca*, p. 78, n. 550. — ♄.

« Se encuentra en la isla seg. me ha comunicado el Sr Oleo. » Rodrig.)

6. **S. viminalis** L. *Sp.* p. 1448, n. 29; Rodrig. *Catal. pl. Menorca*, p. 78, n. 551. — ♄.

« Citado por Cleg. y Ram. » (Rodrig.)

2. POPULUS

(Tournef. *Inst.* p. 592, tab. 365).

1. **P. alba** L. *Sp.* p. 1463, n. 1; Barcelo, *Apuntes pl. Balear.* p. 42, n. 375. — ♄.

« Mall. é Ibiza, orillas de los torrentes. — Primavera. » (Barcelo.)

Iviça : *Terrains frais.*

Nous avons remarqué à Iviça une curieuse disposition des arbres de haute futaie à produire des branches pendantes, assez nombreuses pour leur donner l'aspect *pleureur*. Cet aspect était si prononcé chez les Peupliers ci-dessus, qu'ils nous parurent, de prime abord, appartenir à une espèce particulière, grâce à la façon dont leurs branches tombaient comme celles des Saules pleureurs.

2. **P. nigra** L. *Sp.* p. 1464, n. 2; Gren. et Godr. *Fl. de Fr.* III, p. 145; Moris, *Fl. Sard.* III, p. 532, n. 1132; Guss. *Fl. Sic. Syn.* II, p. 631, n. 3; Bertol. *Fl. Ital.* X, p. 365, n. 4; Camb. *Enum. pl. Balear.* n. 529. — ♄.

« Colitur in insulâ Majore prope Esporlas. » (Camb.)

Majorque : *Village de Randa.* — Mars.

3. **P. pyramidalis** Rosier in Lamk, *Dict.* V, p. 235; Barcelo, *Apuntes pl. Balear.* p. 42, n. 376. — ♄.

« Paseos de Palma y avenidas de Alfabia. — Primavera. » (Barcelo.)

XCIX. PLATANÉES

(Plataneæ Lestib. ex Mart. *Monac.* p. 46).

—

1. PLATANUS

(L. *Gen.* p. 498, n. 1075).

1. **P. orientalis** L. *Sp.* p. 1417, n. 1; Barcelo, *Apuntes pl. Balear.* p. 42, n. 377. — ♄. Avril.

« Paseos de Palma. — Abr. » (Barcelo.)

2. **P. occidentalis** L. *Sp.* p. 1418, n. 2; Barcelo, *Apuntes pl. Balear.* p. 42, n. 378. — ♄. Avril.

« Paseos de Palma. — Abr. » (Barcelo.)

C. ABIÉTINÉES

(Abietineæ L. C. Rich. *Conif.* 145).

—

1. PINUS

(L. *Gen.* p. 499, n. 1077)

1. **P. halepensis** Mill. *Dict.* n. 8; Gren. et Godr. *Fl. de Fr.* III, p. 153; Moris, *Fl. Sard.* III, p. 543, n. 1134; Guss. *Fl. Sic. Syn.* II, p. 614, n. 1; Bertol. *Amœn.* p. 50, n. 2, et *Fl. Ital.* X, p. 264, n. 8; Desf. *Fl. Atlant.* II, p. 352; Rodrig. *Catal. pl. Menorca,* p. 78, n. 552. — *P. halepensis* DC. *Fl. fr.* III, p. 274, n. 2059; Camb. *Enum. pl. Balear.* n. 534. — ♄. Mars-juillet.

« Ubique in Balearibus. » (Camb.)
« Ab. en toda la isla. » (Rodrig.)

Terrains marneux : disparaît entre 500 *et* 600 *mètres.*

2. **P. Pinea** L. *Sp.* p. 1419, n. 2; Camb. *Enum. pl. Balear.* n. 533; Rodrig. *Catal. pl. Menorca,* p. 78, n. 553; Barcelo, *Apuntes pl. Balear.* p. 42. — ♄.

« In sylvis Ebusi frequens. » (Camb.)
« Cultivado. » (Rodrig.)
« Poco comun en Mallorca. » (Barcelo.)

3. **P. Pinaster** Sol. Willk. *Index*, n. 18.

« Mallorca : in querceto juxta prædium Quinta de D. José Sancho prope Artà specim. unicum grandævum (cultum?). » (Willk.)

CI. CUPRESSINÉES

(CUPRESSINEÆ L. C. Rich. *Conif.* 137, add. *Taxineæ*).

—

1. JUNIPERUS

(L. *Gen.* p. 531, n. 1134).

1. **J. Oxycedrus** L. *Sp.* p. 1470, n. 2; Gren. et Godr. *Fl. de Fr.* III, p. 158; Moris, *Fl. Sard.* III, p. 549, n. 1137; Bertol. *Fl. Ital.* X, p. 381, n. 3; Desf. *Fl. Atlant.* II, p. 370; Camb. *Enum. pl. Balear.* n. 537; Rodrig. *Catal. pl. Menorca*, p. 78, n. 554. — ♄.

« In maritimis et sterilibus Balearium frequens. » (Camb.)
« Indicado por Oleo s.-esp. loc. » (Rodrig.)

MAJORQUE : *Coteaux du col de Soller; cap Formentor.*

On trouve de beaux *J. Oxycedrus* dans certaines parties boisées du cap Formentor. Lorsque nous y passâmes, le gardien de l'*hacienda* du cap fabriquait avec cette espèce de l'*huile de cade*, bien connue à Majorque sous le nom de *aceite de Ginevre*. Ce produit, vulgairement employé contre les gourmes des enfants et dans la médecine vétérinaire, se confectionne avec une grande simplicité, à l'aide de deux vases de terre de même forme et placés bouche à bouche l'un sur l'autre. Le récipient inférieur est préalablement enfoncé en terre; le second est rempli de morceaux de bois de Genévrier retenus à l'orifice par quelques-uns de ces morceaux entrecroisés, de manière que rien ne puisse tomber dans le vase inférieur lorsque les deux récipients sont placés l'un sur l'autre. Les choses ainsi préparées et la jointure des orifices étant grossièrement lutée avec de la terre, on allume un bon feu sur le vase supérieur. Sous l'influence de cette forte chaleur, l'huile contenue dans les morceaux de Genévrier se distille et tombe dans le vase inférieur.

2. **J. phœnicea** L. *Sp.* p. 1471, n. 5; Gren. et Godr. *Fl. de Fr.* III, p. 159; Moris, *Fl. Sard.* III, p. 550, n. 1138; Guss. *Fl. Sic Syn.* II, p. 634, n. 1; Bertol. *Fl. Ital.* X, p. 384, n. 4; Desf. *Fl. Atlant.* II, p. 371; Camb. *Enum. pl. Balear.* n. 536; Rodrig. *Catal. pl. Menorca*, p. 79, n. 555. — ♄.

« In maritimis insulæ Majoris frequens. » (Camb.)

« Hab. : Albufera ; Algayrens ; son Triay y Subervey en Ferrerias. — Abr. » (Rodrig.)

MAJORQUE : *La Moleta de la farole de Soller.* — MINORQUE : *Albufera de Mahon.* — IVIÇA : *Plage de las salinas.* — Mai à juillet.

3. **J. turbinata** Guss. (*J. oophora* Kze, *Prodr.* I, 21) ; Willk. *Index*, n. 22.

« Mallorca : in sabulosis maritimis ditionis el Prat et prope Salobrar de Campos. » (Willk.)

2. CUPRESSUS

(Tournef. *Inst.* tab. 358).

1. **C. fastigiata** DC. *Cat. hort. Monsp.* p. 22 ; Camb. *Enum. pl. Balear.* n. 535. — ♄.

« Colitur in insulâ Majore prope Valdemosam. » (Camb.)

2. **C. sempervirens** L. ; Willk. *Index*, n. 20.

« Undique culta in Balearibus in hortis et cæmenteriis. » (Willk.)

3. TAXUS

(Tournef. *Inst.* tab. 362).

1. **T. baccata** L. *Sp.* p. 1472, n. 1 ; Gren. et Godr. *Fl. de Fr.* II, p. 159 ; Moris, *Fl. Sard.* III, p. 552, n. 1139 ; Guss. *Fl. Sic. Syn.* II, p. 636, n. 1 ; Bertol. *Fl. Ital.* X, p. 389, n. 1 ; Barcelo, *Apuntes pl. Balear.* p. 43, n. 379. — ♄.

« En planicie existen algunos pies crecidos y corpulentos ; en el monte Teix, puig de Torella, puig Mayor, se encuentran algunos, aunque achapanados. — Primavera. » (Barcelo.)

MAJORQUE : *Mont du Teix ; sommet du puig Mayor de Massanellas.*

Cette plante est réputée à Soller pour croître seulement au mont del Teix, auquel elle a donné son nom vulgaire : *Teix.*

CII. GNÉTACÉES

(GNETACEÆ Lindl. *Introd.* edit. 2, p. 311).

1. EPHEDRA

(L. *Gen.* p. 532, n. 1136).

1. **E. fragilis** Desf. *Fl. Atlant.* II, p. 372 ; Camb. *Enum. pl. Balear.* n. 358 ; Rodrig. *Catal. pl. Menorca*, p. 79, n. 556. — ♄. Mai.

« In collibus maritimis prope Artam in insulâ Majore; necnon insulâ Minore (Hern.). » (Camb.)

« Lado S. del puerto de Mah. Albufera. — Mayo. » (Rodrig.)

« Rochers du col de Soller. » (Bourgeau, *Exsicc.* n. 2799.)

MAJORQUE : *La serra de Soller* (11 juin 1850). — *Rochers d'Aumalluch* (18 juin 1852).

MINORQUE : *Près Mahon.* — Juillet 1850.

MONOCOTYLÉDONÉES

CIII. ALISMACÉES

(ALISMACEÆ R. Br. *Prodr.* p. 342).

1. ALISMA

(L. *Gen.* p. 181, n. 460).

1. **A. Plantago** L. *Sp.* p. 486, n. 1; Camb. *Enum. pl. Balear.* n. 541; Rodrig. *Catal. pl. Menorca*, p. 79, n. 557; Barcelo, *Apuntes pl. Balear.* p. 43. — ♃. Mai-juin.

« In fossis Ebusi. — Florebat Majo. » — (Camb.)

« Hab. acequias y torrentes : vergeles de San-Juan; camino de la Albufera; camino de Adaya; val de Santa-Catalina. — Jun. » (Rodrig.)

« Comun en parajes húmedos. — May. » (Barcelo.)

2. **A. ranunculoides** L. *Sp.* p. 487, n. 6; Rodrig. *Catal. Suppl.* p. 51, n. 173. — ♃. — Mars-avril.

« Fuente de Santa-Catalina, acequias de la Canasía. — Marzo, principios de Abril. » (Rodrig.)

CIV. COLCHICACÉES

(COLCHICACEÆ DC. *Fl. fr.* III, p. 192).

1. MERENDERA

(Ram. *Bull. phil.* 1789, n. 43).

1. **M. filifolia** Camb. in *Mém. Mus.* XIV, p. 319, et *Enum. pl. Balear.* n. 585; Willk. et Lang. *Prodr. Fl. Hispan.* I, p. 193, n. 821. — ♃. Mars.

« In campis incultis insulæ Majoris prope Esporlas. — Floret Autumno. » (Camb.)

MAJORQUE : *Palma, du côté de Belver.* — Avril.

CV. LILIACÉES

(LILIACEÆ DC. *Th. élém.* édit. 1, p. 219, n. 128).

---

1. ALOE

(L. *Gen.*, Endl. p. 227, n. 581).

1. **A. vulgaris** Lamk, *Encycl.* I, 86 ; Willk. et Lang. I, p. 201, n. 846 ; Guss. *Fl. Sic. Syn.* I, p. 414, n. 1 ; Desf. *Fl. Atlant.* I, p. 310 ; Barcelo, *Apuntes pl. Balear.* p. 44, n. 387. — Mai-juin.

« Abunda en la mola de Andraitx y en el puig de Santa-Catalina de Soller. — May. » (Barcelo.)

MAJORQUE : *La scilla du port de Pollenza ; rochers de Santa-Catalina près Soller.*

Nom vulgaire : *Edjebaras.*

2. LILIUM

(L. *Gen.* p. 163, n. 410).

1. **L. candidum** L. *Sp.* p. 433, n. 1 ; Gren. et Godr. *Fl. de Fr.* III, p. 182 ; Guss. *Fl. Sic. Syn.* I, p. 398, n. 1 ; Bertol. *Fl. Ital.* IV, p. 67, n. 1 ; Desf. *Fl. Atlant.* I, p. 292 ; Barcelo, *Apuntes pl. Balear.* p. 43, n. 380. — ♃. Avril-mai.

« Comun en los campós de Valdemosa, de Lluch-alcari y de Felanitx. — May. » (Barcelo.)

MAJORQUE : *Champs d'oliviers de Valdemosa à Deyá.* — Avril.

3. URGINEA

(Steinh. *Ann. sc. nat.* 1834, p. 321).

1. **U. Scilla** Steinh. *loc. cit.* ; Kunth, *Enum. pl.* IV, p. 332, n. 1 ; Rodrig. *Catal. pl. Menorca*, p. 80, n. 559. — *Scilla maritima* L. *Sp.* p. 442, n. 1 ; Camb. *Enum. pl. Balear.* n. 574. — ♃. Septembre.

« In Balearibus vulgatissima. » (Camb.)
« Comun en muchos sitios de la isla. — Set. » (Rodrig.)

4. SCILLA

(L. *Gen.* p. 166, n. 419).

1. **S. autumnalis** L. *Sp.* p. 443, n. 7 ; Rodrig. *Catal. pl. Menorca*, p. 80, n. 560, et *Suppl.* p. 51, n. 174. — ♃. Septembre.

« Subervey en Ferr.; Lluchalari, Lluquelquelba, camino de Torresuli, hácia Turmadens, Subervey. — Setiembre. » (Rodrig.)

5. ORNITHOGALUM

(L. *Gen.* p. 166, n. 418).

1. **O. narbonense** L. *Sp.* p. 440, n. 4; Gren. et Godr. *Fl. de Fr.* III, p. 188; Guss. *Fl. Sic. Syn.* I, p. 404, n. 10; Bertol. *Fl. Ital.* IV, p. 102, n. 12; Camb. *Enum. pl. Balear.* n. 575; Rodrig. *Catal. pl. Menorca*, p. 81, n. 561; Barcelo, *Apuntes pl. Balear.* p. 43. — ♃. Mai-juin.

« Ad margines agrorum in Ebuso. — Floret Majo. » (Camb.)

« Matxani. — Mayo. » (Rodrig.)

« En los campós, Palma, Inca, Deyá, Felanítx, Santa-Margarita. — May. » (Barcelo.)

MAJORQUE : *Lieux incultes autour de Soller.* — Mai.

2. **O. umbellatum** L. *Sp.* p. 441, n. 9; Gren. et Godr. *Fl. de Fr.* III, p. 191; Guss. *Fl. Sic. Syn.* I, p. 402, n. 4; Bertol. *Fl. Ital.* IV, p. 95, n. 6; Desf. *Fl. Atlant.* p. 296; Barçelo, *Apuntes pl. Balear.* p. 43, n. 381. — ♃. Avril-mai.

« Raro en los campós de Palma. — May. » (Barcelo.)

MAJORQUE : *Champs d'oliviers de can Prom au Teix près Soller.* — Avril.

3. **O. arabicum** L. *Sp.* p. 441, n. 8; Gren. et Godr. *Fl. de Fr.* III, p. 192; Guss. *Fl. Sic. Syn.* I, p. 404, n. 2; Bertol. *Fl. Ital.* IV, p. 93, n. 5; Desf. *Fl. Atlant.* I, p. 296; Rodrig. *Catal. pl. Menorca*, p. 81, n. 562; Barcelo, *Apuntes pl. Balear.* p. 43, n. 382. — ♃. Avril-mai.

« Hab. : viñedo de San-Luis; son Triay y Algendar, en Ferr., r.; camino de San-Nicolas, Ciu. — Abr., Mayo. » (Rodrig.)

« Orillas de los campós, Palma, Andraitx y Menorca (Rodr.). — Abr. » (Barcelo.)

MAJORQUE : *Champs près d'Alcudia.* — Mai.

6. GAGEA

(Salisb. *Ann. bot.* II, p. 535).

1. **G. arvensis** Schult. *Syst.* VII, p. 547; Gren. et Godr. *Fl. de Fr.* III, p. 194; Kunth, *Enum. pl.* IV, p. 240, n. 14. — *Ornithogalum villosum* Guss. *Fl. Sic. Syn.* I, p. 400, n. 1. — *Ornithogalum arvense* Bertol. *Fl. Ital.* IV, p. 92, n. 4. — ♃. Mars.

MAJORQUE : *Chemin d'Alcudia à Palma.* — Mai.

7. ALLIUM

(L. *Gen.* p. 163, n. 409).

1. **A. sativum** L. *Sp.* p. 425, n. 10; Camb. *Enum. pl. Balear.* n. 578; Rodrig. *Catal. pl. Menorca*, p. 81, n. 563. — ♃.

« Colitur in hortis Balearium et condimentum usitatissimum præbet. » (Camb.)

« Cultivado. » (Rodrig.)

2. **A. Porrum** L. *Sp.* p. 423, n. 2; Camb. *Enum. pl. Balear.* n. 576; Rodrig. *Catal. pl. Menorca*, p. 81, n. 564. — ♃.

« Colitur in hortis Balearium. » (Camb.)

« Cultivado. » (Rodrig.)

3. **A. Ampeloprasum** L. *Sp.* p. 423, n. 1; Gren. et Godr. *Fl. de Fr.* III, p. 198; Guss. *Fl. Sic. Syn.* I, p. 391, n. 12; Camb. *Enum. pl. Balear.* n. 577; Rodrig. *Catal. pl. Menorca*, p. 81, n. 565. — ♃. Mai-juillet.

« Inter segetes prope Esporlas, in insulâ Majore. — Florebat Majo. » (Camb.)

« Ab. en los viñedos y en terrenos incultos. — Mayo, Jun. » (Rodrig.)

MAJORQUE : *Vallée de Soller*. — Mai.

4. **A. polyanthum** Rœm. et Schult. *Syst.* VII, p. 1016; Barcelo, *Apuntes pl. Balear.* p. 43, n. 385. — ♃. Mai.

« Mall. : orillas de los campós, viñedos, Palma, Valdemosa, Felanitx, Inca, Santa-Margarita. — May. » (Barcelo.)

5. **A. rotundum** L. Willk. *Index*, n. 156.

« Inter segetes inter Palma et præd. Raxa. — Apr. c. fl. »

6. **A. Cepa** L. *Sp.* p. 431, n. 31; Camb. *Enum. pl. Balear.* n. 583; Rodrig. *Catal. pl. Menorca*, p. 81, n. 566. — ♃.

« Colitur in hortis Balearium. » (Camb.)

« Cultivado. » (Rodrig.)

7. **A. Chamæmoly** L. *Sp.* p. 433, n. 37; Camb. *Enum. pl. Balear.* n. 582; Rodrig. *Catal. pl. Menorca*, p. 81, n. 567. — ♃. Janvier-février.

« In montibus insulæ Majoris prope Esporlas. — Floret Januario Februarioque. » (Camb.)

« Hab. : peñascos del lado S. del puerto de Mahon, entre el Funduco y Calas figuerrassas ; sendero de San-Antonio ; marina de Forma-nour. — Ene., Febr. » (Rodrig.)

8. **A. subhirsutum** L. *Sp.* p. 424, n. 6 ; Gren. et Godr. *Fl. de Fr.* III, p. 203 ; Kunth, *Enum. pl.* IV, p. 440, n. 128 ; Bertol. *Fl. Ital.* IV, p. 47, n. 18 ; Desf. *Fl. Atlant.* I, p. 286 ; Camb. *Enum. pl. Balear.* n. 579 ; Rodrig. *Catal. pl. Menorca*, p. 81, n. 568. — *A. vernale* Tin., Guss. *Fl. Sic. Syn.* I, p. 390, n. 10. — ♃. Avril.

« In insulâ Majore prope Artam. — Florebat Aprili. » (Camb.)

« Hab. : cuesta del Favaret ; Matxani Binidali. » (Rodrig.)

« Rochers du barranco de Soller. » (Bourgeau, *Exsicc.* n. 2804.)

MAJORQUE : *Lieux secs du Prat, bord de la route de Lluchmayor.* — Mars.

9. **A. triquetrum** L. *Sp.* p. 431, n. 30 ; Gren. et Godr. *Fl. de Fr.* III, p. 203 ; Kunth, *Enum. pl.* IV, p. 436, n. 122 ; Guss. *Fl. Sic. Syn.* I, p. 387, n. 3 ; Bertol. *Fl. Ital.* IV, p. 57, n. 25 ; Desf. *Fl. Atlant.* I, p. 287 ; Camb. *Enum. pl. Balear.* n. 581 ; Rodrig. *Catal. pl. Menorca*, p. 81, n. 569. — ♃. Février-mai.

« Ubique in fossis et humidis Balearium.— Florebat Martio. » (Camb.)

« Ab. en sitios húmedos. — Febr.-Mayo. » (Rodrig.)

MAJORQUE : *Rochers de la Ermita en allant à la Cúria veya près Arta ; bord du ruisseau du Fabi près Soller.* — Mai, juin.

10. **A. roseum** L. *Sp.* edit. 1, p. 296, n. 9 ; Gren. et Godr. *Fl. de Fr.* III, p. 204 ; Kunth, *Enum. pl.* IV, p. 438, n. 124 ; Guss. *Fl. Sic. Syn.* I, p. 388, n. 5 ; Bertol. *Fl. Ital.* IV, p. 53, n. 22 ; Desf. *Fl. Atlant.* I, p. 287 ; Camb. *Enum. pl. Balear.* n. 580 ; Rodrig. *Catal. pl. Menorca*, p. 81, n. 570. — ♃. Mars-mai.

« In agris insulæ Majoris inter Alcudiam et Pollentiam. — Florebat Aprili. » (Camb.)

« Comun en varios puntos : Alcaufar, Funduco. — Abr., Mayo. » (Rodrig.)

« Champs incultes près Soller. » (Bourgeau, *Exsicc.*)

MAJORQUE : *Bord des chemins en allant à Lluchmayor ; Randa.* — Mars.

11. **A. nigrum** L. *Sp.* p. 430, n. 26 ; Gren. et Godr. *Fl. de Fr.* III, p. 205 ; Kunth, *Enum. pl.* IV, p. 447, n. 143 ; Guss. *Fl. Sic. Syn.* I, p. 386, n. 1 ; Bertol. *Fl. Ital.* IV, p. 61, n. 29 ; Barcelo, *Apuntes pl. Balear.* p. 43, n. 384. — ♃. Avril-mai.

« En los campós, Palma, son Sardina. — Abr. » (Barcelo.)

MAJORQUE : *Champs d'Alcudia et de Soller.* — Mai.

12. **A. pallens** L. *Sp.* p. 427, n. 18; Barcelo, *Apuntes pl. Balear.* p. 43, n. 386. — ♃.

« Orillas de los campós, Andraitx, Palma, Deyá, Inca, Montuiri, Manacor, son Servera. — Jun. » (Barcelo.)

13. **A. subvillosum** Salzm. *Pl. ting. exs.*; Willk. et Lang. *Prodr. Fl. Hispan.* I, p. 212, n. 900. — ♃. Janvier-février.

Majorque : *Lieux secs du Prat; bords de la route de Lluchmayor.* — Mars.

8. HYACINTHUS

(Tournef. *Inst.* p. 344, tab. 180).

1. **H. Pouzolzii** Gay in Lois. *Not.* p. 15; Rodrig. *Catal. Suppl.* p. 51, n. 175. — ♃. Mai.

« Raro : cúspide de la Anclusa en suelo arenoso fresco. — Mayo. » (Rodrig.)

9. MUSCARI

(Tournef. *Inst.* p. 347, tab. 180).

1. **M. racemosum** Willd. *Enum. pl.* I, p. 378, n. 4; DC. *Fl. fr.* III, p. 208, n. 1926; Guss. *Fl. Sic. Syn.* I, p. 411, n. 6; Bertol. *Fl. Ital.* IV, p. 165, n. 4; Rodrig. *Catal. pl. Menorca*, p. 81, n. 571. — *M. neglectum* Barc. *Apunt.* p. 44, nec Guss. ex Willk. *Index*, n. 154. — *Hyacinthus racemosus* L. *Sp.* p. 455, n. 11.

« Citado por Olco s.-esp. loc. » (Rodrig.)

Majorque : *Terrains vagues près Palma.* — Avril.

2. **M. commutatum** Guss. *Pl. rar.* p. 145, et pr. 1, p. 426, et *Fl. Sic. Syn.* I, p. 411, n. 4; Bertol. *Fl. Ital.* IV, p. 166, n. 5. — *M. racemosum* Camb. *Balear.* in *Mém. du Mus.* XIV, p. 317, n. 573, herb. ex Guss. — ♃.

« In agris Balearium. — Florebat Martio. » (Camb.)

3. **M. comosum** Willd. *Enum. hort. Berol.* I, p. 378, n. 2; Guss. *Fl. Sic. Syn.* I, p. 409, n. 1; Bertol. *Fl. Ital.* IV, p. 161, n. 1; Desf. *Fl. Atlant.* I, p. 309; Camb. *Enum. pl. Balear.* n. 572; Rodrig. *Catal. pl. Menorca*, p. 82, n. 572. — *Hyacinthus comosus* L. *Sp.* p. 455, n. 9. — ♃. Mars-juin.

« In agris Balearium. — Florebat Martio. (Camb.)
« Abunda en terrenos cultivados. — Abr., Mayo. » (Rodrig.)

Majorque : *Bords des champs près Soller.* — Mai.

10. ASPHODELUS

(L. *Gen.* p. 167, n. 421).

1. **A. fistulosus** L. *Sp.* p. 444, n. 2; Gren. et Godr. *Fl. de Fr.* III, p. 223; Guss. *Fl. Sic. Syn.* I, p. 413, n. 3; Bertol. *Fl. Ital.* IV, p. 119, n. 3; Desf. *Fl. Atlant.* I, p. 303; Camb. *Enum. pl. Balear.* n. 571; Rodrig. *Catal. pl. Menorca*, p. 82, n. 573. — ♃. Mars-juin.

« Ubique in Balearibus. — Florebat Martio. » (Camb.)
« Ab. caminos y terrenos cultivados. — Ene.-Junio. » (Rodrig.)

MAJORQUE : *La serra de Soller; Belver près Palma.* — Avril-mai.

2. **A. albus** Willd. *Sp.* II, p. 133, n. 4; Rodrig. *Catal. pl. Menorca*, p. 82, n. 574. — *A. ramosus* L. *Sp.* p. 444, n. 3 (part.); Camb. *Enum. pl. Balear.* n. 570. — ♃. Février-mai.

« In collibus petrosis Balearium vulgatissimus. — Florebat Martio, aprili. » (Camb.)
« Abundantisimo. » — Febr.-Mayo. » (Rodrig.)

MAJORQUE : *Santa-Margalida et toutes les garigues de Majorque.*

3. **A. cerasiferus** Gay in *Bull. Soc. bot. Fr.* IV, p. 610, n. 3; Willk. et Lang. *Prodr. Fl. Hisp.* I, p. 204, n. 858. — ♃. Mars.

MAJORQUE : *Belver.* — Avril.

4. **A. microcarpus** Viv. *Fl. Cors.* p. 5; Willk. et Lang. *Prodr. Fl. Hisp.* I, p. 203, n. 857. — ♃. Juin.

« Pentes du puig de Torella. » (Bourgeau, *Exsicc.*)

CVI. SMILACÉES

(SMILACEÆ R. Brown, *Prodr.* p. 292).

1. ASPARAGUS

(L. *Gen.* p. 168, n. 424).

1. **A. officinalis** L. *Sp.* p. 448, n. 1; Camb. *Enum. pl. Balear.* n. 567; Rodrig. *Catal. pl. Menorca*, p. 82, n. 575. — ♃.

« In montibus insulæ Majoris. Colitur in hortis. » (Camb.)
« Cultivado. » (Rodrig.)

2. **A. acutifolius** L. *Sp.* p. 449, n. 7; Guss. *Fl. Sic. Syn.* I, p. 417, n. 3; Bertol. *Fl. Ital.* IV, p. 151, n. 5; Camb. *Enum. pl. Balear.* n. 568; Rodrig. *Catal. pl. Menorca,* p. 82, n. 576. — ♄. Septembre.

« Ad vias in Balearibus. » (Camb.)

« Hab. : caminos y terrenos incultos; inmediaciones de la fuente del Cocil; Funduco. — Set. » (Rodrig.)

« Montagnes de Soller. » (Bourgeau, *Exsicc.* n. 2803.)

3. **A. albus** L. *Sp.* p. 449, n. 6; Rodrig. *Catal. pl. Menorca,* p. 82, n. 577; Barcelo, *Apuntes pl. Balear.* p. 44, n. 389. — ♄. Avril-septembre.

« Comun en los caminos y terrenos incultos. — Set. » (Rodrig.)

« Mall. : colinas aridas, caminos. Esta especie es la que más abunda en Mallorca. — Ag. » (Barcelo.)

4. **A. horridus** L. fil. *Suppl.* p. 203; Guss. *Fl. Sic. Syn.* I, p. 418, n. 5; Bertol. *Fl. Ital.* IV, p. 153, n. 7; Desf. *Fl. Atlant.* I, p. 307; Camb. *Enum. pl. Balear.* n. 569; Rodrig. *Catal. pl. Menorca,* p. 82, n. 578. — ♄. Avril-septembre.

« Ad vias in Balearibus vulgatissima. — Florebat Aprili. » (Camb.)

« Ab. en los caminos y matorrales. — Jul.-Set. » (Rodrig.)

MAJORQUE : *Collines de Belver près Palma; Alcudia.* — Avril, mai.

2. RUSCUS

(L. *Gen.* p. 534, n. 1139).

1. **R. aculeatus** L. *Sp.* p. 1474, n. 1; Gren. et Godr. *Fl. de Fr.* III, p. 233; Guss. *Fl. Sic. Syn.* II, p. 638, n. 1; Bertol. *Fl. Ital.* X, p. 397, n. 1; Desf. *Fl. Atlant.* II, p. 373; Camb. *Enum. pl. Balear.* n. 565; Rodrig. *Catal. pl. Menorca,* p. 82, n. 579. — ♄. Février-juin.

« In montibus insulæ Majoris haud rarus. » (Camb.)

« Hab. caminos y matorrales. — Febr. » (Rodrig.)

MAJORQUE : *Lluch; Arta; Bañalbufar; dans les haies; barranco de Soller.* — Avril à juin.

3. SMILAX

(L. *Gen.* p. 524, n. 1120).

1. **S. aspera** L. *Sp.* p. 1458, n. 1; Gren. et Godr. *Fl. de Fr.* III, p. 234; Guss. *Fl. Sic. Syn.* II, p. 629, n. 1; Bertol. *Fl. Ital.* X, p. 357, n. 1; Camb. *Enum. pl. Balear.* n. 564; Rodrig. *Catal. pl. Menorca,* p. 82, n. 580. — ♄. Mai-novembre.

« In montibus et ad sepes Balearium frequens. » (Camb.)
« Ab. enredada en las cercas y Lentiscos. — Oct., Nov. » (Rodrig.)

MAJORQUE : *Rochers et murailles près Soller.* — Mai.

Var. *picta* Willk. *Index*, n. 143, cum descr.

Var.? *balearica* Willk. *Index*, n. 143, cum descr.

2. **S. mauritanica** Poir. *It.* II, p. 263; Kunth, *Enum. pl.* V, p. 216, n. 70; Guss. *Fl. Sic. Syn.* II, p. 629, n. 2 ; Bertol. *Fl. Ital.* X, p. 359, n. 2; Desf. *Fl. Atlant.* II, p. 367 ; Barcelo, *Apuntes pl. Balear.* p. 44, n. 390. — ♄. Mai-septembre.

« En los setos : Soller; Andraitx. — Set. » (Barcelo.)
« Rochers maritimes près Soller. » (Bourgeau, *Exsicc.*)

CVII. DIOSCORÉES

(DIOSCOREÆ R. Brown, *Prodr.* p. 294).

1. TAMUS

(L. *Gen.* p. 524, n. 1119).

1. **T. communis** L. *Sp.* p. 1458, n. 1 ; Gren. et Godr. *Fl. de Fr.* III, p. 235 ; Guss. *Fl. Sic. Syn.* II, p. 628, n. 1; Bertol. *Fl. Ital.* X, p. 355, n. 1; Desf. *Fl. Atlant.* II, p. 366 ; Camb. *Enum. pl. Balear.* n. 566 ; Rodrig. *Catal. pl. Menorca*, p. 83, n. 581. — ♃. Avril-juin.

« Ubique ad sepes Balearium. — Florebat Aprili. » (Camb.)
« Hab. : sitios frescos y sombrios, barranco del Favaret; c. la fuente den Simon. — Abr. » (Rodrig.)

MAJORQUE : *Barranco et collines de Soller; Bañalbufar.* — Avril, mai.

CVIII. IRIDÉES

(IRIDEÆ Juss. *Gen.* p. 57).

1. CROCUS

(L. *Gen.* p. 25, n. 55).

1. **C. sativus** All. *Pedem.* n. 310; Camb. *Enum. pl. Balear.* n. 558. — ♃.

« Colitur in insulâ Majore. » (Camb.)

2. **C. Cambessedesii** J. Gay, *Bull. Soc. hist. nat.* 1831, t. XXV, p. 220, n. 10. — *C. minimus* Camb. non DC. *Enum. pl. Balear.* n. 558. — ♃.

« Tunicis extrafoliaceis basi in annulum persistentibus, foliaceis interioribus lævissimis, exteriore basi demùm in fibras liberas soluta ; petiolo inferiore imo tuberi affixo ; spatha duplici ; seminibus demùm brunneis, raphe et chalazà albidis. — Autumnalis. — Affinis *C. minimo*. — Habitat in Majorca. » (J. Gay.)

Baker indique le *C. Cambessedesii* comme ayant été envoyé vivant par Cambessèdes à J. Gay (*Gardners' Chronicle* du 25 octobre 1873). — Le *Crocus* indiqué par Cambessèdes sous le nom de *minimus* DC. dans son *Enum. pl. Balear.* n. 558, est donc bien le *C. Cambessedesii* J. Gay. Cette espèce fut créée quelques années après la publication de l'*Enumeratio* des Baléares. Les deux espèces, *minimus* et *Cambessedesii*, sont bien distinctes l'une de l'autre : 1° par la floraison, vernale pour le *minimus*, automnale pour le *Cambessedesii* ; 2° par la spathe simple dans le premier et bifide dans le deuxième.

3. **C. magontanus** Rodrig. *Catal. Suppl.* p. 52, n. 176. — ♃. Novembre à février.

« ... Bulbe de la grosseur d'une petite noisette, couvert de tuniques d'un brun châtain qui se séparent circulairement à la base et se convertissent en fibres parallèles : les tuniques extérieures presque transparentes... Trois à cinq feuilles naissant avant la fleur, étroitement linéaires, acuminées, recourbées... Spathe à deux feuilles, capsule ovoïde triangulaire... Semences ovoïdes, rosées, finement rugueuses. »

« Prefiere los sitios pedregosos : la Mola, Binisarmeña, San-Antonio, inmediaciones de la Mezquita, camino de Adaya, Forma-nou en Mahon ; Santa-Ponsa en Alayor ; cerca de la playa de Algayrens, Santa-Ana, inmediaciones de la cala de Santa-Galdana en Ciudadela. — Noviembre á Febrero. » (Rodrig.)

Dans l'*Index* de Willkomm, n. 104, nous ne trouvons que cette dernière espèce indiquée ainsi : « *C. magontanus* Rodrig. *Suppl.* p. 52 (*C. minimus* Camb. non DC., *C. versicolor* Barcelo, *Apunt.* p. 44 nec Gawl.). — Mallorca, pr. Andraitx (Barcelo). — Flor. octobre. » — Dans une note à la suite, Willkomm dit qu'ayant comparé les échantillons de Minorque, communiqués par M. Rodriguez, avec ceux de Majorque envoyés par M. Barcelo, il est convaincu que les uns et les autres appartiennent à la même espèce.

Dans l'herbier de M. Cosson, nous avons trouvé deux *Crocus* des Baléares : 1° L'un donné par M. Rodriguez, avec l'étiquette de cet auteur : « *C. minimus* DC.? Majorque. » Au-dessous, M. Maw a écrit : « *C. Cambessedesii.* » (La spathe est double.) 2° L'autre, provenant de Willkomm, avec l'étiquette : « *C. magontanus, legit Rodriguez.* »

M. Chappellier, bien connu par ses études spéciales sur les *Crocus*, a cultivé pendant plusieurs années les deux espèces : *minimus* et *Cambessedesii*. Pour lui, ce sont deux espèces différentes : la première surtout est complétement séparée de l'autre par sa floraison *vernale* et sa spathe *simple*.

Quant au *C. versicolor* Gawl., il est vernal et se distingue ainsi de l'espèce indiquée sous ce même nom par Barcelo.

Ces diverses raisons nous ont amené à n'admettre que les deux espèces du reste voisines : 1° *C. Cambessedesii* Gay, à laquelle nous rapportons le *C. minimus* de Cambessèdes ; 2° le *C. Magontanus* Rodrig., auquel le *C. versicolor* de Barcelo, non Gawl., reste rattaché par Willkomm. Barcelo indique cette plante à Palma, Andraitx, monte Galatzo, Teix, puig de Torella, etc. — Octobre.

2. TRICHONEMA

(Ker. in *Ann. of. Bot.* I, p. 224).

1. **T. Columnae** Rchb. *Fl. excurs.* I, p. 83, n. 578 ; Rodrig. *Catal. pl. Menorca*, p. 84, n. 583. — ♃. Mars.

« Hab. : Binisarmeña y San-Antonio ; estancia de Son Pons ; inmediaciones de Cala Moli. — Ene.-Marz. » (Rodrig.)

2. **T. Bulbocodium** Rchb. *Fl. excurs.* I, p. 83, n. 577. — *Ixia Bulbocodium* DC. *Fl. fr.* III, p. 281, n. 2000 (excl. var. γ. et δ.) ; Camb. *Enum. pl. Balear.* n. 556. — ♃. Avril.

« In collibus petrosis prope Artam in insulâ Majore.— Florebat Aprili. » (Camb.)

Majorque : *Bord de la mer, à la mola d'Andraitx, dans le sable.*

3. **T. Linaresii** Gren. et Godr. *Fl. de Fr.* III, p. 238. — *Romulea Linaresii* Parl. *Fl. Palerm.* I, p. 38 ; Bertol. *Fl. Ital.* IV, p. 779, n. 1 ; Guss. *Fl. Sic. Syn.* I, p. 33, n. 2. — ♃. Avril.

Majorque : *Colline des vergiers de Moragas près d'Arta ; garigues rocailleuses.*

3. IRIS

(L. *Gen.* p. 27, n. 59).

1. **I. olbiensis** Hénon, *Ann. Soc. agric. de Lyon*, VIII, p. 462, icon. ; Rodrig. *Catal. Suppl.* p. 54, n. 177. — ♃. Février-mars.

« Predios San-Antonio y San-Isidro del termino de Mahon.— Febrero, Marzo. » (Rodrig.)

2. **I. germanica** L. *Sp.* p. 55, n. 3 ; Gren. et Godr. *Fl. de Fr.* III, p. 241 ; Rodrig. *Catal. pl. Menorca*, p. 84, n. 584 ; Barcelo, *Apuntes pl. Balear.* p. 44, n. 392. — ♃. Mars-avril.

« Hab. : monte de Santa-Agueda ; marina de Binimoti ?. — Marz. » (Rodrig.)

« Mall. : colinas aridas, Andraitx, Lluch, Alaro, Lloseta, Felanitx, Establimens, etc. — Marz. » (Barcelo.)

Majorque : *Andraitx.* — Avril.

3. **I. florentina** L. *Sp.* p. 55, n. 2; Barcelo, *Apuntes pl. Balear.* p. 44, n. 393. — ♃. Avril.

« En el vall d'en March, entre Pollenza y Lluch. — Abr. » (Barcelo.)

4. **I. Pseudacorus** L. *Sp.* p. 56, n. 10; Rodrig. *Catal. Suppl.* p. 54, n. 179; Barcelo, *Apuntes pl. Balear.* p. 44, n. 394. — ♃. Mars.

« Barranco de Calamporter, Canasía, barranco de Algendar.— Marzo. » (Rodrig.)

« Menorca (Cursach). » (Barcelo.)

5. **I. fœtidissima** L. *Sp.* p. 57, n. 11; Barcelo, *Apuntes pl. Balear.* p. 44, n. 395. — ♃.

« Menorca (Cursach). » (Barcelo.)

6. **I. graminea** L. *Sp.* p. 58, n. 17; Barcelo, *Apuntes pl. Balear.* p. 44, n. 396. — ♃.

« (Weyler). » (Barcelo.)

7. **I. sicula** Todaro; Rodrig. *Catal. Suppl.* p. 54, n. 178. — ♃. Avril.

« En los predios Covas-vellas y Albufera de Mercadal (Casall.!). — Abril. » (Rodrig.)

8. **I. sambucina** L. *Sp.* p. 55, n. 4 (Oleo).

4. GYNANDRIRIS

(Parl. *Nuovi Gen. e nuove Sp.* p. 49).

1. **G. Sisyrinchium** Parl. *l. c.*; Gren. et Godr. *Fl. de Fr.* III, p. 246; Rodrig. *Catal. pl. Menorca*, p. 84, n. 585. — *Iris Sisyrinchium* L. *Sp.* p. 59, n. 22; Guss. *Fl. Sic. Syn.* I, p. 39, n. 7; Bertol. *Fl. Ital.* I, p. 244, n. 12; Desf. *Fl. Atlant.* I, p. 38; Camb. *Enum. pl. Balear.* n. 553. — ♃. Avril-mai.

« Ad margines viarum in Ebuso. — Florebat Majo. » (Camb.)

« R. Hab.: en la isla s.-esp. loc. Cleg. lado S. del puerto de Mah. entre el Funduco y Villa-Carlos. — Abr. » (Rodrig.)

Bords de la mer et terrains marneux et ondulés : très-répandu à Majorque et surtout à Iviça. — Avril.

5. GLADIOLUS

(L. *Gen.* p. 26, n. 57).

1. **G. communis** L. *Sp.* p. 52, n. 1; Gren. et Godr. *Fl. de Fr.* III, p. 248; Bertol. *Fl. Ital.* I, p. 227, n. 2; Desf. *Fl. Atlant.* I, p. 35;

Camb. *Enum. pl. Balear.* n. 555; Rodrig. *Catal. pl. Menorca*, p. 84, n. 686. — ♃.

« Inter segetes insulæ Majoris, prope Alcudiam. — Florebat Aprili. » (Camb.)

« Citado por Ram. y Oleo. » (Rodrig.)

MAJORQUE : *Camino de las Cinglas de Bini; la serra de Soller; las Païsas près d'Arta; Palma, du côté de Belver; sa couma freda de Massanellas.* — IVIÇA : *Rio San-José.* — Avril-Juin.

2. **G. segetum** Gawl. *Bot. Mag.* 719; Rodrig. *Catal. pl. Menorca*, p. 84, n. 587. — *Gladiolus Ludovicæ* Jan. *Plant. exsicc.*; Camb. *Enum. pl. Balear.* n. 554; Barcelo, *Apuntes pl. Balear.* p. 44, n. 397. — ♃. Avril.

« Inter segetes insulæ Majoris, prope Alcudiam. — Florebat Aprili. » (Camb.)

« Comun en terrenos cultivados. — Abr.-Mayo. » (Rodrig.)

« Mall. : comun entre las mieses. — Abr. » (Barcelo.)

« Champs incultes à Lofra. » (Bourgeau, *Exsicc.*)

3. **G. illyricus** Koch; Willk. *Index*, n. 99.

« Mallorca : in pinetis ad cast. Belver. — Apr. c. far. » (Willk.)

CIX. AMARYLLIDÉES

(AMARYLLIDEÆ R. Br. *Prodr.* p. 296).

—

1. LEUCOIUM

(L. *Gen.* p. 160, n. 402).

1. **L. Hernandezii** Camb. *Enum. pl. Balear.* n. 563; Rodrig. *Catal. pl. Menorca*, p. 84, n. 588. — ♃. Mars-avril.

« Crescit in montibus insulæ Majoris prope Lluch, necnon in insulâ Minore (Hern.). » (Camb.)

« Hab. : ab. en sitios húmedos. — Ene.-Marz. » (Rodrig.)

MAJORQUE : *Bords du ruisseau de ses bouradou des ort de So Chianchias près Arta.* — 3 Avril 1855.

2. STERNBERGIA

(W. K. *Pl. rar. Hung.* II, p. 172).

1. **S. lutea** Gawl. in Schult. *Syst.* VII, p. 795; Kunth, *Enum.* V,

p. 701, n. 6; Barcelo, *Apuntes pl. Balear.* p. 44, n. 398. — ♃. Septembre.

« Parajes sombrios, Deyá, puig Puñent, Aubarca de Bordils, Planicie. — Set. » (Barcelo.)

3. NARCISSUS

(L. *Gen.* p. 161, n. 403).

1. **N. Jonquilla** L. *Sp.* p. 417, n. 11; Camb. *Enum. pl. Balear.* n. 562; Rodrig. *Catal. pl. Menorca*, p. 85, n. 589. — ♃.

« In insulâ Minore (Hern.). » (Camb.)
« Encuentrase en la isla (seg. Hern.). » (Rodrig.)

2. **N. serotinus** L. *Sp.* p. 417, n. 12; Rodrig. *Catal. pl. Menorca*, p. 85, n. 590. — ♃. Septembre-octobre.

« Hab. sendero de cala Mezquita, cala Figuera; camino viejo de Mah. á Alaior; camino superior de la ermita de San-Juan, en el sitio llamado *Gibraltar.* — Set., Oct. » (Rodrig.)

3. **N. Tazetta** L. *Sp.* p. 416, n. 7; Gren. et Godr. *Fl. de Fr.* III, p. 261; Guss. *Fl. Sic. Syn.* I, p. 382, n. 1; Bertol. *Fl. Ital.* IV, p. 13, n. 4; Camb. *Enum. pl. Balear.* n. 561; Rodrig. *Catal. pl. Menorca*, p. 85, n. 591. — ♃. Mars-mai.

« In collibus petrosis prope Palmam. — Florebat Martio. » (Camb.)
« Hab.: camino de la Albufera; lado S. del puerto de Mah. entre el Funduco y Villa-Carlos; marina de los predios San-Antonio y Binisarmeña. — Ene.-Abr. » (Rodrig.)

MAJORQUE : *Terrain d'alluvion ferrugineuse à moitié chemin de Palma à Soller; rochers du gorc Blaou près Lluch.* — Avril à juin.

4. **N. radiatus** Red. *Lil.* t. 459; Camb. *Enum. pl. Balear.* n. 560. — ♃. Avril.

« In monte puig de Malluch in insulâ Majore. — Florebat Aprili. » (Camb.)

4. PANCRATIUM

(L. *Gen.* p. 161, n. 404).

1. **P. maritimum** L. *Sp.* p. 418, n. 4; Camb. *Enum. pl. Balear.* n. 559; Rodrig. *Catal. pl. Menorca*, p. 85, n. 592. — ♃. Juillet-octobre.

« In arenosis maritimis Balearium. » (Camb.)

« Inmediaciones de la Albufera ; Pou den Carles en Capifort ; c. Fornells en la punta del Peu ; playas de Algayrens. — Jul.-Oct. » (Rodrig.)

CX. AGAVÉES

(AGAVEÆ Endl. *Gen.*).

1. AGAVE

(L. *Gen.* p. 171, n. 431).

1. **A. americana** L. *Sp.* p. 461, n. 1 ; Camb. *Enum. pl. Balear.* n. 584 ; Rodrig. *Catal. pl. Menorca*, p. 85, n. 593. — ♄. Juillet.

« Ad sepes et rupes maritimas in Balearibus haud rara. » (Camb.)
« Naturalizada en algunos puntos de la isla. — Jul. » (Rodrig.)

Très-répandu dans les Baléares.

Cette plante est appelée *Pita*, du nom que l'on donne à la belle filasse blanche extraite de ses feuilles, et dont les Espagnols se servent pour une foule d'usages : spardilles, cordages, frondes, mèches de fouet, etc., etc.

CXI. ORCHIDÉES

(ORCHIDEÆ Juss. *Gen.* p. 64).

1. SPIRANTHES

(L. C. Rich. *Orch. Europ.* p. 28, n. 14).

1. **S. autumnalis** Rich. *l. c.*; Rodrig. *Catal. pl. Menorca*, p. 86 n. 594; Barcelo, *Apuntes pl. Balear.* p. 45, n. 400. — ♃. Septembre-octobre.

« R. Hab. lado S. del puerto de Mah. entre el Funduco y calas Figuerassas. — Set., Oct. » (Rodrig.)
« Menorca (Rodr.). » (Barcelo.)

2. CEPHALANTHERA

(L. C. Rich. *Orch. Europ.* p. 29, n. 16).

1. **C. rubra** Rich. *Orch. Europ.* p. 38, n. 3 ; Barcelo, *Apuntes pl. Balear.* p. 45, n. 401. — ♃.

« Mallorca. » (Barcelo.)

2. **C. ensifolia** Rich. *Orch. Europ.* p. 38, n. 3; Gren. et Godr. *Fl. de Fr.* III, p. 268. — *C. xiphophyllum* Rchb. *Ic.* vol. XIII, p. 135, tab. 118. — ♃. Mai-juin.

MAJORQUE : *La couma freda de Massanellas; puig Mayor de Torellas.* — Juin.

3. **C. grandiflora** Bab. *Man.* 296; Gren. et Godr. *Fl. de Fr.* III, p. 269. — *C. pallens* Rich. *Orch. Europ.* p. 38, n. 1. — *Serapias grandiflora* L. *Mant.* alt. p. 491. — ♃.

MAJORQUE : *Bois de chênes autour de Valdemosa; garigues de chênes sur la route de Deya à Valdemosa.* — Avril.

3. EPIPACTIS

(L. C. Rich. *Orch. Europ.* p. 29, n. 17, fig. 8).

1. **E. microphylla** Swartz, *Act. Holm.* 1800, p. 232. — ♃. Mai-juin.

MAJORQUE : *Dans les bois autour de Lluch; bois de son Soureda près Arta.*

2. **E. latifolia** All. *Ped.* II, p. 151; Bourgeau, *Exsicc.* — ♃. Mai.

« Col de Soller. » (Bourgeau, *Exsicc.*)

4. LIMODORUM

(L. C. Rich. *Orch. Europ.* p. 28, n. 13, fig. 9).

1. **L. abortivum** Swartz, *Act. Holm.* VI, p. 80; Gren. et Godr. *Fl. de Fr.* III, p. 273; Guss. *Fl. Sic. Syn.* II, p. 554, n. 1; Bertol. *Fl. Ital.* IX, p. 631, n. 1; Rodrig. *Catal. pl. Menorca*, p. 86, n. 595; Barcelo, *Apuntes pl. Balear.* p. 45, n. 402. — ♃. Avril-mai.

« Hab. : encinar de Biniaxa; son Gurnès; montes el Bec y la Anclusa. — Abr.-Mayo. » (Rodrig.)

« Menorca (Rodr.). » (Barcelo.)

MAJORQUE : *Bois de pins entre la casa de cap Formentor et cala Figuera; son Soureda près Arta; col de Soller.* — Mai, juin.

5. SERAPIAS

(L. *Gen.* p. 462, n. 1012, ex. part.).

1. **S. cordigera** L. *Sp.* p. 1345, n. 4; Rodrig. *Catal. pl. Menorca*, p. 86, n. 596. — ♃. Avril-mai.

« Hab. marina de son Gurnès. — Abr.-Mayo. » (Rodrig.)

2. **S. pseudo-cordigera** Moric. *Ven.* 374 (1820); Rodrig. *Catal. Suppl.* p. 55, n. 180. — ♃. Avril-mai.

« Raro : hácia la cúspide de la Anclusa y del Bec en Ferrerias. — Abril-Mayo. » (Rodrig.)

3. **S. occultata** Gay, *Ann. sc. nat.* sér. 2ᵉ, vol. VI (1836), p. 119; Barcelo, *Apuntes pl. Balear.* p. 45, n. 404. — ♃.

« Menorca (Rodr.). » (Barcelo.)

Var. *parviflora* Parl. Willk. *Index*, n. 114.

« Mallorca : in graminosis arenis pinetorum ad sinum Alcudianum sitorum. — Apr. c. flor. » (Willk.)

4. **S. Lingua** L. *Sp.* p. 1344, n. 2; Gren. et Godr. *Fl. de Fr.* III, p. 280; Guss. *Fl. Sic. Syn.* II, p. 553, n. 4; Bertol. *Fl. Ital.* IX, p. 600, n. 1; Desf. *Fl. Atlant.* II, p. 321; Camb. *Enum. pl. Balear.* n. 552; Rodrig. *Catal. Suppl.* p. 55, n. 181. — ♃. Avril-juin

« In collibus petrosis insulæ Majoris, prope Petram, Artam, et in Ebuso. — Florebat Aprili, Majo. » (Camb.)

« Binisarmeña hácia el llano de Turmaden (Rodrig.); estancia de Mora en Mercadal (Casall.); son Gurnès en Ferrerias (Rodr.). — Abril-Mayo. » (Rodrig.)

MAJORQUE : *La couma freda de puig Mayor de Massanellas.* — MINORQUE : *Côté S. du termino de Ciudadela.* — Mai, juin.

6. ACERAS

(R. Br. in Ait. *Hort Kew.* edit. 2, V, p. 191, part.).

1. **A. anthropophora** R. Br. *l. c.*; Gren. et Godr. *Fl. de Fr.* III, p. 281; Guss. *Fl. Sic. Syn.* II, p. 543, n. 1; Bertol. *Fl. Ital.* IX, p. 576, n. 1. — *Ophrys anthropophora* L. *Sp.* p. 1343, n. 14. — *Loroglossum anthropophorum* Rich. *Orch. Europ.* p 32, n. 2. — ♃. Juin.

MAJORQUE : *Sommet de la couma freda de Massanellas.* — Juin.

2. **A. intacta** Rchb. *Icon.* vol. XIII, p. 2, tab. 148. — *A. densiflora* Boiss. *Voy.* 595; Gren. et Godr. *Fl. de Fr.* III, p. 282. — *Satyrium maculatum* Desf. *Fl. Atlant.* II, p. 319. — *Orchis secundiflora* Bertol. *Amœn. Ital.* p. 82, et *Fl. Ital.* IX, p. 533, n. 13; Camb. *Enum. pl. Balear.* n. 547. — ♃. Avril.

« In monte dicto puig de Torella in insulâ Majore. — Florebat Aprili. » (Camb.)

MAJORQUE : *Calcaire marneux au col de Lofre; sommet de castillo de Alaro.* — Avril, mai.

3. **A. longibracteata** Rchb. *Icon.* vol. XIII, p. 3, tab. 27 et 149; Gren. et Godr. *Fl. de Fr.* III, p. 282; Rodrig. *Catal. Suppl.* p. 55, n. 182; Barcelo, *Apuntes pl. Balear.* p. 45, n. 405. — ♃. Février-mars.

« Muy raro : ladera entre el Favaret y la huerta de San-Juan (Casall. Rodr.). — Febrero. » (Rodrig.)
« En puig Puñent. — Marz. » (Barcelo.)

MAJORQUE : *Fentes des rochers à Esporlas.* — Avril.

4. **A. pyramidalis** Rchb. *Icon.* vol. XIII, p. 6, tab. 9; Gren. et Godr. *Fl. de Fr.* III, p. 283. — *Orchis pyramidalis* L. *Sp.* p. 1332, n. 12; Guss. *Fl. Sic. Syn.* II, p. 532, n. 9; Bertol. *Fl. Ital.* IX, p. 518, n. 2. — *O. condensata* Desf. *Fl. Atlant.* II, p. 316. — ♃. Juin.

MINORQUE : *Camino de Cavails près la plage de Santa-Galdana, au S. du termino de Ciudadela.* — Mai.

7. ORCHIS

(L. *Gen.* p. 461, n. 1009, part.).

1. **O. rubra** Jacq.; Barcelo, *Apuntes pl. Balear.* p. 45, n. 407. — ♃. Mars.

« Portopi. — Marz. » (Barcelo.)

2. **O. Morio** L. *Sp.* p. 1333, n. 16; Camb. *Enum. pl. Balear.* n. 545; Rodrig. *Catal. pl. Menorca*, p. 87, n. 600. — ♃. Avril.

« In montibus insulæ Majoris frequens. — Florebat Aprili. » (Camb.)
« Indicado s.-esp. loc. por Curs., Ram. y Oleo. » (Rodrig.)

3. **O. coriophora** L. *Sp.* p. 1332, n. 14; Gren. et Godr. *Fl. de Fr.* III, p. 287; Bertol. *Fl. Ital.* IX, p. 522, n. 4; Desf. *Fl. Atlant.* II, p. 318; Barcelo, *Apuntes pl. Balear.* p. 45, n. 408. — *O. fragrans* Guss. *Fl. Sic. Syn.* II, p. 533, n. 11. — ♃. Mars-mai.

« Portopi. — Marz. » (Barcelo.)

MAJORQUE : *Chemin de son Soureda près Arta.* — Mai.

4. **O. longicornu** Poir. *Itin.* II, p. 247; Guss. *Fl. Sic. Syn.* II, p. 534, n. 13; Desf. *Fl. Atlant.* II, p. 317. — *O. longicornis* Bertol. *Fl. Ital.* IX, p. 526, n. 7; Rodrig. *Catal. Suppl.* p. 55, n. 183. — ♃. Mars-mai.

« Estancia de Mora en Mercadal (Casall.!); montaña de las Fonts radonas, son Gurnès (Rodr.). — Marzo, Abril. » (Rodrig.)

MAJORQUE : *Calcaire marneux: col de Lofre; serra de Soller.* — Mai.

5. **O. tridentata** Scop. *Carn.* II, p. 190; Rodrig. *Catal. pl. Menorca*, p. 87, n. 601. — ♃. Février-mars.

« Hab. en la isla s.-esp. loc. (Hern.); lado S. del puerto de Mah. entre el Funduco y Villa-Carlos; Alcaufar; camino viejo de Mah. á Ala., r. — Febr., Marz. » (Rodrig.)

Var. *acuminata* Rchb. fil. *Ic.* t. 18. — *O. lactea* Poiret, *Dict.* IV, p. 594; Camb. *Enum. pl. Balear.* n. 546. — *O. acuminata* Desf. *Fl. Atl.* II, p. 318, tab. 247.

« In collibus petrosis prope Artam, Palmam; in insulâ Minore (Hern.). — Floret Martio. » (Camb.)

6. **O. militaris** L. *Sp.* p. 1333, n. 19 (excl. var. β., δ., ε.); Barcelo, *Apuntes pl. Balear.* p. 45, n. 411. — ♃.

« Mallorca (Weyler). » (Barcelo.)

7. **O. longicruris** Link, in Schrad. *Journ.* 1799, II, p. 323. — *O. undulatifolia* Biv. cent. 2, p. 44, n. 61; Guss. *Fl. Sic. Syn.* II, p. 539, n. 22. — ♃. Mars.

MAJORQUE : *Piña près Algayda.* — Mars.

8. **O. mascula** L. *Sp.* p. 1333, n. 17; Gren. et Godr. *Fl. de Fr.* III, p. 292; Bertol. *Fl. Ital.* IX, p. 527, n. 8; Desf. *Fl. Atlant.* II, p. 315. — ♃. Avril-mai.

Var. *obtusiflora* Rchb. fil. — Willk. *Index*, n. 122.

MAJORQUE : *Lluch; sommet du castillo d'Alaro; col de Soller.* — Avril.

9. **O. maculata** L. *Sp.* p. 1335, n. 24; Barcelo, *Apuntes pl. Balear.* p. 45, n. 410. — ♃. Avril.

« Esporlas. » (Barcelo.)

10. **O. bifolia** L. *Sp.* p. 1331, n. 8; Barcelo, *Apuntes pl. Balear.* p. 45, n. 409. — ♃. Février.

« Portopi. — Febr. » (Barcelo.)

11. **O. conopsea** L. *Sp.* p. 1335, n. 26; Bertol. *Fl. Ital.* IX, p. 562, n. 32. — *Gymnadenia conopsea* Ait. *Hort. Kew.* edit. 2, V, p. 191, n. 1. — ♃. Juin.

MAJORQUE : *Au pied des rochers de puig Mayor de Massanellas.*

8. OPHRYS

(L. *Gen.* p. 462, n. 1011 part.).

1. **O. aranifera** Huds. *Fl. Angl.* edit. 2, p. 392, n. 2; Gren. et Godr. *Fl. de Fr.* III, p. 301; Guss. *Fl. Sic. Syn.* II, p. 544, n. 1; Bertol. *Fl. Ital.* IX, p. 586, n. 4. — ♃. Avril.

MAJORQUE : *Terrains marneux.* — Avril, mai.

Var. β. *atrata* Rchb. — Willk. *Index*, n. 124.

« Mallorca : puig de Teix, in declivitate septentrionali cacuminis prope tugurium (nevera) inferius siti, per raro. D. 7 Maji c. flor. » (Willk.)

2. **O. tenthredinifera** Willd. *Sp.* IV, p. 67, n. 13; Gren. et Godr. *Fl. de Fr.* III, p. 302; Guss. *Fl. Sic. Syn.* II, p. 546, n. 6; Bertol., *Fl. Ital.* IX, p. 589, n. 7; Camb. *Enum. pl. Balear.* n. 548; Rodrig. *Catal. pl. Menorca*, p. 88, n. 603. — ♃. Mars-avril.

« In collibus petrosis insulæ Majoris prope Petram, Artam. — Florebat Aprili. » (Camb.)

« Hab. : camino de Binillanti; lado S. del puerto de Mah. entre el Funduco y Villa-Cárlos; barranco de San-Juan; camino de Adaya; c. la cala de Santa-Galdana; predio Santa-Ana en Ciu. — Marz., Abr. » (Rodrig.)

MAJORQUE : *Arta.* — Mai.

3. **O. Bertolonii** Morett. dec. 6, p. 9; Rodrig. *Catal. Suppl.* p. 55, n. 184; Barcelo, *Apuntes pl. Balear.* p. 45, n. 412. — ♃.

« Raro : terrenos calcáreos : Alcaufar; Canutells en Mahon; Santa-Ponsa; Lluquelquelba en Alayor; Calamoli en Mercadal; Santa-Ana en Ciudadela. — Abril. » (Rodrig.)

« Mallorca (Weyler). » (Barcelo.)

4. **O. arachnites** Reich. *Fl. mœn.-franc.* II, p. 89; Barcelo, *Apuntes pl. Balear.* p. 45, n. 413. — ♃. Février.

« Portapi, Genova, Teix. — Febr. » (Barcelo.)

5. **O. apifera** Huds. *Fl. Angl.* edit. 2, p. 391, n. 11; Gren. et Godr. *Fl. de Fr.* III, p. 303; Guss. *Fl. Sic. Syn.* II, p. 548, n. 8; Bertol. *Fl. Ital.* IX, p. 582, n. 2; Barcelo, *Apuntes pl. Balear.* p. 45, n. 414. — ♃. Avril-juin.

« Mall. : colinas estériles de son Rapiña. — Abr. » (Barcelo.)

MAJORQUE : *Las singlas de Bini.* — IVIÇA : *Ruisseau de San-Juan.*

6. **O. bombyliflora** Link, in Schrad. *Diar.* II (1799), p. 325; Gren. et Godr. *Fl. de Fr.* III, p. 303; Guss. *Fl. Sic. Syn.* II, p. 549, n. 10; Bertol. *Fl. Ital.* IX, p. 597, n. 13; Rodrig. *Catal. pl. Menorca*, p. 88, n. 604. — *O. tabanifera* Willd. *Sp.* IV, p. 68, n. 14; Camb. *Enum. pl. Balear.* n. 549. — ♃. Mars-avril.

« In insulâ Majore prope Artam, Lluch. — Florebat Aprili. » (Camb.)

« Hab. : lado S. del puerto de Mah. entre el Funduco y Villa-Carlos; marina de Alcaufar; camino de Adaya; c. la cala de Santa-Galdana; c. cala Moli. — Marz., Abr. » (Rodrig.)

Majorque : *Près du Prat.* — Mars.

7. **O. Speculum** Link, in Schrad. *Diar. bot.* ann. 1799, vol. II, p. 324; Bertol. *Fl. Ital.* IX, p. 592, n. 9; Rodrig. *Catal. pl. Menorca*, p. 88, n. 605. — *O. vernixia* Brot. *Fl. Lusit.* I, p. 24, n. 6; Camb. *Enum. pl. Balear.* n. 550. — ♃. Mars-mai.

« In collibus petrosis insulæ Majoris prope Petram, Artam, et Ebusi circa S. Eulaliam. — Florebat Aprili, Majo. » (Camb.)

« Hab. : camino viejo de Mah. á Ala., lado S. del puerto de Mah.; c. cala Moli; c. la cala de Santa-Galdana. — Marz., Abr. » (Rodrig.)

Majorque : *Palma, côté de Belver; playa de las salinas.* — Avril.

8. **O. fusca** Link, in Schrad. *Diar.* II (1799), p. 325; Gren. et Godr. *Fl. de Fr.* III, p. 305; Guss., *Fl. Sic. Syn.* II, p. 550, n. 12; Bertol. *Fl. Ital.* IX, p. 598, n. 14; Camb. *Enum. pl. Balear.* n. 551; Rodrig. *Catal. pl. Menorca*, p. 88, n. 606. — ♃. Mars-avril.

« In collibus petrosis prope Artam et in monte puig Mayor in insulâ Majore. — Florebat Aprili. » (Camb.)

« Hab. : marina de Alcaufar; c. cala Moli; c. la cala de Santa-Galdana. — Marz., Abr. » (Rodrig.)

Majorque : *Bois de pins entre Algayda et Palma.* — Mars.

9. **O. lutea** Cav. *Icon.* II, p. 46, tab. 160; Rodrig. *Catal. pl. Menorca*, p. 88, n. 607; Barcelo, *Apuntes pl. Balear.* p. 45, n. 415. — ♃. Février-avril.

« Hab. : inmediaciones de la calá de San-Estéban; barranco de San-Juan; camino viejo de Mah. á Ala.; c. la cala de Santa-Galdana á la parte del término de Ciu. — Febr.-Abr.

« Menorca (Rodr.). » (Barcelo.)

CXII. PALMÉES

(PALMÆ L. *Ord. natur.* p. 21).

—

1. PHŒNIX

(L. *Gen.* p. 573, n. 1224).

1. **P. dactylifera** L. *Sp.* p. 1658, n. 1 ; Camb. *Enum. pl. Balear.* n. 586. — ♄.

« Colitur in insulâ Majore. » (Camb.)

MAJORQUE : *Au Fabi près Soller ; à Valdemosa.* — MINORQUE : *A Ciudadela.* — IVIÇA : *Autour de la ville.*

Les Dattiers poussent vigoureusement dans les Baléares et y deviennent de beaux arbres ; leurs fruits se forment et se développent bien ; mais de même que sur les bords de tout le bassin N. O., *ils ne mûrissent pas complètement leurs fruits.*

2. CHAMÆROPS

(L. *Gen.* p. 571, n. 1219).

1. **C. humilis** L. *Sp.* p. 1657 ; n. 1 ; Guss. *Fl. Sic. Syn.* II, p. 647, n. 1 ; Bertol. *Fl. Ital.* X, p. 433, n. 1, Desf. *Fl. Atlant.* II, p. 437 ; Camb. *Enum. pl. Balear.* n. 587 ; Rodrig. *Catal. pl. Menorca*, p. 91, n. 616. — ♄.

« In collibus maritimis et montibus Balearium frequens. » (Camb.)

« Hab. distrito de Ciu. » (Rodrig.)

MAJORQUE : *Cap Formentor ; chemin de Lluch à Pollenza.* — Mai.

CXIII. JONCAGINÉES

(JUNCAGINEÆ Rich. *Mém. Mus.* I, p. 365).

—

1. TRIGLOCHIN

(L. *Gen.* p. 179, n. 453).

1. **T. Barrelieri** Lois. *Fl. Gall.* edit. 1, p. 725, n. 1 ; Barcelo, *Apuntes pl. Balear.* p. 45, n. 417. — ♃. Avril.

« Sitios húmedos cerca de Palma. — Abr. » (Barcelo.)

2. **T. laxiflorum** Guss. ; Barcelo, *Apuntes pl. Balear.* p. 46, n. 418 ; Rodrig. *Catal. pl. Menorca*, p. 89, n. 608. — ♃. Septembre-octobre.

« Marina de Binisarmeña y San-Antonio. — Set., Oct. » (Rodrig.)
« Menorca (Rodr.). » (Barcelo.)

3. **T. maritimum** L. *Sp.* p. 483, n. 2; Barcelo, *Apuntes pl. Balear.* p. 46, n. 419. — ♃. Avril.

« Praderas de la Puebla, Prat. — Abr. » (Barcelo.)

CXIV. POTAMÉES

(Potameæ Juss. *Dict. sc. nat.* t. XLIII, p. 93).

—

1. POTAMOGETON

(L. *Gen.* p. 67, n. 174).

1. **P. natans** et **angustatum** Mert. et Koch, *Deutschl. Flor.* I, p. 840; Camb. *Enum. pl. Balear.* n. 539.

« In fossis prope Artam in insulâ Majore. (Camb.)

2. **P. lucens** L. *Sp.* p. 183, n. 4; Barcelo, *Apuntes pl. Balear.* p. 46, n. 420. — ♃.

« Acequia d'en Baster en Palma. » (Barcelo.)

3. **P. pusillum** L. *Sp.* p. 184, n. 12; Rodrig. *Catal. Suppl.* p. 55, n. 185. — ♃. Mai.

« Acequias en el barranco de Algendar. — Mayo. » (Rodrig.)

4. **P. pectinatum** L. *Sp.* p. 183, n. 8; Camb. *Enum. pl. Balear.* n. 540; Rodrig. *Catal. Suppl.* p. 55, n. 186. — ♃. Mai.

« In fossis Balearium frequens. — Florebat Majo. » (Camb.)
« Torrente en el llano de Turmaden (Rodr.); torrente del barranco de Algendar. — Mayo. » (Rodrig.)

2. ZANNICHELLIA

(L. *Gen.* p. 476, n. 1034).

1. **Z. dentata** Willd. *Sp.* p. 181, n. 2; Rodrig. *Catal. pl. Menorca,* p. 90, n. 612; Barcelo, *Apuntes pl. Balear.* p. 46, n. 421. — ♃. Fruit en septembre-octobre.

« Hab.: abrevadero de la fuente del Cocil. — En Oct. la encontré en fruto. » (Rodrig.)
« Lagunas de la Puebla y de Alcudia. — Primavera. » (Barcelo.)

CXV. ZOSTÉRACÉES

(ZOSTÉRACÉES Adr. de Juss. *Élém. bot.* édit. 5, p. 432).

1. POSIDONIA

(Kœnig, *Ann. of. Bot.* p. 95, tab. 6).

1. **P. Caulini** Kœnig, *l. c.*; Rodrig. *Catal. pl. Menorca*, p. 90, n. 613. — *Caulinia oceanica* DC. *Fl. fr.* III, p. 156, n. 1819; Camb. *Enum. pl. Balear.* n. 588. — ♃.

« In mari. » (Camb.).
« En el mar (Camb.). » (Rodrig.)

2. RUPPIA

(L. *Gen.* p. 68, n. 175).

1. **R. brachypus** J. Gay (*R. maritima* Rodrig. *Suppl.* p. 56, non L.); Willk. n. 27.

« In aquis stagnantibus saluginosis Balearium satis frequens. Menorca : in fossis stagnisque ditionis la Canasia in consortio *Ranunc. aquatilis*, ad salinas juxta puerto de Adaya. Mallorca : in fossis ditionum Albufera et Albufereta de Alcudia, Salobrar de Campos et juxta salinas de S.-Juan abunde. — April c. flor. et fr. » (Willk.)

3. ZOSTERA

(L. *Gen.* p. 472, n. 1032).

1. **Z. marina** L. *Sp.* p. 1374, n. 1; Barcelo, *Apuntes pl. Balear.* p. 46, n. 423. — ♃.

« Costas cenagosas de la bahia de Palma. » (Barcelo.)

CXVI. LEMNACÉES

(LEMNACEÆ Dub. *Bot.* I, p. 532).

1. LEMNA

(L. *Gen.* p. 478, n. 1038).

1. **L. minor** L. *Sp.* p. 1376, n. 2; Rodrig. *Catal. pl. Menorca*, p. 91, n. 615; Barcelo, *Apuntes pl. Balear.* p. 46, n. 424. — ①. Avril-mai.

« Hab. superficie de las aguas estancadas. — Abr., Mayo. » (Rodrig.)

« Mall. en la superficie de las aguas estancadas del litoral. — Primavera. » (Barcelo.)

CXVII. TYPHACÉES

(Typhæ Juss. *Gen.* p. 25).

—

1. TYPHA

(L. *Gen.* p. 479, n. 1040).

1. **T. latifolia** L. *Sp.* p. 1377, n. 1; Rodrig. *Catal. pl. Menorca*, p. 92, n. 622; Barcelo, *Apuntes pl. Balear.* p. 46, n. 427. — ♃. Mai-juin.

« Hab.: Albufera; barranco de Algendar. — Mayo-Jun. » (Rodrig.)

« Mall.: comun en las lagunas de la Puebla y de Alcudia. — Jun (Barcelo.)

2. **T. angustifolia** L. *Sp.* p. 1377, n. 2; Rodrig. *Catal. pl. Menorca*, p. 92, n. 623; Barcelo, *Apuntes pl. Balear.* p. 46, n. 428. — ♃. Juin.

« Comprendida en el Catalogo de Oleo. » (Rodrig.)

« Mall. : comun en las lagunas de la Puebla y de Alcudia. — Jun. » (Barcelo.)

2. SPARGANIUM

(L. *Gen.* p. 480, n. 1041).

1. **S. ramosum** Huds. *Fl. Angl.* p. 401, n. 1; Barcelo, *Apuntes pl. Balear.* p. 46, n. 429. — ♃.

« Lagunas de la Puebla. » (Barcelo.)

CXVIII. AROIDÉES

(Aroideæ Juss. *Gen.* p. 23).

—

1. ARUM

(L. *Gen.* p. 470, n. 1028).

1. **A. Dracunculus** L. *Sp.* p. 1367, n. 1; Rodrig. *Catal. pl. Menorca*, p. 91, n. 617. — ♃.

« Citado por Ram y Oleo. Este último me dijo que se encontraba en el N. O. de la isla cerca del mar. » (Rodrig.)

2. **A. muscivorum** L. fil. *Suppl.* p. 410 (1781); Gren. et Godr. *Fl. de Fr.* III, p. 329; Camb. *Enum pl. Balear.* n. 542; Rodrig. *Catal. pl. Menorca*, p. 91, n. 618; Barcelo, *Apuntes pl. Balear.* p. 47. — ♃. Mars-mai.

« In insulâ Majore (Trias), et Minore (Hern.). » (Camb.)

« Hab. : puerto de Mah. en la isla del Rey (Salv.); Forma-nou en el canaló de Santa-Olivarda; Alcaufar; predio Santa-Ana en Ciu., r. — Abr. » (Rodrig.)

« Montes de Soller y de puig Puñent, isla de Cabrera y Menorca. — Abr. » (Barcelo.)

MAJORQUE : *A l'entrée de la grotte d'Arta ; serra de Soller ; Pollenza.* — Mai-juin.

3. **A. italicum** Mill. *Dict.* n. 2; Camb. *Enum. pl. Balear.* n. 543; Rodrig. *Catal. pl. Menorca*, p. 91, n. 619. — ♃. Mars-avril.

« In montibus insulæ Majoris prope Valdemosam. — Florebat Aprili. » (Camb.)

« Hab. : camino de la fuente den Simon; hort de ne Rotja en el predio de Adaya. — Marz., Abr. » (Rodrig.)

4. **A. maculatum** L. *Sp.* p. 1370, n. 12; Barcelo, *Apuntes pl. Balear.* p. 46, n. 425. — . Mars.

« Orillas de los torrentes, Andraitx. — Marz. » (Barcelo.)

5. **A. pictum** L. fil. *Suppl.* p. 410; Rodrig. *Catal. pl. Menorca*, p. 91, n. 620; Barcelo, *Apuntes pl. Balear.* p. 46, n. 426. — ♃. Octobre, novembre.

« Hab. : Mongofre-nou, junto al puerto de Adaya en Ferr., r.; canaló del mart c. Santa-Galdana. — Nov. » (Rodrig.)

« Litoral de Palma y de Manacor, Llorito, montes de Fornalutx, y Menorca (Rodr.). » (Barcelo.)

6. **A. Arisarum** L. *Sp.* p. 1370, n. 16; Gren. et Godr. *Fl. de Fr.* III, p. 331; Bertol. *Fl. Ital.* X, p. 250, n. 9; Desf. *Fl. Atlant.* II, p. 327; Rodrig. *Catal. pl. Menorca*, p. 91, n. 621. — *Arisarum vulgare* Rich. in Kunth, *Obs. Aroïd.* p. 9; Guss. *Fl. Sic. Syn.* II, p. 595, n. 1; Camb. *Enum. pl. Balear.* n. 544. — ♃. Octobre-mai.

« In umbrosis Balearium vulgatissimum. — Floret primo vere. » (Camb.)

« Ab. en sitios frescos y sombrios. — Oct.-Abr. » (Rodrig.)

MAJORQUE : *Bord des chemins autour de Palma ; rochers de la ermita d'Arta, très-répandu partout.* — Avril.

Nom vulgaire : *Fraïle*, par allusion à la ressemblance de la spathe avec le capuchon d'un moine ou *frère*.

CXIX. JONCÉES

(JUNCEÆ DC. *Fl. fr.* III, p. 155 ; JUNCACEÆ Bartl. *Ord.* 37).

—

1. JUNCUS

(L. *Gen.* p. 173, n. 437, part.).

1. **J. acutus** var. α. L. *Sp.* p. 463, n. 1 ; Gren. et Godr. *Fl. de Fr.* III, p. 341; Guss. *Fl. Sic. Syn.* I, p. 419, n. 1; Bertol. *Fl. Ital.* IV, p. 173, n. 1 ; Desf. *Fl. Atlant.* I, p. 311 ; Camb. *Enum. pl. Balear.* n. 590 ; Rodrig. *Catal. Suppl.* p. 56. — ♃.

« In paludosis maritimis Balearium vulgaris. » (Camb.)
« Abunda en sitios húmedos. » (Rodrig.)

MAJORQUE : *Es gorc petit, à fuente Santa près Campos.* — Mars.

2. **J. maritimus** Smith. *Fl. Brit.* 375 ; Camb. *Enum. pl. Balear.* n. 589. — ♃.

« In paludosis Balearium frequens. » (Camb.)

3. **J. pygmæus** Thuill. *Fl. par.* p. 178, n. 12 ; Rodrig. *Catal. Suppl.* p. 56, n. 188. — ①. Avril-mai.

« Son Gurnès en sitios húmedos. — Abril-Mayo. » (Rodrig.)

4. **J. capitatus** Weig. *Obs.* 28 (1772) ; Rodrig. *Catal. Suppl.* p. 56, n. 189. — ①. Avril.

« Sitios inundados en invierno : predios Binisarmeña, Mongofre-nou, Granada. — Abril. » (Rodrig.)

5. **J. supinus** Mœnch, *Enum. hass.* p. 296, tab. 5 ; Rodrig. *Catal. Suppl.* p. 56, n. 190. — ♃.

« Torrente del barranco de se Vall (Casall. segun Texidor). » (Rodr.)

6. **J. lamprocarpus** Ehrh. *Calam.* n. 126 ; Rodrig. *Catal. Suppl.* p. 57, n. 191. — ♃. Mai.

« Sitios húmedos : torrente del camino del Campás, son Gurnès, barranco de Algendar. — Mayo. » (Rodrig.)

7. **J. striatus** Schousb. in E. Mey. *Junc.* 27 ; Rodrig. *Catal. Suppl.* p. 57, n. 192. — ♃. Mai.

« Torrente del barranco de se Vall. — Mayo. » (Rodrig.)

8. **J. sylvaticus** Rchb. *Fl. mœno-franc.* II, p. 181 ; Gren. et Godr. *Fl. de Fr.* III, p. 347. — *J. acutiflorus* Ehrh. *Beitr.* VI, p. 86 ; Camb. *Enum. pl. Balear.* n. 592. — ♃. Avril.

« In paludosis prope Artam in insulâ Majore. — Florebat Aprili. » (Camb.)

MAJORQUE : *Fontaine d'Ariant près Pollenza ; rigole de Deya.* — Avril-mai.

9. **J. multiflorus** Desf. *Fl. Atlant.* I, p. 313, tab. 91 ; Rodrig. *Catal. Suppl.* p. 57, n. 193. — ♃. Juin.

« Sitios húmedos y pantanosos, lados de los torrentes : camino de Adaya, llano de Turmaden, Canasía. — Junio. » (Rodrig.)

10. **J. bicephalus** Viv. *Fl. Cors. Diagn.* p. 5 ; Gren. et Godr. *Fl. de Fr.* III, p. 351 ; Bertol. *Fl. Ital.* IV, p. 189, n. 13. — ①. Mai.

IVIÇA : *Bord de la mer.* — Mai.

11. **J. bufonius** L. *Sp.* p. 466, n. 11 ; Gren. et Godr. *Fl. de Fr.* III, p. 351 ; Guss. *Fl. Sic. Syn.* I, p. 424, n. 18 ; Bertol. *Fl. Ital.* IV, p. 191, n. 15 ; Desf. *Fl. Atlant.* I, p. 314 ; Camb. *Enum. pl. Balear.* n. 591 ; Rodrig. *Catal. Suppl.* p. 57. — ①. Avril-mai.

« In paludosis Balearium frequens. — Florebat Aprili. » (Camb.)
« Camino de la Mezquita, acequia del camino de Favaritx, barranco de Algendar. — Abril, Mayo. » (Rodrig.)

MAJORQUE : *Chemin de la cueva de la Ermita près de la torre Cañamel.*

12. **J. obtusiflorus** Ehrh. *Beitr.* VI, p. 83 ; Camb. *Enum. pl. Balear.* n. 593. — ♃. Mai.

« In maritimis Ebusi. — Florebat Majo. » (Camb.)

CXX. CYPÉRACÉES

(Cyperoideæ Juss. *Gen.* p. 26).

—

1. CYPERUS

(L. *Gen.* p. 29, n. 66).

1. **C. longus** L. *Sp.* p. 67, n. 5; Rodrig. *Catal. pl. Menorca*, p. 92, n. 627. — ♃.

« Citado por Curs. y Oleo. » (Rodrig.)

2. **C. badius** Desf. *Fl. Atlant.* I, p. 45, tab. 7, fig. 2; Gren. et Godr. *Fl. de Fr.* III, p. 358; Guss. *Fl. Sic. Syn.* I, p. 46, n. 9; Rodrig. *Catal. pl. Menorca*, p. 92, n. 628; Barcelo, *Apuntes pl. Balear.* p. 47. — *C. longus* β. *badius* Gay Herb.; Camb. *Enum. pl. Balear.* n. 603. — ♃. Mai.

« In insulâ Minore (Hern.). » (Camb.)
« Indicado por Hern. » (Rodrig.)
« Mall. : parajes húmedos. — May. » (Barcelo.)

Majorque : *Barranco de Santa-Galdana près de Ciudadela.* — Mai.

3. **C. fuscus** L. *Sp.* p. 69, n. 16; Barcelo, *Apuntes pl. Balear.* p. 47, n. 430. — ①. Juillet.

« Mall. : Huertas, campós. — Jul. » (Barcelo.)

4. **C. schœnoides** Griseb. *Spic. fl. Rum. et Bith.* II, p. 421, n. 39; Gren. et Godr. *Fl. de Fr.* III, p. 360. — *Schœnus mucronatus* L. *Sp.* p. 63, n. 3; Guss. *Fl. Sic. Syn.* I, p. 41, n. 1; Bertol. *Fl. Ital.* I, p. 247, n. 1; Desf. *Fl. Atlant.* I, p. 41. — ♃. Juin.

Majorque : *Plage de la cueva de la ermita d'Arta.*

5. **C. distachyos** All. *Auct.* p. 48, tab. 2, fig. 5; Rodrig. *Catal. pl. Menorca*, p. 92, n. 629. — *Cyperus junciformis* Cav. *Icon.* III, n. 223, tab. 204, fig. 1. — ♃.

« In humidis prope Artam in insulâ Majore; etiam in insulâ Minore (Hern.). » (Camb.)
« Indicado por Hern. y Oleo. » (Rodrig.)

2. SCHŒNUS

(L. *Gen.* p. 29, n. 65).

1. **S. nigricans** L. *Sp.* p. 64, n. 5; Gren. et Godr. *Fl. de Fr.* III, p. 363; Guss. *Fl. Sic. Syn.* I, p. 42, n 2; Bertol. *Fl. Ital.* I,

p. 248, n. 2; Desf. *Fl. Atlant.* I, p. 41; Camb. *Enum. pl. Balear.* n. 601; Rodrig. *Catal. Suppl.* p. 57. — ♃. Mars-mai.

« In humidis prope Artam in insulâ Majore. — Florebat Aprili. » (Camb.)

« Terrenos arenosos : Biniaxa, Mongofre-nou (Rodr.); estancia de Mora en Mercadal (Casall. Anclusa, Rodr.). — Marzo-Abril. »

MAJORQUE : *Casas avant d'arriver à l'Estretx en venant de Lluch à Soller; puig Massanellas; ermita d'Arta.* — Mai-juin.

3. CLADIUM

(Patr. Brown *Jam.* 114).

1. C. **Mariscus** R. Br. *Prodr.* p. 236, n. 1; Rodrig. *Catal. Suppl.* p. 57, n. 194. — ♃. Mai.

« Raro en las acequias de son Bou en la Canasia (Casall.! Rodr.). — Mayo. » (Rodrig.)

4. SCIRPUS

(L. *Gen.* p. 30, n. 67).

1. **S. maritimus** L. *Sp.* p. 74, n. 21; Barcelo, *Apuntes pl. Balear.* p. 47. — ♃. Avril-mai.

« Puerto de Andraitx. — Abr. » (Barcelo.)

Var. *spiculis paucioribus subsessilibus* Camb. *Enum. pl. Balear.* n. 599.

« In maritimis Ebusi. — Florebat Majo. » (Camb.)

Var. β. *compactus* Rchb.; Rodrig. *Catal. Suppl.* p. 57, n. 195.

« Arenas de Calamporter, pantano de la Canasia, torrente del barranco de Algendar. — Mayo. » (Rodrig.)

2. **S. Holoschœnus** L. *Sp.* p. 72, n. 10; Gren. et Godr. *Fl. de Fr.* III, p. 371; Guss. *Fl. Sic. Syn.* I, p. 50, n. 5; Bertol. *Fl. Ital.* I, p. 282, n. 5; Desf. *Fl. Atlant.* I, p. 49; Camb. *Enum. pl. Balear.* n. 600; Rodrig. *Catal. Suppl.* p. 58, n. 196; Barcelo, *Apuntes pl. Balear.* p. 47. — ♃. Mai-juillet.

« In paludosis Ebusi. — Florebat Majo. » (Camb.)

« Menorca (Bart. Ramis segun Texidor); Canasia y torrente de se Vall, torrente del barranco de Algendar. — Mayo. » (Rodrig.)

« Parajes húmedos, Palma, Andraitx. — May. » (Barcelo.)

MAJORQUE : *Plage de l'Albufera d'Alcudia; port de Soller.* — Mai-juin.

3. **S. lacustris** L. *Sp.* p. 72, n. 9; Camb. *Enum. pl. Balear.* n. 598; Barcelo, *Apuntes pl. Balear.* p. 47. — ♃. Avril-mai.

« In maritimis Ebusi. — Florebat Majo. » (Camb.)

« Puerto de Andraitx. — Abr. » (Barcelo.)

Var. β. *digynus* Godr. *Fl. Lorr.* III, p. 90; Rodrig. *Catal. Suppl.* p. 58, n. 197. — *S. Tabernæmontani* Gmel. *Bad.* I, p. 101.

« Menorca (Bart. Ramis segun Texidor); torrente de la huerta de San-Juan, torrente de se Vall (Casall.! Rodr.); Canasia, barranco de Algendar (Rodr.). — Abril-Mayo. » (Rodrig.)

4. **S. Savii** Seb. et Maur. *Fl. Rom.* 22, n. 56; Rodrig. *Catal. Suppl.* p. 58, n. 198. — ①. Avril-mai.

« Sitios arenosos húmedos y pantanosos : Binisarmeña (Rodr.); acequias de son Bou (Casall.!), predios Granada en San-Cristóbal, Biniatrum y son Gurnès en Ferrerias (Rodr.). — Abril-Mayo. » (Rodrig.)

« Bords des ruisseaux près Soller. » (Bourgeau, *Exsicc.*)

5. HELEOCHARIS

(R. Br. *Prodr.* I, p. 224).

1. **H. palustris** R. Br. *Prodr.* I, p. 224; Rodrig. *Catal. Suppl.* p. 58, n. 199. — ♃. Mai.

« Bassa de Sant-Pere en Alayor, torrente del Campás, pantano de la Canasia. — Mayo. » (Rodrig.)

6. CAREX

(Mich. *Nov. Gen.* tab. 33).

1. **C. divisa** Huds. *Fl. Angl.* edit. 1, p. 348; Gren. et Godr. *Fl. de Fr.* III, p. 390; Guss. *Fl. Sic. Syn.* II, p. 569, n. 4; Bertol. *Fl. Ital.* X, p. 51, n. 19. — ♃. Mai.

« Forma tenuis, *C. setifoliæ* Godr. similis. » (Willk. *Index*, n. 87.)

MAJORQUE : *Arta, montagnes de la Ermita*; *fossés entre Pollenza et Alcudia.* — Mai.

2. **C. setifolia** Godr. *Not. Fl. Monsp.* 25; Rodrig. *Catal. Suppl.* p. 58, n. 200. — ♃. Avril.

« Menorca (Pourr.); Binisarmeña, acequias del camino de Favaritx (Rodr.); torrente del Campás (Casall.!). — Abril. » (Rodrig.)

3. **C. vulpina** L. *Sp.* p. 1382, n. 10; Camb. *Enum. pl. Balear.* n. 594; Rodrig. *Catal. Suppl.* p. 58. — ♃. Mars-mai.

« Ad margines agrorum prope Esporlas in insulâ Majore; etiam in insulâ Minore (Hern.). — Florebat Martio. » (Camb.)

« Canasía (Rodr.); barranco de se Vall (Casall.). — Abril-Mayo. » (Rodrig.)

4. **C. muricata** L. *Sp.* p. 1382, n. 11; Camb. *Enum. pl. Balear.* n. 595; Rodrig. *Catal. pl. Menorca*, p. 93, n. 633. — ♃.

« In insulâ Minore (Hern.). » (Camb.)

« Citado por Oleo. » (Rodrig.)

« Bords des champs près Soller. » (Bourgeau, *Exsicc.* n. 2805.)

Var. β. *virens* Koch, Willk. *Index*, n. 89.

« Mallorca : huerta de Soller. — Majo c. fr. » (Willk.)

5. **C. divulsa** Good. *Trans. of Linn. Soc.* II, p. 160; Gren. et Godr. *Fl. de Fr.* III, p. 394; Guss. *Fl. Sic. Syn.* II, p. 568, n. 1; Bertol. *Fl. Ital.* X, p. 59, n. 24; Rodrig. *Catal. Suppl.* p. 58, n. 201. — ♃. Avril-mai.

« Binisarmeña, barranco del Favaret (Rodr.); torrente del Campás (Casall.); barranco de Algendar (Rodr.). — Abril, Mayo. » (Rodrig.)

MAJORQUE : *Coteaux des bords de la mer.*

6. **C. Linkii** Schk. *Car.* II, p. 39, tab. Bbb, fig. 118; Gren. et Godr. *Fl. de Fr.* III, p. 399; Rodrig. *Catal. Suppl.* p. 58, n. 202. — ♃. Mars-avril.

« Barranco de se Vall hácia la cúspide de la montaña de las Fonts radonas. — Marzo, Abril. » (Rodrig.)

MAJORQUE : *Pied des rochers au-dessous de la casa des Vergiers près d'Arta; chemin de Son-Cadenas à Alaro.* — Avril, mai.

7. **C. acuta** Fries, *Mant.* III, p. 151, et *Summ. Scand.* 228; Rodrig. *Catal. pl. Menorca*, p. 93, n. 634; Barcelo, *Apuntes pl. Balear.* p 47, n. 431. — ♃. Mai.

« Indicado por Ram. y Oleo. » (Rodrig.)

« Balsas y corrientes, Andraitx, Artá. — Mayo (var. con las brácteas femeninas coloradas). » (Barcelo.)

8. **C. glauca** Scop. *Carn.* II, p. 223; Gren. et Godr. *Fl. de Fr.* III, p. 404; Camb. *Enum. pl. Balear.* n. 597; Rodrig. *Catal. Suppl.* p. 59, n. 203. — ♃. Mars-avril.

« In maritimis prope Artam in insulâ Majore. — Florebat Aprili. » (Camb.)

« Son Saura en Mercadal (Casall. segun Texidor). » (Rodrig.)

Majorque : *Barranco de Soller; route de Palma à Soller; bord d'un fossé près du torrent de Ratxa; casas avant d'arriver à l'Estretx près de Lluch.* — Avril-juin.

9. C. **serrulata** Biv. *Man.* IV, p. 9; Rodrig. *Catal Suppl.* p. 59, n. 204. — ♃. Mars-avril.

« Entre el Funduco y Villa-Carlos, ladera entre el Favaret y la huerta de San-Juan, Biniaxa (Rodr.); covas-veyas en Mercadal (Casall.). — Marzo á Abril. » (Rodrig.)

10. C. **hispida** Willd. *Sp.* t. IV, p. 302, n. 196; Willk. et Lang. *Prodr. Fl. Hispan.* I, p. 124, n. 553; Guss. *Fl. Sic. Syn.* II, p. 577, n. 21; Bertol. *Fl. Ital.* X, p. 143, n. 83; Rodrig. *Catal. Suppl.* p. 59, n. 205. — ♃. Avril-juin.

« En la Canasía. — Jun. » (Rodrig.)

Majorque : *Canet près Esporlas.* — Avril.

11. C. **Halleriana** Asso, *Syn.* n. 922, tab. 9, fig. 2 (1779); Rodrig. *Catal. Suppl.* p. 59, n. 206. — ♃. Mars-avril.

« San-Cristóbal (Casall. segun Texidor). » (Rodrig.)

12. C. **œdipostyla** Duv.-J. *Bull. Soc. bot. Fr.* t. XVII, pl. 4, fig. 1-5; Rodrig. *Catal. Suppl.* p. 59, n. 209. — ♃. Avril.

« Cerca de la cúspide de la Anclusa, son Gurnès. — Abril. » (Rodrig.)

13. C. **distans** L. *Sp.* p. 1387, n. 33; Camb. *Enum. pl. Balear.* n. 596; Rodrig. *Catal. Suppl.* p. 59, n. 207; Bourgeau, *Exsicc.* — ♃. Mars-mai.

« In maritimis Ebusi. — Florebat Majo. » (Camb.)

« Sitios húmedos : camino de Etzecutars, barranco de Algendar. — Marzo, Abril. » (Rodrig.)

« Col de Soller. » (Bourgeau, *Exsicc.*)

14. C. **extensa** Good. *Trans. of Linn. Soc.* II, p. 17, tab. 21, fig. 7; Gren. et Godr. *Fl. de Fr.* III, p. 426; Bertol. *Fl. Ital.* X, p. 100, n. 54; Rodrig. *Catal. Suppl.* p. 59, n. 208; Barcelo, *Apuntes pl. Balear.* p. 47, n. 432. — *C. nervosa* Desf. *Fl. Atlant.* II, p. 337; Guss. *Fl. Sic. Syn.* II, p. 572, n. 10. — ♃. Mars-juin.

« Arenas de Calamporter y de la Canasía (Casall., Rodr.). — Mayo. » (Rodrig.)

« Torrente de coma Calenta; Andraitx. — Jun. » (Barcelo.)

Majorque : *Fuente Santa près Campos.* — Mars.

CXXI. GRAMINÉES

(GRAMINEÆ Juss. *Gen.* p. 28).

---

1. ZEA

(L. *Gen.* p. 480, n. 1042).

1. **Z. Mays** L. *Sp.* p. 1378, n. 1; Camb. *Enum. pl. Balear.* n. 654; Rodrig. *Catal. pl. Menorca*, p. 93, n. 635. — ①.

« Colitur in insulâ Majore. » (Camb.)
« Cultivado. » (Rodrig.)

2. LYGEUM

(L. *Gen.* p. 31, n. 70).

1. **L. Spartum** Lœffling, *It. Hisp.* p. 285, tab. 2; Willk. *Index*, n. 36.

« Menorca : in ditione prædii Quinta de Alcaufar. — Apr. c. flor. »

3. PHALARIS

(P. Beauv. *Agrost.*, 36, tab. 7, fig. 1).

1. **P. canariensis** L. *Sp.* p. 79, n. 1; Camb. *Enum. pl. Balear.* n. 606; Rodrig. *Catal. pl. Menorca*, p. 93, n. 636. — ①.

« In insulâ Minore (Hern.). » (Camb.)
« Espontánea ó naturalizada? » (Rodrig.)

2. **P. brachystachys** Link in Schrad. *Journ.* I, part. 3, p. 134; Rodrig. *Catal. Suppl.* p. 60, n. 210. — ①. Mai-juin.

« Entre las mieses : Campsiquiat. — Junio. » (Rodrig.)
« Champs près Soller. — Juin. » (Bourgeau, *Exsicc.*)

3. **P. cærulescens** Desf. *Fl. Atlant.* I, p. 56; Gren. et Godr. *Fl. de Fr.* III, p. 440; Guss. *Fl. Sic. Syn.* I, p. 117, n. 1. — *P. aquatica* Bertol. *Fl. Ital.* p. 341, n. 4. — ♃. Mai-juin.

« Barranco de Soller. » (Bourgeau, *Exsicc.*)

MAJORQUE : *Champs entre Alcudia et Pollenza.* — Mai.

4. **P. nodosa** L. *Syst.* edit. 13, p. 88; Gren. et Godr. *Fl. de Fr.* III p. 441; Guss. *Fl. Sic. Syn.* I, p. 117, n. 2; Bertol. *Fl. Ital.* I, p. 339, n. 3; Camb. *Enum. pl. Balear.* n. 607; Rodrig. *Catal. pl. Menorca*, p. 93, n. 637. — ♃. Mai.

« In insulâ Minore (Hern.). » (Camb.)
« Indicado por Hern. y Oleo. » (Rodrig.)

MAJORQUE : *Arta, champs autour de la torre Cañamel.* — Mai.

5. **P. minor** Retz. Willk. *Index*, n. 37.

« Mallorca : in cultis oppidi Soller. — Majo c. flor. » (Willk.)

4. ANTHOXANTHUM

(L. *Gen.* p. 18, n. 42).

1. **A. odoratum** L. *Sp.* p. 40, n. 1; Camb. *Enum. pl. Balear.* n. 604; Rodrig. *Catal. Suppl.* p. 60, n. 211. — ♃. Avril-mai.

« In fissuris rupium montis puig de Torella, in insulâ Majore. — Florebat Aprili. » (Camb.)

« Hácia Villa-Cárlos (Rodr.); distrito de Mercadal (Casall.). — Mayo. » (Rodrig.)

« Barranco de Soller. » (Bourgeau, *Exsicc.*)

5. SESLERIA

(Scop. *Carn.* I, p. 189).

1. **S. cærulea** Arduin, *Specim. alt.* 18, tab. 6, fig. 3-5; Gren. et Godr. *Fl. de Fr.* III, p. 453; Bertol. *Fl. Ital.* I, p. 502, n. 1; Camb. *Enum. pl. Balear.* n. 639. — ♃. Avril-mai.

« In fissuris rupium ad apicem montium puig de Torella et puig Major, in insulâ Majore. — Florebat Aprili. » (Camb.)

MAJORQUE : *Rochers du barranco de Soller; sommet d'Escrop; puig Mayor de Torellas.* — Avril-juin.

6. TRAGUS

(Hall. *Helv.* II, p. 203).

1. **T. racemosus** Hall. *l. c.*; Barcelo, *Apuntes pl. Balear.* p. 47, n. 433. — ①. Mai.

« Terrenos arenosos del littoral de Palma. — May. » (Barcelo.)

7. SETARIA

(P. Beauv. *Agrost.* p. 51, tab. 13, fig. 3).

1. **S. glauca** P. Beauv. *Agrost.* p. 51; Rodrig. *Catal. pl. Menorca*, p. 93, n. 638; Rodrig. *Apuntes pl. Balear.* p. 47. — *Panicum glaucum* L. *Sp.* p. 83, n. 4; Camb. *Enum. pl. Balear.* n. 609. — ①. Mai.

« In insulâ Minore (Hern.). » (Camb.)
« Citado por Hern. y Oleo. » (Rodrig.)
« Campós húmedos en Palma. — May. » (Barcelo.)

2. **S. viridis** P. Beauv. *Agrost.* p. 51; Barcelo, *Apuntes pl. Balear.* p. 47, n. 434. — ①. Mai.

« Mall. : comun en los campós y huertas. — May. » (Barcelo.)

3. **S. ambigua** Guss. *Fl. Sic. Syn.* I, p. 114, n. 2; Barcelo, *Apuntes pl. Balear.* p. 47, n. 435. — ①. Juin-septembre.

« Huertas de Palma. — Jun., Set. » (Barcelo.)

4. **S. verticillata** P. Beauv. *Agrost.* p. 51; Rodrig. *Catal. Suppl.* p. 60; Barcelo, *Apuntes pl. Balear.* 47. — *Panicum verticillatum* L. *Sp.* p. 82, n. 3; Camb. *Enum. pl. Balear.* n. 608. — ①.

« Sitios frescos y terrenos cultivados, especialmente de regadio en las inmediaciones de Mahon. — Julio, Agosto. » (Rodrig.)
« Mall. : campós y huertas. — Jun. » (Barcelo.)
« In insulà Minore (Hern.). » (Camb.)

8. PANICUM

(L. *Gen.* p. 32, n. 76).

1. **P. repens** L. *Sp.* p. 87, n. 27; Rodrig. *Catal. Suppl.* p. 60, n. 212. — ♃. Juin.

« Bordes de las acequias en la Canasia. » — Junio. » (Rodrig.)

2. **P. miliaceum** L. *Sp.* p. 86, n. 23; Barcelo, *Apuntes pl. Balear.* p. 47, n. 436. — ①.

« Mall. Cultivado. — Verano. » (Barcelo.)

3. **P. Crus-galli** L. *Sp.* p. 83, n. 8; Camb. *Enum. pl. Balear.* n. 610; Rodrig. *Catal. pl. Menorca*, p. 93, n. 640; Barcelo, *Apuntes pl. Balear.* p. 47. — ①.

« In insulâ Minore (Hern.). » (Camb.)
« Indicado por Ram., Hern. y Oleo. » (Rodrig.)
« Campós húmedos, Palma, Soller, Andraitx. — Jun. » (Barcelo.)

4 **P. sanguinale** L. *Sp.* p. 84, n. 13; Camb. *Enum. pl. Balear.* n. 611; Rodrig. *Catal. pl. Menorca*, p. 94, n. 641; Barcelo, *Apuntes pl. Balear.* p. 47. — Mai.

« In insulâ Minore (Hern.). » (Camb.)
« Citado por Hern. y Oleo. » (Rodrig.)
« Mall. : comun en los campós y caminos. — May. » (Barcelo.)

9. CYNODON

(Rich. in Pers. *Syn.* I, p. 85, n. 159).

1. **C. Dactylon** Pers. *Syn.* I, p. 85, n. 1; Rodrig. *Catal. pl. Menorca*, p. 94, n. 642; Barcelo, *Apuntes pl. Balear.* p. 47, n. 437. — ♃. Mai.

« Indicado en el specimen de Ramis. » (Rodrig.)
« Mall. : comun en los campós y caminos. — May. » (Barcelo.)

10. SORGHUM

(Pers. *Syn.* I, p. 101, n. 180).

1. **S. halepense** Pers. *Syn.* I, p. 101, n. 3; Barcelo, *Apuntes pl. Balear.* p. 47, n. 438. — ♃. Juillet.

« Mall. : en los campós del puerto de Andraitx y de Soller. — Jul. » (Barcelo.)

11. ANDROPOGON

(L. *Gen.* p. 540, n. 1145).

1. **A. hirtus** L. *Sp.* p. 1482, n. 13; Gren. et Godr. *Fl. de Fr.* III, p. 469; Guss. *Fl. Sic. Syn.* I, p. 162, n. 3; Bertol. *Fl. Ital.* I, p. 468, n. 1; Desf. *Fl Atlant.* II, p. 378; Camb. *Enum. pl. Balear.* n. 653, n. 2812. — ♃. Avril-juin.

« In collibus petrosis insulæ Majoris frequens. — Florebat Aprili. » (Camb.)
« Collines au-dessus de Soller. » (Bourgeau, *Exsicc.*)

Chemin d'Alaro à Soller; couma Negra près Soller. — Avril à juin.

2. **A. pubescens** Vis. *Pl. rar. Dalm.* p. 3, et *Fl. Dalm.* I, p. 51, tab. 2, fig. 2; Rodrig. *Catal. Suppl.* p. 61, n. 213. — ♃. Novembre à février, mai.

« Binisarmeña (Rodr.); Furi Carreras; Montañeta (Rodr.).— Noviembre á Febrero, Mayo. » (Rodrig.)

12. PHRAGMITES

(Trin. *Fund. Agrost.* p. 154).

1. **P. communis** Trin. *l. c.*; Rodrig. *Catal. pl. Menorca*, p. 94, n. 644; Barcelo, *Apuntes pl. Balear.* p. 48, n. 439. — ♃. Juillet-août.

« Albufera; prado de Son Saura; barranco de Algendar. — Jul., Ag. » (Rodrig.)

« Mall. : terrenos húmedos, Palma en el Prat, Manacor, Andraitx. — Ag. » (Barcelo.)

2. **P. gigantea** Gay, in Endress, *Pl. pyr. exsicc.* unio *itin.* 1830, et *Not. sur Endr.* p. 16; Barcelo, *Apuntes pl. Balear.* p. 48, n. 440. — ♃. Août.

« Mall. : comun en la Albufera de Alcudia, cerca del Pont-Gros, Palma. — Ag. » (Barcelo.)

13. AMPELODESMOS

(Link, *Hort. Ber.* I, p. 136).

1. **A. tenax** Link, *l. c.*; Gren. et Godr. *Fl. de Fr.* III, p. 479; Rodrig. *Catal. pl. Menorca*, p. 94, n. 645. — *Arundo Ampelodesmos* Cir. *Neap. pl.* fasc. 2, p. 30, tab. 12; Guss. *Fl. Sic. Syn.* I, p. 138, n. 2; Bertol. *Fl. Ital.* I, p. 738, n. 4. — *A. festucoides* Desf. *Fl. Atlant.* I, p. 108, tab. 34. — *Donax tenax* Rœm. et Schult. *Syst. veget.* II, p. 601; Camb. *Enum. pl. Balear.* n. 622. — ♃. Avril-juin.

« In montibus Balearium frequens. — Florebat Aprili. » (Camb.)
« Ab. en terrenos aridos y pedregosos. — Abr.-Mayo. » (Rodrig.)
« Collines au-dessus de Soller. » (Bourgeau, *Exsicc.* n. 2815.)

MAJORQUE : *Garigues montueuses de l'île.*

Nom vulgaire : *Careitx.* — Les Majorcains fauchent cette plante quand elle est jeune et la donnent comme fourrage à leurs animaux; elle est très-répandue dans les lieux incultes et montueux. L'*A. tenax* est le *Diss* des Arabes. Le Diss rend de grands services en Algérie non-seulement comme nourriture pour les bestiaux, mais encore pour couvrir les constructions légères et rapidement établies.

14. PSAMMA

(P. Beauv. *Agrost.* p. 143).

1. **P. arenaria** Rœm. et Schult. *Syst.* II, p. 845; Rodrig. *Catal. Suppl.* p. 61, n. 214. — *Arundo arenaria* L. *Sp.* p. 121, n. 6; Desf. *Fl. Atlant.* I, p. 106. — *Ammophila arundinacea* Host, *Gram. austr.* IV, p. 24, tab. 41; Bertol. *Fl. Ital.* I, p. 753, n. 1. — *A. arenaria* Link, *Hort. Ber.* I, p. 105; Guss. *Fl. Sic. Syn.* I, p. 137, n. 1. — ♃. Mai.

« Arenas maritimas de la Canasía y San-Agustin. — Mayo. » (Rodrig.)

MAJORQUE : *Albufera d'Alcudia.* — Mai.

15. AGROSTIS

(L. *Gen.* p. 33, n. 80).

1. **A. alba** L. *Sp.* p. 93, n. 10; Camb. *Enum. pl. Balear.* n. 613; Rodrig. *Catal. pl. Menorca*, p. 94, n. 646. — ♃. Avril.

« In insulâ Minore (Hern.). » (Camb.)
« Citado por Hern. y Oleo. » (Rodrig.)

Var. β. *stolonifera* Camb. *Enum. pl. Balear.* n. 613. — *A. stolonifera* L. *Sp.* p. 93, n. 8.

« Ad vias in insulâ Majore et Ebuso frequens. — Florebat Aprili. » (Camb.)

2. **A. verticillata** Vill. *Prosp.* p. 16, et *Pl. Dauph.* II, p. 74, n. 5; Gren. et Godr. *Fl. de Fr.* III, p. 482; Guss. *Fl. Sic. Syn.* I, p. 134, n. 3; Bertol. *Fl. Ital.* I, p. 408, n. 9. — ♃. Mai.

MAJORQUE : *Arta*. — Mai.

16. SPOROBOLUS

(R. Br. *Prodr.* I, p. 169).

1. **S. pungens** Kunth, *Gram.* I, 68, et *Enum. pl.* I, p. 210, n. 6; Barcelo, *Apuntes pl. Balear.* p. 48, n. 441. — ♃. Juin.

« Arenales maritimos del Molinar en Palma. — Jun. » (Barcelo.)

17. GASTRIDIUM

(P. Beauv. *Agrost.* p. 21, tab. 6, fig. 6).

1. **G. lendigerum** Gaud. *Helv.* I, p. 176; Guss. *Fl. Sic. Syn.* I, p. 132, n. 1; Gren. et Godr. *Fl. de Fr.* III, p. 488. — *Milium lendigerum* L. *Sp.* p. 91, n. 4; Bertol. *Fl. Ital.* I, p. 390, n. 6; Desf. *Fl. Atlant.* I, p. 65. — ①. Mai.

CABRERA. — Mai.

18. POLYPOGON

(Desf. *Fl. Atlant.* I, p. 66).

1. **P. monspeliensis** Desf. *Fl. Atlant.* I, p. 67; Camb. *Enum. pl. Balear.* n. 605; Rodrig. *Catal. pl. Menorca*, p. 94, n. 647. — ①. Mai-juin.

« In maritimis Balearium frequens. — Florebat Majo. » (Camb.)
« Camino de la fuente den Simon. — Mayo-Jun. » (Rodrig.)

2. **P. maritimus** Willd. in *Nova Acta nat. cur.* III, p. 443; Rodrig. *Catal. Suppl.* p. 61, n. 215; Barcelo, *Apuntes pl. Balear.* p. 48, n. 442. — ①. Mai-juin.

« Acequias en el llano de Turmaden. — Junio. » (Rodrig.)
« Parajes húmedos : Andraitx, Montuiri, Ibiza. — May. » (Barcelo.)

19. LAGURUS

(L. *Gen.* p. 37, n. 92).

1. **L. ovatus** L. *Sp.* p. 119, n. 1; Gren. et Godr. *Fl. de Fr.* III, p. 492; Guss. *Fl. Sic. Syn.* I, p. 127, n. 1; Bertol. *Fl. Ital.* I, p. 728, n. 1; Desf. *Fl. Atlant.* I, p. 105; Camb. *Enum. pl. Balear.* n. 615; Rodrig. *Catal. Suppl.* p. 61. — ①. Avril-mai.

« In arenosis maritimis Balearium frequens. — Florebat Aprili. » (Camb.)
« Comun en sitios herbosos. — Mayo. (Rodrig.)
« Champs sablonneux près Soller. — Juin. » (Bourgeau, *Exsicc.* n. 2814.)

Minorque : *Bord du chemin vieux de Mahon dans le termino de Ciudadela.* — Mai.

20. STIPA

(L. *Gen.* p. 37, n. 90).

1. **S. tortilis** Desf. *Fl. Atlant.* I, p. 99, tab. 31, fig. 1; Camb. *Enum. pl. Balear.* n. 614. — ①. Mai.

« In aridis prope Palmam. — Florebat Majo. » (Camb.)
« Bord des champs près Palma. » (Bourgeau, *Exsicc.*)

2. **S. juncea** L. *Sp.* p. 116, n. 3; Gren. et Godr. *Fl. de Fr.* III, p. 493; Bertol. *Fl. Ital.* I, p. 687, n. 3; Desf. *Fl. Atlant.* I, p. 98, tab. 28. — Mai-juin.

« Coteaux arides près Palma. — Mai. » (Bourgeau, *Exsicc.*)

Majorque : *Garigues autour d'Arta.* — Mai.

21. PIPTATHERUM

(P. Beauv. *Agrost.* p. 18, tab. 5, fig. 10).

1. **P. cærulescens** P. Beauv. *Agrost.* p. 18, tab. 10, fig. 5; Gren. et Godr. *Fl. de Fr.* III, p. 496. — *Milium cærulescens* Desf. *Fl. Atlant.* I, p. 66, tab. 12; Guss. *Fl. Sic. Syn.* I, p. 130, n. 1; Bertol. *Fl. Ital.* I, p. 388, n. 5. — ♃. Mai-juin.

« Rochers du barranco de Soller. — Juin. » (Bourgeau, *Exsicc.*)

MAJORQUE : *Chemin d'Andraitx; la ermita d'Arta.* — Avril, mai.

2. **P. miliaceum** Coss. *Not.* p. 129; Willk. et Lang. *Prodr. Fl. Hispan.* I, p. 61, n. 267.— *P. multiflorum* P. Beauv. *Agrost.* p. 18; Gren. et Godr. *Fl. de Fr.* III, p. 497; Camb. *Enum. pl. Balear.* n. 612; Rodrig. *Catal. Suppl.* p. 61. — *Milium multiflorum* Cav. *Demonstr. bot.* p. 36; Guss. *Fl. Sic. Syn.* I, p. 130, n. 2; Bertol. *Fl. Ital.* I, p. 386, n. 4. — *Agrostis miliacea* L. *Sp.* p. 91, n. 2. — ♃. Mai-juillet.

« In aridis Balearium vulgatissimum. — Florebat Majo. » (Camb.)
« Matorrales : inmediaciones de Mahon, cerca de la Mezquita, Son Blanc. — Junio, Julio. » (Rodrig.)
« Bord des champs près Soller. » (Bourgeau, *Exsicc.* n. 2816.)

MAJORQUE : *Près Pollenza; Notre-Dame de la Victoire, près d'Alcudia.* — Mai.

22. MILIUM

(L. *Gen.* p. 33, n. 79).

1. **M. effusum** L. *Sp.* p. 90, n. 1; Rodrig. *Catal. pl. Menorca*, p. 95, n. 650. — ♃.

« Indicado por Ram. y Oleo. » (Rodrig.)

23. AIRA

(L. *Gen.* p. 34, n. 81, excl. sp.).

1. **A. Tenorei** Guss. *Prodr.* I, p. 62, et *Suppl.* I, p. 15; Rodrig. *Catal. Suppl.* p. 61, n. 216. — ①. Mai.

« Terrenos arenosos frescos : predios Granada en San-Cristóbal, Son Gurnès en Ferrerias. — Mayo. » (Rodrig.)

2. **A. Cupaniana** Guss. *Fl. Sic. Syn.* I, p. 148, n. 5; Rodrig. *Catal. Suppl.* p. 61, n. 217. — ①. Avril-mai.

« Predios Binisarmeña, Granada, Païsas. — Abril-Mayo. » (Rodrig.)

24. AVENA

(L. *Gen.* p. 37, n. 91, ex parte).

1. **A. sativa** L. *Sp.* p. 118, n. 5; Camb. *Enum. pl. Balear.* n. 619; Rodrig. *Catal. pl. Menorca*, p. 95, n. 651. — ♃.

« Colitur in Balearibus. » (Camb.)
« Cultivada. » (Rodrig.)

2. **A. barbata** Brot. *Lus.* I, p. 108, n. 5 (1804); Gren. et Godr. *Fl. de Fr.* III, p. 512. — *A. hirsuta* Roth, *Cat. bot.* III, p. 19 (1806); Guss. *Fl. Sic. Syn.* I, p. 155, n. 8. — ①. Mai.

« Près le port de Soller. — Mai. » (Bourgeau, *Exsicc.* n. 2810.)

MAJORQUE : *Notre-Dame de la Victoire, près d'Alcudia.* — Mai.

Var. *humilis* Willk. *Index*, n. 55, *cum descr.*

« In glareosis dumosis pinetarum c. castell. Belver. » (Willk.)

3. **A. fatua** L. *Sp.* p. 118, n. 7; Camb. *Enum. pl. Balear.* n. 620; Rodrig. *Catal. pl. Menorca*, p. 95, n. 652. — ①. Avril-mai.

« In agris Balearium frequens. — Florebat Aprili. » (Camb.)
« Comun en las mieses. — Abr.-Mayo. » (Rodrig.)

4. **A. sterilis** L. *Sp.* p. 118, n. 8; Rodrig. *Catal. pl. Menorca*, p. 95, n. 653. — ①. Mai.

« Citado por Ram. » (Rodrig.)
« Champs près Soller. — Mai. » (Bourgeau, *Exsicc.*)

5. **A. bromoides** Gouan, *Hort. Monsp.* 52, et *Fl. Monsp.* p. 125, n. 1; L. *Sp.* p. 1666, n. 11; Gren. et Godr. *Fl. de Fr.* III, p. 518. — ♃. Mai.

MAJORQUE : *Notre-Dame de la Victoire, près d'Alcudia.* — Mai.

6. **A. pratensis** L. *Sp.* p. 119, n. 11. — ♃. Mai.

« Champs incultes près Soller. » (Bourgeau, *Exsicc.*)

25. ARRHENATHERUM

(P. Beauv. *Agrost.* p. 55, tab. 11, fig. 5).

1. **A. elatius** Mert. et Koch, *Deutschl. Fl.* I, p. 546; Barcelo, *Apuntes pl. Balear.* p. 48, n. 444. — ♃.

« (Weyler). » (Barcelo.)

26. TRISETUM

(Pers. *Syn.* I, p. 97, n. 174).

1. **T. condensatum** Schult. *Syst. mant.* II, p. 366; Gren. et Godr. *Fl. de Fr.* III, p. 522. — *Avena condensata* Link, *Enum. alt. Hort. Berol.* I, p. 82; Guss. *Fl. Sic. Syn.* I, p. 152, n. 3; Bertol. *Fl. Ital.* I, p. 712, n. 13. — ①. Mai.

MAJORQUE : *Albufera d'Alcudia.* — Mai.

27. HOLCUS

(L. *Gen.* p. 541, n. 1146).

1. **H. lanatus** L. *Sp.* p. 1485, n. 5; Barcelo, *Apuntes pl. Balear.* p. 48, n. 445. — ♃. Juin.

« Palma, acequia d'en Baster. — Jun. » (Barcelo.)
« Barranco de Soller. — Juin. » (Bourgeau, *Exsicc.*)

28. KŒLERIA

(Pers. *Syn.* I, p. 97, n. 173).

1. **K. phleoides** Pers. *Syn.* I, p. 97, n. 4; Gren. et Godr. *Fl. de Fr.* III, p. 529; Guss. *Fl. Sic. Syn.* I, p. 144; Camb. *Enum. pl. Balear.* n. 625; Rodrig. *Catal. Suppl.* p. 61. — *Festuca phleoides* Vill. *Dauph.* II, p. 95, n. 3, tab. 2, fig. 7; Desf. *Fl. Atlant.* I, p. 90, tab. 23. — *Festuca cristata* L. *Sp.* 3ᵉ édit. p. 111, n. 15; Bertol. *Fl. Ital.* I, p. 624, n. 15. — ①. Avril-mai.

« In arenosis maritimis Balearium frequens. — Florebat Aprili. » (Camb.)
« Campsiquiat (Casall.!). — Abril-Mayo. » (Rodrig.)
« Champs incultes près Soller. » (Bourgeau, *Exsicc.*)

MAJORQUE : *Alcudia, fossés des chemins; Palma, côté de Belver.* — Avril-mai.

29. GLYCERIA

(R. Br. *Prodr.* I, p. 179).

1. **G. maritima** Mert. et Koch, *Deutschl. Fl.* I, p. 588. — *Poa maritima* Huds. *Fl. Angl.* p. 42, n. 8; Camb. *Enum. pl. Balear.* n. 627. — ♃. Avril.

« In maritimis insulæ Majoris prope Alcudiam. — Florebat Aprili. » (Camb.)

2. **G. distans** Wahlenb.; Willk. *Index*, n. 57.

« Mallorca, in locis salsuginosis humidis inter Salicornias fruticosas in ditione Albufereta pr. Pollenza. — Apr. c. flor. » Willk.)

30. POA

(L. *Gen.* p. 34, n. 83, excl. sp.).

1. **P. annua** L. *Sp.* p. 99, n. 7; Camb. *Enum. pl. Balear.* n. 628; Rodrig. *Catal. pl. Menorca*, p. 95, n. 655; Barcelo, *Apuntes pl. Balear.* p. 48. — ①. Avril-mai.

« In insulâ Minore (Hern.). » (Camb.)
« Citado por Hern. y Oleo. » (Rodrig.)
« Comun en Mallorca. — Abr. » (Barcelo.)

2. **P. bulbosa** L. *Sp.* p. 102, n. 19; Gren. et Godr. *Fl. de Fr.* III, p. 543; Guss. *Fl. Sic. Syn.* I, p. 98, n. 6; Bertol. *Fl. Ital.* I, p. 534, n. 12; Desf. *Fl. Atlant.* I, p. 73; Camb. *Enum. pl. Balear.* n. 630; Rodrig. *Catal. Suppl.* p. 61. — ♃. Avril.

« Ad vias in Balearibus haud rara. — Florebat Aprili. » (Camb.)

« Sitios herbosos : caminos inmediatios à Alayor (Casall.!); siendo comun al Mediodia de esta villa (Rodr.); monte Toro, Subervey. — Abril. » (Rodrig.)

Majorque : *Sommet du puig Mayor de Massanellas ; chemin d'Alaro à Son Bagnols.* — Avril.

Var. *vivipara* Willk. *Index*, n. 59.

« Cum forma genuina, ea multò frequentior, etiam in rupium fissuris (v. c. en el barr. de Soller). » (Willk.)

3. **P. trivialis** L. *Sp.* p. 99, n. 4; Camb. *Enum. pl. Balear.* n. 629; Rodrig. *Catal. pl. Menorca*, p. 95, n. 657; Barcelo, *Apuntes pl. Balear.* p. 48. — ♃. Mai.

« In insulâ Minore (Hern.). » (Camb.)
« Citado por Ram., Hern. y Oleo. » (Rodrig.)
« Frecuente en parajes húmedos. — May. » (Barcelo.)

31. ERAGROSTIS

(P. Beauv. *Agrost.* p. 70).

1. **E. megastachya** Link, *Hort. Ber.* I, p. 187; Rodrig. *Catal. pl. Menorca*, p. 95, n. 658; Barcelo, *Apuntes pl. Balear.* p. 48. — *Poa megastachya* Kœl. *Gram.* 181; Camb. *Enum. pl. Balear.* n. 626. — ①. Juillet.

« In insulà Minore (Hern.). » (Camb.)
« Citado por Hern. y Oleo. » (Rodrig.)
« Palma, Andraitx. — Jul. » (Barcelo.)

32. BRIZA

(L. *Gen.* p. 35, n. 84).

1 **B. maxima** L. *Sp.* p. 103, n. 4; Gren. et Godr. *Fl. de Fr.* III, p. 548; Guss. *Fl. Sic. Syn.* I, p. 104, n. 2; Bertol. *Fl. Ital.* I,

p. 565, n. 3; Desf. *Fl. Atlant.* I, p. 77; Camb. *Enum. pl. Balear.* n. 633; Rodrig. *Catal. Suppl.* p. 61. — ①. Avril-juin.

« In sterilibus Balearium vulgaris. — Florebat Aprili, Majo. » (Camb.)
« Comun en sitios incultos. — Abril. » (Rodrig.)

MAJORQUE : *Pied du puig de Pollenza; la serra de Soller.* — Mai-juin.

2. **B. media** L. *Sp.* p. 103, n. 3; Barcelo, *Apuntes pl. Balear.* p. 48, n. 446. — ♃.

« (Weyler). » (Barcelo.)

3. **B. minor** L. *Sp.* p. 102, n. 1; Gren. et Godr. *Fl. de Fr.* III, p. 549; Guss. *Fl. Sic. Syn.* I, p. 104, n. 1; Bertol. *Fl. Ital.* I, p. 561, n. 1; Desf. *Fl. Atlant.* I, p. 77; Camb. *Enum. pl. Balear.* n. 634; Rodrig. *Catal. Suppl.* p. 62; Barcelo, *Apuntes pl. Balear.* p. 48. — ①. Avril-mai.

« In insulâ Minore (Hern.). » (Camb.)
« Rara en Binisarmeña, son Blanc, más comun hácia los plans de Turmaden, Santa-Eulalia, son Vidal en San-Cristóbal, son Gurnès, barranco de Algendar. — Abril, Mayo. » (Rodrig.)
« Alrededores de Palma. — Abr. » (Barcelo.)

MAJORQUE : *Champs entre Pollenza et Alcudia; chemin d'Arta.* — Mai.

33. MELICA.

(L. *Gen.* p. 34, n. 82).

1. **M. Magnolii** Gren. et Godr. *Fl. de Fr.* III, p. 550; Rodrig. *Catal. Suppl.* p. 62, n. 218; Barcelo, *Apuntes pl. Balear.* p. 48, n. 447. — *M. ciliata* L. var. *Magnolii* Coss. in Bourg. *Exsicc.* n. 2808. — ♃. Mai-juin.

« Mattorales : barranco de Calamporter, Son Blanc-nou. — Mayo, Junio. » (Rodrig.)
« Orillas de los caminos desde Palma á Manacor y á Lluchmayor. — May. » (Barcelo.)
« Barranco de Soller. — Juin. » (Bourgeau, *Exsicc.* n. 2808.)

Cambessèdes, dans son *Enumeratio*, cite au n. 613 le *M. ciliata* L. « ad vias in sterilibus Balearium frequens ». — Rodriguez cite cette même plante dans son Catalogue (p. 95), mais seulement d'après Oleo. — Le *M. ciliata* étant une plante du N. E. de l'Europe, dont l'aire ne paraît commencer que vers l'Alsace, il est probable que les auteurs ci-dessus ont désigné sous ce nom le *M. Magnolii* Gren. et Godr., ou bien le *M. nebrodensis* Parl., si rapproché du *M. Magnolii*, qu'on peut se demander si ce n'est pas la même espèce. Du reste, la présence du *M. nebrodensis* Parl. serait aussi très-naturelle aux Baléares.

2. **M. Bauhini** All. *Auct.* p. 43. — ♃. Juin.

« Rochers du barranco de Soller. » (Bourgeau, *Exsicc.*)

3. **M. major** Sibth. et Sm. *Prodr. Fl. Græc.* I, p. 51; Gren. et Godr. *Fl. de Fr.* III, p. 552; Rodrig. *Catal. Suppl.* p. 62, n. 219. — *M. pyramidalis* Bertol. *Amœn. it.* p. 329, et *Fl. Ital.* I, p. 494, n. 6; Guss. *Fl. Sic. Syn.* I, p. 141, n. 3. — ♃. Avril.

« Son Blanc, lados de la carretera cerca de Mercadal, barranco de Algendar y muchos otros puntos. — Abril. » (Rodrig.)

MAJORQUE : *Chemin de son Cadenas à Alaro; Alcudia.* — Avril, mai.

4. **M. minuta** L. *Mant.* p. 32, n. 5; Gren. et Godr. *Fl. de Fr.* III, p. 553; Guss. *Fl. Sic. Syn.* p. 141, n. 4; Rodrig. *Catal. Suppl.* p. 62, n. 220. — *M. ramosa* Vill. *Dauph.* II, p. 91, n. 4; Camb. *Enum. pl. Balear.* n. 617. — *M. aspera* Desf. *Fl. Atlant.* I, p. 71. — ♃. Avril-juin.

« Inter rupes ad apicem montis Galatzo in insulâ Majore. — Florebat Majo. » (Camb.)

« Rara : grietas de los penascos en el monte Toro. — Junio. » (Rodrig.)

MAJORQUE : *Arta, les rochers de la ermita; Belver près Palma.* — Avril-mai.

Var. *latifolia* Coss.

« Bord des chemins près Soller et dans les buissons près Fornalutx. — Juin. » (Bourgeau, *Exsicc.* n. 2807.)

5. **M. uniflora** L. Willk. *Index*, n. 65.

« Mallorca : inter Chamæropes ad sinum Pollenzanum, in consortio *Brizæ maximæ* rarius. — Apr. c. flor. » (Willk.)

34. SPHENOPUS

(Trin. *Fund. Agrost.* p. 133).

1. **S. Gouani** Trin. *Fund. Agrost.* p. 135; Rodrig. *Catal. pl. Menorca*, p. 96, n. 662. — *Poa divaricata* Gouan, *Illustr.* p. 4, tab. 2, fig. 1; Camb. *Enum. pl. Balear.* n. 632. — ①. Avril-mai.

« Inter rupes maritimas Balearium frequens. — Florebat Aprili, Majo. » (Camb.)

« Citada por Oleo. » (Rodrig.)

35. SCLEROPOA

(Griseb. *Spic. Fl. Rum.* II, p. 431, n. 12).

1. **S. maritima** Parl. *Fl. Ital.* I, p. 468; Gren. et Godr. *Fl. de Fr.* III, p. 555; Rodrig. *Catal. Suppl.* p. 62, n. 221.— *Sclerochloa maritima* Link, *Hort. Berol.* II, p. 274; Guss. *Fl. Sic. Syn.* I, p. 92, n. 1. — *Triticum maritimum* L. *Sp.* p. 128, n. 10; Bertol. *Fl. Ital.* I, p. 814, n. 11. — ①. Mai.

« Arenas maritimas de la Canasía. — Mayo. » (Rodrig.)

MAJORQUE : *Albufera d'Alcudia.* — Mai.

2. **S. rigida** Griseb. *Spic. Fl. Rum.* II, p. 431, n. 26; Rodrig. *Catal. Suppl.* p. 62. — *Poa rigida* L. *Sp.* p. 101, n. 16; Camb. *Enum. pl. Balear.* n. 631. — *Festuca rigida* Kunth, *Gram.* I, p. 129, et *Enum.* I, p. 392, n. 5. — ①. Mai.

« Ad apicem montis Galatzo inter rupes; etiam in ins. Minore (Hern.). — Florebat Majo. » (Camb.)

« Favaret, barranco de Algendar. — Mayo. » (Rodrig.)

« Soller. — Mai. » (Bourgeau, *Exsicc.*)

3. **S. loliacea** Gren. et Godr. *Fl. de Fr.* III, p. 557. — *Triticum Rottbolla* DC. *Fl. fr.* III, p. 86, n. 1669, et V, p. 285, n. 1669; Camb. *Enum. pl. Balear.* n. 648. — ①. Avril.

« Inter rupes maritimas prope Alcudiam in insulâ Majore. — Florebat Aprili. » (Camb.)

36. DACTYLIS

(L. *Gen.* p. 35, n. 86).

1. **D. glomerata** L. *Sp.* p. 105, n. 2; Gren. et Godr. *Fl. de Fr.* III, p. 559; Guss. *Fl. Sic. Syn.* I, p. 90, n. 1; Bertol. *Fl. Ital.* I, p. 568, n. 1; Desf. *Fl. Atlant.* I, p. 79; Rodrig. *Catal. pl. Menorca*, p. 96, n. 664. — ♃. Mai-juin.

« Indicado por Ramis y Oleo. » (Rodrig.)

MAJORQUE : *Montée de la farola du port de Soller.* — Juin.

β. *australis* Willk. et Lange, *Prodr. Fl. Hisp.* I, p. 88; *Index*, n. 68. — *D. hispanica* Roth, barranco de Soller, in rupestribus. Majo c. fl (Willk.)

« Comun en Mallorca. — May. » (Barcelo.)

37. CYNOSURUS

(L. *Gen.* p. 36, n. 87).

1. **C echinatus** L. *Sp.* p. 105, n. 2; Gren. et Godr. *Fl. de Fr.* III, p. 562; Guss. *Fl. Sic. Syn.* I, p. 107; n. 1; Bertol. *Fl. Ital.* I, p. 586, n. 2; Desf. *Fl. Atlant.* I, p. 81; Barcelo, *Apuntes pl. Balear.* p. 48, n. 449. — ①. Mai-juin.

« Sierra de Alfabia, Lluch, S'Escrop, barranco de Soller, Belver. — May. » (Barcelo.)

MAJORQUE : *En montant à la serra de Soller.* — MINORQUE : *Bords du chemin vieux de Mahon près Ciudadela.* — Mai-juin.

2. **C. polybracteatus** Poir. *Voy. Barb.* II, p. 97 (1789); Barcelo, *Apuntes pl. Balear.* p. 48, n. 450. — *C. elegans* Desf. *Fl. Atlant.* I, p. 82, tab. 1798. — ①. Juin.

« (Weyler). » (Barcelo.)
« Barranco de Soller. — Juin. » (Bourgeau, *Exsicc.*)

38. LAMARCKIA

(Mœnch, *Meth.* p. 201).

1. **L. aurea** Mœnch, *l. c.*; Camb. *Enum. pl. Balear.* n. 616. — *Cynosurus aureus* L. *Sp.* p. 107, n. 10; Bertol. *Fl. Ital.* I, p. 590, n. 4; Desf. *Fl. Atlant.* I, p. 83; Rodrig. *Catal. Suppl.* p. 62. — *Chrysurus cynosuroides* Pers. *Syn.* I, p. 80, n. 1; Guss. *Fl. Sic. Syn.* I, p. 107, n. 1. — ①. Avril-mai.

« Ad vias in Balearibus frequens. — Florebat Aprili. » (Camb.)
« Binisarmeña (Rodr.); Campsiquiat (Casall.!). — Abr. » (Rodrig.)

MINORQUE : *Ciudadela.* — Mai.

39. VULPIA

(Gmel. *Bad.* I, p. 8).

1. **V. geniculata** Link, *Hort. Ber.* I, p. 142, et II, p. 273; Gren. et Godr. *Fl. de Fr.* III, p. 567. — *Festuca geniculata* Willd. *Enum. pl.* I, p. 118, n. 26; Guss. *Fl. Sic. Syn.* I, p. 82, n. 2; Bertol. *Fl. Ital.* I, p. 633, n. 20. — *Bromus geniculatus* L. *Mant.* p. 33, n. 19. — ①. Mai.

MINORQUE : *Autour de Ciudadela.* — Mai.

2. **V. incrassata** Parl. *Pl. nov.* p. 56, et *Fl. Ital.* I, p. 429; Rodrig. *Catal. pl. Menorca*, p. 96, n. 666. — *Festuca incrassata*

Salzm.! in Lois. *Gall.* I, p. 85, n. 15. — *Festuca stipoides* Desf. *Fl. Atlant.* I, p. 90 ; Camb. *Enum. pl. Balear.* n. 624. — ①. Juin.

« In insulâ Minore (Hern.). » (Camb.)
« Citado por Hern. y Oleo. » (Rodrig.)
« Champs sablonneux près Soller. — Juin. » (Bourgeau, *Exsicc.*)

3. **V. tenuis** Parl., Willk. *Index*, n. 70.

« Mallorca : Puerto de Soller, in rupibus calcareis aridis prope Santa-Catalina. — Majo c. flor. » (Willk.)

40. FESTUCA

(L. *Gen.* p. 36, n. 88, excl. sp.).

1. **F. interrupta** Desf. *Fl. Atlant.* I, p. 89 ; Rodrig. *Catal. Suppl.* p. 62, n. 222. — ♃. Mai.

« Lados del torrente de Santa-Eulalia. — Mayo. » (Rodrig.)

2. **F. arundinacea** Schreb. *Spicil. Fl. Lips.* p. 57. — ♃. Mai.

« Col de Soller. » (Bourgeau, *Exsicc.*)

3. **F. pratensis** Huds. *Angl.* edit. 1, p. 37 ; Camb. *Enum. pl. Balear.* n. 623 ; Rodrig. *Catal. pl. Menorca*, p. 96, n. 667. — ♃.

« In insulâ Minore (Hern.). » (Camb.)
« Citada por Hern. y Oleo. (Rodrig.)

41. BROMUS

(L. *Gen.* p. 36, n. 89, excl. sp.).

1. **B. sterilis** L. *Sp.* p. 113, n. 6 ; Camb. *Enum. pl. Balear.* n. 636 ; Rodrig. *Catal. Suppl.* p. 62. — ①. Avril-mai.

« Inter rupes maritimas insulæ Majoris prope Alcudiam. — Florebat Aprili. » (Camb.)
« Inmediaciones de Mahon (Casall. segun Texidor). (Rodrig.)
« Champs près Soller. » (Bourgeau, *Exsicc.*)

2. **B. maximus** Desf. *Fl. Atlant.* I, p. 95, tab. 26 ; Gren. et Godr. *Fl. de Fr.* III, p. 583 ; Guss. *Fl. Sic. Syn.* I, p. 79, n. 13 ; Bertol. *Fl. Ital.* I, p. 678, n. 15 ; Camb. *Enum. pl. Balear.* n. 638 ; Rodrig. *Catal. pl. Menorca*, p. 96, n. 669. — ①. Mai.

« In insulâ Minore (Hern.). » (Camb.)
« Indicada por Hern. y Oleo. » (Rodrig.)

MAJORQUE : *Alcudia, fossés des chemins.* — Mai.

3. **B. madritensis** L. p. 114, n. 9; Camb. *Enum. pl. Balear.* n. 637; Barcelo, *Apuntes pl. Balear.* p. 48. — ①. Avril-mai.

« In collibus petrosis Ebusi prope S.-Eulaliam. — Florebat Majo. » (Camb.)

« Orillas de los campós y caminos, Palma. — Abr. » (Barcelo.)

4. **B. rubens** L. *Sp.* p. 114, n. 10; Barcelo, *Apuntes pl. Balear.* p. 48, n. 451. — ①. Avril.

« Orillas de los campós y caminos, Palma. — Abr. » (Barcelo.)

42. SERRAFALCUS

(Parl. *Pl. rar. Sic.* fasc. 2, p. 14).

1. **S. mollis** Parl. *Pl. rar. Sic.* fasc. 2, p. 11, et *Fl. Ital.* I, p. 395; Gren. et Godr. *Fl. de Fr.* III, p. 590; Rodrig. *Catal. pl. Menorca*, p. 96, n. 670. — *Bromus mollis* L. *Sp.* p. 112, n. 2; Guss. *Fl. Sic. Syn.* I, p. 73, n. 1; Bertol. *Fl. Ital.* I, p. 662, n. 5; Desf. *Fl. Atlant.* I, p. 93; Camb. *Enum. pl. Balear.* n. 635. — ①. Avril-mai.

« Ad vias in Balearibus frequens. — Florebat Aprili. » (Camb.)

« Citado por Oleo. » (Rodrig.)

Majorque : *Alcudia, fossés des chemins.* — Mai.

2. **S. squarrosus** Bab. *Man. of. Brit. Bot.* 375; Barcelo, *Apuntes pl. Balear.* p. 48, n. 452. — *Bromus squarrosus* L. *Sp.* p. 112, n. 3. — ②. Mai.

« Raro en el llano de Palma. — May. » (Barcelo.)

43. HORDEUM

(L. *Gen.* p. 39, n. 98).

1. **H. vulgare** L. *Sp.* p. 125, n. 1; Camb. *Enum. pl. Balear.* n. 650; Rodrig. *Catal. pl. Menorca*, p. 96, n. 671. — ① et ②.

« Colitur in Balearibus. » (Camb.)

« Cultivado. » (Rodrig.)

2. **H. hexastichon** L. *Sp.* p. 125, n. 2; Rodrig. *Catal. pl. Menorca*, n. 672. — ①.

« Cultivado. » (Rodrig.)

3. **H. murinum** L. *Sp.* p. 126, n. 6; Camb. *Enum. pl. Balear.* n. 652; Rodrig. *Catal. pl. Menorca*, p. 96, n. 673; Barcelo, *Apuntes pl. Balear.* p. 48. — ①. Avril-mai.

« Ad vias in Ebuso frequens. — Floret Majo. » (Camb.)
« Indicado por Ram. y Oleo. » (Rodrig.)
« Mall. : comun en toda la isla. — Abr. » (Barcelo.)
« Champs de Soller. — Mai. » (Bourgeau, *Exsicc.*)

4. **H. maritimum** With. *Arrang.* p. 172; Camb. *Enum. pl. Balear.* n. 651; Rodrig. *Catal. pl. Menorca*, p. 97, n. 674. — ①. Avril.

« Ubique in maritimis Balearium. — Florebat Aprili. » (Camb.)
« Citado por Oleo. » (Rodrig.)

5. **H. rubens** nov. sp. Willk. *Index*, n. 76, cum descr.

« Species proxima *H. murino*...... Mallorca : in cultis, muris, ruderatis, hortis in oppido Soller. Die 6 Maji jam fere defloratum. » (Willk.)

44. TRITICUM

(L. *Gen.* p. 40, n. 99).

1. **T. villosum** P. Beauv. *Agrost.* p. 103; Gren. et Godr. *Fl. de Fr.* III, p. 599. — *Secale villosum* L. *Sp.* p. 124, n. 2. — ②. Mai.

Minorque : *Bord du chemin vieux de Mahon dans le termino de Ciudadela.* — Mai.

2. **T. vulgare** Vill. *Dauph.* II, p. 153, n. 1; Rodrig. *Catal. pl. Menorca*, p. 97, n. 675. — *T. sativum* var. δ. DC. *Fl. fr.* III, p. 80, n. 1656; Camb. *Enum. pl. Balear.* n. 642. — ① ou ②.

« Colitur in Balearibus. » (Camb.)
« Cultivado. » (Rodrig.)

45. ÆGILOPS

(L. *Gen.* p. 543, n. 1150).

1. **Æ. ovata** L. *Sp.* p. 1489, n. 1; Camb. *Enum. pl. Balear.* n. 641; Rodrig. *Catal. pl. Balear.* p. 97, n. 676. — ①. Mai-juin.

« In collibus petrosis circa Palmam. — Florebat Majo. » (Camb.)
« Citado por Oleo. » (Rodrig.)
« Champs incultes près Soller. » (Bourgeau, *Exsicc.*)

2. **Æ. triaristata** Willd. *Sp.* IV, p. 943, n. 2. — *Æ. neglecta* Requien, in Bertol. *Fl. Ital.* I, p. 787, n. 2. — ①.

Majorque : *Les chemins d'Arta.* — Mai.

3. **Æ. ventricosa** Tausch, in *Flora* (1837); Rodrig. *Catal. Suppl* p. 63, n. 223. — *Æ. squarrosa* Cav. (non L.). — ①. Mai.

« Palafanguer, Santa-Ponsa en Alayor, camino de Santa-Eulalia al Toro. — Mayo. » (Rodrig.)

MINORQUE : *Perelieta, près Ciudadela; champs de blé dans les garigues.* — Mai.

46. AGROPYRUM

(P. Beauv. *Agrost.* p. 101).

1. **A. pungens** Rœm. et Schult. *Syst.* II, p. 753 (excl. var.); Rodrig. *Catal. pl. Menorca*, p. 97, n. 678. — *Triticum pungens* α. DC. *Fl. fr.* suppl. p. 283, n. 1662c; Camb. *Enum. pl. Balear.* n. 644. — ♃.

« In insulâ Minore (Hern.). » (Camb.)
« Citado por Hern. y Oleo. » (Rodrig.)

2. **A. repens** P. Beauv. *Agrost.* p. 102; Rodrig. *Catal. pl. Menorca*, p. 97, n. 679. — *Triticum repens* L. *Sp.* p. 128, n. 9; Camb. *Enum. pl. Balear.* n. 643. — ♃.

« In agris Balearium frequens. » (Camb.)
« Citado por Curs. y Oleo. » (Rodrig.)

47. BRACHYPODIUM

(P. Beauv. *Agrost.* p. 100).

1. **B. sylvaticum** R. et Schult. *Syst.* II, p. 741; Rodrig. *Catal. pl. Menorca*, p. 97, n. 680, et *Suppl.* p. 63; Barcelo, *Apuntes pl. Balear.* p. 49, n. 454; Willk. *Index*, n. 80. — ♃. Avril-juin.

« Hab. : hácia Mah. (Pourr. herb.); hácia Binillobet. — Junio. » (Rodrig.)
« En los setos, Andraitx, Soller. — Jun. » (Barcelo.)
« Champs incultes près Soller. » (Bourgeau, *Exsicc.*)

MAJORQUE : *Torrent d'Estellencs.* — Avril.

2. **B. pinnatum** P. Beauv. *Agrost.* p. 101; Barcelo, *Apuntes pl. Balear.* p. 49, n. 455. — ♃. Avril-juin.

« Comun en Mallorca. — May. » (Barcelo.)
« Collines au-dessus de Soller. » (Bourgeau, *Exsicc.* n. 2809.)

MAJORQUE : *Arta, chemin de la ermita.* — Mai.

Var. β. *australe* Gren. et Godr. *Fl. de Fr.* III, p. 610; Rodrig. *Catal. Suppl.* p. 63. — *Triticum phœnicoides* DC. *Fl. fr.* III, p. 85, n. 1667; Camb. *Enum. pl. Balear.* n. 646.

In insulâ Minore (Hern.). » (Camb.)

« Mezquíta, Binidalins, camino del Campás, Santa-Ponsa en Alayor, camino de Alayor á San-Cristóbal. — Junio. » (Rodrig.)

3. **B. ramosum** R. et Schult. *Syst.* II, p. 737. — *B. Plukenetii* Link, *Hort. Ber.* I, p. 40; Guss. *Fl. Sic. Syn.* I, p. 72, n. 4. — *Festuca cæspitosa* Desf. *Fl. Atlant.* I, p. 91, tab. 24, fig. 1. — *Triticum cæspitosum* DC. *Fl. fr.* V, p. 284, n. 1667[a], et *Cat. hort. Monsp.* p. 153, n. 222; Camb. *Enum. pl. Balear.* n. 645. — ♃. Mai.

« In montibus insulæ Majoris prope Esporlas; in insulâ Minore (Hern.). — Florebat Majo. » (Camb.)

« Indicado por Hern. y Oleo. — (Rodrig.)

Minorque : *Albufera d'Alcudia.* — Mai.

4. **B. distachyon** P. Beauv. *Agrost.* p. 155; Gren. et Godr. *Fl. de Fr.* III, p. 611; Rodrig. *Catal. pl. Menorca*, p. 97, n. 683. — *Triticum ciliatum* DC. *Fl. fr.* III, p. 85, n. 1666; Camb. *Enum. pl. Balear.* n. 647. — Avril-mai.

« Inter rupes maritimas insulæ Majoris prope Artam. — Florebat Aprili. » (Camb.)

« Citado por Oleo. » (Rodrig.)

« Champs près Soller. » (Bourgeau, *Exsicc.*)

Ilot de Cabrera. — Mai.

Var. *α. genuinum* Willk., Rodrig. *Catal. Suppl.* p. 63.

« Santa-Ponsa en Alayor, laderas del barranco de Algendar. — Abril-Mayo. » (Rodrig.)

Var. *γ. multiflorum* Willk.; Rodrig. *Catal. Suppl.* p. 63.

« Santa-Ponsa en Alayor á los bordes de los caminos. — Abril-Mayo. » (Rodrig.)

48. LOLIUM

(L. *Gen.* p. 38, n. 95).

1. **L. perenne** L. *Sp.* p. 122, n. 1; Camb. *Enum. pl. Balear.* n. 649; Rodrig. *Catal. pl. Menorca*, p. 97, n. 684. — *L. tenue* L *Sp.* p. 122, n. 2; Barcelo, *Apuntes pl. Balear.* p. 49, n. 457. — ♃. Avril-juin.

« Ad vias in insulis Majore et Minore. — Florebat Aprili. » (Camb.)

« Ab. en terrenos cultivados. — Abr.-Jun. » (Rodrig.)

« Sitios herbosos, Palma. — May. » (Barcelo.)

« Champs près Soller. » (Bourgeau, *Exsicc.*)

2. **L. strictum** Presl. *Cyp. et Gram. Sic.* p. 49 (1820); Gren. et Godr. *Fl. de Fr.* III, p. 613; Rodrig. *Catal. Suppl.* p. 63, n. 224. — ①. Mai.

« Fortaleza de la Mola. » (Rodrig.)

Minorque : *Bord du chemin vieux de Mahon dans le termino de Ciudadela.* — Mai.

3. **L. siculum** Parl., Willk. *Index*, n. 83.

« Mallorca : in cultis oppidi Soller, cum *L. stricto*, eo rarius. — Majo c. flor. » (Willk.)

4. **L. temulentum** L. *Sp.* p. 122, n. 3; Gren. et Godr. *Fl. de Fr.* III, p. 614; Rodrig. *Catal. pl. Menorca*, p. 97, n. 685; Barcelo, *Apuntes pl. Balear.* p. 49, n. 456. — ①. Avril-juin.

« Comun en las mieses. — Mayo-Junio. » (Rodrig.)
« Mall. Frecuente entre las mieses. — Abr. » (Barcelo.)

Majorque : *Champs d'Ariant près Pollenza ; champs d'Estellencs.* — Avril, mai.

49. GAUDINIA

(P. Beauv. *Agrost.* p. 95, tab. 19, fig. 5).

1. **G. fragilis** P. Beauv. *Agrost.* p. 95; Rodrig. *Catal. Suppl.* p. 63, n. 225. — ①. Mai.

« Terrenos arenosos : Binisarmeña, llano de Turmaden y otras localidades. — Mayo. » (Rodrig.)

50. LEPTURUS

(R. Br. *Prodr. Fl. Nov.-Holl.* p. 207).

1. **L. incurvatus** Trin. *Fund. Agrost.* p. 123. — *Rottbœllia incurvata* L. fil. *Suppl.* p. 114; Camb. *Enum. pl. Balear.* n. 640. — ①. Avril-juin.

« In maritimis insulæ Majoris prope Artam. — Florebat Aprili. » (Camb.)
« Champs du port de Soller. — Juin. » (Bourgeau, *Exsicc.*)

ACOTYLÉDONÉES VASCULAIRES

FILICINÉES

CXXII. FOUGÈRES

(Filices Juss. *Gen.* p. 14)

—

1. OPHIOGLOSSUM

(L. *Gen.* p. 559, n. 1171).

1. **O. lusitanicum** L. *Sp.* p. 1518, n. 2; Rodrig. *Catal. pl. Menorca*, p. 98, n. 686. — ♃.

« R. Hab. predio San-Isidro. — Ene. » (Rodrig.)

2. CETERACH

(Bauh. *Pin.* 354; DC. *Fl. fr.* t. II, p. 566 (1805).

1. **C. officinarum** DC. *l. c.* n. 1432 (1805); Willk. *Sp.* pl. t. V, p. 136 (1810); Gren. et Godr. *Fl. de Fr.* III, p. 626; Camb. *Enum. pl. Balear.* n. 664; Rodrig. *Catal. pl. Menorca*, p. 98, n. 687. — ♃. Mars-juin.

« Ad rupes in insulà Majore frequens. » (Camb.)
« Cercas y rocas húmedas; camino de Ne Xenca; talayot de Trepucó; talayot de Curnia. — Mayo, Jun. » (Rodrig.)
« Murs de Soller. » (Bourgeau, *Exsicc.*)

Majorque : *Serra de Soller.* — Juin.

3. GYMNOGRAMMA

(Desv. *Berl. Mag.* t. V, p. 305).

1. **G. leptophylla** Desv., Willk. *Index*, n. 1.

« Mallorca : ad rupes umbrosas in parte superiore faucium barranco de Pareis. »

4. POLYPODIUM

(L. *Gen.* p. 560, n. 1179, part.).

1. **P. vulgare** L. *Sp.* p. 1544, n. 13; Gren. et Godr. *Fl. de Fr.* III,

p. 627; Camb. *Enum. pl. Balear.* n. 663; Rodrig. *Catal. pl. Menorca*, p. 98, n. 688. — Mars-mai.

« In montibus prope Esporlas in insulâ Majore. » (Camb.)
« Barranco de San-Juan; Canutells. — Mayo. » (Rodrig.)
« Barranco de Soller. » (Bourgeau, *Exsicc.*)

MAJORQUE : *Sur les murs et les rochers, sur les troncs des vieux oliviers près Soller.* — Mai.

β. *serratum* Willk. *Prodr. Fl. Hisp.* et *Index*, n. 3.

5. ASPIDIUM

(Sw. *Syn. Fil.* p. 42, Emend. non R. Brown).

1. **A. aculeatum** Dœll. *Rhein. Fl.* 29.— Var. β. *angulare* Barcelo, *Apuntes pl. Balear.* p. 49, n. 458. — ♃. Août.

« Puig de Torella. » (Barcelo.)

2. **A. pallidum** Milde, *Filices Eur.* p. 127. — *Nephrodium pallidum* Bory et Chaub. *Exp. Mor.* t. III, p. 287, tab. 38 — *Polystichum rigidum* DC. β. *australe* Ten. *Act. Inst. Napoli*, t. V, p. 144, tab. II, fig. 4, B.

« Petites grottes humides du barranco de Soller. — Juin. » (Bourgeau, *Exsicc.* n. 2818.)

MAJORQUE : *Rochers au bas de la fon de la serra; fissures des rochers à la couma del Carnisero, à la serra de Soller; rochers du Tetch.* — Mai, juin.

Nous ne considérons pas cette plante comme une simple forme de l'*A. rigidum* Sw., attendu qu'elle offre une distribution géographique toute particulière, et que toutes les localités connues de l'*A. pallidum* appartiennent exclusivement à la région méditerranéenne.

OBS. — Cette Fougère laisse aux mains, quand on la cueille, une matière qui sent fortement la poudre de racine d'Iris.

6. ASPLENIUM

(L. *Gen.* p. 560, n. 1178, part.).

1. **A. Trichomanes** L. *Sp.* p. 1440, n. 19; Gren. et Godr. *Fl. de Fr.* III, p. 636; Camb. *Enum. pl. Balear.* n. 662; Rodrig. *Catal. Suppl.* p. 64, n. 226. — ♃. Avril-août.

« Ad rupes in montibus insulæ Majoris prope Lluch. » (Camb.)
« Menorca (Bart. Ramis segun Texidor). » (Rodrig.)

MAJORQUE : *Barranco de Soller.* — Mai.

β. *majus* Willk.; *Prodr. Fl. Hisp.* et *Index*, n. 7.

« Mallorca : ad rupes et muros prope Lluch (v. c. in faucibus barr. de Pareis abundanter) et Soller (barr. de Soller). » (Willk.)

2. **A. Petrarchæ** DC., Willk, *Index*, n. 8.

« Mallorca : barranco de Pareis, in fissuris rupium umbrosis, raro. » (Willk.)

3. **A. fontanum** Bernh. in Schrad. *Journ.* Bd. I, 2 St. (1799), p. 314. — *A. Halleri* R. Br.

Murs près la cueva del Bon-Jesus à la serra de Soller. — ♃. Juin.

4. **A. marinum** L. *Sp.* p. 1540, n. 21; Gren. et Godr. *Fl. de Fr.* III, p. 636; Willk. et Lang. *Prodr. Fl. Hispan.* I, p. 6, n. 21; Rodrig. *Catal. pl. Menorca*, p. 98, n. 690. — ♃. Mai.

« Hab. : cala Pedrera (Salv., Pourr.). » (Rodrig.)

MINORQUE : *Cueva de Perelieta près Ciudadela.* — Mai.

5. **A. Ruta-muraria** L. *Sp.* p. 1541, n. 22; Rodrig. *Catal. pl. Menorca*, p. 98, n. 689. — ♃.

« Indicado por Curs. s.-esp. loc. » (Rodrig.)

6. **A. Adiantum nigrum** L. *Sp.* p. 1541; Gren. et Godr. *Fl. de Fr.* III, p. 638; Willk. et Lang. *Prodr. Fl. Hispan.* I, p. 7, n. 30; Camb. *Enum. pl. Balear.* n. 661; Rodrig. *Catal. pl. Menorca*, p. 98, n. 691. — ♃. Avril-juin.

« In montibus insulæ Majoris prope Esporlas; in insulâ Minorc (Hern.). » (Camb.)

« Barranco del Favaret; inmediaciones de la fuente del Cosil; camino que desde la fuente den Simon empalma con el viejo de Ala; barranco de Son Terna; barranco de Algendar. — Abr., etc. » (Rodrig.)

MAJORQUE : *Ariant près Pollenza; barranco de Soller.* — Mai, juin.

Var. β. *serpentini* Koch, *Syn. Fl. Germ.* p. 983, n. 8. — *A. Virgilii* Bory., *Exp. Mor.* t. III, p. 389.

MAJORQUE : *Barranco de Soller.* — Juin.

7. SCOLOPENDRIUM

(Smith. *Act. taur.* V, p. 410, tab. 9).

1. **S. officinale** Sm. *l. c.* tab. 9; Rodrig. *Catal. pl. Menorca*, p. 98, n. 692; Barcelo, *Apuntes pl. Balear.* p. 49, n. 459. — ♃. Avril.

« Citado por Curs., Ram. y Oleo. » (Rodrig.)

« Puig. de Torella. — Abr. » (Barcelo.)

2. **S. Hemionitis** Lag., Garc., Clem. in *Anal. scienc. nat.* V (1802); Gren. et Godr. *Fl. de Fr.* III, p. 638; Camb. *Enum. pl. Balear.* n. 660; Rodrig. *Catal. pl. Menorca*, p. 99, n. 693; Bourgeau, n. 2819. — ♃. Avril-mai.

« In insulâ Minore (Hern.). » (Camb.)

« Penascos húmedos; barranco del Favaret; Canutells; c. la fuente de Nc Porca en Binifabini; barranco de Algendar. — Abr.-Mayo. » (Rodrig.)

« Grottes et murs dans la vallée de Soller. » (Bourgeau.)

MAJORQUE : *Murs humides au-dessus des jardins d'orangers de Soller; l'Estretx d'Aumalluch.* — Mai-juin.

Var. β. *auriculis integris* Camb. *Enum. pl. Balear.* n. 660. — *S. sagittatum* DC. *Fl. fr.* suppl. p. 238, n. 1407.

« Ad rupes umbrosas vel excavatas montium insulæ Majoris prope Lluch, Esporlas, etc. » (Camb.)

L'Estretx d'Aumalluch. — Juin.

8. LOMARIA

(Willd. in *Mag. der Ges. naturf. Freunde zu Berlin*, 1809, p. 160).

1. **L. Spicant** Desv. *Mag. nat. Ber.* 1811, p. 325. — *Blechnum Spicant* Roth, *Tent.* III, p. 44; Barcelo, *Apuntes pl. Balear.* p. 49, n. 460. — ♃. Août.

« Deyá, fuente del Molino; raro. — Ag. » (Barcelo.)

Nous devons attribuer cette plante au genre *Lomaria*, puisque la fronde diffère par sa forme de la fronde stérile, tandis que les deux sortes de frondes ont la même forme dans le genre *Blechnum*, exclusivement tropical. Quant au genre *Spicanta* Presl (*Epimeliæ botanicæ*, p. 114), fondé sur le *Lomaria Spicant* Desv., comme en différant « *soris marginalibus sed costæ approximatis et illi contiguis* », il n'a été adopté par aucun ptéridographe, et constitue tout au plus une section dans le genre *Lomaria*, section qui comprendrait également le *Lomaria alpina*, etc.

9. PAËSIA

(Aug. S.-Hilaire in *Voy. au district des diamants*, t. I, p. 381).

1. **P. aquilina** A. S.-Hil. *Pteris aquilina* L. *Sp.* t. I, p. 1533, n. 13; Gren. et Godr. *Fl. de Fr.* III, p. 639; Camb. *Enum. pl. Balear.* n. 659; Rodrig. *Catal. pl. Menorca*, p. 99, n. 694. — ♃. Mai-juillet.

« In montibus insulæ Majoris frequens. » (Camb.)
« Barranco de Algendar y c. la fuente den Simon. » (Rodrig.)
« Col de Soller. — Juillet. » (Bourgeau, *Exsicc.*)

MAJORQUE : *La Silla près Pollenza.* — Mai.

Le genre *Paësia* A. St-Hil. se distingue du genre *Pteris* par l'*indusium* marginal formé de deux lèvres au lieu d'une seule comme dans le genre *Pteris*.— Le genre *Paësia* contient actuellement une demi-douzaine d'espèces.

10. ADIANTUM

(L. *Gen.* p. 560, n. 1180).

1. **A. Capillus-Veneris** L. *Sp.* p. 1558, n. 12; Gren. et Godr. *Fl. de Fr.* III, p. 640; Camb. *Enum. pl. Balear.* n. 658. — *A. maderense* Lowe. — ♃. Mai-juin.

« In umbrosis Balearium frequens. » (Camb.)
« Rochers du barranco de Soller. » (Bourgeau, *Exsicc.*)

MAJORQUE : *Puig de Goss près Soller.* — MINORQUE : *Cueva de Perelleta.* — Mai-juin.

Var. *trifidum* Milde, *Fil. Eur.* p. 30. — *A. trifidum* Willd. herb.

MINORQUE : *Cueva de Perelleta au barranco d'Algendar.* — Mai.

CXXIII. ÉQUISÉTACÉES

(EQUISETACEÆ Rich. ap. DC. *Fl. fr.* II, p. 580).

1. EQUISETUM

(L. *Gen.* p. 559, n. 1169).

1. **E. arvense** L. *Sp.* p. 1516, n. 2; Gren. et Godr. *Fl. de Fr.* III, p. 643; Rodrig. *Catal. pl. Menorca*, p. 99, n. 696. — ♃. Juin.

« Indicado por Curs. s. exp. loc.; barranco de Algendar. » (Rodrig.)

MAJORQUE : *Gorch Blaoü près l'Estretx d'Aumalluch.* — Juin.

2. **E. Telmateia** Ehrh. in *Hannöv. Magaz.* st. 18 (1783), p. 287. et *Beitr.* II, p. 159; Gren. et Godr. *Fl. de Fr.* III, p. 643; Rodrig. *Catal. Suppl.* p. 64, n. 227; Barcelo, *Apuntes pl. Balear.* 49, n. 461. — *E. granatense* Lang. — *E. fluviatile* auct. plur. non Lin. — Mai-juillet.

« Menorca, sin expressar localidad (Bart., Ramis segun Texidor). » (Rodrig.)

« Mall. : Andraitx, puig Puñent, Lluch. — May. » (Barcelo.)

Majorque : *Poü des Tetch; col de Soller.* — Minorque : *Barranco de Algendar, dans le termino de Ciudadela.* — Mai, juin.

3. **E. limosum** L. *Sp.* p. 1517, n. 5; Camb. *Enum. pl. Balear.* n. 656; Rodrig. *Catal. pl. Menorca*, p. 99, n. 697; Barc. *Apuntes pl. Balear.* p. 49. — ♃. Avril-mai.

« In fossis Ebusi. » (Camb.)

« Hab. : camino de la fuente den Simon. — Abr., Mayo. » (Rodrig.)

« Mall. : Andraitx, puig Puñent, Lluch. — May. » (Barcelo.)

4. **E. ramosum** Schl. *Cat.* 1807, p. 27; Gren. et Godr. *Fl. de Fr.* III, p. 645. — *E. ramosissimum* Desf. *Fl. Atlant.* II, p. 398. — ♃. Juin.

« Barranco de Soller. » (Bourgeau, *Exsicc.*)

Majorque : *Soller.* — Iviça : *Rio de San-Jose.* — Mai-Juin.

CXXIV. ISOÉTÉES

(Isoeteæ Rich., Bartl. *Ord.* 16).

1. ISOETES

(L. *Gen.* p. 561, n. 1184).

1. **I. velata** A. Braun, in DR. *Expl. Algér.* (1848), tab. 37; Milde. *Filic. Eur.* p. 280, n. 4.

Var. *humilior* Braun; Rodrig. *Catal. Suppl.* p. 64, n. 228. — ♃. Avril.

« Sitios inundados en invierno : Binisarmeña. — Abr. » (Rodrig.)

2. **I. Duriæi** Bory, *Compt. rend. Acad. sc.* vol. XVIII, juin 1844; Al. Braun, in DR. *Expl. Algér.* tab. 36, fig. 2; Rodrig. *Catal. pl. Menorca*, p. 64, n. 229. — ♃. Mars-mai.

« Sitios húmedos incultos : Binisarmeña, Anclusa, son Gurnès. — Marzo á Mayo. » (Rodrig.)

CXXV. LYCOPODIACÉES

(LYCOPODIACEÆ L. C. Rich. ap. DC. *Fl. fr.* II, p. 571).

1. SELAGINELLA

(Spring. *Flora*, 1838, VI, p. 145).

1. **S. denticulata** Link, *Filicumspec. in hort. reg. bot. cult. Berol.* p. 159; Döll,. *Rhein. Fl.* p. 38; Gren. et Godr. *Fl. de Fr.* III, p. 656; Rodrig. *Catal. pl. Menorca*, p. 99, n. 698. — *Lycopodium denticulatum* L. *Sp.* p. 1569, n. 24; Camb. *Enum. pl. Balear.* n. 657. — ♃.

« Ad rupes in montibus insulæ Majoris prope Lluch. » (Camb.)

« Inmediaciones de la fuente den Simon y barranco del Favaret. » (Rodrig)

« Barranco de Soller. » (Bourgeau, *Exsicc.*)

MAJORQUE : *Rochers d'Ariant près Pollenza.* — Juin.

CXXVI. CHARACÉES

(CHARACEÆ Rich. et Kunth, in Humb. et Bonpl. *Nov. Gen. pl.* t. I, p. 45).

1. CHARA

(L. *Gen.* p. 567, n. 1203).

1. **C. alopecuroides** Del. var. *Montagnei* A. Br. Willk. *Index*, n. 812.

« Mallorca : in fossis subsalsis planitiei la Albufera pr. Alcudia copiose, d. 7 Apr. c. fruct. » (Willk.)

2. **C. crinita** Wallr. forma minor condensata valde incrustata. (Willk. *Index*, n. 813.)

« In stagnis et fossis aquâ subsalsâ repletis ditionis Albufereta pr. Pollenza, d. 25 Apr. c. fr. » (Willk.)

3. **C. gymnophylla** A. Br. forma subinermis crassa! (Willk. *Index*, n. 814.)

« Mallorca : in planitie alta Plá de Cuba in fonte del Jardinillo, d. 11 Maji c. fr. » (Willk.)

4. **C. fœtida** A. Br. β. *subhispida*, forma brevibracteata. (Willk. *Index*, n. 815.)

« Menorca : in stagnis salsis ditionis la Canasía in consortio speciei sequentis quæ eà frequentior, d. 3 Apr. c. fr. » (Willk.)

5. **C. galioides** DC. forma minus longispina. (Willk. *Index*, n. 816.)

« Menorca : in stagnis et fossis ditionis Canasía abundat, d. 3 Apr. c. fr. » (Willk.)

FIN

ADDENDA ET CORRIGENDA

Page 9, après **Ficaria ranunculoides**, mettez :

Ficaria calthæfolia Rchb. Willk. *Index*, n. 805.

« Menorca in herbidis solo pingui haud rara (prop. Mahon). — Mart.-Apr. c. fl. — ♃. » (Willk.)

Page 16, n° 1 :

Fumaria capreolata L..., ajoutez après la note de la page 17, ligne 9e :

α. *genuina* et β. *bicolor* (floribus albo-purpureis) Willk. *Index*, n. 781.

« Deux formes ont été distinguées par M. Jordan : l'une à fleurs blanc jaunâtre pâle (*F. pallidiflora* Jord. ap. Schultz, *Archiv.* p. 305) ; l'autre à fleurs lavées plus ou moins de rose rouge, surtout sur le dos (*F. speciosa* Jord. *Cat. Grenoble*, 1849, p. 15). — Toutes deux habitent la région méditerranéenne ; la première s'est introduite et naturalisée depuis longtemps dans le nord de la France, en Angleterre, en Hollande, etc. Je les ai cultivées de graines reçues de l'auteur, et j'ai reconnu que souvent le *F. pallidiflora* a des fleurs légèrement rosées dans le jeune âge, blanches en vieillissant, tandis que le *F. speciosa* a les jeunes fleurs d'abord blanches, puis se teintant de rose à mesure qu'elles se développent. Malheureusement cette différence n'est pas constante et tient à des circonstances accidentelles. La plante du Nord offre même quelquefois, surtout en automne (quoique rarement), des individus rosés passant au *F. speciosa*. Il nous est impossible d'y voir autre chose que deux formes extrêmes, liées par de nombreux intermédiaires. En les réunissant, nous devons toutefois exclure soigneusement le petit groupe des *murales* (*F. Borœi* Jord., *F. Bastardi* Jord., *F. muralis* Sonder, *F. ragans* Jord.), que plusieurs auteurs anglais et quelques bons auteurs français ont indûment rapportées au *F. capreolata*. » (Note de M. l'abbé Chaboisseau dans le 6e *Bulletin de la Société dauphinoise*, 1879, p. 220.)

Page 17, n° 4 :

Fumaria densiflora DC. (1813). — *F. micrantha* Lag. *Elench. Matrit.* (1816).

« Le nom de *F. densiflora* ne peut être adopté, car De Candolle a confondu plusieurs espèces. Dans son herbier, on trouve notre plante mêlée avec les *F. officinalis* et *parviflora*, et dans son *Systema*, publié en 1821, après la *Flore française*, il a eu en vue le *F. parviflora* Lam. Le nom de *F. densiflora* doit être considéré comme inextricable. » (Note de M. l'abbé Chaboisseau dans le 6e *Bulletin de la Société dauphinoise*, 1879, p. 221).

Page 23, supprimez :

Malcolmia ramosa Coss. inéd.

Remplacez par :

Malcolmia arenaria DC. etc.

En dehors des Baléares, cette plante n'existe qu'en Algérie, où M. Cosson indique ainsi son *habitat :* « Algérie occidentale, région méditerranéenne littorale et intérieure ; Hauts-Plateaux chauds plus ou moins salés, lisière saharienne de la province d'Oran. »

Page 28, après **Diplotaxis viminea**, mettez :

Diplotaxis muralis DC. Willk. *Index*, n. 744.

« Mallorca : Puig de Randa, in glareosis calc. aridis ad viam versus sanctuar. N. S. de Gracia cum *Hedysaro spinosissimo*, d. 19 Apr. c. fl. et fruct. — ⊙. » (Willk.)

Page 33, n° 6 :

Cistus umbellatus, ajoutez :

Halimium umbellatum Spach.

« Mallorca : in arvis arenosis pinetisque ditionis el Prat, plagas latas tegens. Die 14 Apr. c. flor. » (Willk. *Index*, n. 722.)

Page 34, n° 3 :

Helianthemum guttatum Mill.

Willkomm, dans son *Index*, au n. 725, donne pour cette espèce la synonymie et les variétés suivantes :

« *Tuberaria variabilis* Spach, α. *vulgaris* Wk. (*Helianthemum guttatum* Mill.), forma viscoso-puberula. — Menorca cum præcedente (scilicet *Helianth. Tuberaria*), sed multò frequentior et c. flor. — ⊙. »

« α. *vulgaris*, β. *eriocaulon* Wk. (*Helianth. eriocaulon* Dun.).—Mallorca : in arenosis pinetorum juxta Estanque de S. Jorge pr. Campos abunde, d. 20 April. c. flor. — ⊙.

« β. *plantaginea* Wk. (*Helianth. plantagineum* Dun.), cum formâ præcedente, sed rarior. In pineto pr. Cabo Vermey, ad viam versus cavernas sito. — Apr. c. flor. » (Willk.

Page 35, supprimez :

Helianthemum viride Tenore, simple synonyme de *Fumana viscida*, Spach.

Page 36 :

Fumana viscida Spach. Ajoutez aussi :

β. *Barrelieri* Willk. (*Helianth. Barrelieri* Ten.), Willk. *Index*, n. 729.

« Mallorca in arenosis pinetisque ditionis el Prat, in declivibus dumosis promontorii Cabo Vermey. — Apr. c. flor. ♄. »

« γ. *juniperina* Wk. (*H. juniperinum* Lag.). — Menorca : in collibus arenariis dumosis inter Ferrerias et Finca-Subervey. Die 2 Apr. c. flor. — ♄. » (Willk.)

Page 38, après **Viola Jaubertiana** Nob., mettez :

3 *bis*. **Viola stolonifera** (sec. *Nomimium*) Rodrig. *sp. nov.? Bull. Soc. bot. de Fr.* XXV, 1878, p. 238, cum descr.

Cette espèce, que M. Rodriguez n'a créée qu'avec doute, se rapproche du *Viola Jaubertiana* Nob. par les caractères généraux de la souche, des stolons ; mais le *V. stolonifera* Rodr. est tout pubescent, à poils un peu réfractés, et même sur les deux faces des feuilles, dont le limbe est simplement « dentelé, obtus ou subaigu ». Les fleurs infertiles sont beaucoup plus petites, mais leur éperon plus proéminent ; les fleurs fertiles paraissent au contraire plus grandes que dans le *V. Jaubertiana* ; les capsules sont velues.

Le *V. Jaubertiana* est essentiellement glabre ; le parenchyme de ses feuilles possède, dans la plante fraîche, une coriacité particulière qui se rapproche de celle du parchemin ; la dentelure du limbe porte un petit mucron fortement recourbé en dedans, très caractéristique. Les fleurs, grandes, inodores, ont l'éperon moins proéminent ; les fleurs fertiles paraissent plus petites ; la capsule est glabre.

Page 44, après le nº 15, mettez :

15 *bis*. **Silene decipiens** Barcelo, *Anal. Soc. esp. de hist. nat.*, Madrid, 1879, VIII, cum descr.

D'après l'auteur, cette espèce est rapprochée du *Silene ramosissima* Desf., mais elle n'est pas visqueuse, elle manque de poils articulés, les feuilles ne sont pas engaînantes, etc. »

Page 45, nº 17 :

Silene sericea All., ajoutez :

Var. *balearica* Willk. *Index*, n. 707.

« Differt à formâ typicâ (corsicanâ) floribus minoribus matutinis, calyce breviore (non nisi 10mm l.) basi minus attenuato, anthophoro breviore (calycem medium æquante), capsulâ anthophoro æquilongâ.

« Mallorca : in sabulosis zonæ littoralis prope Campos, in consortio *Helichrysi Stæchadis*. — 20 Apr. c. flor. et caps. — ⊙. » (Willk.)

Page 45, nº 20 :

Silene ambigua Camb., ajoutez :

Var. *littoralis* Willk. *Index*, n. 709. — « Caulibus diffusis decumbenti-adscendentibus, cum foliis subsericeis, canescentibus, racemo pauci-floro, (2-3) floribus minoribus, calyce angustiore, petalorum limbo purpurascente, florescentiâ serotinâ. Planta in sicco fragillima. —

« Mallorca : puerto de Soller, in fissuris rupium maritimarum juxta sanctuar. S.-Catalina. — D. 3 Maji c. flor. » (Willk.)

Page 46 :

Gypsophila Vaccaria. — Willk. dans son *Index*, n. 713, indique les localités suivantes :

« Mallorca : inter segetes planitiei, v. c. prope Palma. Majo c. flor. — ⊙. » Willk.

Page 47, après **Sagina apetala**, mettez :

1 *bis*. **Sagina stricta** Fries, Willk. *Index*, n. 692.

« Mallorca : in arenosis zonæ littoralis passim (Salobrar de Campos in consortio *Lepturi incurvati*). — Die 20 Apr. c. flor. » (Willk.)

Page 47 :

Sagina Rodriguezii Willk. — Dans son *Index*, n. 693, l'auteur décrit cette plante nouvelle et ajoute :

« Proxima *S. maritimæ* Don, quæ pedunculis adscendentibus, floribus minoribus, sepalis omnibus obtusis, in statu fructifero patulis sed non cruciatis, petalis conspicuis lanceolatis calycem subæquantibus à nostrâ distincta est. »

« Menorca : in arenosis littoralibus ditionis la Canisía, d. 3 April. c. flor. et fruct. — ⊙. » (Willk.)

Page 48, n° 3 :

Arenaria grandiflora All.

Willkomm ne cite pas cette plante dans son *Index*, mais il donne sous le n° 698 : « *A. incrassata* Lge *Ic. et descr. pl. nov.* p. 3, tab. IV, 2! var. *foliis utrinque glabris eglandulosis*. (*A. Bourgœi* Coss. ined. ap. Bourg. *Pl. balear. exs.*). » Dans l'observation qu'il met à la suite de l'*A. incrassata*, cet auteur signale combien cette espèce est rapprochée de l'*A. grandiflora :* elle n'en diffère guère que par la forme et la disposition des feuilles et par une villosité plus ou moins marquée. Ces différences nous ont paru ne pas persister nettement dans chacune des deux espèces. Dans l'herbier de M. Cosson, où elles sont représentées par de nombreux échantillons, on voit à chacune d'elles des fleurs plus ou moins grandes, des feuilles presque filiformes ou à limbes plus ou moins élargis. Il en est de même pour l'*A. Bourgœana* Coss. Son étiquette, qui porte le n° 2740, est ainsi conçue : « *A. Bourgœana* sp. nov. nisi *A. grandiflora* All. var. Majorque, puig de Torella. » — Willkomm, dans son *exsiccata* des Baléares, a distribué l' « *A. Bourgœana* Coss. sp. nov. » sous le n° 437. Tous ces échantillons sont réunis à l'*A. grandiflora* All. dans le bel herbier de M. Cosson.

Page 49, après le genre *Arenaria*, mettez :

3 *bis.* MŒHRINGIA

(L. *Gen.* 494, *emend.*; — Fenzl, in Endlicher *Gen.* 968 ; — G. G. I, 255).

1. **Mœhringia pentandra** Gay, Willk. *Index*, n. 695.

« Mallorca in glareosis arenosisque regionis montanæ superioris passim (puig de Galatzo, p. de Teix, p. de Torella), Apr. c. flor. — ⊙. » (Willk.)

Page 52, n° 4 :

Linum angustifolium. Var. *elatior*, lisez :

β. elatius. Cette variété diffère du type par un développement plus grand; les tiges moins nombreuses, dressées; les feuilles plus espacées, les capsules beaucoup plus volumineuses.

Page 60, ajoutez :

Citrus decumana Risso, Willk. *Index*, n. 673.

« Colitur. »

Page 61, n° 1, au lieu de **H. canariense** L. etc., lisez :

Hypericum Cambessedesii Coss. ined. ap. Bourgeau, *Pl. balear. exsicc.* (*H. canariense* Camb. *nec.* Lin.), Willk. *Index*, n. 686.

Cette plante diffère sensiblement de l'*H. canariense* L. par sa tige très rameuse, ses cymes très pauciflores, ses feuilles oblongues n'ayant en longueur que deux fois leur largeur, ses fruits petits et piriformes ; tandis que dans l'*H. canariense* L. les tiges sont peu rameuses et portent à leur sommet un corymbe chargé de fleurs ; les feuilles sont étroitement lancéolées, à limbe six à sept fois plus long que large. Les capsules sont deux à trois fois plus longues que larges, cylindriques, légèrement pyramidées, le sommet atténué en pointe, le double plus grosses que celles de l'*H. Cambessedesii* Coss. C'est bien cette dernière plante que nous avons trouvée aux Baléares, et non l'*H. canariense* L., comme nous l'avions indiqué par erreur.

Page 68 : après **Pistacia vera**, mettez :

Genre 1 *bis*. SCHINUS

(Lin. *Gen.* 1130).

1. **Schinus Molle** L. Willk. *Index*, n. 624.

« In hortis et pomeriis frequenter cultum. — ♄. » Willk.

Nous citons cette espèce brésilienne à cause de la beauté de son feuillage et de sa parfaite acclimatation.

Page 71, après **Genista cinerea**, mettez :

5. **Genista linifolia** L. var. *leucocarpa* Rodriguez ined. in *Bull. Soc. bot. de Fr.* XXV, p. 238.

« Calice à lèvres dressées non divariquées ; corolle à carène droite, obtuse, non réfléchie à la fin ; gousse lanugineuse à *tomentum blanc*. Arbuste atteignant 3 mètres de haut. »

Minorque : « Hab. Canum, rare. — Fl. Mars. » (Rodr.)

Page 71, après **Lupinus hirsutus**, mettez :

2. **Lupinus albus** L. Willk. *Index*, n. 543.

« Colitur. — ⊙. » (Willk.)

Page 74, ajoutez :

Ononis mitissima L. var. *campanulata* Rodr. ined. in *Bull. Soc. bot. de Fr.* XXV, p. 238.

« Calice à tube large, strié, fortement comprimé latéralement, *très évasé à la maturité, à divisions ovales acuminées*, dépassant peu la gousse.

« Hab. lieux incultes : son Blanc, Binisequi, Rafalrotj. — Fl. Mai-juin. »

« M. Godron, dans la *Flore de France*, divise la section *Bugrana* du genre *Ononis* en *plantes à calice campanulé* et *plantes à calice tubuleux*, et place l'*O. mitissima* dans la deuxième division. Sur des échantillons provenant d'Algérie, qui se trouvent dans l'herbier du Muséum, j'ai pu observer que le calice devient presque campanulé à la fructification, quoique tubuleux au moment de la floraison ; mais les nombreux échantillons de Minorque que j'ai examinés présentent toujours le calice subcampanulé dès la floraison et très évasé à la fructification ; en outre, les divisions calicinales sont bien plus larges et le légume atteint presque leur sommet. Par ses autres caractères, la plante de Minorque ne paraît pas différer de la forme type à calice tubuleux, qui se trouve en Corse et dans le midi de la France. » (Rodr.)

Page 75 :

Anthyllis balearica Coss.

Willkomm, dans son *Index*, n. 551, donne à la suite de l'*A. Vulneraria* L. les var. *α. vulgaris* Koch et *γ. rubriflora* DC. Il décrit en outre une « var. (?) *rosea* » dont il n'a pas vu les légumes et les semences : « folia crassa, suprà glabra, subtus sericeo-villosa ». Cette plante est élevée au rang d'espèce dans le *Prodr. Fl. Hisp.* III, p. 332. D'après la description, l'*A. rosea* Willk. doit être l'*A. balearica* Coss. dont Willkomm ne parle pas.

Page 84, supprimez :

Trifolium hybridum Savi (non L.), synonyme du *T. nigrescens*, n. 17.

Page 86, après **Lotus corniculatus**, mettez :

5 *bis*. **Lotus major** Scop. Willk. *Index*, n. 585.

« Mallorca : inter Juncos acutos atque in graminosis humidis in ditione Albufereta satis frequens. — D. 25 Apr. c. flor. — ♃. » (Willk.)

Page 92, après **Vicia disperma**, mettez :

15. **Vicia bifoliolata** (sub *Ervum*) Rodr. ined. *Bull. de la Soc. bot. de Fr.* XXV, p. 239.

MINORQUE : « Hab. Binisarmeña, dans les lieux maritimes, entrelacée avec les Cistes et les Lentisques. — Fl. Avril-mai. »

Page 94, après **Lathyrus Clymenum**, mettez :

1 *bis*. **Lathyrus trachyspermus** Webb, mss? Bourg. *Pl. balear. exsicc.* n. 783. — Rodr. in *Bull. Soc. bot. de* XXV, p. 239, cum descr.

MINORQUE : « Hab. Biniaixa, dans les terres cultivées, où il pourrait avoir été introduit. — Fl. avril-mai. » (Rodr.)

Page 102, après **Prunus spinosa** var. β. *foliis synanthiis* Camb. ajoutez :

Var. *Balearica* Willk. *Index*, n. 535.

« Humilis, sæpe prostrata, ramis intricatissimis, foliis parvis glaucescentibus, drupis ut videtur oblongis. Habitus *Rhamni saxatilis* v. *Rh. pumilæ*.

« Mallorca : in sepibus dumetisque regionis inferioris et montanæ in tractus Sierra parte orientali et centrali satis frequens (c. Pollenza, Lluch, Escorca, Plá de Cuba ad rivum et alt. c. 700 mètr., ubi inde à Gorg Blaou in consortio *Ruborum*, *Rosæ rubiginosæ* et *Calycotomes spinosæ* abundat, barranco de Soller, c. Soller, in valle versus Coll de Soller in regione Quercuum). — Legi die 2 Maji cum drupis immaturis. » (Willk.)

Page 104, genre **Rosa** :

On cultive dans les jardins, entre autres espèces, les *Rosa gallica* var. *atropurpurea* L. (Willk. *Index*, n. 521) et *R. damascena* L. (Willk. *Index*, n. 523). — L'espèce suivante, de la section *Cinnamomeæ*, est aussi, sans nul doute, d'origine cultivée ou accidentellement introduite : *Rosa balearica* Desf. *Cat. Paris* (1804) et ex auth. in herb. DC.; Pers. *Syn.* II, p. 49 (1807); — Du Mont de Courset. *Bot. coll.* V, p. 484 (Specim. 1811); — Deségl. Obs. (in *the Journ. of Botany*, March, 1874) et *Cat. rais.* 1876, n. 118. — *R. Carolina* var. *lævis* Seringe in DC. *Prodr.* II, p. 605. — *R. virginiana* Tratt. *Mon.* II, p. 154; — Icon. Redouté, *les Roses*, livr. 7, Ag. (1824). — Ile Majorque (Desf. in herb. DC.).

Page 128 :

Bupleurum Barceloi Coss.

Cette espèce paraît très rapprochée du *B. diantifolium* Guss. in *Fl. Sic. Syn.* I, p. 311. — Nous n'avons malheureusement pu voir aucun échantillon de cette dernière plante ni consulter l'ouvrage de Cesati (*Stirp. Ital. rar. vel nov. descript. iconibusque illustr.* 1840, gr. in-f° qui en donne la figure.

Page 137, après **Galium rubrum**, mettez :

Galium corsicum Spreng. com. cl. Rodr. *Exsicc.*

MAJORQUE : puig de Torella, lieux pierreux. — Juin. (Crespé.)

Gr. Godr. *Fl. de Fr.* II, p. 26. — *G. nudiflorum* Viv. *Append. cors.* p. 3. — *G. Soleirolii* Lois. *Not.* p. 7 ; DC. *Prodr.* IV, p. 610.

Page 182, entre **Asterolinum** et **Coris**, mettez :

4 *bis*. LYSIMACHIA

(Lin. *Gen.* 205).

Lysimachia minoricensis Rodr. ined. in *Bull. de la Soc. bot. de Fr.* t. XXV, p. 240 :

« Plante vivace, à tige dressée, de 3-6 décimètres, striée, sillonnée, simple ou rameuse à la base. Feuilles entières, glabres, atténuées à leur base, opposées ou alternes : les inférieures elliptiques, obtuses ou subaiguës, parcourues en dessus de veines blanchâtres qui correspondent aux nervures de la face inférieure, et couvertes en dessous de points ferrugineux ; les supérieures lancéolées aiguës. Fleurs très petites, subsessiles, solitaires à l'aisselle des feuilles supérieures ; pédoncules épais, plus courts que le calice. Bractées nulles. Calice glabre à divisions ovales-lancéolées, obtuses, d'un vert obscur et violacé. Corolle subcampanulée, glabre, longue de 4 millimètres, dépassant faiblement le calice (environ 1 millimètre), blanche, violacée à la base, jaune verdâtre au sommet, à segments oblongs très obtus ou subtronqués entiers. Étamines 5, égales, à peine plus courtes que la corolle : filets brièvement connés à leur base et soudés au tube de la corolle, glabres, n'enveloppant pas l'ovaire ; filets stériles nuls. Capsule globuleuse, longitudinalement striée, pluriovulée, s'ouvrant au sommet par 5, rarement 6-7 dents triangulaires, arquées en dehors. Graines noires, ovoïdes, triangulaires. »

« Hab. : lieux frais du barranco de se Wall. — Fl. Juin. » (Rodr.)

Cette plante a des affinités avec le *L. Ephemerum* L. des Pyrénées, mais elle s'en distingue par ses fleurs beaucoup plus petites, les pétioles bien plus courts, le calice et la corolle presque égaux, les feuilles bien moins allongées, non embrassantes ni décurrentes à leur base, mais au contraire atténuées, etc.

Page 183, après **Fraxinus excelsior**, mettez :

2. **Fraxinus Ornus** L. *Sp.* 1510. — *Ornus europæa* P., Willk. *Index*, n. 668.

« Mallorca : in hortis et pomeriis culta. — April. c. flor. — ♄. » (Willk.)

Page 203, après **L. æquitriloba**, mettez :

Linaria fragilis (sect. *Cymbalaria*) Rodr. ined. — *L. æquitriloba*, Cat. Men. non Dub. — *Bull. de la Soc. bot. de Fr.* t. XXV, p. 240, cum descr.

« Hab. : rochers humides et ombragés du barranco de Algendar. — Fl. Mai-juillet ; fructifie en Juillet. »

Obs. — « Le *L. æquitriloba* Dub., qui se trouve aussi à Minorque, se distingue nettement de notre plante par ses tiges bien plus grêles, quoique moins fragiles ; fleurs plus petites (11 millim. au plus), calice glabrescent ; capsules deux fois aussi longues et graines globuleuses anguleuses, couvertes de fortes crêtes irrégulières. En outre le *L. æquitriloba* fleurit dès le mois d'avril et commence à mûrir ses graines en mai, tandis que le *L. fragilis* ne les mûrit qu'à la mi-juillet. » (Rodr.)

Page 212 :

M. Ernest Malinvaud, qui a fait, dans ces dernières années, une étude particulière du genre *Mentha*, veut bien nous communiquer la note suivante :

« J'ai reçu de M. J. Rodriguez des échantillons de cinq *Mentha* différents, récoltés par lui dans l'île de Minorque.

1° *Mentha Pulegium* L. *forma erecta, pubescens*, remarquable par une extrême abondance de points glanduleux à la face inférieure des feuilles.

Minorque : Hab. Barranco de Algendar.

2° *Mentha rotundifolia* L. *var.* se rapproche du *M. insularis* Req. par la tenue des épis très allongés, aigus, grêles et interrompus, par ses bractées linéaires-lancéolées ; mais en diffère par ses feuilles tout à fait sessiles, ses fleurs petites, d'un blanc rosé, à étamines incluses, etc.

Minorque : Hab. Tirant, lieux sablonneux.

3° *Mentha rotundifolia* L. *forma spicis compactis :* les feuilles, par la forme du limbe, rappellent le *M. insularis*, mais elles sont sessiles, les épis courts et compactes; les fleurs, d'un blanc rosé, assez grandes, ont des étamines exsertes, etc.

Minorque : Hab. barranco de Algendar, lieux frais.

Ces deux variétés sont intermédiaires au *M. rotundifolia* L. et au *M. insularis* Req., qui n'est peut-être lui-même qu'une sous-espèce ou une race de l'espèce linnéenne; l'existence des formes mixtes que nous venons de mentionner est un argument d'une grande valeur à l'appui de cette manière de voir.

Il est possible que l'une ou l'autre de ces formes, peut-être toutes les deux, se rattachent au *Mentha insularis* Req. var. *balearica* Willk. indiqué dans notre catalogue.

4° *Mentha aquatica* L. *forma glabrescens, grandiflora, stamin. exsertis.*

Minorque : Hab. barranco de Algendar, bords du torrent.

5° Une Menthe du groupe des *Spicatæ petiolatæ*, qui croissait en société de la précédente dont elle offre la glabrescence, le feuillage, les pédicelles hispides, les calices hérissés et sillonnés, les étamines exsertes; mais elle s'en distingue par deux caractères du premier ordre, par la glabréité de la face interne de la corolle et la disposition spiciforme de l'inflorescence. Elle a quelques rapports avec le *M. pyramidalis* Ten. (*Sylloge*, p. 284), qui a les feuilles plus brièvement pétiolées, une villosité plus dense, les verticilles inférieurs de l'épi moins écartés, les étamines incluses dans la corolle, etc.

L'unique spécimen de cette forme intéressante, que j'ai eu jusqu'ici sous les yeux, ne me permet pas d'en faire dès à présent une description complète. Comme toutes les Menthes du groupe des *Spicatæ petiolatæ*, elle est un produit d'hybridation, dont l'un des facteurs est certainement un *M. aquatica*, sans doute le n° 4 récolté à côté d'elle; l'autre parent est probablement un *M. rotundifolia*, peut-être le n° 3, rencontré dans la même localité.

Dans l'impossibilité résultant du défaut de données positives sur le rôle des parents, d'appliquer à cette plante la nomenclature binaire de Schiede, je crois nécessaire de lui donner un nom simple, qui aura l'avantage de réserver les questions douteuses d'origine et de filiation, et je saisis volontiers l'occasion de rendre un légitime hommage à l'habile et zélé botaniste auquel on doit cette nouvelle découverte si importante pour la flore des Baléares, en proposant le nom de *Mentha Rodriguezii.* »

Page 220 :

Scutellaria Viginexii P. Marès, est synonyme du *S. balearica* Barcelo.

Nous avions décrit cette plante avec Vigineix : je la lui ai dédiée après sa mort. — M. Rodriguez, lors de son excursion au puig de Torellas en 1877, a recueilli de nouveau cette plante rare, trouvée par nous pour la première fois en 1850 dans une des parties les plus ardues de la Serra de Soller, où elle échappa plus tard aux recherches de M. Bourgeau. Elle fut communiquée par M. Crespé, de Soller, compagnon de voyage de M. Rodriguez, au professeur Barcelo, de Palma, qui la décrivit sous le nom de *S. balearica* dans les *Anales de la Sociedad española de historia natural*, t. VI, p. 399 (novembre 1877).

Nous n'avons connu ces détails qu'au commencement de 1879, alors que les Labiées de notre Catalogue étaient déjà imprimées.

Page 246, n° 5 :

Euphorbia platyphylla L., ajoutez :

α. *glabra* Willk. *Index*, n. 634.

« Menorca ad muros in valleculis prope Mahon. Die 29 Mart. c. flor. β. *pilosa* Parl. — Mallorca : ad paludum margines ditionis la Albufereta. Die 25 Apr. c. flor. et fruct. » (Willk.)

Page 247, n° 7 :

E. flavo-purpurea Willk. — Dans l'*Index*, n. 635, Willkomm, après avoir donné la description de cette plante, ajoute l'observation suivante :

« Species proxima *E. pubescenti* quæ differt involucri extus hirti lobis glandulisque ciliatis, capsulâ inter verrucas villigerà, semine ovato subcompresso, carunculâ minimâ sessili, virore cinereo foliorum plus minus pubescentium et florescentiæ tempore (Junio-Augusto). — *E. verrucosa* Lam. (*E. dulcis* Sibth. Sm. *nec* L.) nostræ habitu similis, rhizomate carnoso grosso multicipite, radiis umbellæ brevibus, verticillo foliorum floralium plerumque brevioribus et seminibus lævibus. — *E. pilosa* L. (*E. procera* Koch), rhizomate crasso multicipite, foliis utrinque pubescentibus, seminibus lævibus carunculâ orbiculari fissâ munitis distinctæ sunt. — *E. dulcis* L. denique, quàcum nostra commutata esse videtur, ab ea rhizomate horizontali carnoso articulato et seminibus lævibus carunculà parvà stipitatâ munitis differt. Ab omnibus speciebus consanguineis stirps balearica colore purpureo pulcherrimo ad margines bractearum foliorumque atque verrucis capsulæ purpureis distincta est.

« Menorca : ad fossas in solo pingui inter barranco de son Blanc et ditionem la Canasia, d. 3 Apr. c. flor et fruct. maturis. » (Willk.)

Page 249, après **Euphorbia exigua**, mettez :

Euphorbia sulcata Delens in Lois. *Fl. Gall.* I, p. 339. — *E. retusa* Cav.; Willk. *Index*, n. 642.

« Mallorca : in pinetis ad sinum Alcudianum. Apr. c. flor. — ⊙. » (Willk.)

Page 286, après **Zostera marina**, mettez :

Zostera nana Roth, *Enum.* — *com. cl.* Rodr. *Exsicc.*

« Dans le port Mahon, à 50 centimètres ou 1 mètre de profondeur. — Juin. ». (Rodr.)

Page 44, n° 13, au lieu de **S. tubiflora** Desf., lisez :

S. tubiflora Dufrêne.

Page 44, n° 14, au lieu de **S. sedioides**, lisez :

S. sedoides, etc.

Page 77, n° 9, au lieu de **M. Gerardii**, lisez :

M. Gerardi, etc.

Page 151, à la dernière ligne, au lieu de MINORQUE, lisez : IVIÇA.

Page 156, à la cinquième ligne, au lieu de **Inula viscosa** Camb., lisez :

Inula viscosa Desf., Camb., etc.

Page 190, n° 3, au lieu de **C. planiflorus**, lisez :

C. planiflora, etc.

Page 201, n° 5, au lieu de **V. nigrum** Willk., etc., lisez :

V. nigrum Lin., Willk., etc.

Page 202, n° 6, au lieu de **S. auriculata** Willk., etc., lisez :

S. auriculata Lin., Willk., etc.

Page 293, supprimez toute la vingt-septième ligne :

« Forma tenuis..... », etc.

NOTES POUR QUELQUES EXCURSIONS BOTANIQUES

DANS LES BALÉARES.

En donnant ici le résumé succinct de quelques herborisations à faire aux Baléares, je n'ai d'autre pensée que d'épargner autant que possible, aux botanistes qui aborderont dans ces îles, les tergiversations inhérentes à toute arrivée en pays nouveau, et de leur permettre d'utiliser immédiatement tous leurs instants au profit de la science qu'ils aiment. C'est dans ce but que j'indique le tracé de quelques herborisations à proximité des points les plus habituels de relâche ou de débarquement. Nos listes ont l'étendue nécessaire pour donner la physionomie générale de la végétation et faire mettre à profit le moindre séjour pour récolter des plantes rares ou intéressantes à divers points de vue. Quant aux voyageurs dont le temps sera moins limité, nous pensons qu'une des excursions des *puig Mayor*, de *Torellas* et de *Massanellas*, ou de la *Serra de Soller*, suffira pour leur faciliter le choix d'un itinéraire conforme à leurs convenances particulières, car chacune de ces courses mène vers de hautes cimes favorablement situées pour bien laisser voir l'ensemble du pays et en saisir l'orographie générale.

Environs de Palma. — Parmi les diverses promenades à faire aux environs de Palma, une des plus faciles et des plus rapprochées est celle du *castillo de Bellver*, à 2 kilomètres environ à l'O. de la ville. Cette forteresse, construite au sommet d'une colline de 120 mètres de hauteur, remonte à une haute antiquité. Les murailles actuelles datent de la fin du treizième siècle, et montrent dans un bel état de conservation un des plus curieux monuments de l'architecture du moyen âge. La colline de Bellver est formée de terrain tertiaire miocène bien caractérisé à sa base par de puissantes assises à *Ostrea crassissima.* Cette excursion, très intéressante à divers points de vue, offrira au botaniste la récolte d'un bon nombre de jolies espèces méditerranéennes, telles que : *Anemone coronaria*, *Adonis Cupaniana*, *Cardamine hirsuta*, *Polygala rupestris*, *Silene rubella*, *Arenaria procumbens*, *Anthyllis cytisoides*, *A. tetraphylla*,

Medicago scutellata, *Trifolium stellatum*, *Lotus ornithopoides*, *Ervum hirsutum*, *Scorpiurus sulcatus*, *Hippocrepis unisiliquosa*, *Vaillantia muralis*, *Centranthus Calcitrapa*, *Fedia Caput-bovis*, *Phagnalon saxatile*, *Chrysanthemum coronarium*, *Anthemis arvensis* var. *incrassata* Boiss., *Crupina Morisii*, *Stæhelina dubia*, *Urospermum picroides* var. *asperum*, *Convolvulus althæoides*, *Anchusa angustifolia*, *Linaria triphylla*, *Eufragia latifolia*, *Lavandula dentata*, *Thymus capitatus*, *Stachys hirta*, *Sideritis romana*, *Teucrium Polium*, var. *vulgare*, *Plantago albicans*, *Globularia Alypum*, *Merendera filifolia*, *Asphodelus fistulosus*, *A. cerasiferus*, *Asparagus horridus*, *Gladiolus illyricus*, *Orchis Speculum*, *Kœleria phleoides*, *Melica minuta*, etc.

Au S. E. de Palma, les bords de la baie sont plats, parsemés d'aspérités rocheuses appartenant au terrain quaternaire, qui se présente sous l'aspect de conglomérat, ou plus ordinairement de tuf presque toujours très coquillier. Ce terrain forme le petit mamelon sur lequel est construite la *torre den Pau* que l'on rencontre à 4 kilomètres environ de la ville. Sur ce point, j'ai recueilli en abondance l'*Helianthemum Serræ*, qui n'a été observé jusqu'ici que dans cette localité. Plus loin, en s'écartant des bords de la mer dans la direction de *Son Oms*, on voit d'importantes carrières ouvertes dans ces tufs quaternaires, dont le grain est ici plus compacte et donne de meilleurs matériaux de construction. Sur ce point croissent assez abondamment l'*Helianthemum salicifolium* et le *Cistus Clusii*. Outre ces espèces, on récoltera encore dans cette promenade : *Fumaria parviflora*, *Vicia cuneata*, *Paronychia argentea*, *Picridium intermedium*, *Euphorbia nicæensis*, etc., etc. Revenons par le *Prat*, ancien marais desséché, livré maintenant à la culture. Dans ces champs et sur la route de Lluchmayor à Palma, nous recueillerons les diverses espèces suivantes. Dans les garigues du côté de Son Oms: *Tillæa muscosa*, *Lithospermum apulum*, *Euphorbia exigua*, etc.; dans les terrains gras du Prat et sur les bords de la route : *Ranunculus trichophyllos*, *R. palustris*, *R. trilobus*, *R. muricatus*, *Silene rubella*, *Sagina maritima*, *Melilotus sulcata*, *Valerianella truncata*, *Euphorbia exigua*, *Juniperus turbinata*, *Allium subhirsutum*, *Allium subvillosum*, *Ophrys bombyliflora*, etc.

Soller est un excellent centre d'excursions : placée au pied des plus hautes montagnes de Majorque, dans une vallée fermée et abritée contre presque tous les vents, dotée de sources magnifiques et très abondantes, cette petite ville est depuis longtemps renommée par ses magnifiques jardins d'Orangers, qui remplacent aujourd'hui les forêts d'Oliviers sauvages dont le sol était autrefois couvert. Dans les environs immédiats de

Soller, surtout dans la direction du port, les nombreuses coulées de trachyte qui percent le jurassique, des bancs de gypse et de marnes, les sables du rivage de la petite rade qui sert de port à la ville, les rochers maritimes qui s'élèvent près du phare, offrent un ensemble de terrains très variés favorables à la diversité des espèces qui y croissent spontanément, et parmi lesquelles je citerai : *Raphanus maritimus*, *Capparis spinosa*, *Fumana Spachii*, *F. lævipes*, *Viola arborescens*, *Gypsophila porrigens*, *Lavatera cretica*, *L. punctata*, *Hypericum tomentosum*, *Ruta bracteosa*, *Ononis reclinata* var. *Cherleri*, *Melilotus indica*, *Melilotus elegans*, *Lotus ornithopoides*, *Psoralea bituminosa*, *Scorpiurus subvillosus*, *Hippocrepis balearica*, *Epilobium tetragonum*, *Ecbalium Elaterium*, *Sempervivum arboreum*, *Umbilicus horizontalis*, *Saxifraga tridactylites*, *Vaillantia hispida*, *Crupina Morisii*, *Scolymus hispanicus*, *Solanum sodomeum*, *Antirrhinum majus*, *Vitex Agnus-castus*, *Plantago purpurascens*, *Statice duriuscula*, *S. minutiflora*, *Aristolochia longa*, *Euphorbia pubescens*, *E. imbricata*, *Urtica membranacea*, *Juniperus Oxycedrus*, *Ornithogalum narbonense*, *Allium nigrum*, *Muscari comosum*, *Smilax mauritanica*, *Vulpia incrassata*, *V. tenuis*, *Hordeum rubens*, *Lolium siculum*, *Scolopendrium Hemionitis*, etc.

La Serra de Soller est une belle montagne de 1068 mètres d'altitude, de forme allongée, orientée du S. O. au N. E. dans la direction générale de la chaîne qui protège le N. de Majorque. Le botaniste trouvera sur les flancs abrupts de cette montagne, dans les rochers qui couronnent son sommet, presque toutes les plus belles et les plus rares espèces baléariques : c'est un champ d'études d'autant plus aisé à parcourir, qu'il est à proximité des ressources matérielles d'une petite ville. Une bonne exploration de la Serra demanderait plusieurs herborisations et surtout à des époques diverses, mais une seule course permettra d'y faire une ample récolte d'espèces intéressantes : dans ce cas, la saison la plus favorable serait vers le commencement de juin. Une journée entière et un bon guide sont indispensables pour cette excursion, qui ne peut être bien faite qu'à pied.

On se dirigera d'abord vers la *couma de la Mamaliouda*, petite vallée dominée par d'énormes rochers à pic auxquels s'attachent des Lierres et des Vignes sauvages. L'artiste trouverait là un site magnifique ; le botaniste y récoltera de précieuses espèces. Entre les grands blocs roulés qui encombrent le lit du torrent, presque toujours à sec, se montrent les larges feuilles cendrées de l'*Helleborus lividus*. Dans les anfractuosités des murailles rocheuses poussent les *Brassica balearica*, *Hippocrepis balearica*, *Cephalaria balearica*, *Scabiosa cretica*, *Barkhausia Triasii*, *Scutellaria Vigineixii*, *Buxus balearicus*, etc. A cette gorge succède la *couma del Carnisero*, encombrée de blocs roulés et entassés dans le plus grand désordre. Après avoir suffisamment exploré ces lieux scabreux et sauvages, dirigeons-nous vers le N. E., du côté des crêtes qui dominent le *barranco de Soller*. Nous gravissons alors les pentes rapides de la Serra, parsemées de roches élevées dont les escarpements peuvent présenter des passages difficiles ou des murailles infranchissables qu'il faut savoir éviter ou tourner à propos. Toute cette montée offre un champ d'herborisation dont l'intérêt fait oublier les fatigues. Sur les pentes terreuses ou mêlées de fragments calcaires, poussent les : *Thlaspi perfoliatum, Hutchinsia petræa, Cistus albidus, C. salvifolius, Silene inflata, S. ambigua, Hypericum balearicum, Calycotome spinosa, Myrtus communis, Notobasis syriaca, Microlonchus Clusii, Lactuca tenerrima, Erica multiflora, E. arborea, Cyclamen balearicum, Coris monspeliensis, Vincetoxicum nigrum, Digitalis dubia, Phlomis italica, Teucrium Polium* var. *α. flavescens* et *γ. vulgare, T. subspinosum, Rumex thyrsoides, Daphne Gnidium, Thymelæa velutina, Cytinus Hypocistis, Ephedra fragilis, Asphodelus fistulosus, Gladiolus communis, Orchis longicornu, Arum muscivorum, Ampelodesmos tenax*, etc.

Dans les anfractuosités des grands rochers et sur leurs murailles à pic, viennent les : *Brassica balearica, Silene velutina, Daucus maritimus, D. maximus, Lonicera pyrenaica, Helichrysum Lamarckii, Micromeria filiformis, Smilax aspera, Ceterach officinarum, Polypodium vulgare* et var. *β. serratum* Willk. etc.

A la *fon de la Serra*, à 830 mètres d'altitude, se trouvent les *Ranunculus parviflorus, Geranium lucidum, Bellium bellidioides, Sibthorpia africana, Aspidium pallidum, Asplenium fontanum*, etc. La fon de la Serra est protégée des influences atmosphériques par une assez longue voûte : le 15 juin 1852, à huit heures du matin, par 13°,9 de température ambiante, l'eau de la source marquait 10° à son point d'émergence.

A son extrémité nord-est, la montagne est brusquement limitée par la gorge étroite et profonde qui porte le nom de *barranco de Soller*. De ce côté, le sommet de la Serra se termine par de grands rochers à pic : leurs crêtes présentent des anfractuosités dans lesquelles pousse le *Bupleurum Barceloi*, qui n'est bien fleuri que vers la fin de juillet. Près de là, au milieu de pierres éboulées, croissent les *Silene ambigua, Galium corrudæfolium* et *G. setaceum*. De ce point on parvient assez facilement à la tête du barranco de Soller par lequel doit s'effectuer le retour. L'aspect du barranco ne rappelle nullement la couma de la Mamaliouda, mais il ne lui cède rien de sa majesté sauvage et grandiose. Entre les hautes murailles rocheuses qui forment ce défilé, le voyageur peut, à chaque instant, apercevoir la mer vers laquelle il descend rapidement. A gauche, s'élèvent les rochers de la Serra dont les masses gigantesques surplombent le barranco : à leur pied est creusé le lit d'un torrent presque toujours à sec en été, mais dont la grosseur des blocs qui l'encombrent atteste la force impétueuse de ses eaux passagères. Sur la rive droite escarpée serpente le chemin muletier qui nous ramène vers Soller par une rapide descente. Cette dernière partie de la course permet de récolter encore la plupart des belles espèces baléariques qui croissent sur les rochers à pic exposés au N. C'est là que j'aperçus pour la première fois au-dessus du torrent le *Cephalaria balearica*; mais on y récoltera en outre durant le trajet : les *Clematis cirrhosa, Ranunculus palustris, Hypericum Cambessedesii, Acer Opulus, Anagyris fœtida, Genista cinerea, Hippocrepis balearica, Rosa rubiginosa, Poterium Magnolii, Lythrum Grœfferi, Ferula communis, Galium murale, Valerianella discoidea, Scabiosa stellata, S. cretica, S. maritima, Lactuca tenerrima, Barkhausia vesicaria, Laurentia tenella, Cuscuta planiflora, Stachys germanica, Euphorbia dendroides, Buxus balearica, Ruscus aculeatus, Tamus communis, Melica Magnolii, Asplenium Trichomanes* et sa var. *β. major* Willk. *Adiantum nigrum* et sa var. *β. serpentini, Adiantum Capillus-Veneris, Selaginella denticulata*, etc.

Puig Mayor de Torellas. — Le point de départ de cette excursion est Soller; l'époque la plus favorable est vers le milieu de juin, à cause du froid relatif qui règne dans les sommets de puig Mayor et en retarde sensiblement la végétation. Il faut être accompagné d'un bon guide, car bien des points sont dangereux ou infranchissables, si l'on n'en connaît pas exactement les passages. La course de Torellas peut se faire au besoin dans une forte journée en se dirigeant sur *Bounnaba* et le chemin de *Marotch*, qui mène directement à la *couma de Arbona*. Cette petite vallée est resserrée entre deux hautes murailles de rochers à pic : elle présente une montée rapide, et le sol est couvert de débris calcaires éboulés, sur lesquels est tracé un étroit sentier qui permet d'atteindre par de nombreux lacets le *col de Arbona*, près duquel se dresse la dernière cime du *puig Mayor de Torellas*.

La couma de Arbona est un des points les plus intéressants de cette excursion : c'est un excellent type de la région baléarique élevée. Dans les anfractuosités des hauts rochers à pic, croissent : les *Clematis cirrosa* var. *balearica, Brassica balearica, Silene decumbens, S. velutina, S. sericea, Silene ambigua, Genista cinerea, Argyrolobium Linnæanum, Anthyllis Vulneraria, A. balearica, Laserpitium gallicum, Pimpinella Tragium, Lonicera pyrenaica, Cephalaria balearica, Scabiosa cretica, Helichrysum Lamarckii, Coris monspeliensis, Vincetoxicum officinale, Linaria tristis, Digitalis dubia, Thymus Richardii, Calamintha glandulosa, Teucrium lusitanicum, T. subspinosum, Globularia vulgaris, Urtica pilulifera*, etc. La dernière cime de Torellas offre par son versant sud une pente bien accessible, mais d'une pauvre végétation ; le versant nord, au contraire, rocheux, très abrupt et assez difficile à escalader, présente de nombreuses anfractuosités fraîches, humides et peuplées d'espèces baléariques, parmi lesquelles doit être cité d'abord le *Ranunculus Weyleri*, qui n'a été trouvé jusqu'ici qu'en ce seul point. Cette localité remarquable ne peut être oubliée quand on y est passé une fois. Le voyageur touche au sommet le plus élevé de la cordillère majorquine : devant lui s'étend un vide effrayant, car il domine presque à pic une immense étendue de mer ; au-dessous de lui les rochers sortent du sein des flots et s'élèvent par quelques gradins gigantesques à 1445 mètres d'altitude, tandis qu'à l'extrême horizon se distinguent, si l'air est limpide, les plus hautes cimes de la Catalogne. Du sommet extrême, la vue s'étend sur la partie méridionale de l'île, dont le centre est caché par le *puig Mayor de Massanellas:* ce pic, un peu moins élevé que celui de Torellas, est le point culminant d'une chaîne fort intéressante placée un peu plus au S. et à peu près parallèle à celle que nous venons de gravir. Elles ne sont séparées que par la vallée d'*Aumalluch*. En descendant du sommet de Torellas par le versant sud, on trouve la *couma de Son Torellas*, petite vallée très élevée, où passe un sentier qui conduit au barranco de Soller, et de là à Soller même. Dans la localité remarquable du *Ranunculus Weyleri*, et sur le sommet extrême de puig Mayor de Torellas, se voient encore de nombreuses espèces : *Helleborus fœtidus*, *Arabis sagittata*, *A. muralis*, *Clypeola Jonthlaspi*, *Helianthemum virgatum*, *H. roseum*, *Silene inflata*, *Arenaria balearica*, *A. grandiflora*, *Cerastium brachypetalum*, *C. pumilum*, *C. strictum*, *Geranium lucidum*, *Erodium Reichardi*, *Rhamnus lycioides*, *Astragalus Poterium*, *Lathyrus Clymenum*, *Sorbus Aria*, *Amelanchier vulgaris*, *Galium corrudæfolium*, *G. rubrum*, *Centranthus Calcitrapa*, *Santolina Chamæcyparissus*, *Thrincia tuberosa*, *Hieracium amplexicaule*, *H. sericeum*, *H. murorum*, *Myosotis hispida*, *Linaria tristis*, *Phlomis italica*, *Teucrium Polium* var. *E. purpurascens*, *T. pulverulentum*, *Thymelæa velutina*, *Euphorbia Characias*, *Cephalanthera ensifolia*, *Scolopendrium officinale*, etc.

On peut éviter en partie les fatigues de cette journée et gagner du temps pour l'exploration des points les plus élevés de la montagne, en arrivant jusqu'aux environs de la couma de Arbona avec des mulets, qui iront ensuite attendre à Son Torellas pour le retour à Soller.

Mais s'il est possible de consacrer deux journées à cette course, on la rendra bien plus intéressante et fructueuse en montant de bon matin par le *barranco de Soller*, le *col de Loffre*, le *Pla de Cuba* et la *fon del Nougué*, à la ferme d'*Aumalluch*, où l'on s'assurera pour la nuit une hospitalité qui n'est jamais refusée. En arrivant de bonne heure à cette ferme, il sera encore possible de visiter les gorges si curieuses de l'*Estretch* et le *Gorg blaou* où passe le torrent de *Pareis* (voy. l'excursion de *puig Mayor de Massanellas*). Le lendemain, dès l'aube, on doit monter au puig Mayor de Torellas et visiter avec soin toute la cime, la couma de Arbona, et les environs, soit de Bounnaba, soit de Bini : il est facile de revenir de chacun de ces points à Soller par un chemin muletier.

Puig Mayor de Massanellas. — Cette excursion demande plus de temps que la précédente ; mais en suivant l'itinéraire que j'indique, on pénétrera dans une des plus pittoresques et des plus intéressantes parties de l'île. Nous prenons Soller comme point de départ. On doit consacrer une première journée pour arriver au collège du Lluch en passant par le barranco de Soller, le *Pla de Cuba*, la *ferme d'Aumalluch*, l'*Estretch*, le *Gorg blaou*, la *fon d'Escorcas* ; enfin Lluch, où le voyageur est certain de trouver une excellente hospitalité. Sur tout le parcours, le botaniste a pu recueillir de bonnes espèces, et chacun des points nommés sont autant d'intéressantes localités à explorer. Nous connaissons déjà le *barranco*. Après en avoir atteint le sommet à 870 mètres, et ramassé, en passant vers ce point, le *Bulbocastanum mauritanicum*, l'*Aceras intacta*, l'*Orchis longicornu*, nous arrivons à la ferme de *Cuba*, où croissent l'*Onopordon illyricum* et le *Cynara Carduncułus*. En avançant vers *Aumalluch* par la *fon del Nougué*, on rencontre l'*Ononis antiquorum*, *O. crispa*, *Pastinaca lucida*, *Knautia hybrida*, *Scrofularia canina*, *Phlomis italica*, *Ephedra fragilis*, etc., etc. Plus loin le chemin muletier s'engage dans l'étroit défilé de l'*Estretch* que surplombent de hauts rochers à pic. Dans leurs anfractuosités croissent : les *Brassica balearica*, *Silene velutina*, *Hypericum balearicum*, *Genista cinerea*, *Viburnum Tinus*, *Helichrysum Lamarckii*, *Barkhausia Triasii*, *Euphorbia Characias*, *Narcissus Tazetta*, *Gymnogramma leptophylla*, *Asplenium Petrarchæ*, etc. On franchit le torrent de *Pareïs*, qui coupe le défilé au *Gorg blaou*, un des passages les plus curieux de cette route si remarquable. Contre les parois humides des rochers, au pied desquels bondissent les eaux du torrent, le *Viola Jaubertiana* laisse pendre ses longs rameaux stoloniformes ornés de leurs rosettes florifères ; avec lui se montrent les *Erodium Reichardi*, *Hypericum Cambessedesii*, *Saxifraga tenerrima*, *Helichrysum Fontanesii*, *Cyclamen balearicum*, *Aspidium pallidum*, *Scolopendrium Hemionitis* var. *β. auriculis integris*, etc. ; et des larges fissures s'élance le *Laurus nobilis*. On quitte à regret cette localité si curieuse, si attachante par son étrange physionomie et par les espèces rares ou nouvelles qui semblent s'y être donné rendez-vous. En sortant de l'Estretch, le chemin continue sur le flanc nord des montagnes, passe à la *fon d'Escorcas*, et aboutit au collège de Lluch. Autour de cet établissement, et sur la dernière partie du chemin que nous venons de parcourir, peuvent encore se trouver : le *Viola odorata*, très répandu dans les bois de Lluch ; *Lavatera punctata*, *Geranium Robertianum*, *Sisymbrium Columnæ*, *Hippocrepis balearica*,

Rhamnus Alaternus var. α. *balearicus*, *Medicago orbicularis*, *Anthemis Cotula*, *Asteriscus spinosus*, *Taraxacum officinale*, *Pulicaria odora*, *Linaria æquitriloba*, *Micromeria filiformis*, *Epipactis microphylla*, *Serapias lingua*, *Orchis mascula*, *Ophrys bombyliflora*, *O. fusca*, *Crocus minimus*, *Leucoium Hernandezii*, *Gladiolus communis*, etc.

Seconde journée. — De Lluch à *Aumalluch*, en passant par la *casa del Guich*, *couma freda de Massanellas*, *couma des Prats de Massanellas* et *es Tossals verts*. Il faut consacrer la journée entière à cette excursion, qui ne peut être faite qu'à pied. La distance à parcourir n'est pas longue, mais le trajet offre des points scabreux et intéressants, qui doivent pouvoir être étudiés tranquillement et franchis sans précipitation. De Lluch on se dirige par la *casa del Guich* vers la *couma freda de Massanellas*. Dans la plus grande partie de ce premier parcours, le sol est couvert par de beaux *Quercus Ilex*, parmi lesquels se trouvent quelques pieds de la *var.* γ. *Ballota* et le plus grand nombre des plantes que j'ai indiquées comme croissant autour de Lluch. La *couma freda* est une vallée qui longe le pied d'une chaîne couronnée de rochers et dont l'extrémité O. forme le point culminant sous le nom de *puig Mayor de Massanellas*. Cette vallée s'élève rapidement : bientôt toute végétation arborescente disparaît sous ces éboulis caillouteux calcaires que l'on observe au pied des grandes murailles rocheuses si fréquentes dans les hautes montagnes de Majorque ; enfin, le sol, n'étant plus formé que de débris sans consistance, prend un incroyable aspect de nudité et de tristesse. Sur ce terrain, qui paraît si peu favorable à une végétation quelconque, viennent cependant, entre les pierres, diverses espèces : *Pæonia corallina*, *Galium cinereum*, *G. sylvestre*, *Aronicum scorpioides*, *Cephalanthera ensifolia*, *Aceras anthropophora*, *Orchis conopsea*, etc. Après avoir suffisamment exploré le fond de la vallée, nous nous élevons vers la ceinture de rochers qui couronne la chaîne, et, profitant d'une large fissure ouverte dans cette muraille, en apparence inaccessible, nous en atteignons la crête, qui n'est autre chose qu'un plateau étroit s'élevant rapidement vers l'O., où son extrémité coupée à pic sur le *coll de Massanellas* qui la contourne, forme la cime connue sous le nom de *puig Mayor de Massanellas*. Ce plateau rocailleux, exposé à toutes les intempéries, battu par les vents et les orages, offre l'aspect de la désolation. Quelques pieds d'If (*Taxus baccata*) y végètent, réduits à l'état de buissons ; des tiges tortueuses de *Clematis cirrhosa* var. *balearica* rampent çà et là dans les anfractuosités ; le *Linaria tristis* montre ses fleurs remarquables par leur grosseur et le suave parfum de Fraise qu'elles répandent. Puis, en cherchant dans les abris que leur offrent les fentes de ces rochers calcaires, entre les aspérités sans nombre creusées lentement par les eaux atmosphériques, on trouve diverses espèces, dont la floraison est sensiblement retardée par la température relativement froide de ces régions élevées : *Polygala vulgaris, Arabis verna, Helianthemum virgatum, H. roseum, A. grandiflora, Arenaria balearica, A. serpyllifolia, Cerastium strictum, Potentilla caulescens, Poterium Magnolii, Sedum dasyphyllum, Galium æthnicum, Helichrysum microphyllum, Santolina incana, Scrofularia canina, S. ramosissima, Micromeria filiformis, Teucrium lusitanicum, T. asiaticum, Euphorbia myrcinites, Schœnus nigricans, Poa bulbosa, Sesleria cærulea*, etc. — Nous atteignons enfin le point culminant à l'extrémité O. De ce rocher élevé la vue s'étend sur l'île entière ; le puig Mayor de Torellas est tout voisin, et le sommet de son pic nous domine à peine de quelques mètres ; plus loin, vers le couchant, s'élèvent les hautes cimes du *Teix* et de *Galatzo*, tandis qu'à l'E., derrière Lluch, se dresse la puissante masse de *puig Tomir de Miñas*, au delà duquel paraissent les montagnes élevées qui environnent Pollenza et les nombreux pics dentelés des caps *Formentor* et d'*Alcudia* ; le quadrilatère montueux d'*Arta*, les hauteurs de *Randa*, de *Felanitz*, toute la plaine, le golfe d'Alcudia, les plages de la côte S., les îles de Minorque et de Cabrera entourées par les flots qui limitent au loin l'horizon, déroulent à nos regards un admirable panorama. Je signalerai, en passant, une particularité curieuse sur ce sommet : un puits naturel, de 25 mètres environ de profondeur, dont l'orifice a 5 à 6 mètres de diamètre ; le fond, un peu plus étroit, paraît s'arrêter à la base de la muraille rocheuse qui entoure la cime du pic, et dont il n'est distant que de quelques mètres. La forme de ce puits est d'une parfaite régularité ; ses parois, de roche vive, sont lisses, bien arrondies, le fond plat....

De même que nous avions pu aborder les crêtes de Massanellas par une large fissure, de même nous en descendons par une anfractuosité semblable, qui entaille la ceinture des crêtes à quelques centaines de mètres à l'E. du sommet. Ce passage est assez scabreux, mais permet d'arriver rapidement aux *casas de neou dés coll de Massanellas*, situées sur le versant sud ; nous y récoltons le *Myosotis gracillima*. De là on gravit le col qui contourne, au couchant, le pied des rochers de l'extrême cime que nous venons de quitter. Dans une fente croît un pied isolé d'*Ilex balearica ;* dans les anfractuosités des rochers poussent aussi : *Arabis sagittata, Potentilla caulescens, Poterium Magnolii, Sorbus Aria, Pimpinella Tragium, Lonicera pyrenaica, Asperula lævigata, Acer Opulus*, etc., etc. Le col franchi, nous entrons dans la *couma des Prats de Massanellas* : entre les fragments éboulés qui couvrent le sol de ce point élevé, se montre l'*Erinus alpinus*. La pente de la couma des Prats est très rapide ; son aspect est nu, sauvage et désolé, sans végétation apparente, couverte, comme le haut de Couma freda, d'éboulis pierreux. Nous y voyons néanmoins les *Silene inflata, S. hispida, Galium rubrum, Linaria origanifolia, Euphorbia myrcinites*, etc., etc. Vers la fontaine de *se couma des Prats*, la végétation arborescente reparaît, et l'on arrive bientôt au *coll des Couloums*, où commence la petite vallée des *Tossals verts* qui incline à droite pour déboucher près de la ferme d'*Aumalluch*. Au col des Couloums nous récoltons le *Genista acanthoclada* : le fond des Tossals verts est frais et dominé par de grands rochers à pic. Sur leurs parois et à leur base poussent, avec l'*Hippocrepis balearica* et le *Rhamnus Alaternus* var. *β. latifolius*, les *Micromeria filiformis*, *Sibthorpia africana*, *Ruscus aculeatus*, *Smilax aspera*, et bien d'autres espèces de la région baléarique, qui font de cette localité un excellent passage pour le botaniste : il devra le préférer au sentier plus élevé par lequel il aurait pu également arriver du col des Couloums à la ferme.

Ces deux journées ont été bien remplies. Le retour peut se faire soit directement sur Inca, soit vers Soller par le barranco ; mais si, après une nuit de repos, on veut retourner à Soller en complétant l'excursion de Massanellas par une troisième journée, il est facile de l'employer à faire une des courses déjà décrites : soit celle de puig Mayor de Torellas, très voisin de ce point, et couma de Arbona ; soit celle de la Serra de Soller, dont on atteindra facilement les plus hautes crêtes en quittant la route muletière de Soller au sommet du barranco, déjà si élevé.

Pour compléter ces notes, qui donnent la plus grande partie des espèces les plus caractéristiques de la flore majorquine, je signalerai rapidement aux botanistes quelques-unes des localités les plus intéressantes à visiter sur d'autres points de l'île.

Ariant. — Au N. E. de la cordillère, entre Lluch et Pollenza, est située la belle localité d'*Ariant*, que dominent d'énormes rochers à pic au-dessus desquels s'élève le *puig de Ternellas*, à 838 mètres d'altitude. Il semble que les espèces les plus intéressantes de l'île s'y soient donné rendez-vous : *Helleborus lividus*, *Delphinium pictum*, *Pæonia corallina*, *Brassica balearica*, *Arenaria balearica*, *Geranium lucidum*, *Hypericum tomentosum*, *H. balearicum*, *Rhamnus Alaternus* var. *balearica*, *Genista cinerea*, *Lathyrus articulatus*, *Hippocrepis balearica*, *Viola Jaubertiana*, *Sedum stellatum*, *Ferula communis*, *Lonicera pyrenaica*, *Rubia lævis*, *Helichrysum Lamarckii*, *Barkhausia Triasii*, *Chlora grandiflora*, *Solanum Dulcamara*, *Sibthorpia africana*, *Digitalis dubia*, *Eufragia viscosa*, *Thymus Richardii*, *Calamintha Nepeta*, *Phlomis italica*, *Scutellaria Vigineixii*, *Teucrium asiaticum*, *Buxus balearicus*, *Chamærops humilis*, *Arum muscivorum*, *Asplenium Adiantum nigrum*, *Selaginella denticulata*, etc. Rappelons encore, aux environs de Pollenza, le cap *Formentor*, les belles sources de *Fertaricht*, de *Lazareil* et de *la Rueda*, et la vallée *de Colonia*, à l'extrémité de laquelle se dresse le pic élevé de *Tomir de Minas* (1103 m.), assez voisin de Lluch. Enfin, bien que les plages, les marais et les champs cultivés qui entourent le fond de la baie de Pollenza n'aient qu'une étendue restreinte, ils fournissent néanmoins un certain nombre de nouvelles espèces à celles des hautes montagnes : *Glaucium luteum*, *Silene disticha*, *S. hispida*, *Oxalis corniculata*, *Lotus hirsutus*, *Agrimonia Eupatorium*, *Senecio Rodriguezii*, *Berula angustifolia*, *Petroselinum peregrinum*, *Lonicera implexa*, *Solanum Sodomeum*, *Datura Stramonium*, *Conium maculatum*, *Chara crinita*, etc.

Alcudia.—Au S. E. de Pollenza, la petite ville fortifiée d'*Alcudia*, dominée au levant par les montagnes rocheuses du cap qui porte son nom, touche vers l'O. et le S. à de vastes terrains cultivés ou marécageux, et à des plages étendues ; aussi est-elle le centre d'une flore variée, et, tandis que dans les rochers élevés du cap viennent encore diverses espèces des hautes montagnes au N., on trouve à quelques pas de là les plantes des sables littoraux, des marais et de la plaine. — Sur les terrains escarpés et rocheux croissent : les *Delphinium Staphisagria*, *Pæonia corallina* var. β. *fructibus glabris*, *Hutchinsia procumbens*, *Cistus monspeliensis*, *Silene brachypetala*, *S. ambigua*, *Spergularia rubra*, *Lavatera maritima*, *Ononis minutissima*, *Vicia lathyroides*, *Ervum gracile*, *Hippocrepis balearica*, *Torilis helvetica*, *Rubia peregrina* var. γ. *angustifolia*, *Scabiosa cretica*, *Artemisia maritima*, *Helichrysum decumbens*, *Sonchus tenerrimus*, *Barkhausia Triasii*, *Crepis bulbosa*, *Erythræa maritima*, *Eufragia viscosa*, *Micromeria filiformis*, *Teucrium Botrys*, *T. Polium* var. α. *flavescens*, *Cytinus Hypocistis*, *Aristolochia longa*, *Serapias occultata* var. *parviflora*, *Chamærops humilis*, *Piptatherum miliaceum*, *Avena barbata*, *A. bromoides*, etc.

Sur les terrains bas : *Clematis cirrhosa*, *Ranunculus aquatilis*, *R. trichophyllos*, *R. lanuginosus*, *Kœniga maritima*, *Sisymbrium obtusangulum*, *Capparis spinosa*, *Helianthemum halimifolium*, *Reseda alba*, *Frankenia intermedia*, *Malva sylvestris* var. γ. *canescens*, *Ruta bracteosa*, *Ononis breviflora*, *Medicago littoralis*, *Lotus hirsutus*, *L. creticus*, *Lythrum Græfferi*, *Tamarix gallica*, *T. africana*, *Sempervivum tectorum*, *Œnanthe globulosa*, *Bupleurum protractum*, *B. opacum*, *Vaillantia filiformis*, *Crucianella maritima* *Solanum sodomeum*, *Withania somnifera*, *Vitex Agnus-castus*, *Ephedra fragilis*, *Ornithogalum arabicum*, *Allium nigrum*, *Asparagus horridus*, *Typha latifolia*, *T. angustifolia*, *Phalaris cærulescens*, *Trisetum condensatum*, *Scleropoa marina*, *Bromus maximus*, *Brachypodium ramosum*, *Chara alopecuroides*, etc.

Arta. — Le district montagneux d'*Arta*, situé à l'extrémité orientale de l'île, est profondément découpé, vers le N., par des montagnes rocheuses dont certaines, comme la *Talaya veya*, s'élèvent à pic, du bord de la mer, jusqu'à 550 mètres d'altitude; le *bec de Farrutch* et les hauteurs qui entourent la *ermita d'Arta*, *es vergiers de Moragas*, etc., sont autant de points scabreux, dont les rochers élevés présentent encore une partie des belles espèces de la cordillère du Nord mélangées à celles des garigues de la plaine : *Ranunculus parviflorus*, et la var. *pellucidus*, *Delphinium pictum*, *Pæonia corallina*, *Silene pseudo-Atocion*, *S. velutina*, *Cistus florentinus*, *Helianthenum plantagineum*, *H. viride*, *Fumana viscida*, *Viola arborescens*, *Polygala rupestris*, *Malva nicæensis*, *Lavatera hirsuta*, *Erodium Reichardi*, *Hypericum balearicum*, *Genista Pomeli*, *Anthyllis Vulneraria*, *Lotus tetraphyllus*, *Astragalus Poterium*, *Lathyrus Clymenum*, *Scorpiurus subvillosus*, *Hippocrepis balearica*, *Thapsia garganica*, *T. villosa*, *Pastinaca lucida*, *Rubia peregrina* var. γ. *angustifolia*, *Scabiosa cretica*, *Helichrysum Fontanesii*, *H. Lamarckii*, *Bellium bellidioides*, *Thrincia tuberosa*, *Crepis montana*, *Barkhausia vesicaria*, *B. Triasii*, *Cyclamen balearicum*, *Myosotis hispida*, *Sibthorpia africana*, *Sideritis romana*, *Teucrium flavum*, *Globularia Alypum*, *Euphorbia Gayi*, *E. biumbellata*, *Schœnus nigricans*, *Carex Linkii*, *Melica minuta*, *Brachypodium pinnatum*, etc., etc. Sur les terrains ondulés qui entourent la petite ville d'Arta, du côté de la curieuse enceinte préhistorique connue sous le nom de *las Païsas*, dans la vallée qui descend vers la belle *cueva d'Arta*, à l'*Astan de Cañamel* et sur les bords de la mer, on trouvera : *Ranunculus bulbosus*, *Nymphæa alba*, *Althæa hirsuta*, *Erodium littoreum*, *Ononis mitissima*, *Anthyllis cytisoides*, *A. tetraphylla*, *Medicago marina*, *Lotus ornithopoides*, *L. tetraphyllus*, *Lathyrus ochrus*, *Rosa sempervirens*, *Lythrum Græfferi*, *Brignolia pastinacæfolia*, *Seriola ætnensis*, *Vinca media*, *Vincetoxicum nigrum*, *Echium violaceum*, *E. arenarium*, *Celsia cretica*, *Ajuga Iva*, *Statice Gougetiana*, *Quercus Ilex* et sa var. γ. *Ballota*, *Allium triquetrum*, *Ruscus aculeatus*, *Tamnus vulgaris*, *Trichonema Bulbocodium*, *T. Linaresii*, *Gladiolus communis*, *Leucoium Hernandezii*, *Epipactis microphylla*, *Limodorum abortivum*, *Serapias lingua*, *Orchis coriophora*, *O. tridentata*, *Ophrys tenthredinifera*, *Arum muscivorum*, *Phalaris nodosa*, *Cyperus schœnoides*, *Stipa juncea*, *Piptatherum cærulescens*, *Ægilops triaristata*, etc.

Enfin, à l'extrême S. de l'île, du côté de **Santany** et des bains de **San-Juan de Fuente Santa**, dans les garigues et les plages de **las Salinas** et **des Baons**, si curieuses par la multitude de débris romains et de monuments préhistoriques qui encombrent cette région, se trouvent de nombreuses espèces, parmi lesquelles je citerai les suivantes : *Papaver hybridum*, *Glaucium corniculatum*, *Hutchinsia procumbens*, *Diplotaxis catholica*, *Cistus monspeliensis*, *Helianthe-*

mum plantagineum, *H. guttatum*, *H. Caput-felis*, *Polygala monspeliaca*, *Silene coarctata*, *S. nocturna*, *S. decumbens*, *Erodium malacoides*, *Diotis candidissima*, *Helichrysum decumbens*, *Atractylis cancellata*, *Thrincia tuberosa*, *Picridium tingitanum*, *Erica multiflora*, *Phillyrea angustifolia*, *Statice echioides*, *Salicornia fruticosa*, *Pancratium maritimum*, *Juncus acutus*, *Carex extensa*, *Brachypodium Distachyon*, etc.

Minorque. — Une des excursions botaniques les plus intéressantes à faire dans l'île Minorque est certainement celle du *barranco de Algendar*. Cette petite vallée commence dans les environs de Ferrerias ; taillée en quelque sorte dans l'épaisseur du plateau de tertiaire miocène, qui occupe toute la partie sud de l'île, elle forme une sorte de large fente sinueuse, orientée N. S. et qui débouche sur une petite anse nommée *cala de Santa-Galdana*. Les sinuosités de ce ravin, ses parois élevées et taillées à pic, l'abritent complètement des vents et lui donnent, sur certains points, un aspect grandiose et des formes pittoresques très remarquables. Au fond coule un ruisseau d'eau vive qui répand la fraîcheur sur ses bords et alimente le moulin de *Goumis*, situé vers le milieu du barranco. Jusqu'aux abords de la mer, la végétation est verdoyante et vigoureuse ; des arbres droits et élancés offrent le plus frappant contraste avec le reste de la campagne de Minorque, dont les champs sont généralement secs et dénudés par l'action des vents excessifs qui s'y déchaînent en toute liberté. C'est une des rares localités de l'île où se voient des jardins plantés d'Orangers et de Grenadiers ; de beaux *Laurus nobilis* croissent au pied des rochers ou dans les anfractuosités et s'élancent vers le sommet des escarpements pour y trouver plus d'air et de lumière. Dans le barranco de Algendar viennent : les *Cl. cirrhosa*, *Ranunculus palustris*, *Delphinium Staphisagria*, *Pæonia corallina*, *Chelidonium majus*, *Capparis spinosa* var. *inermis*, *Viola odorata*, *V. stolonifera*, *Silene ambigua*, *Alsine tenuifolia*, *Spergularia media*, *Linum angustifolium*, *Lavatera cretica*, *Ononis crispa*, *Medicago tuberculata*, *Melilotus messanensis*, *Trifolium fragiferum*, *Lotus tetraphyllus*, *Astragalus bæticus*, *Coronilla glauca*, *Hippocrepis balearica*, *Epilobium hirsutum*, *Callitriche stagnalis*, *Lythrum Græfferi*, *Pastinaca lucida*, *Centranthus Calcitrapa*, *Scabiosa cretica*, *Notobasis syriaca*, *Barkhausia Triasii*, *Linaria fragilis*, *Sibthorpia africana*, *Digitalis dubia*, *Micromeria Rodriguezii*, *Ulmus campestris*, *Ornithogalum arabicum*, *Iris Pseudacorus*, *Typha latifolia*, *Scolopendrium Hemionitis*, *Adiantum Capillus-Veneris*, etc. En arrivant à la plage de *Santa-Galdana*, à laquelle aboutit le barranco, j'indiquerai : les *Ferula communis*, *Aceras pyramidalis*, *Ophrys tenthredinifera*, *O. bombyliflora*, *O. Speculum*, *O. fusca*, *O. lutea*, *Arum pictum*, etc.

Iviça. — La petite ville d'Iviça, couronnée par le clocher gothique de sa cathédrale, entourée de ses vieux remparts bastionnés qui plongent dans la mer, présente le plus charmant aspect au fond de la baie qui abrite son port. De hautes collines parsemées de pins d'Alep la dominent. Les environs, couverts de riantes cultures au milieu desquelles s'élèvent de beaux Palmiers, et les îlots dont la rade est parsemée, offrent aux botanistes un agréable but de promenade en même temps qu'une des plus fructueuses herborisations à faire dans l'île. On pourra recueillir dans le sommet aride des collines : les *Cistus albidus*, *C. monspeliensis*, *C. Clusii*, *Helianthemum marifolium*, *Fumana viscida*, *Ruta angustifolia*, *Rosmarinus officinalis*, etc. A côté de la ville, sur la butte de *los Molinos :* les *Clematis cirrhosa*, *Delphinium Staphisaria*, *Frankenia pulverulenta*, *F. lævis*, *Erodium moschatum*, *Fagonia cretica*, *Paronychia argentea*, *Thapsia garganica*, *Ferula glauca*, *Chrysanthemum coronarium*, *Celsia cretica*, etc. Plus bas et dans les petites îles du port : les *Ranunculus philonotis*, *Diplotaxis catholica*, *Silene rubella*, *S. littorea*, *S. villosa*, *Ononis inæquifolia*, *Lythrum Hyssopifolia*, *Daucus maximus*, *D. maritimus*, *D. gummifer*, *Senecio crassifolius*, *S. linifolius*, *Nerium Oleander*, *Lavandula dentata*, *Cynomorium coccineum*, *Euphorbia tomentosa*, *Mercurialis tomentosa*, *Urtica pilulifera*, *Populus alba*, *Orchis apifera*, etc.

L'intérieur de l'île offre peu de ressources et n'a pu être exploré jusqu'ici avec soin ; aussi n'est-il pas suffisamment connu. Les espèces baléariques y paraissent rares ; il serait fort intéressant d'avoir la florule exacte de cette petite terre assez rapprochée du continent, et dont le climat et la constitution géologique, comme nous l'avons vu, doivent encore être étudiés. Du côté de *las salinas*, au S. de la capitale, j'ai recueilli diverses espèces connues, parmi lesquellespeuvent être citées les : *Malcolmia arenaria*, *Carrichtera Vellæ*, *Spergularia rubra*, *Mesembrianthemum nodiflorum*, *Picridium tingitanum*, *Erica multiflora*, *Linaria origanifolia*, *Micromeria Barceloi*, *M. nervosa*, *Stachys hirta*, *Ballota hispanica*, *Statice echioides*, *Sueda maritima*, *Juniperus phœnicea*, etc.

Au PUIG D'ENSERRA, dans une des parties les plus montagneuses au S. O. de l'île, je citerai encore les : *Silene ambigua*, *Althæa hirsuta*, *Cneorum tricoccum*, *Ononis reclinata*, *Orobus saxatilis*, *Paronychia argentea*, *Vaillantia hispida*, *Hymenostemma Fontanesii*, *Anthemis arvensis*, *Campanula dichotoma*, *Convolvulus siculus*, etc. Enfin, près de SANTA-EULALIA se trouve l'*Hypericum balearicum*. L'exploration du magnifique rocher de VEDRA, qui s'élève à pic du sein des flots, jusqu'à une altitude de 382 mètres, donnerait peut-être quelques-unes des belles espèces de la zone baléarique, si peu représentée jusqu'à présent à Iviça.

A **Formentera**, nous n'avons aucune espèce particulière à signaler ; on peut recueillir à *la Mola* et sur les parties planes et basses qui forment le reste de cet îlot : les *Silene littorea, S. ambigua, Medicago littoralis, Lotus creticus, Centranthus Calcitrapa, Senecio crassifolius, S. gallicus, Asteriscus aquaticus, Filago spathulata, F. germanica, Notobasis syriaca, Linaria origanifolia, Plantago albicans*, etc., etc.

LISTE DES NOMS VULGAIRES [1]

Abatzer, Rubus fruticosus L., Min., et R. discolor Vah. Maj.
Abit, Apium graveolens L.
Abre del amor, Cercis Siliquastrum L., Maj.
Abre de mal fruit, Ilex balearica Desf., Maj.
Abre del Paradis, Elæagnus angustifolia L., Maj.
Abre de tinta, Phytolacca decandra L., Min.
Abre de Visch, Ilex balearica Desf., Maj.
Acácia, Robinia Pseudacacia L.
Adzaroler, Cratægus Azarolus L.
Adzebara, Aloe vulgaris Lamk.
Afferadissos, Setaria verticillata P. B., Min.
Aguyetas, Erodium malacoides, Min.
Aguyots, Scandix Pecten-Veneris L., Min.
Aladern, Rhamnus Alaternus L.
Aladern de fuya estreta : Phillyræa angustifolia L., Min.
Ameller, Amygdalus communis L.
Anfaus, Medicago sativa L., Min.
Anis, Pimpinella Anisum L.
Arañas, Nigella damascena L., Min.
Aranji bord, Prasium majus L., Min.
Arbosser, Arbutus Unedo L., Min.
Arce, Ailantus glandulosa Desf.
Argelaya ou *Argelaguera*, Calycotome spinosa Link, et C. villosa Link, Min.
Aritja, Smilax aspera L., Min.
Arpellot, Helminthia echioides Gœrtn. Maj.
Arser, Lycium mediterraneum Dun. Maj.
Assussena, Lilium candidum L., Maj.
Auba, Populus alba L., Maj.
Aubarcoquer, Prunus Armeniaca L.
Aubó, Asphodelus albus Willd. : à sa première pousse (rosette), Maj.
Augons, Ononis procurrens Wallr., Maj.
Ay, Allium sativum L.
Ayassa, Allium triquetrum L.
Ayassa blaua, Muscari comosum Mill., Min
Ayassa vermeya, Allium roseum L., Min.
Baladre, Daphne Gnidium L., Maj.
Ballarugas, Briza maxima L., Min.
Bañeta, Delphinium cardiopetalum DC., Maj.
Bardana, Lappa tomentosa Lamk., Maj.
Barella, Salsola Kali, L., Maj.
Bastenaga, Daucus Carota L., Min.
Bastenagas bordas, Daucus divers.
Bayera, Ophrys apifera Huds., Maj.
Becabunga, Veronica Beccabunga L., Min.
Beda, Beta vulgaris L.
Berbera, Verbena officinalis L.
Betaravec, Beta vulgaris L. var., Min.
Blad de camavermeya, Ægilops ovata L., Alay.
Blad de las Indias : Zea Mays L.
Blad den Menna, Ægilops ovata L., Ferr. et Ciu.
Blad xexa : Triticum vulgare Will.
Blet, Amaranthus deflexus L. Maj.
Boca de lleó, Antirrhinum majus L.
Boca de llop, Digitalis dubia Rodr., Min.
Borratja, Borrago officinalis L.
Botcha, Anthyllis cytisoides L.
Botches, Anthyllis Vulneraria L.
Bougiot, Clematis Flammula L., Soller.
Bova, Typha latifolia L.
Brassera, Centaurea aspera L., Maj.
Bruch, Erica scoparia L., Min.
Bruc famella, E. scoparia L., Maj.
Bruc mascle, E. arborea L., Min.
Brusc, Ruscus aculeatus L., Min.
Brutónica, Teucrium lusitanicum Lamk, Min.
Bulitx, Chrysanthemum segetum L., Min.

(1) Les noms de localités que nous donnons, désignent le lieu où ont été recueillis les nom vulgaires, mais ils n'indiquent pas que ceux-ci y soient restreints. Cette liste est formée avec les renseignements fournis par les catalogues de MM. Barcelo et Rodriguez et avec ceux que nou avons pu nous procurer.

Burrá, Psamma arenaria Rœm. et Schult., Min.
Cabeys, Cuscuta europæa et C. Epithymum L., Maj.
Cabruna, Psoralea bituminosa L., Min.
Cacheta, Hyoscyamus.
Cadeils, Tribulus terrestris L., Maj.
Calabrux, Crepis bulbosa Cass., Min.
Calsigues, Cirsium arvense Scop., Maj.
Camamilla borda, Anthemis arvensis L., Min.
Camamilla de la Mola, Santolina Chamæcyparissus L., Min.
Camamilla pudenta, Anthemis Cotula L., Maj.
Camarotja, Cichorium Intybus L., Min.
Camarotjes espinosas, Chondrilla juncea L., Maj.
Caña, Arundo Donax L.
Caña borda, Phragmites gigantea Gay., Maj.
Caña fella, Ferula communis L., Lluch.
Caña fellara, Ferula communis L., Min.
Cañet, Phragmites communis Trin., Min.
Cañot, Sorghum halepense Pers., Maj.
Cañot, Phragmites communis Trin., Maj.
Cañum, Cannabis sativa L.
Cap blaou, Muscari racemosum Willd., Maj.
Capells de serp, Convolvulus althæoides L., Min.
Capellets de pared, Umbilicus pendulinus DC., Min.
Cap-roll ou *Cap-roix*, Crepis vesicaria L., Ferr.
Capseta, Hyoscyamus albus L., et H. major Mill., Min.
Capsoti, Trifolium stellatum L., Min.
Carabassa comuna, Cucurbita Pepo, Duch.
Carabassa de menjar, Cucurbita maxima Duch.
Caramellera, Hyoscyamus major Mill., Iviça, et H. albus L.
Caramuxa, Asphodelus albus, à l'état sec, Min.
Carc blanc, Galactites tomentosa Mœnch, Min.
Carc cigrell, Carlina racemosa L., Min.
Carc d'ase, Carduus pygnocephalus L., Min.
Carc de cabesseta, Carlina latana L., Min.
Carc de Moro, Scolymus hispanicus L. Min.
Carc de sang, Kentrophyllum cœruleum Gr. et Godr., Min.
Carc estrellad, Centaurea Calcitrapa L., Min.
Carc fuell, Kentrophyllum cœruleum Gr. et Godr., Min.
Carc gallofer, Silybum Marianum Gærtn., Min.
Carc negre, Kentrophyllum cœruleum Gr. et Godr., Min.
Carc panical, Eryngium campestre L., et E., maritimum L., Min.
Cardelina, Scolymus hispanicus L., Min.
Carnassa, Pastinaca lucida Gouan, Min.
Carnera, Acanthus mollis L.
Carnosa, Pastinaca lucida Gouan, Min.
Caroba del demonio, Anagyris fœtida L., Maj.
Carpells de serp, Convolvulus althæoides L., Min.
Carritx, Ampelodesmos tenax Link.
Carrois, Crepis vesicaria L., en Ciu., Maj.
Cart coler, Cynara humilis L., Maj.
Cart d'herba, C. humilis.
Cart formajer, C. humilis Tyrimcus Iviça.
Cart Calapoter, leucographus Cass., Maj.
Cart del Dimoni, Carduus nigrescens, Maj.
Cascay, Pavot.
Cascay bord, Papaver setigerum DC., Min.
Cascay burt, Glaucium luteum Scop., Soller.
Casconia, Picridium vulgare Desf., Min.
Cassia, Robinia Pseudacacia L., Maj.
Castañola, Anemone coronaria L., Maj.
Catalinoya, Scolymus maculatus L., Maj.
Cayrells, Trapa natans L., Maj.
Caxal de veya, Hyoseris radiata L., Min.
Ceba, Allium Cepa L.
Ceba bullina, Asphodelus fistulosus L., Min.
Ceba marina, Urginea Scilla Steinh.
Cebolli, Asphodelus fistulosus L., Min.
Celiandre, Coriandrum sativum L., Min.
Celidonia, Chelidonium majus L., Min.
Ceñisos, Phragmites communis Trin., Min.
Centaura, Erythræa pulchella Horn., Min.
Centaura, E. Centaurium Pers., Maj.
Cep, Vitis vinifera L.

Cervellina, Senebiera Coronopus Poir., Maj.
Cicer de pastor, Cratægus brevispina Kunze, Maj.
Cicerer, Prunus Cerasus L.
Cicer negri, Prunus avium L., Maj.
Ciceretas del bon pastor, Ruscus aculeatus L., Min.
Cicerelas guingas, Ruscus aculeatus L., Min.
Cicuta, Conium maculatum L.
Cine nirvis, Plantago lanceolata L., Min
Cipell, Erica multiflora L., Min.
Claveller de peñal, Bupleurum petræum L., Maj.
Clóver, Hedysarum coronarium L., Min.
Cobrombo, Cucumis sativus L., Min.
Cobrombos amargs, Ecbalium Elaterium Rich., Min.
Coclearia, Lepidium latifolium L., Min.
Codoñer, Cydonia vulgaris Pers., Min.
Cól, Brassica oleracea L., Min.
Col borda, Brassica balearica Pers., Maj.
Coll de colom, Muscari comosum Mill., Min.
Coltell, Gladiolus segetum Gawl., Maj.
Confits, Leucanthemum Parthenium Gr. et Godr., Maj.
Cornicelis, Plantago coronopus L., Min.
Corritjola, Convolvulus arvensis L., Min.
Corritjola blanca, Convolvulus sepium L., Min.
Coscoy, Quercus coccifera L., Maj.
Coüa de cavall, Equisetum arvense L., Min.
Coüa d'egu, Equisetum arvense L., Min.
Coüa de Rossi, Equisetum Telmateia Ehr., Maj.
Crexecs, Nasturtium officinale R. Br., Min.
Cugot, Smyrnium Olusatrum L., Min.
Cugoti, Arum Arisarum L., Min.
Cúgul, Smyrnium Olusatrum H., Min.
Cugula, Avena fatua L., Min.
Cuiró, Cicer arietinum L. (la semence).
Cuironera, C. arietinum L. (la plante).
Culebra, Arum Dracunculus L., Min.
Culis, Silene inflata Sm., Min.
Cultell, Gladiolus segetum Gawl., Min.
Cutxas de Burbera, Geropogon glaber L., Maj.
Datil, Phœnix dactylifera, L.
Daurada? Polypodium vulgare L., Min.
Dauradella, Ceterach officinarum Willd. Min.
Dauradella borda, Asplenium Adiantum nigrun L., Min.
Desmay, Salix babylonica L., Min.
Didals, Digitalis dubia Rodr., Min.
Dolsamara, Solanum Dulcamara L., Min.
Donzell, Artemisia arborea, L.
Donzell, Artemisia Absinthium L., Maj.
Donzell mari, Artemisia gallica, Willd.
Dragonera, Arum Dracunculus L.
Dulcamara, Solanum Dulcamara L., Maj.
Edjebaras, Aloe vulgaris, Lamk.
Elcasiera, Vitex Agnus-castus, L., à Alcudia.
Endivia, Cichorium Endivia L., Min.
Enfiter, Ricinus communis L., Min.
Enturió, Reseda lutea L., Min., et R. alba, DC.
Erissons, Astragalus Poterium Vahl., Maj.
Escabiosa, Scabiosa columbaria L., Min.
Escandalosa, Arum muscivorum L., Maj.
Escarxofa, Cynara Scolymus, L. (la fleur).
Escarxofera, C. Scolymus, L. (la plante).
Escarxofera borda, Cynara Cardunculus L.
Escayola, Phalaris canariensis L.
Escuradents, Ammi Visnaga L., Maj.
Espadella, Iris Pseudacorus L., Min.
Espadella, Gladiolus segetum Gawl., Maj.
Esparaguera cultivada, Asparagus officinalis L.
Esparaguera de menjar, A. horridus L., Min.
Esparaguera fonuyera, A. acutifolius L., Min.
Esparaguera Gatera, A. albus L., Min.
Esparaguera de Gat, A. albus L., Maj.
Espart, Lygeum Spartum L., Maj.
Espaseta, Gladiolus segetum Gawl., Min.
Espinadella, Salsola Kali L., Min.
Espinadella, Sideritis romana L.
Espinadella, Stachys hirta L., Min.
Espinal, Cratægus monogyna Jacq., Min.
Estepa blanera, Phlomis italica Smith., Soller.
Espinal, C. brevispina Kunze, Maj.
Estepa Juana, Cistus salvifolius L., Soller.
Estepa Juana, Hypericum balearicum L., Min.
Estepa margalida, Cistus albidus L., Soller.
Estepa negra, Cistus monspeliensis L.

Estépara blanca, Cistus albidus L., Min.
Estramoni, Datura Stramonium L., Maj.
Eura, Hedera Helix L.
Eusina, Quercus Ilex L.
Eusina Surera, Quercus Suber L.
Eusineta, Teucrium Chamædrys L., Min.
Falguera, Paesia aquilina L.
Falsia, Adiantum Capillus-Veneris L., Min.
Fas de formiga, Capsella Bursa-pastoris Mœnch., Min.
Fasolera, Pisum sativum L. (la plante).
Fasols, P. sativum L. (la semence).
Fausia, Adiantum Capillus-Veneris L. Min.
Favas, Vicia Faba L. (la fève).
Favera, V. Faba L. (la plante).
Favull bord ou *Favull de Moro*, Lathyrus Ochrus DC., Min.
Favull plá, Lathyrus Ochrus DC., Min.
Fel de la terra, Ajuga pseudo-Iva Rob., Maj.
Figuera, Ficus Carica L.
Figuera borda, F. Carica, sauvage.
Figuera de Cristia, F. Carica L., cultivé.
Figuera de Moro, Cactus Opuntia L.
Fletxas, Hordeum murinum L., Maj.
Floravia, Centaurea Calcitrapa L., Min.
Flor de San-Sebastia, Sempervivum arboreum L., Maj.
Fonoy, Fœniculum vulgare Gærtn., Min.
Fonoyassa blanca, Ammi majus L., Maj.
Fonoy mari, Crithmum maritimum L., Min.
Frare ou *Fraïle*, Arum Arisarum L., Maj.
Frare cugot, Arum Arisarum L., Min.
Frigola, Teucrium Marum L., Min.
Fumusterra, Fumaria, Min.
Galanda, Lavandula dentata L., à Andraitx.
Galassa, Helosciadium nodiflornm Koch., Maj.
Gallarets, Linaria triphylla, Min.
Garbayó, Chamærops humilis L.
Garravereta, Bupleurum protractum Link et Hoffm., Min.
Garrover, Ceratonia Siliqua L., Min.
Garrover pudent, Anagyris fœtida L., Min.
Gasó, Malcolmia maritima R. Brown, Maj.
Gatassa, Ficaria ranucunloïdes Mœnch, Min.
Gatmaimó, Tamus communis L., Min.
Gatoba, Genista lucida Cambess, Maj.
Gavarrera, Lonicera implexa Ait., Min.
Ginestra, Spartium junceum L. Maj.
Girasol, Crozophora tinctoria Juss., Min.
Girasol, Heliotropium europæum L., Min.
Gram, Cynodon Dactylon Pers., Min.
Guetova, Genista lucida Camb., à Lluchmayor.
Guijoler, Zizyphus vulgaris Lamk.
Guixa, Lathyrus sativus L. (la semence).
Guixera, L. sativus (la plante).
Guixó bord, Glaucium luteum Scop., Min.
Guixot, Lathyrus Ochrus DC., Maj.
Herba berbera, Verbena officinalis L., Min.
Herba blanca, Scrofularia aquatica L., Min.
Herba cabruna, Psoralea bituminosa L., Min.
Herba de Bona, Diotis candidissima Desf., Maj.
Herba de capsigrañ Trifolium, stellatum, L., Min.
Herba de Centaura, Erythræa pulchella, Horn., Erythræa Centaurium Pers., Erythræa spicata Pers.
Herba de cent nus, Polygonum aviculare L., Min.
Herba de cremad, Sedum acre L., Maj.
Herba del Moro, Sedum acre et S. altissimum Lamk., Maj.
Herba de papata, Seriola ætnensis L., Min.
Herba de plata, Mesembrianthemum crystallinum L.
Herba de Sant-Juan, Hypericum perforatum L.
Herba de Santa-Maria, Digitalis dubia Rodr., Min.
Herba de Santa-Maria, Hyoscyamus major Mill., Iviça, et H. albus L.
Herba de tos, Achillea Millefolium L., Maj.
Herba jelada, Mesembrianthemum crystallinum L.
Herba molla, Atriplex hastata L., Maj.
Herba morenera, Phagnalon saxatile Cass., Min.
Herba pudenta, Chenopodium Vulvaria L., Min.
Herba pudenta, Datura Stramonium L., Maj.
Herba pudenta, Scrofularia peregrina, L. Min.
Herba pussera, Plantago Psyllium L., Min.
Herba de Renegat, Diotis candidissima Desf., Maj.

Herba saginera, Thelygonum Cynocrambe L., Min.
Herba sana, Mentha sylvestris L.
Herba sana borda, Mentha rotundifolia L., Maj.
Herba sanguinera, Helichrysum Stœchas DC.
Herba de San-Pons, Teucrium capitatum L., Maj.
Herba santa, Phagnalon Scordium DC., Min.
Hissop, Hyssopus officinalis L., Maj.
Iva ou *Iveta*, Ajuga Iva Schreb., Min.
Jaubert brut, Fumaria, Soller.
Jinebré, Juniperus Oxycedrus L.
Jinjol blau, Iris germanica L., Min.
Jinjol groch, Iris Pseudacorus L., Maj.
Jonc, Joncus.
Jonc buval, Scirpus Holoschœnus L.
Juaverd, Petroselinum sativum, Hoffm., Min.
Junsa, Cyperus badius Desf., Cyperus fuscus L., Cyperus longus L., Maj.
Jury, Lolium temulentum L., Min.
Lietsó, Sonchus tenerrimus L., Min.
Lietsó, Sonchus oleraceus L., Min.
Lietsó de fog, Senecio vulgaris L., Min.
Lladoner, Celtis australis L., Maj.
Llampredeil, Rhamnus Alaternus L.
Llampudol bort, Rhamnus balearicus Willk., Maj.
Llampuga et *Llampuguera*, Rhamnus Alaternus L.
Llapasio, Turgenia latifolia Hoffm., Maj.
Lledanias, Teucrium Polium L., Maj.
Llengu bovina et *Llengu de bou*, Anchusa italica Retz. Min. et Maj.
Llengu de cero, Scolopendrium Hemionitis. Lag, Min.
Llengu de passarell, Teucrium Polium L., Min.
Llensó, Sonchus tenerrimus L., Min.
Llentia, Lens esculenta Mœnch.
Llentia borda, Ononis breviflora DC.
Llentia d'aigu, Lemna minor L.
Lletuga, Lactuca sativa L.
Lleva-mans, Calendula arvensis L., Maj.
Lli, Linum usitatissimum L.
Lliepassera et *Lliepassa*, Cynoglossum pictum All., Min.
Llietrera, Euphorbia.
Llimonera, Citrus Limonium Risso.
Lliri blau, Iris germanica L., Maj.
Lliri bord, Ornithogalum arabicum L., Min.
Lliri de Florencia, Iris florentina L., Maj.
Lliri guijol, Iris germanica L., Maj.
Lupi, Lupinus albus L.
Magraner, Punica Granatum L.
Maitxos, Gladiolus segetum Gawl., Maj.
Malcoratge, Mercurialis annua L., et M. ambigua.
Malrubi, Marrubium vulgare L., Min.
Malrubi bord, Ballota nigra L.
Mandastra, Mentha rotundifolia L., Min.
Manduxera, Fragaria vesca L., Min.
Margalida, Cytinus Hypocistis L.
Margalida borda, Phelipæa ramosa C. A. Mayer, Maj.
Margalideta, Bellis annua L. et B. sylvestris...? Min.
Margay, Lolium perenne L.
Mata, Pistacia Lentiscus L.
Mata jaya, Epilobium hirsutum L., Maj.
Mata poïl, Daphne Gnidium L.
Mata poy, Delphinium Staphisagria L., Min.
Matsinas, Solanum sodomæum L., Min.
Mauva, Malva sylvestris L.
Mauvera, Lavatera arborea L.
Mauvi, Althæa officinalis L., Min.
Maya, Parietaria diffusa Mert. Koch, Min.
Meló, Cucumis Melo L.
Melrubi pelut, Ballota nigra L., Maj.
Mergay, Lolium tenue L. et L. perenne.
Mill, Panicum miliaceum L.
Moniato, Convolvulus Batatas L., Min.
Monjeta, Phaseolus vulgaris L. (la semence).
Monjetera, P. vulgaris L. (la plante).
Moradux, Origanum Majorana L., Min.
Morella, Solanum nigrum L.
Morella vera, Solanum villosum Lamk Maj.
Morer, Morus nigra L.
Morera, Morus alba L.
Morissá, Lepidium sativum L., Min.
Morissá bord, Koniga maritima R. Br., Min.
Moscas d'ase, Ophrys L., Min.
Most, Ononis.
Mostassa, Sinapis.
Motxa, Ononis Natrix, Min.
Moxos, Chrysanthemum segetum L., Maj.

Mula, Euphorbia dendroides L., Min.
Murta et *Murtonera*, Myrtus communis L.
Nap, Brassica Napus L., Min.
Negreyó, Agrostemma Githago L., Maj.
Nespler ou *Nesplera*, Mespilus germanica L.
Netta, Calamintha menthæfolia Host.
Niella, Agrostemma Githago L., Maj.
Niella, Bupleurum protractum Link et Hoffm., Min.
Noguer, Juglans regia L.
Oastre, Olea europæa L. (sauvage).
Oastre d'ase, Lycium europæum L., Min.
Oastre de frare, Phagnalon saxatile Cass., Min.
Oastró, Globularia Alypum L., Min.
Oberginia, Solanum esculentum L., (le fruit).
Oberginiera, S. esculentum (la plante).
Olivarda, Cupularia viscosa Gr., et Godr., Min.
Olivardó, Cupularia graveolens Gr et God., Min.
Olivera, Olea europæa L. (greffé).
Ordi, Hordeum vulgare L., Min.
Orenga, Origanum vulgare L., Min.
Oreya de llebra, Alisma Plantago L, Maj.
Oreya de llebra, Scorpiurus subvillosus, Min.
Ortiga, Urtica Tourn.
Orval, Withania somnifera Dun.
Ouliastre, Olea europæa L. (sauvage).
Pala marina, Passerina hirsuta L., Min.
Palometa, Delphinium Ajacis L., Maj.
Palonia blanca, Helleborus lividus Ait., Pollenza.
Pampalonia, Pæonia corallina Retz, Min.
Pampeley, Mentha citrata Ehrh., Maj.
Pampline, Hypecoum, Maj.
Pampolas aubericoch, Trixago Apula Benth., Maj.
Pamporci, Cyclamen balearicum Willk., Maj.
Paradella, Rumex Friesii Gren. et Godr.
Paradella, R. pulcher L., Maj.
Parra, Vitis vinifera L.
Parradell, Allium Ampeloprasum L., Min.
Parraguell, Allium polyanthum Rœm. et Schult., Maj.
Parrassa, Asphodelus albus Willd.
Pata de gall, Panicum sanguinale L., Maj.
Patata morenera, Cyclamen balearicum Willk.
Patatera, Solanum tuberosum L.
Pedrosa, Centranthus Calcitrapa Dufr.
Pentinella, Poterium muricatum Spach.
Perera, Pirus communis L.
Peu de Crist, Potentilla reptans L., Min.
Pi, Pinus halepensis Mill.
Pinta de Moro, Dipsacus sylvestris Mill., Maj.
Pi ver, Pinus Pinea L.
Pipin, Muscari racemosum Willd., Maj.
Pipins blanchs, Ornithogalum narbonense L., Maj.
Pistacher, Pistacia vera L.
Pita, Agave americana L.
Plantatge, Plantago major L.
Plantatge d'aigu, Alisma Plantago L., Min.
Plátano, Platanus.
Poliol, Mentha Pulegium L.
Poll blanc, Populus alba L.
Poll negre, Populus nigra L.
Poltru d'oruga, Briza maxima L., Min.
Pom de Moro, Urospermum Dalechampii L., Min.
Pomera, Pirus Malus L.
Pomera borda, Sorbus Aria Crantz, Maj.
Porro, Allium Porrum L.
Preseguer, Amygdalus persica L.
Primavera blanca, Primula grandiflora Lamk, Maj.
Pruenga, Vinca media Link. et Hoffm., Min.
Prunera, Prunus domestica L.
Pruñoner, Prunus spinosa L.
Puriol, Mentha Pulegium L.
Rabosa, Galium saccharatum All.
Rameil de San-Pons, Helichrysum Lamarckii, Pollenza.
Rameil de tout l'an, H. Lamarckii Camb., Arta.
Rapa, Arum italicum Mill.
Rapa, A. pictum L.
Rapa de porc, Cyclamen balearicum Willk., Maj.
Rapa mosquera, Arum muscivorum L.
Rapa pudenta, Arum muscivorum L., Maj.
Rasca-nuvis, Lactuca scariola L., Maj.
Raspeta, Rubia tinctorum L.

Ravec, Raphanus sativus L., Min.
Ravenissa, Raphanus Raphanistrum L.
Ravenissa blanca, Diplotaxis erucoides DC., Min.
Ravenissa groga, Hirschfeldia adpressa Mœnch.
Rébola de Hortola, Galium Aparine L., Maj.
Ravenissa groga, Sinapis arvensis L.
Rem de Moro, Phytolacca decandra L.
Reurer, Quercus pubescens Willd. L.
Revula, Galium saccharatum All., Min.
Revula borda, Sherardia arvensis L., Min.
Riayas, Centaurea melitensis L., Min.
Riayas, Xanthium spinosum L., Maj.
Rocas, Eruca sativa Lamk. Formentera.
Rodets, Tribulus terrestris L., Min.
Roella, Papaver Rhœas L. et P. hybridum L., Maj.
Romani, Rosmarinus officinalis L.
Romp roc, Herniaria.
Romp roca, Herniaria hirsuta L.
Rosella, Papaver Rhœas L.
Roser bord, Rosa sempervirens L.
Rossiñol, Gladiolus segetum Gawl., Ferrer.
Rota bot, Hypericum balearicum L., Arta.
Rotas, Astragalus Poterium Vahl., Maj.
Rotjeta, Rubia tinctorum L., Min.
Ruda, Ruta.
Sabonera, Saponaria officinalis L.
Safrá bord, Crocus Magontanus Rodrig., Min., et Merendera filifolia Camb., Maj.
Salidonia, Chelidonium majus Mill.
Salsó, Inula erythmoides L., Min.
Sang de Jesu Crist, Rumex Acetosella L., Min.
Sauq, Sambucus nigra L., Min.
Sauquer, S. nigra L., Min.
Sauvía, Salvia officinalis L.
Senorida, Thymus capitatus Hoffm., Maj.
Server, Sorbus domestica L.
Setji, Scrofularia aquatica L., Maj.
Sigaler, Notobasis syriaca Cass., Formentera.
Sindria, Cucumis Citrullus Serv.
Sivina, Juniperus phœnicea L.
Soccoreil, Sunchus spinosus DC. Min.
Socorella, Astragalus Poterium Vahl., Min.
Suassana, Geranium molle L. Min.
Tabac de pota, Nicotiana rustica L.
Tabac pelut, N. rustica L.
Tacita, Thapsia villosa L., Aumalluch.
Tamarell, Tamarix gallica L.
Taparera, Capparis spinosa L.
Tapera, C. spinosa L.
Tapissot, Lathyrus Ochrus L., Maj.
Tarongina, Melissa officinalis L., Maj.
Tarrec, Salvia clandestina L., Min.
Té bord, Chenopodium ambrosioides L., Min.
Teix, Taxus baccata L., Soller.
Tem, Thymus vulgaris L.
Tem bord, Micromeria filiformis Benth., Min.
Tiña, Anagallis arvensis L., Min.
Tiña, Stellaria media Vill., Min.
Tiña negra, Lamium amplexicaule L.
Tomani, Lavandula Stœchas L., Min.
Tomatig, Solanum Lycopersicum L. (le fruit).
Tomatiguera, Solanum Lycopersicum L. (la plante).
Topinambur, Helianthus tuberosus L.
Trebol de Llapasa, Medicago orbicularis All., Min.
Trebol de Llapasa, M. Gerardii Willd., Maj.
Trebol d'esturina, M. Gerardii Willd., Maj.
Trebol d'olor, Melilotus officinalis Lamk.
Trebol d'olor, M. sulcata Desf. et M. parviflora Desf., Min.
Trebol famella, M. sulcata Desf., Min.
Trebol pudent, Psoralea bituminosa L., Min.
Trenca pedra, Herniaria hirsuta L., Min.
Trepó, Verbascum sinuatum L., Min.
Trepó, V. Thapsus L., Maj.
Trompera, Ephedra fragilis Desf., Min.
Trompera d'aigu, Equisetum limosum L., Min.
Tronger dols, Citrus Aurantium Riss.
Trons, Silene inflata Sm., Min.
Ugó, Ononis procurrens Wallr., Min.
Ugons, Ononis procurrens Wallr., Maj.
Unglas del diable, Ornithopus compressus L., Maj., et Rhagadiolus stellatus, DC., Maj.
Uy de perdiu, Adonis Cupaniana Guss., Min.
Valeriana, Centranthus ruber DC., Maj.
Vellaner, Corylus Avellana L.
Vellanetas, Oxalis cernua Thunb.
Verdolaga, Portulaca oleracea L.
Verteil, Rhamnus Alaternus L., Pollenza.
Vessa borda, Lupinus hirsutus L.

Vessas, Vicia sativa L.
Vezia, Adiantum Capillus-Veneris L.
Vicaris, Ornithogalum arabicum L., Maj.
Vidauba, Clematis cirrhosa L.
Vidriella, C. Flammula L., Min.
Vimanera, Salix fragilis L.
Vinagrella, Rumex Acetosa L.
Vinagrella borda, R. Acetosella L. et R. bucephalophorus L., Min.
Viola de San-Pera, Cyclamen balearicum Willk., Soller.
Violer grog, Cheiranthus Cheiri L., Min.
Violeta roquera, Hippocrepis balearica Jacq.
Viudes, Scabiosa maritima L., Maj.
Xarrell ou *Xares*, Setaria viridis P. B., Maj.
Xarell, Setaria verticillata P. B., Maj.
Xeruvia, Pastinaca sativa L., Min.
Xipell, Erica multiflora L.
Xivada, Avena sativa L.
Xixaros, Ervum Ervilia L., Maj.
Xucla mel, Hyoscyamus albus L. et H. major Mill., Min.
Xufletas, Cyperus esculentus L. (les tubercules).
Xufletas, Emex spinosa Campd., Maj.

TABLE DES FAMILLES ET DES GENRES.

A

Abiétinées 259
Abutilon 56
Acacia 100
Acanthacées 226
Acanthus 226
Aceras 279
Acer 63
Acérinées 63
Achillea 153
Acotylédonées 317
Adiantum 321
Adonis 3
Ægilops 313
Agave 277
Agavées 277
Agrimonia 104
Agropyrum 314
Agrostemma 46
Agrostis 301
Ailantus 68
Aira 303
Ajuga 222
Alisma 263
Alismacées 263
Alkanna 192
Allium 266
Aloe 264
Alsine 47
Alsinées 47
Althæa 55
Amarantacées 233
Amarantus 233
Amaryllidées 275
Ambrosiacées 177
Amelanchier 107
Ammi 130
Ampelidées 63
Ampelodesmos 300
Amygdalées 101
Amygdalus 101
Anacyclus 152
Anagallis 182
Anagyris 69
Anchusa 191
Andropogon 299
Anemone 3
Anthemis 151
Anthoxanthum 297
Anthriscus 132
Anthyllis . . . . . 74 et 331
Antirrhinum 202
Apium 131
Apocynées 184
Arabis 18
Araliacées 134
Arbutus 179
Arenaria . . . . . 48 et 329
Argyrolobium 71
Aristolochia 245
Aristolochiées 245
Aroïdées 287
Aronicum 148
Arrhenatherum 304
Artemisia 150
Arum 287
Asclépiadées 185
Asparagus 269
Asperugo 196
Asperula 140
Asphodelus 269
Aspidium 318
Asplenium 318
Aster 147
Asteriscus 153
Asterolinum 182
Astragalus 88
Atractylis 165
Atriplex 234
Avena 303

B

Balanophorées 245

Ballota. 219
Barkhausia 174
Bellis. 148
Bellium. 147
Berula. 129
Beta. 235
Bifora. 123
Biscutella. 22
Biserula. 89
Blitum. 237
Borraginées. 191
Borrago. 191
Brachypodium. 314
Brassica. 26
Brignolia. 126
Briza. 306
Bromus. 311
Broussonetia. 252
Brunella. 221
Bulbocastanum. 130
Bulliardia. 115
Bunium. 130
Bupleurum. . . . . 127 et 332
Buxus. 251

C

Cactées. 117
Cactus. 117
Cakyle. 22
Calamintha. 215
Calendula. 159
Callitriche. 109
Callitrichinées. 109
Calycotome. 69
Calystegia. 188
Camelina. 24
Campanula. 178
Campanulacées. 177
Cannabinées. 255
Cannabis. 255
Capparidées. 31
Capparis. 30
Caprifoliacées. 134
Capsella. 21
Cardamine. 19
Carduus. 162
Carex. 295
Carlina. 165
Carrichtera. 29
Catananca. 166
Caucalis. 121
Celsia. 201
Celtidées. 256
Celtis. 256
Centaurea. 62
Centranthus 142
Cephalanthera. 277
Cephalaria. 144
Cerastium. 49
Ceratonia. 101
Cercis 100
Césalpinées. 100
Chamærops 284
Chara. 323
Characées. 323
Cheiranthus. 18
Chelidonium. 15
Chenopodium. 236
Chlora. 187
Chondrilla 171
Chrysanthemum. 150
Cicendia. 187
Cicer. 94
Cichorium 166
Cirsium 161
Cistinées. 32
Cistus. . . . . 32 et 326
Citrus. . . . . 60 et 330
Cladium. 292
Clematis. 1
Clypeola. 20
Cneorum. 68
Colchicacées. 263
Conium. 133
Convolvulacées. 188
Convolvulus. 189
Conyza. 147
Coris. 182
Coronilla. 97
Corylus. 257
Crassulacées 115
Cratægus 105
Crepis 175
Crithmum 126
Crocus. 271
Crozophora. 251
Crucianella. 141
Crucifères. 17
Crupina 164
Cucumis. 112
Cucurbita. 112
Cucurbitacées. 111

Cupressinées 260
Cupressus 261
Cupularia 155
Cupuliférées 256
Cuscuta 190
Cyclamen 180
Cydonia 106
Cynanchum. 185
Cynara. 160
Cynodon 299
Cynoglossum 195
Cynomorium 245
Cynosurus 310
Cypéracées 291
Cyperus 291
Cytinées. 244
Cytinus. 244

D

Dactylis. 309
Daphne. 242
Daphnoïdées. 242
Datura. 198
Daucus. 120
Delphinium. 11
Dianthus. 46
Digitalis. 208
Dioscorées 271
Diotis. 152
Diplotaxis. . . . . 28 et 326
Dipsacées. 144
Dipsacus 144
Dorycnium 85

E

Ecbalium 111
Echinospermum. 195
Echium. 193
Elæagnus. 244
Elatine. 51
Elatinées. 51
Elodes. 62
Emex 238
Ephedra. 261
Epilobium 107
Epipactis. 278
Equisétacées 321
Equisetum 321

Eragrostis 306
Erica. 179
Ericinées. 179
Erigeron. 147
Erinus. 208
Erodium. 58
Erophila. 20
Eruca. 28
Ervum. 92
Eryngium. 133
Erysimum 24
Erythræa. 186
Eufragia. 209
Euphorbia . . . . 246 et 336
Euphorbiacées. 246
Evax. 159

F

Fagonia. 65
Fedia. 143
Ferula. 124
Festuca. 311
Ficaria. . . . . 9 et 325
Ficoïdées. 118
Ficus. 252
Filago. 158
Filicinées. 317
Fœniculum. 127
Fougères. 317
Fragaria. 103
Frankenia. 40
Frankeniacées. 40
Fraxinus . . . . 183 et 334
Fumana. . . . . 35 et 327
Fumaria. . . . . 16 et 325
Fumariacées 16

G

Gaea 265
Galactites 159
Galium. . . . . 137 et 333
Gastridium. 301
Gaudinia. 316
Genista. . . . . 70 et 330
Gentianées 186
Géraniacées 57
Geranium 57

Geropogon 170
Gladiolus. 274
Glaucium. 15
Glaux 181
Glechoma 218
Globularia 232
Globulariées 232
Glyceria 305
Gnaphalium 158
Gnétacées 261
Gossypium 56
Graminées 296
Granatées 107
Grossulariées. 119
Gymnogramma 317
Gynandriris 274
Gypsophila. . . . . 46 et 328

H

Hedera. 134
Hedypnois 166
Hedysarum. 100
Heleocharis 293
Helianthemum. . . . . . . 33 et 326
Helichrysum 156
Heliotropium. 190
Helleborus 10
Helminthia. 169
Helosciadium. 131
Herniaria 114
Hieracium 176
Hippocrepis 98
Hirschfeldia 28
Holcus. 305
Holoragées. 108
Hordeum. 312
Hutchinsia 21
Hyacinthus. 268
Hymenostemma. 151
Hyoscyamus. 199
Hyoseris. 167
Hypecoum 16
Hypericum. . . . . 61 et 330
Hypochœris. 168
Hyssopus. 214

I

Iberis 22
Ilex 66
Ilicinées 66
Inula 154
Iridées 271
Iris 273
Isoëtées 322
Isoetes. 322

J

Jasonia. 156
Joncaginées 284
Joncées 289
Juglandées. 255
Juglans 255
Juncus. 289
Juniperus 260

K

Kentrophyllum 163
Knautia 145
Kœleria 305
Koniga. 20

L

Labiées 211
Lactuca 171
Lagurus 302
Lamarckia 310
Lamium 217
Lappa 165
Laserpitium 124
Lathyrus . . . . 94 et 332
Laurentia 177
Laurinées 241
Laurus 241
Lavandula 211
Lavatera. 54
Lemna. 286
Lemnacées 286
Lens. 93
Lepidium. 25
Lepturus. 316
Leucanthemum 151
Leucoium 275
Leuzea. 164
Liliacées. 264

Lilium 264
Limodorum 278
Linaria . . . . 203 et 334
Linées. 51
Linum . . . . 51 et 329
Lippia. 226
Lithospermum 192
Lobéliacées. 177
Logfia. 158
Lolium 315
Lomaria. 320
Lonicera. 135
Loranthacées. 134
Lotus. . . . . 85 et 331
Lupinus. . . . . 71 et 330
Lycium. 197
Lycopodiacées 323
Lycopsis. 191
Lygeum 296
Lysimachia 333
Lythrariées. 109
Lythrum. 109

M

Magydaris 125
Malcolmia. . . . . 23 et 326
Malva 53
Malvacées. 53
Marrubium. 220
Mathiola 17
Medicago. 76
Melia 63
Méliacées. 63
Melica. 307
Melilotus. 79
Melissa. 216
Mentha. . . . . 212 et 334
Mercurialis. 250
Merendera 263
Mesembrianthemum. 118
Mespilus 105
Microlonchus 163
Micromeria. 214
Milium. 303
Mimosées. 100
Mœhringia. 329
Molucella. 219
MONOCOTYLÉDONÉES 263
Morées. 252
Morus 252
Muscari 268
Myosotis. 195
Myriophyllum. 108
Myrtacées. 111
Myrtus. 111

N

Narcissus 276
Nasturtium. 18
Nepeta. 217
Nerium 185
Nicotiana. 200
Nigella. 11
Notobasis. 161
Nymphæa 13
Nymphæacées. 13

O

Obione. 234
Œnanthe. 127
Olea. 183
Oléacées. 183
Ombellifères 120
Onagrariées 107
Ononis . . . . 72 et 331
Onopordon. 160
Ophioglossum 317
Ophrys. 282
Orchidées 277
Orchis. 280
Origanum 213
Orlaya. 121
Ornithogalum. 265
Ornithopus. 98
Orobanche. 211
Orobanchées. 210
Orobus. 97
Osyris. 242
Oxalidées. 64
Oxalis. 64

P

Pæonia. 12
Paesia (*Pteris*). 320
Palmées. 284

Pancratium. 276
Panicum. 298
Papaver 13
Papavéracées. 13
Papilionacées. 69
Parietaria 254
Paronychia. 113
Paronychiées. 113
Pastinaca. 125
Petroselinum. 131
Phagnalon. 146
Phalaris. 296
Phaseolus 89
Phelipæa. 210
Phillyrea. 184
Phlomis 219
Phœnix 284
Phragmites. 299
Phytolacca. 233
Phytolaccées 233
Picridium 173
Pimpinella. 130
Pinus 259
Piptatherum. 302
Pirus. 106
Pistacia 67
Pisum. 94
Plantaginées 227
Plantago. 227
Platanées 259
Platanus. 259
Plombaginées. 230
Poa 305
Podospermum. 170
Polycarpon 113
Polygala 39
Polygalées 39
Polygonées. 240
Polygonum. 240
Polypodium. 317
Polypogon 301
Pomacées 105
Populus 258
Portulaca. 112
Portulacées. 112
Posidonia 286
Potamées. 285
Potamogeton. 285
Potentilla 102
Poterium. 104
Prasium 221
Primula. 180
Primulacées. 180
Prunus. . . . . 101 et 332
Psamma.. 300
Psoralea 89
Pulicaria. 155
Punica. 107

Q

Quercus 256

R

Radiola. 53
Ranunculus 4
Raphanus.. 30
Rapistrum 30
Renonculacées 1
Reseda. 38
Résédacées. 38
Rhagadiolus 167
Rhamnées 66
Rhamnus. 67
Ribes 119
Ricinus 252
Ridolphia 124
Rœmeria. 14
Robinia 89
Rosa. . . . . 103 et 332
Rosacées. 102
Rosmarinus. 216
Rubia. 136
Rubiacées.. 136
Rubus. 103
Rumex. 238
Ruppia 286
Ruscus. 270
Ruta. 65
Rutacées. 65

S

Sagina . . . . 47 et 328
Salicinées 257
Salicornia 237
Salix. 257
Salsola. 238
Salsolacées 234
Salvia. 217

Sambucus 134
Samolus 183
Santalacées 242
Santolina 153
Saponaria 46
Saxifraga 119
Saxifragées 119
Scabiosa 145
Scandix 132
Schinus 330
Schœnus 291
Scilla 264
Scirpus 292
Scleropoa 309
Scolopendrium 319
Scolymus 176
Scorpiurus 330
Scorzonera 170
Scrofularia 201
Scrofulariacées 201
Scutellaria . . . . 220 et 336
Sedum 115
Selaginella 323
Selinum 125
Sempervivum 116
Senebiera 24
Senecio 148
Serapias 278
Seriola 168
Serrafalcus 312
Seseli 126
Sesleria 297
Setaria 297
Sherardia 141
Sibthorpia 208
Sideritis 220
Silene . . . . 41 et 327
Silénées 41
Silybum 160
Sinapis 27
Sisymbrium 23
Smilacées 269
Smilax 270
Smyrnium 132
Solanées 197
Solanum 197
Soliva 156
Sonchus 172
Sorbus 106
Sorghum 299
Sparganium 728
Spartium 70
Specularia 177
Spergularia 50
Sphenopus 308
Spiranthes 277
Sporobolus 301
Stachys 218
Stæhelina 164
Statice 230
Stellaria 49
Sternbergia 275
Stipa 302
Suæda 237
Succowia 29
Symphytum 192
Synanthérées 146

T

Tamariscinées 110
Tamarix 110
Tamus 271
Taraxacum 171
Taxus 261
Térébinthacées 67
Tetragonolobus 88
Teucrium 222
Thapsia 123
Thelygonum 255
Thesium 242
Thlaspi 21
Thrincia 168
Thymelæa 243
Thymus 213
Tillæa 115
Tolpis 166
Tordylium 125
Torilis 122
Tragopogon 170
Tragus 297
Trapa 108
Tribulus 64
Trichonema 273
Trifolium . . . . 81 et 331
Triglochin 284
Trisetum 304
Triticum 313
Trixago 209
Turgenia 122
Typha 287
Typhacées 287
Tyrimnus 161

U

Ulmacées 256
Ulmus. 250
Umbilicus 117
Urginea 264
Urospermum 69
Urtica. 253
Urticées 253

V

Vaillantia 139
Valérianées 142
Valerianella 142
Verbascées. 200
Verbascum. 200
Verbena 226
Verbénacées 226
Veronica. 206
Viburnum 135
Vicia . . . . 90 et 332
Vinca 184
Vincetoxicum. 185
Viola . . . . 36 et 327
Violariées 36
Viscum. 134
Vitex 227
Vitis 63
Vulpia. 310
Withania. 198

X

Xanthium. 177
Xeranthemum 166

Z

Zannichellia 285
Zea 296
Zizyphus. 66
Zostera. . . . . 286 et 337
Zostéracées. 286
Zygophyllées 64

TABLE

Pages

INTRODUCTION III

I. Bibliographie III
II. Constitution physique XVI
III. Météorologie XXIII
IV. Végétation XXIX

Altitudes de diverses localités des Baléares XLV
Abréviations diverses XLVI
Abréviations des noms d'auteurs XLVI

CATALOGUE . . . . 1 à 324

Addenda et Corrigenda . . . . 325 à 337

NOTES POUR QUELQUES EXCURSIONS BOTANIQUES DANS LES BALÉARES 339

Majorque. — Environs de Palma 339
Soller 340
La Serra de Soller 341
Puig Mayor de Torellas 343
Puig Mayor de Massanellas 345
Ariant 348
Alcudia 349
Arta 349
Santañy, San-Juan de Fuente Santa, las Salinas, les Baous 350
Minorque 351
Iviça et *Formentera* 352

Liste alphabétique des noms vulgaires avec leurs synonymes latins 355
Table alphabétique des familles et des genres 363

PARIS. — IMPRIMERIE DE ÉMILE MARTINET, RUE MIGNON, 2.

Tab. I.

'uism lith.

Imp Lemercier

ri Nob.

Tab. II.

sin lith.   Imp. Lemercier et Cie Paris

Nob.

Cuisin lith.

Imp. Lemercier & Cie Paris

bessedesii *Coss.*

Cuisin lith.

Imp. Lemercier & Cie Paris

Bupleurum Barceloi Coss.

Tab. V.

lith.

Imp. Lemercier et Cie Paris

Cephalaria balearica Coss.

Cuisin lith. Imp. Lemercier & Cie Paris

Lysimachia minoricensis *Rodrig.*

Tab. VII.

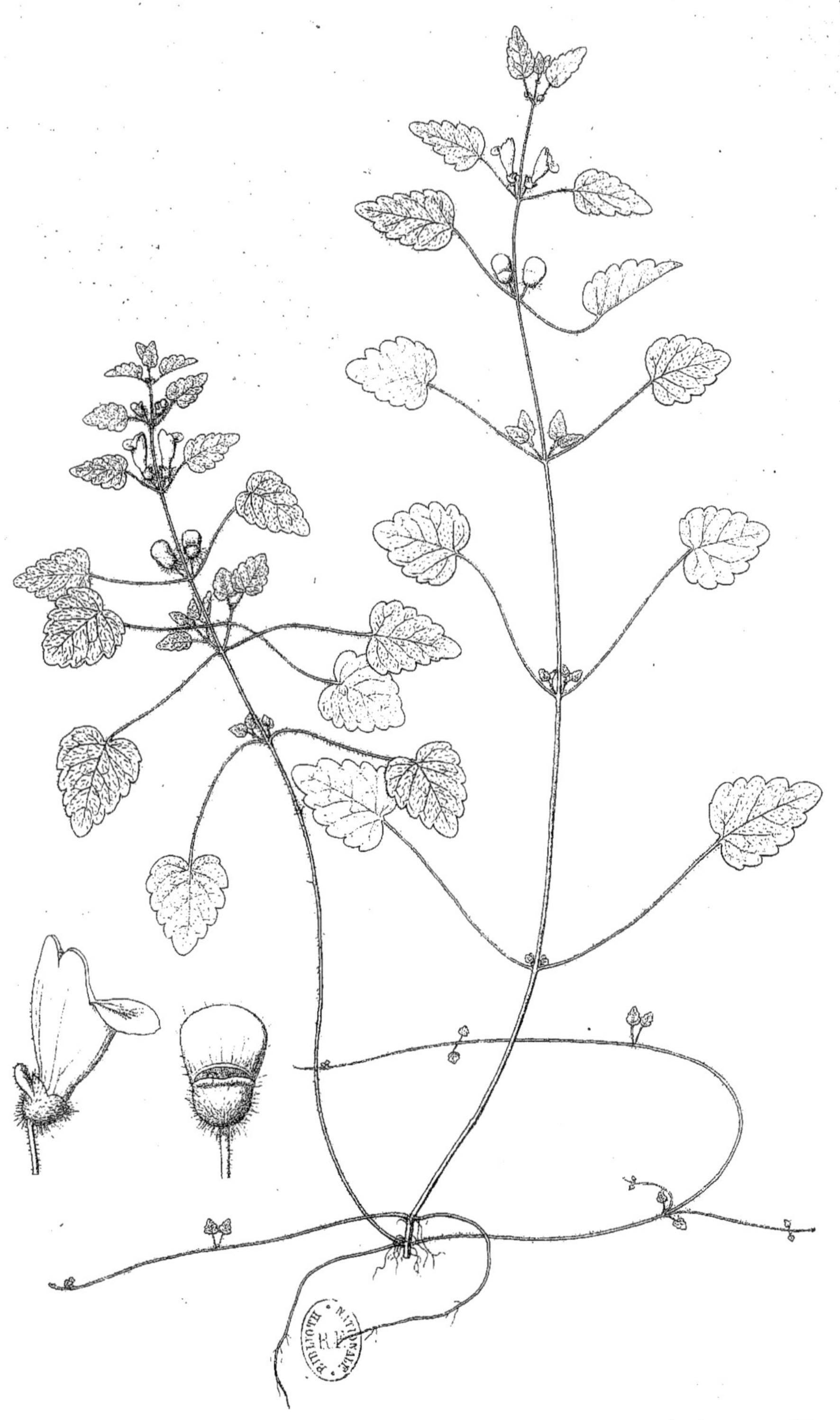

...sin lith.

Imp. Lemercier et Cie Paris.

...neixii Marés

Cuisin lith. Imp. Lemercier & Cie Paris

Teucrium subspinosum *Pourr.*

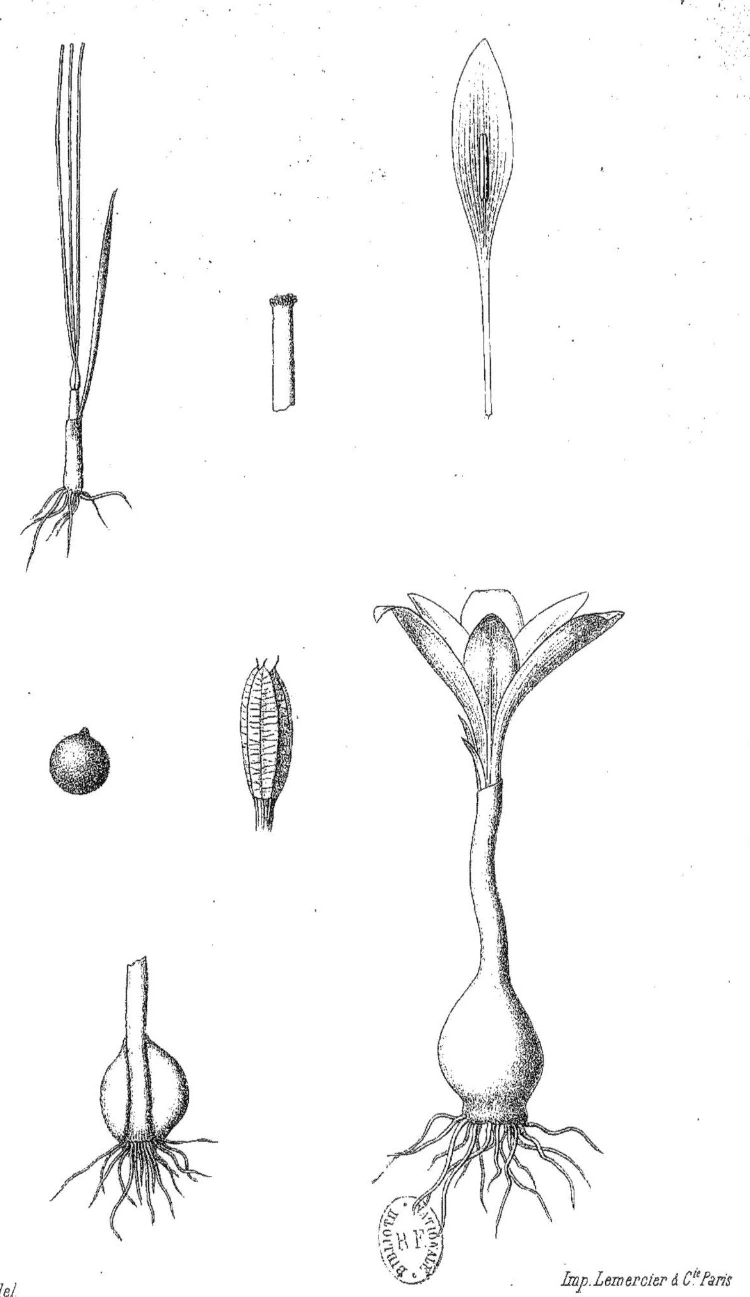

Rodriguez del.

Imp. Lemercier & Cie Paris

Merendera filifolia Camb.

PARIS. — IMPRIMERIE ÉMILE MARTINET, RUE MIGNON, 2

www.ingramcontent.com/pod-product-compliance
Ingram Content Group UK Ltd.
Pitfield, Milton Keynes, MK11 3LW, UK
UKHW020152250726
13967UKWH00003B/1012